荣获中国石油和化学工业优秀出版物奖·教材奖一等奖

石油和化工行业"十四五"规划教材

高 等 学 校 教 材

MECHANICAL DRAWING

U0161051

机械制图 第二版

程 可 主编　徐国平　周俊静　副主编

化学工业出版社

·北京·

内 容 简 介

　　本书是编者按照教育部高等学校工程图学课程教学指导分委员会 2019 年修订的《普通高等学校工程图学课程教学基本要求》和新的国家标准，在第一版基础上修订而成的。全书共 14 章，主要内容包括制图的基础知识和基本技能，点、直线和平面的投影，投影变换，基本体的投影，立体表面的交线，组合体，轴测投影图，机件常用的表达方法，标准件和常用件，零件图，装配图，AutoCAD 绘图基础，其他工程图，国外机械图样简介。为适应双语教学的需要，文中常用专业术语附加了英文。

　　与本书配套的《机械制图习题集》（第二版）（ISBN 978-7-122-43379-4）同时出版。

　　本书配有基于增强现实的辅助学习软件及微课视频、在线模型等资源。

　　本书可作为普通高等学校机械类、近机械类各专业制图课程的教材，也可供高职、高专等其他院校相关专业选用，还可供有关专业技术人员和自学者参考。

图书在版编目（CIP）数据

机械制图/程可主编．—2 版．—北京：化学工业出版社，2023.8（2024.9 重印）
高等学校教材
ISBN 978-7-122-43380-0

Ⅰ.①机…　Ⅱ.①程…　Ⅲ.①机械制图-高等学校-教材　Ⅳ.①TH126

中国国家版本馆 CIP 数据核字（2023）第 075004 号

责任编辑：满悦芝　　　　　　　　　　文字编辑：杨振美
责任校对：刘　一　　　　　　　　　　装帧设计：程艺旋

出版发行：化学工业出版社（北京市东城区青年湖南街 13 号　邮政编码 100011）
印　　装：三河市双峰印刷装订有限公司
787mm×1092mm　1/16　印张 24　字数 600 千字　2024 年 9 月北京第 2 版第 3 次印刷

购书咨询：010-64518888　　　　　　　售后服务：010-64518899
网　　址：http://www.cip.com.cn
凡购买本书，如有缺损质量问题，本社销售中心负责调换。

定　　价：66.00 元

前　言

《机械制图》自 2015 年出版以来，得到用书学校师生一致好评，相继获得了中国石油和化学工业优秀出版物奖·教材奖一等奖、中国机械工业科技进步奖三等奖与中国石油和化工自动化行业优秀科技著作奖二等奖。

本书是根据教育部高等学校工程图学课程教学指导分委员会 2019 年修订的《普通高等学校工程图学课程教学基本要求》，结合近年来制图课程教学改革实践及各兄弟院校的意见修订而成的。在保持第一版框架结构和内容特点的前提下，着重考虑以下几个方面：

（1）党的二十大报告指出："教育是国之大计、党之大计。培养什么人、怎样培养人、为谁培养人是教育的根本问题。育人的根本在于立德。"编者在修订过程中特别注重立德树人的理念，激发学生的爱国情怀和担当意识，引领学生树立正确的人生观和价值观，培养工匠精神和团队协作精神。

（2）全面贯彻新的《机械制图》《技术制图》国家标准。

（3）融入虚拟现实技术，配置了 AR 辅助学习软件、微课视频及在线 VR 模型，建设新形态教材。

读者可使用手机或平板（安卓系统）扫描下方二维码下载并安装 AR 辅助学习软件对书中带有标识的图进行操作，还可发电子邮件至 841659571@qq.com 联系观看微课视频、操作在线 VR 模型。

AR 辅助学习软件

（4）按当前全新的 AutoCAD 2022 中文版对 AutoCAD 绘图基础这一章做了全面修正和更新，并调整章节顺序以方便学生及时掌握计算机绘图技能。

本书由程可定稿并任主编，徐国平、周俊静任副主编。参加修订工作的有：曾昌凤、王燕、程可、朱亚军、肖皓中、周俊静、姜勇、蒋金柱、徐国平、刘淑延。

教育部高等学校工程图学课程教学指导分委员会委员、中国图学学会常务理事、中国图学学会图学教育专业委员会主任、北京理工大学张京英教授仔细审阅了本书，提出了许多有益的意见和建议，在此表示衷心感谢！

衷心感谢河北工业大学刘伟教授对本书修订工作的帮助！

本书获南京工业大学重点教材建设项目和江苏省高等教育教改研究项目（2021JSJG311）资助。

限于编者水平，书中难免存在一些疏漏，敬请广大读者批评指正。

编者
2023 年 8 月

第一版前言

本书是根据教育部高等学校工程图学课程教学指导委员会制订的《普通高等学校工程图学课程教学基本要求》，结合编者多年从事教学研究和教学改革积累的经验编写而成的。

以培养学生绘图和读图能力为目的，瞄准市场对人才的需要，本书在内容体系完整、科学的前提下具有以下特点。

（1）理论联系实际，采用新的《技术制图》《机械制图》国家标准，使学生掌握新的知识。

（2）在点的投影中增强了空间立体概念，在直线、平面的分析中，结合物体的投影实例，使抽象的问题变得形象具体。

（3）在相关部分介绍了徒手绘制草图的方法和步骤，有利于培养学生现场测绘设计、构思的技能。

（4）突出重点、分散难点，文字叙述通俗易懂，图文结合紧密，插图采用双色印刷，使主要参数或解题过程一目了然。

（5）编写了展开图、焊接图，简介了化工制图，力求满足不同学时、不同专业的教学需要。

（6）为方便学生今后在工作和学习中进行国际交流，介绍了国外机械图样。

（7）为适应时代发展和双语教学的需要，文中常用专业术语附加了英文。

（8）集中在一章全面介绍了 AutoCAD 2014，既方便教师组织课内教学、上机练习，也方便学生自主学习。

参加本书编写的有：南京工业大学曾昌凤（绪论和附录），王燕（第 1 章），程可（第 2 章～第 5 章，第 10 章，第 14 章），姜勇（第 9 章），杨峻（第 12 章中的展开图和化工制图简介），刘淑延（第 12 章中的焊接图），东南大学陆泳平（第 6 章），常州大学柳铭（第 7 章），刘善淑（第 8 章，第 13 章），陈晶（第 11 章）。由程可任主编，刘善淑、杨峻任副主编。另外，南京工业大学研究生唐烨、王剑、卢军、丁冬峰做了部分绘图工作。

衷心感谢教育部高等学校工程图学课程教学指导委员会副主任委员、中国图学学会副理事长、华南理工大学陈锦昌教授担任本书的主审并提出了许多宝贵意见和建议！

衷心感谢编写人员所在学校相关部门领导及同事对本书编写工作的大力支持！

编者参考了国内外一些优秀著作和文献，在此特向有关作者致谢，同时向为本书出版辛勤工作的编辑及出版社工作人员表示诚挚的谢意！

本书得到了南京工业大学教材建设经费资助以及江苏高校品牌专业建设工程项目（PPZY2015A022）的资助。

由于编者水平有限，书中不足之处在所难免，敬请广大读者批评指正。

编者

2015 年 9 月

目　录

绪　论

0.1　本课程的性质

制图是研究工程图样的绘制、表达和阅读的一门应用学科。工程图样是按一定的投影方法和技术规定，准确地表达出机械、土木、建筑、水利、园林等工程与产品的形状、尺寸、材料和技术要求的图形，它是工程技术人员表达设计思想、交流技术的工具，是企业组织生产、施工、制造零件和装配机器的依据，因此是现代生产中重要的技术文件，被称为工程界的语言，每个工程技术人员都必须掌握。按表达对象的不同，工程图样分为机械图样、建筑图样等。

本课程主要研究绘制和阅读机械图样的基本理论和方法，是一门理论严谨、实践性强的工程基础课，对培养学生掌握科学思维方法，增强工程和创新意识有着重要作用。

0.2　本课程的任务

① 培养学生使用投影的方法以二维图形表达三维形体的能力。
② 培养学生对空间形体的形象思维能力和逻辑思维能力。
③ 培养学生创造性构形设计能力。
④ 培养学生徒手绘图、尺规绘图和计算机绘图的能力。
⑤ 培养学生绘制和阅读专业图样的基本能力。
⑥ 培养学生贯彻、执行国家标准的意识和查阅国家标准的能力。
⑦ 培养学生认真负责的工作态度和严谨细致的工作作风。
⑧ 培养学生自主学习的能力。

0.3　本课程的内容

本课程包括画法几何、制图基础、机械制图和计算机绘图基础四部分。

画法几何部分主要介绍用正投影法表达空间几何形体和图解空间几何问题的基本理论和方法。

制图基础部分主要介绍国家标准《技术制图》和《机械制图》的基本规定，训练学生进行尺规绘图和徒手绘图；介绍用正投影法表达物体外部形状和内部结构的基本方法及根据正投影图想象出物体内外形状的读图方法。

机械制图部分主要介绍标准件、常用件的画法，介绍零件图和装配图的作用、内容和画法，介绍零件的表面结构要求、极限与配合、几何公差等技术要求。

计算机绘图基础部分主要介绍使用计算机绘图软件 AutoCAD 的基本方法和技能。

0.4　本课程的学习方法

本课程各部分内容既紧密联系，又各有特点。这里简要介绍一下学习方法。

① 学习过程中不能只满足对基本理论的理解，而要以"图"为中心，不断地进行由物画图和由图想物的转化训练，才能逐步提高空间形象思维能力，建立二维平面图形与三维空间形状间的对应关系。

② 技能性训练在本课程的练习中占一定的比例，要正确掌握使用绘图仪器和工具的方法，要正确掌握计算机绘图的方法，不断提高绘图技巧。

③ 了解并熟悉《技术制图》《机械制图》国家标准的最新内容并严格遵守，争取做到正确、规范地绘制工程图样，这是进行技术交流和指导、管理生产所必需的。

④ 瞄准新方向，关注新技术、新学科的发展，不断改进学习方法，提高自主学习能力和创新能力。

⑤ 工程图样在生产和施工中起着非常重要的作用，绘图和读图的任何差错都会造成不同程度的损失，所以在学习中一定要严肃认真、一丝不苟。

第1章　　　制图的基础知识和基本技能

1.1　国家标准《技术制图》及《机械制图》的有关规定

　　图样是工程界的共同语言，是产品或工程设计结果的一种表达形式，是产品制造和工程施工的依据，是组织和管理生产的重要技术文件。为了便于技术信息交流，对图样必须做出统一规定，为此，国家颁布了一些标准和规定，国家标准（national standard）《技术制图》（technical drawing）是一项基础技术标准，它汇集了机械、土木、建筑、电气、水利等行业的相关共性内容，国家标准《机械制图》（mechanical drawing）是机械专业制图标准，它是图样绘制与使用的基本规则，为适应经济建设和科学发展的需要，国家标准还在不断修订中，每个工程技术人员都应熟悉并贯彻最新标准。国家标准的代号为"GB"，简称"国标"，"T"表示推荐性的，如 GB/T 14689—2008 为国家推荐性标准，"14689"为该标准的顺序号，"2008"为发布的年份。

1.1.1　图纸幅面及格式

1.1.1.1　图纸幅面

　　图纸幅面（format of drawing sheet）是指由图纸宽度 B 与长度 L 所组成的图面（图 1-1）。绘图时，图纸可以横放（长边 L 水平放置）或竖放（长边 L 垂直放置）。根据 GB/T 14689—2008 的规定，绘制技术图样时应优先采用表 1-1 中的基本幅面，如图 1-1 中粗实线所示。

　　必要时，允许选用由基本幅面的短边成整数倍增加后所得的加长幅面（第二选择和第三选择），图 1-1 中细实线为第二选择（尺寸见表 1-2）、细虚线为第三选择。

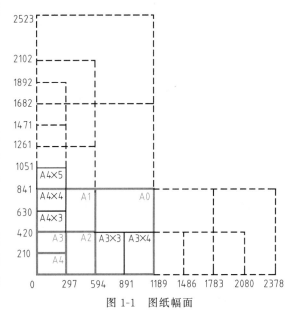

图 1-1　图纸幅面

表 1-1　图纸基本幅面尺寸（第一选择）及图框尺寸　　　　　单位：mm

幅面代号	A0	A1	A2	A3	A4
尺寸 $B \times L$	841×1189	594×841	420×594	297×420	210×297
e	20			10	
c	10			5	
a	25				

表 1-2　图纸加长幅面尺寸（第二选择）　　　　　单位：mm

幅面代号	A3×3	A3×4	A4×3	A4×4	A4×5
尺寸 $B \times L$	420×891	420×1189	297×630	297×841	297×1051

1.1.1.2 图框格式

每张图纸上都必须用粗实线画出图框（frame），其格式分为不留装订边和留装订边（filing margin）两种，如图 1-2 所示（尺寸参见表 1-1），加长幅面的图框尺寸按所选用的基本幅面大一号的图框尺寸确定。例如 A3×4 的图框尺寸按 A2 的图框尺寸确定，即 e 为 10mm（或 c 为 10mm）。

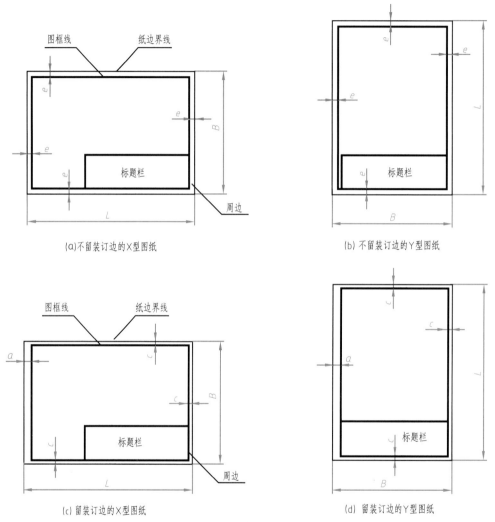

(a)不留装订边的X型图纸 　　　　　　(b) 不留装订边的Y型图纸

(c)留装订边的X型图纸 　　　　　　(d) 留装订边的Y型图纸

图 1-2　图框格式及标题栏方位

1.1.2　标题栏及明细栏

1.1.2.1　标题栏

工程制图中，为方便读图及查询相关信息，图纸上必须配置标题栏（title block），其位置一般位于图纸的右下角，看图方向应与标题栏的方向一致。若标题栏的长边置于水平方向并与图纸长边平行时，构成 X 型图纸；若标题栏的长边垂直于图纸长边时，则构成 Y 型图纸，同一产品的图样只能采用一种格式。标题栏的格式和内容在国家标准 GB/T 10609.1—2008 中有详细的规定，如图 1-3 所示，它适用于工矿企业等各种生产用图纸，而学生制图作业的标题栏可由学校根据实际教学情况进行简化。

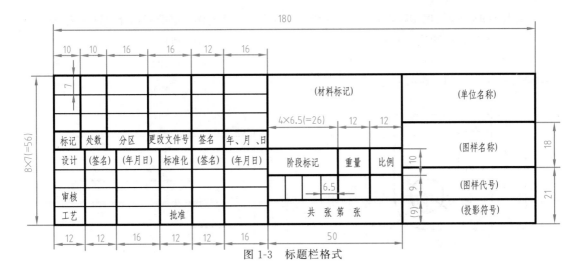

图 1-3　标题栏格式

1.1.2.2　明细栏

明细栏（item list）一般放在标题栏上方并与标题栏对齐，用于填写组成零件的序号、代号、名称、数量、材料、质量以及标准件规格等。注意明细栏和标题栏的分界线是粗实线，明细栏的外框竖线是粗实线，填写零件的横线为细实线。图 1-4 是 GB/T 10609.2—2009 规定的明细栏格式。

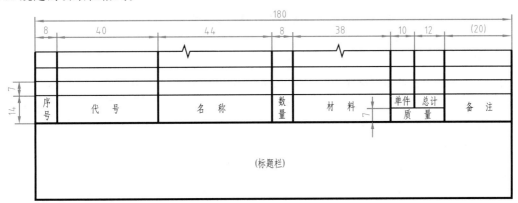

图 1-4　明细栏格式

1.1.3　比例

GB/T 14690—1993《技术制图　比例》规定：比例是指图形与其实物相应要素的线性尺寸之比。线性尺寸是指用直线表达的尺寸，如直线长度、圆的直径等。

比例（scale）分为原值比例、放大比例、缩小比例三种，如表 1-3 所示。

表 1-3　图样比例

种类	优先选用的比例			允许选用的比例					
原值比例	1∶1								
放大比例	5∶1	2∶1		4∶1	2.5∶1				
	$5\times10^n∶1$	$2\times10^n∶1$	$1\times10^n∶1$	$4\times10^n∶1$	$2.5\times10^n∶1$				
缩小比例	1∶2	1∶5	1∶10	1∶1.5	1∶2.5	1∶3	1∶4	1∶6	
	$1∶2\times10^n$	$1∶5\times10^n$	$1∶1\times10^n$	$1∶1.5\times10^n$	$1∶2.5\times10^n$	$1∶3\times10^n$	$1∶4\times10^n$	$1∶6\times10^n$	

注：n 为正整数。

　　绘制图样时，应根据实际需要从表 1-3 中选择优先选用的比例，必要时选择允许选用的比例。

　　同一物体的各视图应采用相同的比例，一般应在标题栏的比例栏内填写比例。当某个视图需要采用不同比例表达时，必须另行标注，应注意，不论采用何种比例绘图，尺寸数值均按照原值标注，如图 1-5 所示。

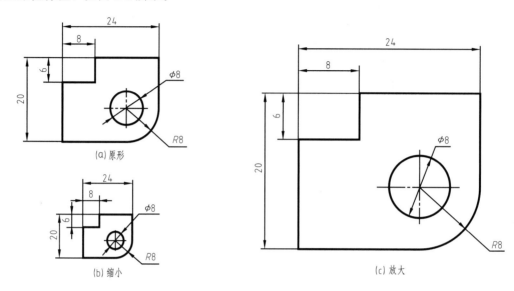

图 1-5　尺寸数值与绘图比例无关

1.1.4　字体

　　图样上除了表达物体的图形外，还需用数字和文字来说明物体的大小和技术要求等内容。GB/T 14691—1993《技术制图　字体》规定书写的汉字、数字和字母必须做到字体工整、笔画清楚、间隔均匀、排列整齐。

　　字体（lettering）高度 h 的公称尺寸系列为：1.8mm，2.5mm，3.5mm，5mm，7mm，10mm，14mm，20mm。

　　字母和数字分为 A 型和 B 型两类，A 型字的笔画宽度（d）为字高（h）的 1/14（即 $d=h/14$）；B 型字的笔画宽度（d）为字高（h）的 1/10（即 $d=h/10$）。在同一图样上，只允许选用一种型式的字体。

　　汉字应写成长仿宋体，并采用国家正式公布推行的简化字。长仿宋字的书写要领为：横平竖直、注意起落、结构均匀、填满方格。汉字的高度不应小于 3.5mm，其宽度一般为 $h/\sqrt{2}$。长仿宋体汉字的书写示例见图 1-6。

字体工整笔画清楚间隔均匀排列整齐
横平竖直注意起落结构均匀填满方格

技术制图机械电子汽车航空船舶土木建筑矿山井坑港口纺织服装

图 1-6　长仿宋体汉字示例

数字有阿拉伯数字和罗马数字两种，有直体和斜体之分。常用的是斜体字，其字头向右倾斜，与水平方向约成75°，书写示例见图1-7。

(a) A型斜体阿拉伯数字

(b) A型斜体罗马数字

图 1-7　数字示例

字母有拉丁字母和希腊字母两种，常用的是拉丁字母，我国的汉语拼音字母与它的写法一样，每种均有大写和小写、直体和斜体之分。写斜体字时，通常字头向右倾斜与水平线约成75°，图1-8即为拉丁字母与希腊字母的书写示例。

用作指数、分数、极限偏差、注脚等的数字及字母一般采用小一号的字体，图样中的数

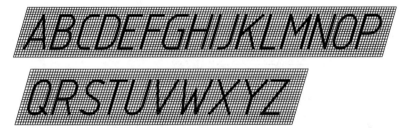

(a)　A型斜体大写拉丁字母

(b) A型斜体小写拉丁字母

(c) A型斜体希腊字母

图 1-8　字母示例

学符号、物理量符号、计算单位符号及其他符号、代号，应符合国家有关法令和标准的规定，如图 1-9 所示。

$$10^3 \quad S^{-1} \quad D_1 \quad T_d \quad \phi 20^{+0.010}_{-0.023} \quad 7°^{+1°}_{-2°} \quad \frac{3}{5}$$

图 1-9　综合应用示例

1.1.5　图线及应用

GB/T 17450—1998 规定了 15 种基本线型（line styles）以及多种基本线型的变形和图线（line）的组合，GB/T 4457.4—2002 列出了机械制图中常用的 9 种线型，见表 1-4。机械图样中图线的宽度分为粗、细两种，粗线的宽度 d 应按图的大小和复杂程度在 0.5～2mm 间选择。细线的宽度约为 $d/2$。国标规定的图线宽度系列为：0.25mm、0.35mm、0.5mm、0.7mm、1mm、1.4mm、2mm，优先选用 0.5mm、0.7mm，图 1-10 为图线的应用示例。

表 1-4　图线

代码	名　称	线　型	线　宽	主　要　用　途
01.1	细实线 (continuous thin line)		$0.5d$	尺寸线、尺寸界线、剖面线、辅助线、重合断面的轮廓线、过渡线、引出线、螺纹牙底线及齿轮的齿根线
	波浪线 (irregular line)		$0.5d$	断裂处的边界线、视图和剖视图的分界线，在一张图上一般采用其中一种
	双折线 (double-sloped decay)		$0.5d$	
01.2	粗实线 (continuous thick line)		d	可见轮廓线（visible outline）、相贯线、螺纹牙顶线、齿轮的齿顶线等
02.1	细虚线 (thin dashed line)		$0.5d$	不可见轮廓线（hidden outline）、不可见过渡线
02.2	粗虚线 (thick dashed line)		d	允许表面处理的表示线
04.1	细点画线 (thin long dashed dotted line)		$0.5d$	轴线（axis）、对称中心线（center line）、齿轮的分度圆及分度线等
04.2	粗点画线 (thick long dashed dotted line)		d	限定范围表示线
05.1	细双点画线 (thin long dashed double dotted line)		$0.5d$	相邻辅助零件的轮廓线、可动零件的极限位置的轮廓线、成形前轮廓线、剖切面前的结构轮廓线、轨迹线、中断线等

注：虚线中的每一线段长度约 12d，间隔约 3d；点画线和双点画线的长画长度约 24d，点的长度≤0.5d，间隔约 3d。

图线的画法应遵守下列要求。

① 在同一图样中，同类图线的宽度应一致，细虚线、细点画线、细双点画线的线段（line segment）长度和间隔应各自大致相等，一般在图样中应保持图线的匀称协调。

② 图线之间相切、相交都应在线段处，而不应在点或间隔处，如图 1-11 所示。

③ 细虚线在粗实线的延长线上时，相接处应留出间隙，如图 1-11 所示。

④ 细点画线伸出图形轮廓线的长度一般为 2～5mm，当细点画线较短时，允许用细实线代替细点画线，如图 1-12 所示。

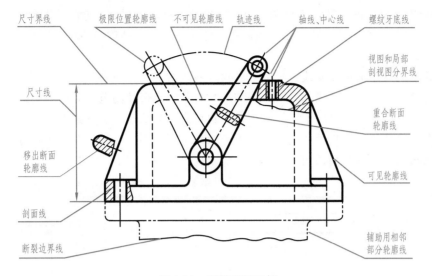

图 1-10　图线应用示例

⑤ 两种以上图线重叠时，只需画出一种，优先顺序为：可见轮廓线（粗实线）、不可见轮廓线（细虚线）、对称中心线（细点画线）、尺寸界线（细实线）。特殊用途的线型应尽量表达清楚。

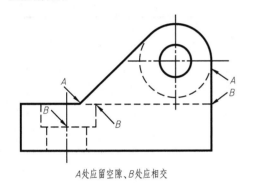

图 1-11　细虚线与其他图线的关系

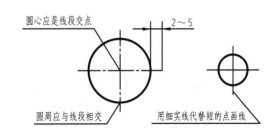

图 1-12　细点画线的画法

1.1.6　尺寸标注

图形只能表达物体的形状，而其上各部分结构的大小及相对位置还必须通过标注尺寸才能确定。因此，尺寸（dimension）也是图样的重要组成部分，尺寸标注是否正确（correct）、完整（complete）、清晰（clear）、合理（reasonable），直接影响图样的质量和产品加工质量。国家标准《机械制图　尺寸注法》（GB/T 4458.4—2003）和《技术制图　简化表示法　第 2 部分：尺寸注法》（GB/T 16675.2—2012）对尺寸注法作了一系列的规定，如规则、符号和方法等，我们必须严格遵守。

1.1.6.1　尺寸标注的基本规则

① 物体的真实大小应以图样上所标注的尺寸数值为依据，与图形的大小及绘图的准确程度无关。

② 图样中（包括技术要求和其他说明）的尺寸，以 mm 为单位时，不需标注计量单位符号（或名称），如采用其他单位，则应注明相应的单位符号。

③ 图样中所标注的尺寸，为该图样所示机件的最后完工尺寸，否则需另加说明。

④ 物体的每一尺寸一般只标注一次，并应标注在反映该结构最清晰的图形上。

1.1.6.2 尺寸的组成

一个完整的尺寸由尺寸界线、尺寸线、尺寸线终端和尺寸数字组成，如图 1-13 所示。

(1) 尺寸界线　尺寸界线（extension line）表示所注尺寸的范围，用细实线绘制，一般由图形的轮廓线、轴线或对称中心线处引出，也可利用轮廓线、轴线或对称中心线作为尺寸界线。通常，尺寸界线应与尺寸线垂直，并超出尺寸线终端 2mm 左右，必要时允许尺寸界线与尺寸线倾斜，如图 1-14 所示。

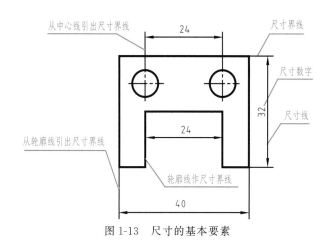

图 1-13　尺寸的基本要素　　　　　　图 1-14　尺寸界线与尺寸线倾斜

(2) 尺寸线　尺寸线（dimension line）表示尺寸度量的方向，用细实线绘制在尺寸界线之间，不能用其他图线代替，一般也不得与其他图线重合或画在其延长线上。标注线性尺寸时，尺寸线应与所标注的线段平行，当有几条尺寸线相互平行时，小尺寸应注在里面，大尺寸注在外面，避免尺寸线与尺寸界线相交，尺寸线间、尺寸线与轮廓线间距约 7mm。

(3) 尺寸线终端　尺寸线终端（terminal）有两种形式。

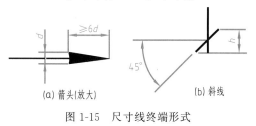

图 1-15　尺寸线终端形式

① 箭头。箭头（arrowhead）形式如图 1-15 (a) 所示，适用于各种类型的图样，机械图样中一般采用该种形式。

② 斜线。斜线（oblique line）用细实线绘制，其方向和画法如图 1-15 (b) 所示，采用它作为尺寸终端时，尺寸线与尺寸界线应相互垂直。

(4) 尺寸数字　尺寸数字（dimension numeral）表示所注物体尺寸的实际大小，与绘图的比例和绘图精度无关。线性尺寸的数字一般注写在尺寸线的上方，也可注在尺寸线的中断处，注写方向有两种。

方法一：如图 1-16 (a) 所示，水平方向的尺寸数字字头朝上；垂直方向的尺寸数字字头朝左；倾斜方向的尺寸数字字头保持朝上的趋势，并尽可能避免图示在 30° 范围内标注尺寸，当无法避免时，可按图 1-16 (b) 的形式标注；尺寸数字不可被任何图线所通过，否则应将该图线断开，如图 1-16 (c) 所示。

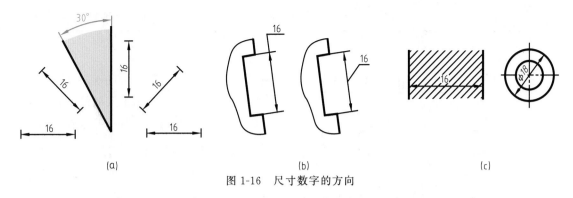

图 1-16 尺寸数字的方向

方法二：对于非水平方向的尺寸，其数字可水平地注写在尺寸线的中断处（图 1-17）。

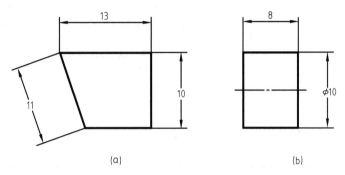

图 1-17 线性尺寸数字的另一种注写方法

尺寸数字一般采用方法一注写，在不致引起误解时，也允许采用方法二，但在一张图样中，尽可能采用同一种方法。

1.1.6.3 常用的尺寸注法

表 1-5 列举了一些尺寸注法示例以供参考。

表 1-5 尺寸注法示例

内容	示 例	说 明
角度		角度（angular）的尺寸界线应沿径向引出，尺寸线应画成圆弧，其圆心是该角的顶点；角度的尺寸数字一般应注写在尺寸线的中断处，并一律写成水平方向，必要时也可写在尺寸线的上方、外面或引出标注
直径和半径		直径（diameter）、半径（radius）的尺寸数值前，应分别加注符号"ϕ"、"R"，对球面，应在符号"ϕ"或"R"前再加注符号"S"，对于轴、螺杆、铆钉以及手柄等的端部，在不致引起误解的情况下可省略符号"S"；当圆弧的半径过大或在图纸范围内无法标注其圆心位置时，可用折线形式表示尺寸线，无须表示圆心位置时，可将尺寸线中断

内容	示　例	说　明
小尺寸	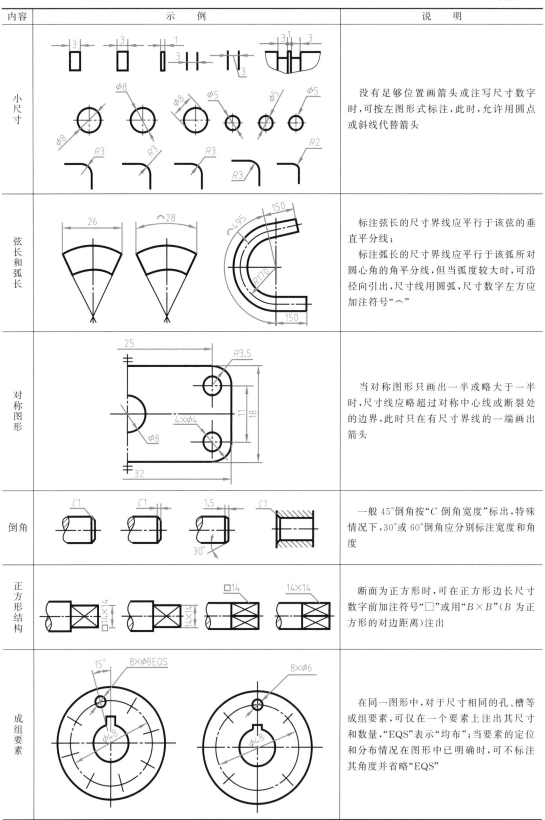	没有足够位置画箭头或注写尺寸数字时,可按左图形式标注,此时,允许用圆点或斜线代替箭头
弦长和弧长		标注弦长的尺寸界线应平行于该弦的垂直平分线; 标注弧长的尺寸界线应平行于该弧所对圆心角的角平分线,但当弧度较大时,可沿径向引出,尺寸线用圆弧,尺寸数字左方应加注符号"⌒"
对称图形		当对称图形只画出一半或略大于一半时,尺寸线应略超过对称中心线或断裂处的边界,此时只在有尺寸线的一端画出箭头
倒角		一般45°倒角按"C倒角宽度"标出,特殊情况下,30°或60°倒角应分别标注宽度和角度
正方形结构		断面为正方形时,可在正方形边长尺寸数字前加注符号"□"或用"B×B"(B为正方形的对边距离)注出
成组要素		在同一图形中,对于尺寸相同的孔、槽等成组要素,可仅在一个要素上注出其尺寸和数量,"EQS"表示"均布";当要素的定位和分布情况在图形中已明确时,可不标注其角度并省略"EQS"

1.1.6.4 尺寸标注的正误对比

图 1-18 是尺寸标注的正误对比图例。

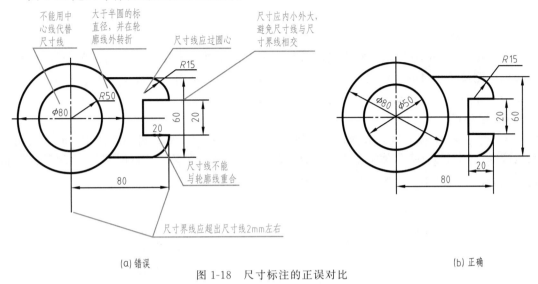

(a) 错误　　　　　　　　　　　　　　　　　　　(b) 正确

图 1-18　尺寸标注的正误对比

1.2　绘图工具、仪器及其使用方法

绘图方法分为尺规绘图、徒手绘图和计算机绘图三种。关于计算机绘图将在第 13 章介绍。

常用的绘图工具有图板、丁字尺、三角板、曲线板、绘图铅笔等，常用的绘图仪器有圆规、分规等。

1.2.1　绘图铅笔

常用绘图铅笔（drawing pencil）的铅芯按软硬程度的不同分别以字母 B、H 前的数字表示。B 前的数字越大表示铅芯越软，H 前的数字越大表示铅芯越硬，标号 HB 表示铅芯软硬适中。通常用 H 或 2H 铅笔画底稿和加深细线，此时铅芯要磨得很尖，一般是圆锥形〔如图 1-19（a）所示〕；用 B 或 HB 铅笔加粗加深全图，铅芯要磨得较钝，或磨成厚度等于粗实线线宽的楔形或长方形〔如图 1-19（b）所示〕，使能画出选定的粗线线宽的图线；用 HB 铅笔写字，铅芯要磨钝些。新铅笔应在不带型号标记的一端切削，保留标记以便识别。

1.2.2　图板和丁字尺

画图时，一般将图纸用胶带纸固定在图板上，如图 1-20 所示。

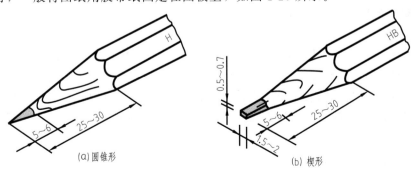

(a) 圆锥形　　　　　　　　　　　　(b) 楔形

图 1-19　铅笔的削法及尺寸

1.2.2.1　图板

图板（drawing board）是用作画图的垫板，要求表面平坦光洁，又因它的左边用作导边，所以左边必须平直。

1.2.2.2　丁字尺

丁字尺（T-square）是画水平线的长尺，它由相互垂直固定在一起的尺头和尺身组成，尺头的内侧边及尺身的工作边（上边）必须平直，画图时，用左手扶住尺头，使其内侧边紧靠图板左导边，上下移动丁字尺到适当位置，自左向右画水平线，如图 1-20 所示。

1.2.3　三角板

一副三角板（triangle）有两块，一块是 45°等腰直角三角形，另一块是 30°和 60°直角三角形。除用它们画直线，还可配合丁字尺画铅垂线和其他倾斜线，见图 1-21 和图 1-22。画铅垂线时，应用左手同时固定住丁字尺和三角板，自下向上画。

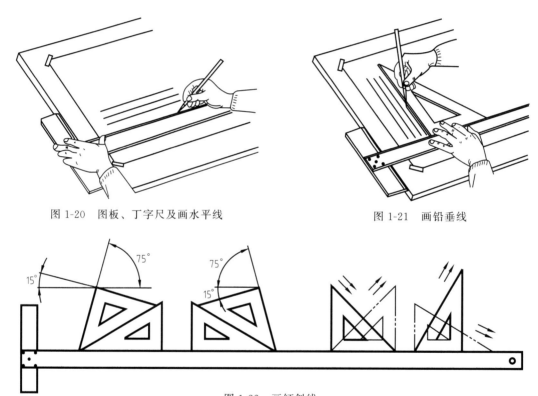

图 1-20　图板、丁字尺及画水平线　　　　　图 1-21　画铅垂线

图 1-22　画倾斜线

1.2.4　圆规和分规

1.2.4.1　圆规

圆规（compass）主要用于画圆及圆弧，较完整的圆规应附有铅芯插腿、钢针插腿、直线笔插腿和延伸杆等。画图时，应使用钢针具有台阶的一端，并将其固定在圆心上，这样圆心不会扩大，还应使针尖略长于铅芯尖，见图 1-23（a）；一般画圆或圆弧时，应使圆规按顺时针转动，并稍向前方倾斜，画较大圆或圆弧时，应使圆规的两条腿都垂直于纸面，如图 1-23（b）所示；画大圆时，还应接上延伸杆，如图 1-23（c）所示。

用圆规画底稿时，用较硬的铅芯；加深粗线圆弧用的铅芯应比加深粗实线的铅芯（B 或 HB）软一级（2B 或 B）。

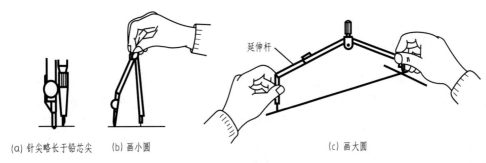

(a) 针尖略长于铅芯尖　　(b) 画小圆　　　　　　　　　　　(c) 画大圆

图 1-23　圆规的用法

1.2.4.2　分规

　　分规（divider）主要用来量取线段长度和等分线段，其形状与圆规相似，但两腿都是钢针。为了能准确地量取尺寸，如图 1-24（a），分规的两针尖应保持尖锐，使用时，两针尖应调整到平齐，即当分规两腿合拢后，两针尖必聚于一点，如图 1-24（b）所示。

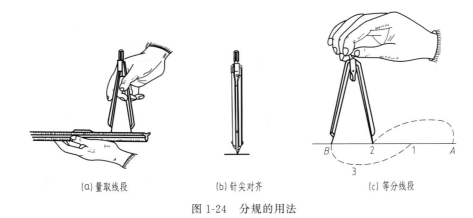

(a) 量取线段　　　　　　　　(b) 针尖对齐　　　　　　　(c) 等分线段

图 1-24　分规的用法

　　等分线段时，通常用试分法。现以三等分线段 AB 为例，按目测将两针尖的距离调整到大致为 $AB/3$，从 A 量得 1；1 处的针尖不动，另一针尖移至 2；2 处的针尖不动，另一针尖移至 3，若 3 恰好在 B 点，则试分完成；若 3 在 AB 内，则针尖距离按目测增加 $B3/3$ 再试分；若 3 在 AB 外，则针尖距离按目测减少 $B3/3$ 再试分，直到 3 与 B 点重合。如图 1-24（c）所示。

1.2.5　曲线板

　　曲线板（curve template）是用来绘制非圆曲线的。首先要定出曲线上足够数量的点，再徒手用铅笔轻轻地将各点光滑地连接起来，然后选择曲线板上曲率与之相吻合的部分分段画出各段曲线。连接时至少通过曲线上三个点，并注意留出曲线末端的一小段不画，用于连接下一段曲线，这样曲线才显得圆滑，如图 1-25 所示。

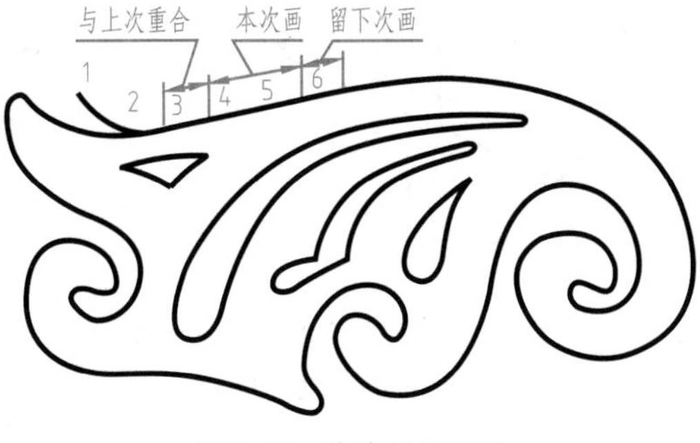

图 1-25　曲线板的用法

1.2.6　其他辅助工具

　　为了提高绘图质量和速度，还需要胶带、橡皮、小刀、量角器、擦图片、砂纸、软毛刷及各类绘图模板等辅助工具。

1.3 几何作图

虽然物体的轮廓形状是多样化的，但它们基本上都是由直线、圆弧和其他一些曲线组成的几何图样，所以在工程图样中需要运用一些基本的作图方法。所谓几何作图（geometry for drafting），就是依照给定的条件，准确地绘出预定的几何图形。若遇到一些复杂的图形，必须学会分析图形并掌握基本的几何作图方法，才能准确无误地将图形绘制出来。本节介绍斜度和锥度的画法、圆周等分、圆弧连接和椭圆的画法等。

1.3.1 斜度和锥度

1.3.1.1 斜度

斜度（slope）是一直线或一平面对另一直线或另一平面的倾斜程度，其大小用它们之间夹角的正切来表示，在图样中以 $1:n$ 的形式标注。图 1-26 给出了斜度为 $1:6$ 的斜线的画法及标注，标注时斜度符号的倾斜方向应与斜度方向一致，h 为尺寸数字的字高。

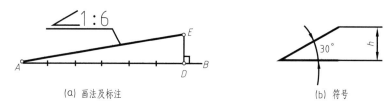

(a) 画法及标注　　　　　　　　(b) 符号

图 1-26　斜度

1.3.1.2 锥度

锥度（taper）是正圆锥底圆直径与其高度或圆台两底圆直径之差与其高度之比，以 $1:n$ 的形式标注，如图 1-27 所示。画锥度时，一般先将锥度转化为斜度，如锥度为 $1:5$，则斜度为 $1:10$，标注时锥度符号的方向应与锥度一致。

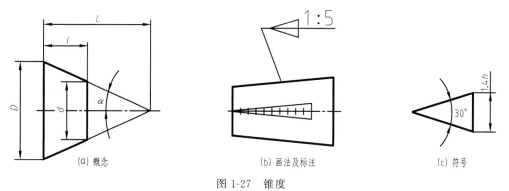

(a) 概念　　　　　　(b) 画法及标注　　　　　　(c) 符号

图 1-27　锥度

1.3.2 等分圆周及常用正多边形画法

下面介绍圆内接正五边形（regular pentagon）、正六边形（regular hexagon）的画法并以正七边形为例，介绍圆内接正 n 边形的近似画法。

1.3.2.1 正五边形

① 作 OB 的中点 E，如图 1-28（a）所示。

② 以 E 点为圆心，EC 为半径作弧，交 OA 于 F 点，如图 1-28（b）所示。

③ 以 CF 为边长，将圆周五等分，即可作出圆内接正五边形，如图 1-28（c）所示。

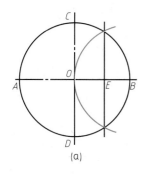
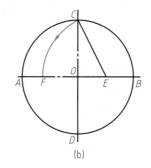
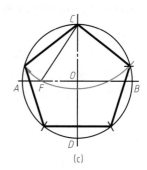

图 1-28　正五边形画法

1.3.2.2　正六边形

① 用圆规作图　分别以已知圆在水平直径上的两处交点 A、B 为圆心，以 R = D/2 作圆弧，与圆交于 C、D、E、F 点，依次连接 A、D、F、B、E、C、A 点即得圆内接正六边形，如图 1-29（a）所示。

② 用三角板作图　以 60°三角板配合丁字尺作平行线，画出四条斜边，再以丁字尺作上、下水平边，即得圆内接正六边形，如图 1-29（b）所示。

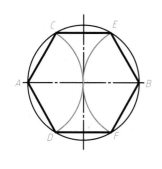
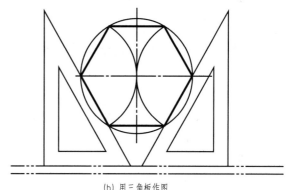

(a) 用圆规作图　　　　　　　　　(b) 用三角板作图

图 1-29　正六边形画法

1.3.2.3　正 n 边形

n 等分铅垂直径 CD（图 1-30 中 n＝7），以 D 点为圆心，CD 为半径作弧，交水平中心线 AB 的延长线于 E 点，连线 E2 并延长与圆周交得 F 点，同样，连线 E4、E6 并延长与圆周交于 G、H 点，再作出 F、G、H 点的对称点，即可作出圆内接正 n 边形。

1.3.3　圆弧连接

物体的轮廓从一直线或圆弧经圆弧光滑地过渡到另一直线或圆弧的情况称为圆弧连接（circle arc connection）。这种光滑过渡实质上就是使圆弧与直线或圆弧与圆弧相切（tangency），

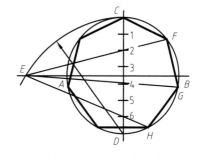

图 1-30　正 n 边形画法

为了保证连接的光滑，作图时必须准确地求出连接圆弧的圆心和切点（point of tangency）。

圆弧连接的基本作图原理，如图 1-31 所示。

① 与已知直线相切的圆弧（半径为 R）的圆心轨迹是一条直线，该直线与已知直线平行，且距离为 R，自选定的圆心向已知直线作垂线，垂足就是切点。

② 与已知圆弧（半径为 R_1）外切（externally tangent）或内切（internally tangent）的圆弧（半径为 R）的圆心轨迹为已知圆弧的同心圆，其半径为两半径之和或之差，连心线与已知圆弧的交点即为切点。

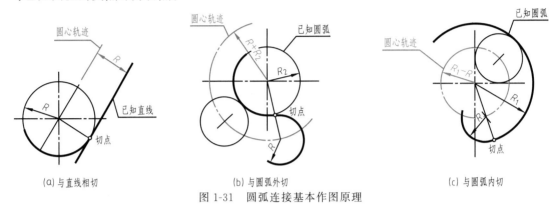

(a) 与直线相切　　　　　　　　(b) 与圆弧外切　　　　　　　　(c) 与圆弧内切

图 1-31　圆弧连接基本作图原理

圆弧连接各种情况及作图见表 1-6。

表 1-6　圆弧连接各种情况及作图

连接	已知条件	作图方法和步骤		
		1. 求连接弧圆心 O	2. 求切点 A、B	3. 画连接弧并加深
连接两已知直线				
外接两已知圆弧				
内接两已知圆弧				
内外接两已知圆弧				

连接	已知条件	作图方法和步骤		
		1. 求连接弧圆心 O	2. 求切点 A、B	3. 画连接弧并加深
连接已知直线和外接圆弧	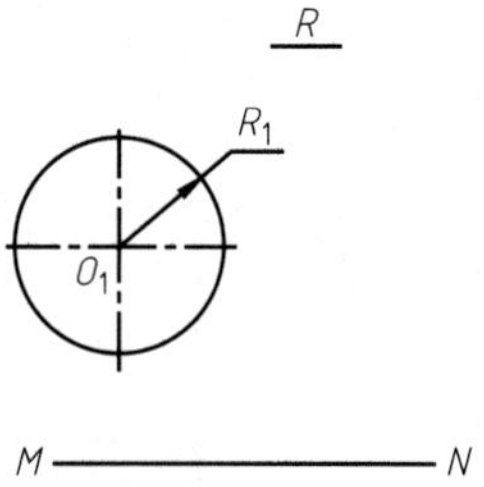	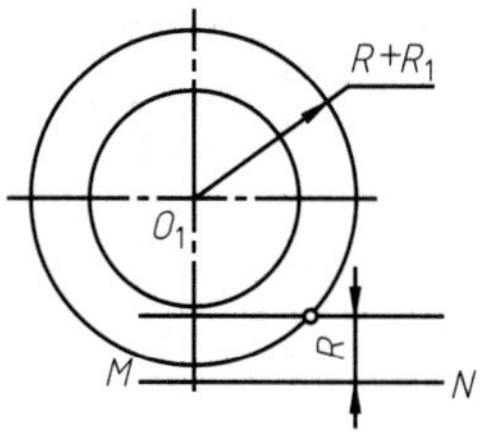	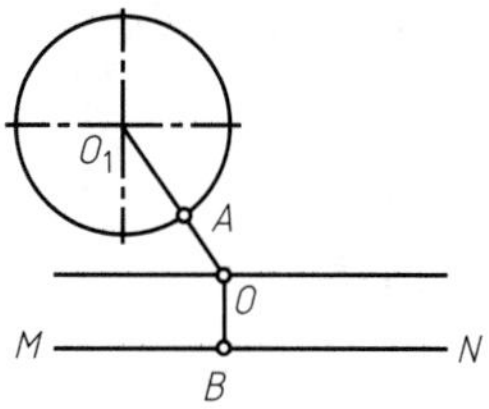	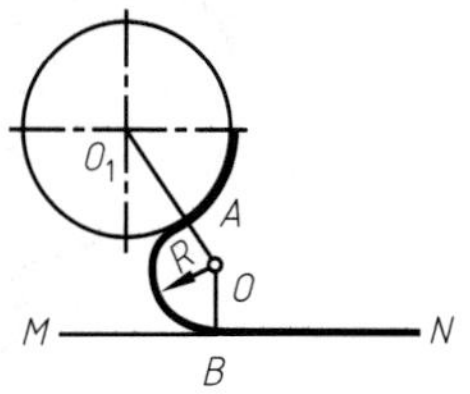
连接已知直线和内接圆弧	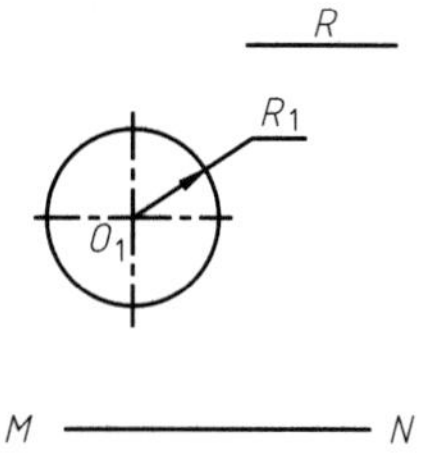	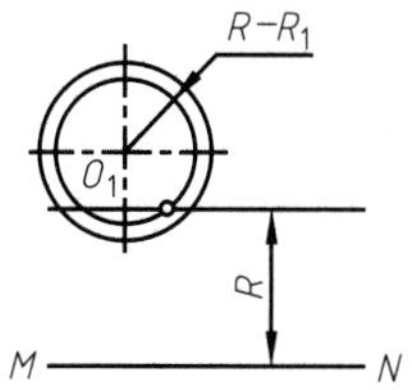	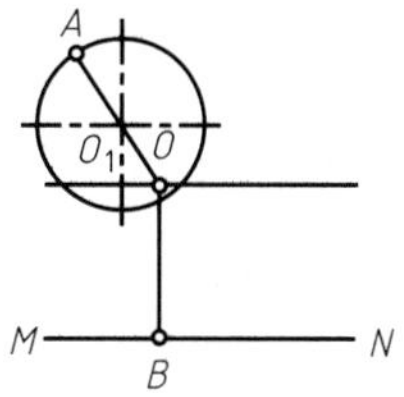	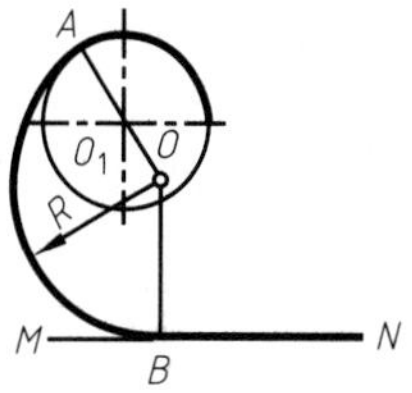

1.3.4 椭圆的画法

椭圆（ellipse）为常见的非圆曲线，在已知长轴（major axis）、短轴（minor axis）的条件下，通常采用同心圆法（准确画法）和四心圆法（近似画法）。

1.3.4.1 同心圆法

已知椭圆的长、短轴，同心圆法作图如下。

【作图】

① 以 O 为圆心，分别以半长轴 OA、半短轴 OC 为半径画圆。

② 过圆心作若干射线等分两圆周若干份（例如 12 等份）。

③ 从大圆各等分点作短轴的平行线，与过小圆各对应等分点所作的长轴的平行线相交，得椭圆上各点。

④ 用曲线板将椭圆上各个点光滑连成椭圆，如图 1-32（a）所示。

1.3.4.2 四心圆法

【作图】

① 连接长、短轴的端点 A、C，以 C 点为圆心，半长、短轴之差（CE）为半径画弧与 AC 线交于 F 点。

② 作 AF 的中垂线与长、短轴分别交于 O_1、O_2，并分别求 O_1、O_2 的对称点 O_3、O_4。

③ 分别以点 O_2、O_4 为圆心，O_2C、O_4D 为半径画弧，分别交 O_2O_1、O_2O_3 延长线于 K、L 点，交 O_4O_1、O_4O_3 延长线于 N、M 点。

④ 再分别以 O_1、O_3 为圆心，O_1K、O_3L 为半径画弧得弧 $\overset{\frown}{KN}$、$\overset{\frown}{LM}$，如图 1-32（b）所示，四段圆弧近似地代替了椭圆，圆弧间的连接点为 K、L、M、N，这种画法对长短轴相差不多的椭圆最适用。

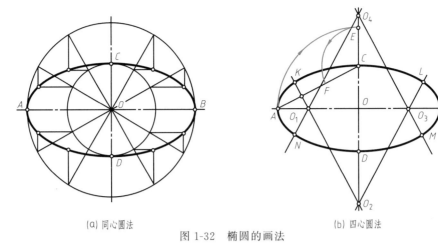

(a) 同心圆法　　　图 1-32　椭圆的画法　　　(b) 四心圆法

1.4　平面图形的分析与尺寸标注

平面图形都是由若干直线和曲线连接而成的，这些线段必须根据给定的尺寸关系画出，所以要想正确而又迅速地画好平面图形，就必须首先对图形中标注的尺寸进行分析，以了解图形中各种线段的形状、大小、位置及性质。

1.4.1　平面图形的尺寸分析

① 定形尺寸（shape dimension）——确定平面图形中几何要素大小的尺寸，如直线的长度、圆弧的直径或半径、角度的大小等。图 1-33 中外线框的 $R12$ 和两个 $R20$ 以及 $R15$ ；内线框的 $R8$ ，两个小圆的 $2\times\phi12$ 都是定形尺寸。

② 定位尺寸（location dimension）——确定几何元素相对位置的尺寸，如圆心和直线相对于坐标系的位置等。图 1-33 中左右两个圆心的距离 65 ，上下两个半圆的圆心离中心线的距离 5 和 10 即为定位尺寸。

③ 尺寸基准（dimension datum）——确定注写定位尺寸的起点，对平面图形而言，有水平和垂直两个方向基准，相当于 X 、 Y 轴，通常以对称（或基本对称）图形的对称线、较大圆的中心线、较长的直线作为尺寸基准。图 1-33 选择对称中心线为水平方向基准，垂直方向基准选基本对称线。

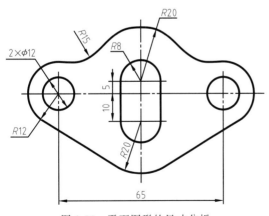

图 1-33　平面图形的尺寸分析

1.4.2　平面图形的线段分析和画图顺序
1.4.2.1　平面图形的线段分析

根据所注的尺寸，平面图形中线段（直线和圆弧）可以分为以下三类（以图 1-34 为例）。

① 已知线段（known line segment）——定形尺寸、定位尺寸齐全，可直接画出的线段，如 $R10$ 的圆弧，其圆心位置可由尺寸 75 确定。

② 中间线段（intermediate line segment）——缺少一个定位尺寸，必须依靠一端与另一

线段相切而画出的线段，如 $R50$ 的圆弧，其圆心的 X 方向的定位尺寸不知，需要利用与 $R10$ 圆弧的连接关系（内切），才能求出它的圆心和连接点。

③ 连接线段（connecting line segment）——缺少两个定位尺寸，要依靠两端与另两线段相切才能画出的线段。如 $R12$ 的圆弧必须利用与 $R50$ 和 $R15$ 两圆弧的外切关系才能画出。

1.4.2.2　平面图形的画图顺序

通过以上对平面图形的线段分析可知，画图顺序应为：先画基准线；再按已知线段、中间线段、连接线段的顺序依次画出各线段；最后检查全图，按各种图线的要求加深，并标注尺寸。

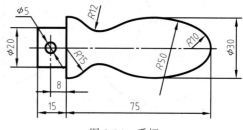

图 1-34　手柄

手柄的作图步骤如下。

① 画基准线 A、B。

② 画已知线段（直线、小圆和圆心分别在 O、O_5 点半径为 $R10$、$R15$ 的圆弧）。

③ 画中间弧。作平行并相距 B 均为 15 的两平行线 Ⅱ、Ⅲ，然后作 Ⅰ、Ⅳ 分别平行于Ⅲ、Ⅱ，且相距均为 50，按内切几何条件分别求出中间弧 $R50$ 的圆心 O_1、O_2，连 OO_1、OO_2，求出切点 T_1、T_2，画出两段中间弧 $R50$，如图 1-35（a）所示。

④ 画连接弧。按外切几何条件分别求出连接弧 $R12$ 的圆心 O_3、O_4，连 OO_3、OO_4、O_3O_1、O_4O_2，求出切点 T_3、T_4、T_5、T_6，画出两段连接弧 $R12$，如图 1-35（b）所示，完成底稿。

⑤ 检查，加深图线，并标注尺寸，如图 1-34 所示。

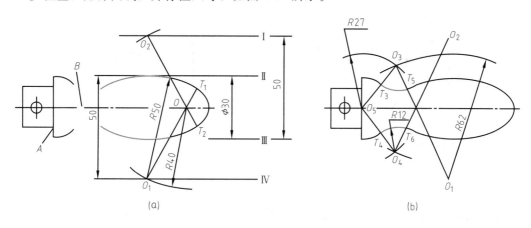

图 1-35　手柄的作图步骤

1.4.3　平面图形的尺寸标注

平面图形中标注的尺寸，必须能唯一地确定图形的形状和大小，不遗漏、不重复地标注出确定各线段的相对位置及大小的尺寸，其方法和步骤如下。

① 先选择水平和垂直方向的基准线。

② 确定图形中各线段的性质。

③ 按已知线段、中间线段、连接线段的次序逐个标注尺寸。

请读者按图 1-34 自行分析手柄尺寸标注的步骤。

图 1-36 列出了几种平面图形的尺寸标注示例。

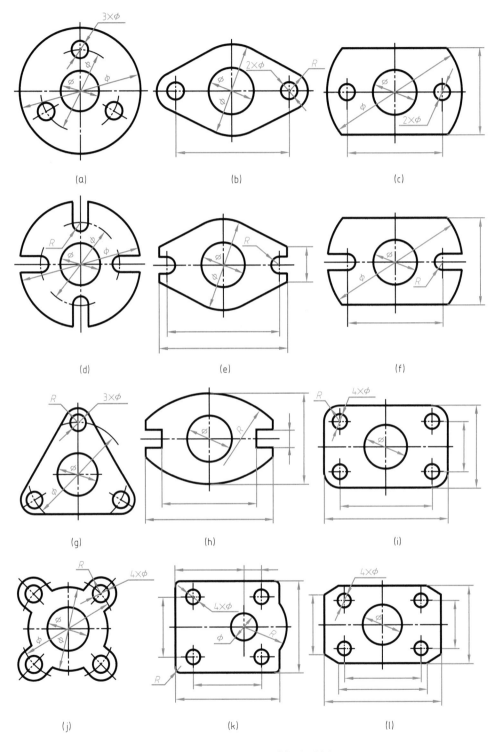

图 1-36　平面图形尺寸标注示例

1.5 绘图的方法和步骤

1.5.1 尺规绘图的方法与步骤

尺规绘图是指用绘图工具和仪器绘制图样。

为了保证绘图的质量，提高绘图的速度，除正确使用绘图仪器、工具，熟练掌握几何作图方法和严格遵守国家制图标准外，还应注意下述的绘图方法和步骤。

（1）准备工作

① 收集阅读有关的文件资料，对所绘图样的内容及要求进行了解，在学习过程中，对作业的内容、目的、要求，要了解清楚，在绘图之前做到心中有数。

② 准备好必要的绘图仪器、工具和用品。

③ 整理工作地点，将图纸用胶带纸固定在图板上，一般将图纸粘贴在图板的左下方，图纸左边至图板边缘 $30\sim50\text{mm}$，图纸下边至图板边缘的距离略大于丁字尺的宽度。

（2）考虑图形布局

① 按制图标准的要求，先画图框及标题栏的位置。

② 根据图样的数量、大小及复杂程度选择比例。

③ 将图形布置在图面的中间位置。

（3）轻画底稿

① 画图形的主要轮廓线，再由大到小，由整体到局部，直至画出所有轮廓线。

② 画尺寸界线、尺寸线以及其他符号等。

③ 最后进行仔细的检查，擦去多余的线条。

（4）用铅笔加深

① 加深各类型线。

② 加深图框线、标题栏及表格，并填写其内容及说明。

（5）注意事项

① 画底稿的铅笔用 H 至 3H，线条要轻而细。

② 加深粗实线的铅笔用 HB 或 B，加深细实线的铅笔用 H 或 2H，写字的铅笔用 H 或 HB，加深圆弧时所用的铅芯，应比加深同类型直线所用的铅芯软一号。

③ 加深各类线型的顺序是：中心线、粗实线、虚线、细实线，加深同类线型时，要按照水平线从上到下，垂直线从左到右，倾斜线从左上方到右下方的顺序一次完成，加深后其粗细和深浅要保持一致。

④ 当直线与曲线相连时，先加深曲线后加深直线。

⑤ 加深粗实线时，要以底稿线为中心线，以保证图形的准确性。

1.5.2 徒手绘图的方法与步骤

依靠目测来估计物体各部分的尺寸比例、徒手绘制的图样称为草图（sketch）。在设计、测绘、修配机器时，都要绘制草图，所以徒手绘图是和使用仪器绘图同样重要的绘图技能。

绘制草图时使用软一些的铅笔（如 HB、B 或者 2B），铅笔削长一些，铅芯呈圆形，粗细各一支，分别用于绘制粗、细线。可以用有方格的专用草图纸，或者在白纸下面垫一张有格子的纸，以便控制图线的平直和图形的大小。

（1）直线的画法 画直线时，可先标出直线的两端点，在两点之间先画一些短线，再连成一条直线。运笔时手腕靠着纸面，目光注视线的终点，不可只盯着笔尖。

画水平线应自左至右画出；垂直线自上而下画出；斜线斜度较大时可自左向右下或自右向左下画出，如图1-37所示。

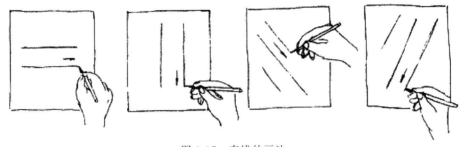

图1-37　直线的画法

（2）角度线的画法　画30°、45°、60°等常用角度线，可根据两直角边的比例关系，在两直角边上走出几点，然后连线而成；若画10°、15°等角度线，可先画出30°的角后再二等分、三等分得到，如图1-38所示。

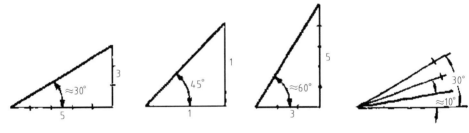

图1-38　角度线的画法

（3）圆的画法　画圆时，应先画中心线，较小的圆在中心线上定出半径的四个端点，过这四个端点画圆；稍大的圆可以过圆心再作两条斜线，在各线上定出半径长度，然后过这八个点画圆，如图1-39所示。圆的直径很大时，可以用手作圆规，以小指支撑于圆心，使铅笔与小指的距离等于圆的半径，笔尖接触纸面不动，转动图纸，即可得到所需的大圆，也可在一纸条上作出半径长度的记号，使其一端置于圆心，另一端置于铅笔，旋转纸条，便可以画出所需圆，如图1-40所示。

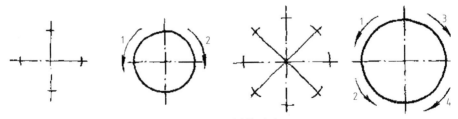

图1-39　圆的画法

（4）椭圆的画法

① 由长短轴画椭圆。先画垂直相交的两条线，目测定出椭圆长轴 AB、短轴 CD，过各端点作一矩形，如图1-41（a）所示，在对角线上按相同比例（$E1：1O=3：7$）取四个点1、2、3、4，然后用四段圆弧连成椭圆。

② 由共轭直径画椭圆。先画共轭直径 AB、CD，过各端点作平行四边形，如图1-41

（b）所示，其余步骤同上。

（5）平面图形的画法　徒手画平面图形时，其步骤与仪器绘图的步骤相同，一定要注意图形的长与高的比例，以及图形的整体与细部的比例是否正确，要尽量做到直线平直、曲线光滑、尺寸完整。初学画草图时，最好画在方格纸上，图形各部分之间的比例可借助方格数来确定，如图 1-42 所示，熟练后可逐步离开方格纸而在空白的图纸上画出工整的草图。

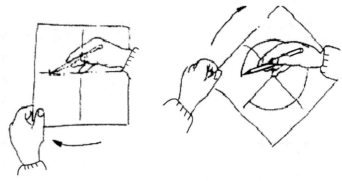

图 1-40　大圆的画法

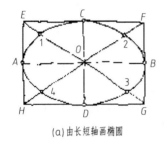

（a）由长短轴画椭圆

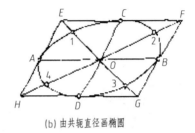

（b）由共轭直径画椭圆

图 1-41　椭圆的画法

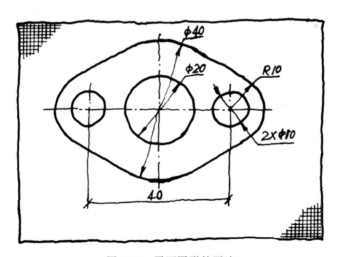

图 1-42　平面图形的画法

第2章   点、直线和平面的投影

2.1 投影法

实际工程中的图样是按一定的投影方法绘制的，要掌握图样的阅读和绘制方法，须先了解投影法（projection method）的基本知识。

2.1.1 投影法的概念

日常生活中，灯光或阳光照射物体时，在地面或墙面上就会产生影子。人们将这一

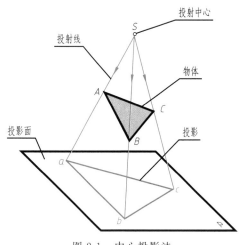

图 2-1 中心投影法

自然现象归纳、抽象，便形成了把空间物体投射在平面上的投影方法。如图 2-1 所示，把光源抽象为一点 S，称为投射中心（projection center）；发自投射中心 S 且通过物体 $\triangle ABC$ 上各点的直线 SA、SB、SC 称为投射线（projection line）；在 P 平面上得到图形 $\triangle abc$，平面 P 称为投影面（projection plane），$\triangle abc$ 则称为物体的投影图，简称投影（projection）。这种投射线通过物体，向选定的投影面投射而在该面上得到投影的方法称为投影法。常用的投影法有两类：中心投影法（central projection method）和平行投影法（parallel projection method）。

2.1.2 投影法的种类

2.1.2.1 中心投影法

投射线汇交于一点的投影法称为中心投影法，如图 2-1 所示。用此法所得投影 $\triangle abc$ 的形状和大小与物体 $\triangle ABC$ 的位置有关，但立体感强，故主要用于绘制建筑物或产品具有直观立体感的图——透视图（perspective drawing）。

2.1.2.2 平行投影法

若将投射中心 S 沿着不平行于投影面的方向移到无穷远处，这时投射线就可以看作是互相平行的。投射线相互平行的投影法称为平行投影法，如图 2-2 所示。在平行投影法中，因其投射线的方向不同又分为两种投影方法。

（1）斜投影法 投射线与投影面倾斜的平行投影法称为斜投影法（oblique projection method），根据斜投影法所得到的投影称为斜投影，如图 2-2（a）所示。

（2）正投影法 投射线与投影面垂直的平行投影法称为正投影法（orthographic projection method），根据正投影法所得到的投影称为正投影，如图 2-2（b）所示。

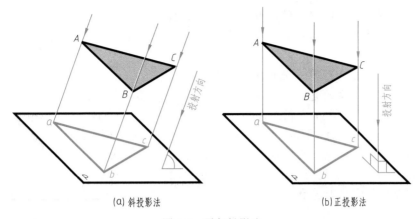

(a) 斜投影法   (b) 正投影法

图 2-2 平行投影法

2.1.2.3 正投影的特点

（1）实形性（authenticity） 当平面（或直线段）平行于投影面时，其投影反映实形（或实长），如图 2-3（a）所示。

（2）积聚性（accumulation） 当平面（或直线段）垂直于投影面时，其投影积聚为直线（或一点），如图 2-3（b）所示。

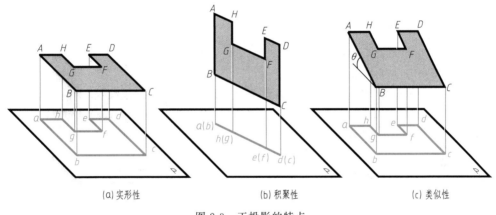

(a) 实形性   (b) 积聚性   (c) 类似性

图 2-3 正投影的特点

（3）类似性（similarity） 当平面（或直线段）倾斜于投影面时，其平面的投影形状与原来形状类似，直线的投影为直线，但小于实长，如图 2-3（c）所示。

由于正投影法能准确地反映物体的真实形状和大小，度量性好，作图简便，因此机械图样主要采用正投影法绘制。后面若不特别说明，投影均指正投影。

2.2 点的投影

点、直线和平面是构成立体的基本几何要素，要能够正确而迅速地绘制和阅读立体的投影图，必须先掌握这些基本几何要素的投影规律和投影特性。

2.2.1 投影面体系

如图 2-4 所示，由空间点 A 向投影面 P 作投射线，与 P 面相交得唯一的投影 a。反之，若已知 A 点在投影面 P 上的投影 a，却不能唯一确定 A 点的空间位置，因为过 A 点所作的 P 平面的投射线上所有点的投影（如点 A、A_1、A_2、…），都重合在 a 上。由此可得到一个结论：一般情况下，点的一个投影不能唯一确定空间点的位置。

因此，常将立体放在相互垂直的两个或更多的投影面之间，向这些投影面作投影，形成它的多面正投影。

2.2.2　点在两投影面体系第一分角中的投影

2.2.2.1　两投影面体系的建立

如图 2-5 所示，设立两个互相垂直的投影面构成的两投影面体系（two projection plane system），其中正立投影面（frontal projection plane）简称正面，用 V 表示；水平投影面（horizontal projection plane）简称水平面，用 H 表示。这个两投影面体系将空间分成了四个分角。V 面与 H 面的交线为 OX 轴，也称为投影轴（projection axis），用细实线绘制。图 2-6（a）是两投影面体系中的第一分角。

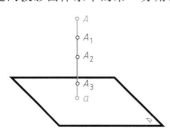

图 2-4　点的一个投影不能唯一确定空间点的位置

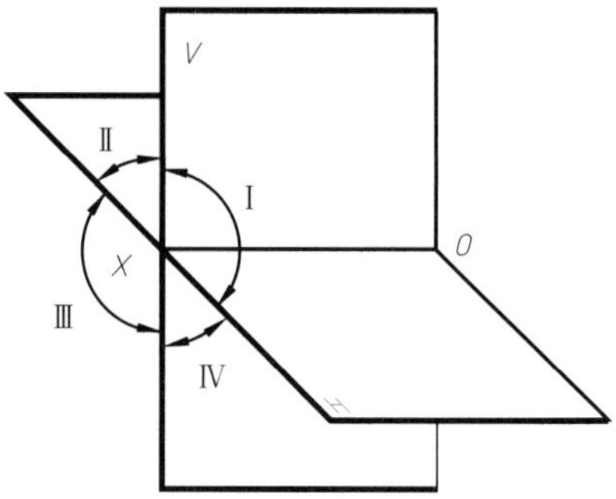

图 2-5　两投影面体系

本书主要介绍我国常采用的第一分角投影。

2.2.2.2　点在两投影面体系中的投影

如图 2-6（a）所示，将点（point）A 置于两投影面体系第一分角中，由点 A 分别向 V 面和 H 面作投射线得投影 a' 和 a。a' 为点 A 的正面（V 面）投影；a 为点 A 的水平（H 面）投影。现规定：用大写字母表示空间的点，用对应的小写字母加一撇和小写字母表示该点的正面投影（frontal projection）和水平投影（horizontal projection）。实际作图时需要将互相垂直的 V 面和 H 面展开，方法是：V 面保持不动，将 H 面绕 OX 轴向下旋转 $90°$，使 H 面与 V 面共面，如图 2-6（b）所示。点的投影只取决于点在投影面中的位置，与投影面的大小无关。在实际作图时，可只画出投影轴，不画投影面边框，也可不标出 a_X，点 A 的两面投影图如图 2-6（c）所示。

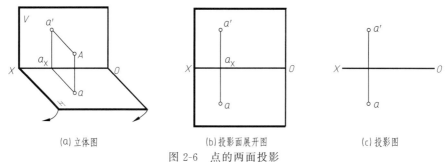

(a)立体图　　　　　　　(b)投影面展开图　　　　　　　(c)投影图

图 2-6　点的两面投影

2.2.2.3　点的投影规律

由立体几何可知：相交的两条投射线 Aa' 和 Aa 所组成的平面分别垂直于 V 面和 H 面，所以必垂直于它们的交线 OX 轴，且与 OX 轴的交点是 a_X。因为 OX 轴垂直于 Aa' 和 Aa 所组成的平面，所以必垂直于 Aa' 和 Aa 所组成的平面内的所有直线，即 OX 轴也垂直于直线

$a'a_X$ 和 aa_X。因此，在投影面展开后，a' 和 a 的连线（称为投影连线，用细实线绘制）必垂直于 OX 轴，此连线与 OX 轴的交点即 a_X，如图 2-6（b）所示。

从图 2-6（a）还可以看到，$a'a_X$、aa_X 分别是 Aa' 和 Aa 所组成的平面与 V 面、H 面的交线，且 $a'a_X$、aa_X、Aa'、Aa 构成矩形，因此有 $Aa'=aa_X$；$Aa=a'a_X$，因为 Aa' 和 Aa 分别反映了空间点 A 到 V 面和 H 面的距离，所以 aa_X 和 $a'a_X$ 也反映了空间点 A 到 V 面和 H 面的距离。

可见，点的投影规律（projection rule）如下：

① 点的投影连线（projection connection line）垂直于投影轴，即 $a'a \perp OX$。

② 点的投影到投影轴的距离，等于该点到相邻投影面的距离，即 $a'a_X=Aa$；$aa_X=Aa'$。

点的两面投影可唯一确定该点的空间位置。

2.2.3　点在三投影面体系第一分角中的投影

2.2.3.1　三投影面体系的建立

虽然在两投影面体系中已经能够确定空间点的位置，但为后面清晰地表达某些几何形体，有时需采用第三面投影图，因此在两投影面体系的基础上，再加一个与 V 面、H 面都垂直的侧立投影面（profile projection plane），简称侧面，用 W 表示，于是就形成了三投影面体系（three projection plane system），这个三投影面体系将空间划分为八个分角，如图 2-7 所示。图 2-8（a）是三投影面体系中的第一分角。三个投影面的交线为三根投影轴：正面 V 与水平面 H 的交线为 OX 轴；正面 V 与侧面 W 的交线为 OZ 轴；水平面 H 与侧面 W 的交线为 OY 轴。三条轴线的交点称为原点，用 O 表示。

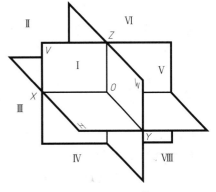

图 2-7　三投影面体系

2.2.3.2　点在三投影面体系中的投影

如图 2-8（a）所示，由空间点 A 分别向三个投影面 V、H、W 作投射线，得到三个投影：正面投影 a'、水平投影 a、侧面投影 a''。投射线 Aa''、Aa'、Aa 分别为点 A 到 W、V、H 三个投影面的距离，也等于 A 点的三个坐标：X 坐标（X_A）、Y 坐标（Y_A）、Z 坐标（Z_A）。与在两投影面体系中相同，每两条投射线分别确定一个平面，与三个投影面分别相交，构成一个长方体 $Aaa_Xa'a_Za''a_YO$。由于长方体的每组对边平行且相等，可以得到空间点 A 到三个投影面的距离与坐标的关系如下。

A 点到 W 面的距离 $Aa''=a'a_Z=aa_Y=X_A$（A 点的 X 坐标）。

A 点到 V 面的距离 $Aa'=aa_X=a''a_Z=Y_A$（A 点的 Y 坐标）。

A 点到 H 面的距离 $Aa=a'a_X=a''a_Y=Z_A$（A 点的 Z 坐标）。

保持 V 面不动，将 H 面绕 OX 轴向下旋转 $90°$，将 W 面绕 OZ 轴向右旋转 $90°$，使 V、H、W 三个投影面展开在一个平面中。这时，OY 轴分成 H 面上的 OY_H 和 W 面上的 OY_W，交点分成 H 面上的 a_{Y_H} 和 W 面上的 a_{Y_W}，如图 2-8（b）所示。与两投影面体系相同，可不画投影面的边界以及 a_X、a_Y、a_Z，如图 2-8（c）所示，为了作图方便，可用过点 O 的 $45°$ 辅助线（assistant line），aa_{Y_H}、$a''a_{Y_W}$ 的延长线必与这条辅助线交汇于一点。

由上可知，点 A 的任意两个投影反映了点的三个坐标值。有了点 A 的一组坐标值 A (X_A, Y_A, Z_A)，就能唯一地确定该点的三面投影 A (a', a, a'')；反之亦然。

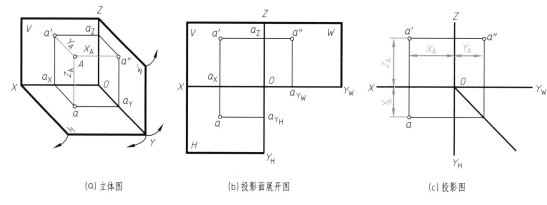

(a) 立体图	(b) 投影面展开图	(c) 投影图

图 2-8　点的三面投影

2.2.3.3　点的投影规律

根据以上分析，点的投影规律如下。

① 点的两投影连线垂直于投影轴，即 $a'a \perp OX$，$a'a'' \perp OZ$，$aa_{Y_H} \perp OY_H$，$a''a_{Y_W} \perp OY_W$。

② 点的投影到投影轴的距离等于点的坐标，也就是该点到包含此投影轴的相邻投影面的距离。

[例 2-1]　已知点 A (14, 15, 18)，作出点 A 的三面投影图并画出立体图。

【作图】　(1) 作投影图

① 作出互相垂直的坐标轴，由 O 点沿 OX 轴向左量取 14 即 $X_A = 14$，得点 a_X，如图 2-9 (a) 所示。

② 过 a_X 作 OX 轴的垂线，并在此垂线上沿 OY_H 方向向下量取 15 即 $Y_A = 15$，得点 a；沿 OZ 方向向上量取 18 即 $Z_A = 18$，得点 a'，如图 2-9 (b) 所示。

③ 过点 a 作 OX 轴的平行线与 45°辅助线相交，过交点作 OY_W 轴的垂线与过 a' 所作 OX 轴的平行线相交，交点即为所求 a''，如图 2-9 (c) 所示。

(2) 画立体图

① 作一矩形表示 V 面，其底边和右边分别为 OX、OZ 轴，两轴的交点为 O 点，如图 2-10 (a) 所示。

② 过 O 点作 45°斜线作为 OY 轴，以 OX、OY 为边作一平行四边形表示 H 面，再以 OY、OZ 为边作一平行四边形表示 W 面，V、H、W 面构成三投影面体系，如图 2-10 (b) 所示。

③ 根据 X_A、Y_A、Z_A 分别在 OX、OY、OZ 轴上定出 a_X、a_Y、a_Z 三点，如图 2-10 (c) 所示。

④ 过 a_X、a_Y、a_Z 三点分别作 OX、OY、OZ 轴的平行线，在 V、H、W 面上得到三个交点 a'、a、a''，如图 2-10 (d) 所示。

⑤ 分别过 a'、a、a'' 作 V、H、W 面的垂线，三线交于一点 A 即为所求，如图 2-10 (e) 所示。

[例 2-2]　已知点 A 的投影 a' 和 a''，试求投影 a [图 2-11 (a)]。

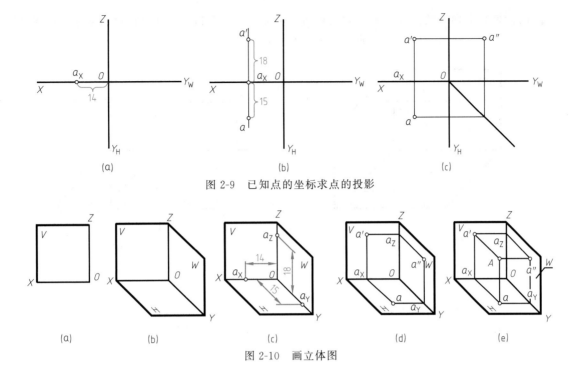

图 2-9　已知点的坐标求点的投影

图 2-10　画立体图

【作图】　如图 2-11（b）所示。

（1）过 a' 作 OX 轴的垂线。

（2）过 a'' 作 OY_W 轴的垂线并延长交于 45°辅助线，由交点作 OX 轴的平行线与过 a' 作 OX 轴的垂线相交，交点即为 a。

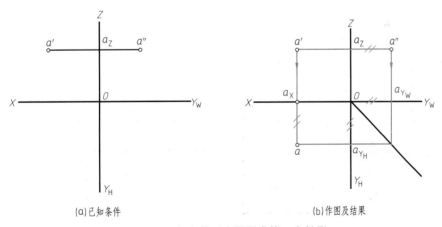

(a)已知条件　　　　　　　(b)作图及结果

图 2-11　已知点的两个投影求第三个投影

2.2.3.4　特殊位置点的投影

（1）投影面上点的投影　如图 2-12（a）所示，点 B 在 V 面上，点 C 在 H 面上。从图中可以看出投影面上点的投影特性是：投影面上的点有一个坐标为零，在该投影面上的投影与该点重合，另两投影在相应的投影轴上。

【注意】　C 点的侧面投影应在 OY_W 轴上，而不能画在 OY_H 轴上，如图 2-12（b）所示。

（2）投影轴上点的投影　图 2-12（a）中的点 D 在 OX 轴上，从图中可以看出投影轴上的点的投影有下列特性：投影轴上的点有两个坐标为零，在包含这条轴的两投影面上的投影都与该点重合，在另一投影面上的投影则与原点 O 重合。

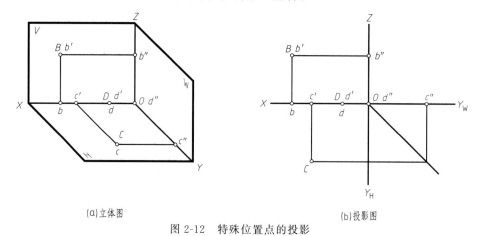

(a)立体图   (b)投影图

图 2-12   特殊位置点的投影

2.2.3.5   两点的相对位置

两点的相对位置（relative position）指空间两点的左右、前后、上下位置关系。这种位置关系可以通过两点的同名（面）投影（在同一个投影面上的投影）的相对位置或坐标的大小来判断，具体位置由两点的坐标差确定，即：

X 坐标大者为左，反之为右，左右相差 ΔX；

Y 坐标大者为前，反之为后，前后相差 ΔY；

Z 坐标大者为上，反之为下，上下相差 ΔZ。

由此可知图 2-13 中的点 A 与点 B 相比，A 在左、后、下的位置，而 B 则在点 A 的右、前、上方。

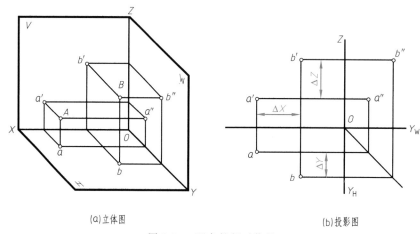

(a)立体图   (b)投影图

图 2-13   两点的相对位置

前例的讨论都建立在一个有形的三投影面体系或两投影面体系基础之上，所画的投影图都包含了投影轴、这种图称为有轴投影图。事实上，如果只研究空间点间的相对位置（或距离），而不涉及点到投影面的距离时，则投影轴可以不表示，这种图称为无轴投影图，一般在表达几何形体的工程应用中都采用。

当已知空间两点的相对位置（即相对坐标）作其投影时，可省略投影轴而直接作图，即首先取其中任一点作为基准点，然后依投影规律作出另一点的各面投影。

[例2-3]　已知点 A 的三面投影交点 a'、a、a''，如图2-14（a）所示，并知点 B 在点 A 左方13mm，在点 A 上方9mm，在点 A 前方8mm，求作点 B 的三面投影交点 b'、b、b''。

【作图】　如图2-14（b）所示。

（1）在距 $a'a$ 连线左边13mm处作其平行线，在距 $a'a''$ 连线上边9mm处作其平行线，两者相交即为 b' 点。

（2）在 a 点下面8mm处作 $a'a$ 连线的垂线以及在 a'' 点右面8mm处作 $a'a''$ 连线的垂线，分别与上一步所作平行线的交点即为要求的 b 和 b'' 点。

2.2.3.6　重影点

若两个或两个以上的点在某一投影面上的投影重合，则这些点称为对这个投影面或这个投影的重影点（coincident point）。重影点的两对同名坐标相等。

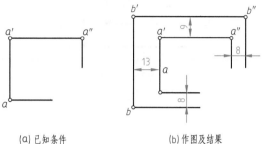

(a) 已知条件　　　　(b) 作图及结果

图2-14　两点的相对位置（无轴投影）

重影点需判别可见性，判断依据是一对不等的坐标值：X 坐标值大者遮住 X 坐标值小者；Y 坐标值大者遮住 Y 坐标值小者；Z 坐标值大者遮住 Z 坐标值小者，即左遮右、前遮后、上遮下。被遮点的投影加圆括号表示，以区别其可见性，如图2-15中的 c（d）。

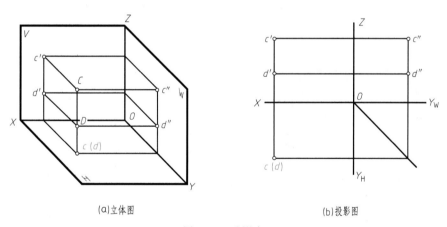

(a)立体图　　　　　　　　(b)投影图

图2-15　重影点

2.3　直线的投影

2.3.1　直线及直线上点的投影

2.3.1.1　直线的投影

直线（straight line）可以看成点按照一定的方向运动所形成的轨迹，因此，直线是由无数个点组成的。一般直线的空间位置由线上任意两点决定，故直线的投影可由直线上两点的投影来确定，如图2-16所示，分别连接 A、B 两点的同面投影即得直线 AB 的三面投影。

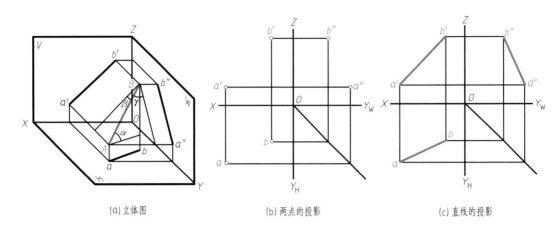

图 2-16　直线的三面投影

2.3.1.2　直线上点的投影

由于直线的投影可看作直线上所有点在投影面投影的集合，因此，直线上点的投影有下列特性。

① 直线上点的投影必在直线的同面投影上。

② 直线上点分割直线段之比，等于投影后点分割直线段投影之比。如图 2-17 所示，即 $AC:CB=ac:cb=a'c':c'b'=a''c'':c''b''$。

上述两点反之亦成立。

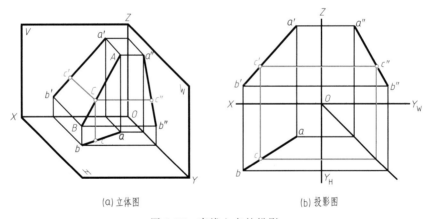

图 2-17　直线上点的投影

[例 2-4]　如图 2-18（a）所示，作出分线段 AB 为 2：3 的点的两面投影。

【分析】　由直线上点的投影特性（characteristic of projection），可将 AB 的一个投影分为 2：3，然后，得出点 C 的另一投影。

【作图】　如图 2-18（b）所示。

（1）由 a 作任意直线 aD，在其上量取 5 个单位长度，得 B_0。

（2）在 aB_0 上取 C_0 使 $aC_0:C_0B_0=2:3$，连接 B_0 和 b，作 $C_0c/\!/B_0b$ 与 ab 相交得点 C 的水平投影 c。

（3）由 c 作垂直于 OX 轴的投影连线，与 $a'b'$ 相交得点 C 的正面投影 c'。

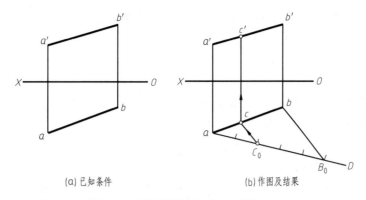

(a) 已知条件 (b) 作图及结果

图 2-18 求分线段 *AB* 为 2∶3 的点 *C*

2.3.2 各种位置直线的投影特性

直线按与投影面相对位置可分为三类：投影面平行线、投影面垂直线、一般位置直线。前两类又统称为特殊位置直线。直线和投影面的夹角称为直线对投影面的倾角，通常用 α、β、γ 分别表示直线对 H、V、W 面的倾角（inclined angle）。

2.3.2.1 投影面平行线

（1）投影面平行线 只平行于一个投影面的直线称为投影面平行线（line parallel to the projection plane），共有三种。

表 2-1 投影面平行线投影特性

名称	正平线	水平线	侧平线
实例图			
立体图			
投影图			
投影特性	（1）正面投影反映实长,其与 OX 轴、OZ 轴的夹角分别是对 H 面、W 面的真实倾角 α、γ （2）水平投影 // OX 轴,侧面投影 // OZ 轴,小于实长	（1）水平投影反映实长,其与 OX 轴、OY_H 轴的夹角分别是对 V 面、W 面的真实倾角 β、γ （2）正面投影 // OX 轴,侧面投影 // OY_W 轴,小于实长	（1）侧面投影反映实长,其与 OY_W 轴、OZ 轴的夹角分别是对 H 面、V 面的真实倾角 α、β （2）正面投影 // OZ 轴,水平投影 // OY_H 轴,小于实长

正平线（frontal line）：//V 面，倾斜于 H 面、W 面的直线；

水平线（horizontal line）：//H 面，倾斜于 V 面、W 面的直线；

侧平线（profile line）：//W 面，倾斜于 V 面、H 面的直线。

（2）投影面平行线投影特性　表 2-1 列出了投影面平行线的实例图、立体图、投影图及其投影特性。以表中正平线 AB 为例加以说明。

从立体图可知：由于 AB//V 面，因此 ABb'a' 为矩形，所以 a'b'//AB，a'b'=AB，又因为 AB//V 面时 AB 上各点到 V 面的距离相等，也就是其各点 Y 坐标相等，所以 ab//OX，a"b"//OZ；由于 a'b'//AB，ab//OX，a"b"//OZ，所以 a'b' 与 OX 轴的夹角是 AB 对 H 面的真实倾角 α，a'b' 与 OZ 轴的夹角是 AB 对 W 面的真实倾角 γ，而 ab=AB cos α<AB，a"b"=AB cos γ<AB，所以水平面投影 ab、侧面投影 a"b' 均小于实长（true length）。

于是，得出正平线的投影特性。同理可得水平线、侧平线的投影特性。

综上所述，投影面平行线的投影特性归纳如下。

① 在直线平行的投影面上的投影反映实长，其与相应投影轴的夹角反映直线与相应的投影面的倾角。

② 其他两个投影分别平行于相应的投影轴且小于实长。

表 2-2　投影面垂直线的投影特性

名称	正垂线	铅垂线	侧垂线
实例图			
立体图			
投影图			
投影特性	(1)正面投影积聚为一点 (2)水平投影//OY_H 轴,侧面投影//OY_W 轴,反映实长	(1)水平投影积聚为一点 (2)正面投影和侧面投影都//OZ 轴,反映实长	(1)侧面投影积聚为一点 (2)正面投影和水平投影都//OX 轴,反映实长

2.3.2.2　投影面垂直线

（1）投影面垂直线　垂直于一个投影面的直线，称为投影面垂直线（line perpendicular to the projection plane），共有三种。

正垂线（V-perpendicular line）：$\perp V$ 面，$/\!/H$ 面、W 面的直线；

铅垂线（H-perpendicular line）：$\perp H$ 面，$/\!/V$ 面、W 面的直线；

侧垂线（W-perpendicular line）：$\perp W$ 面，$/\!/V$ 面、H 面的直线。

（2）投影面垂直线投影特性　表 2-2 列出了投影面垂直线的实例图、立体图、投影图及投影特性。以表中正垂线 BC 为例加以说明。

从立体图可知：由于 $BC \perp V$ 面，所以其正面投影 $b'c'$ 积聚为一点；而 $BC /\!/ W$ 面，$BC /\!/ H$ 面，所以 BC 上各点的 X 坐标、Z 坐标分别相等，$bc /\!/ OY_H$，$b''c'' /\!/ OY_W$，且 $bc = BC$，$b''c'' = BC$。

于是，得出正垂线的投影特性。同理可得铅垂线、侧垂线的投影特性。

综上所述，投影面垂直线的投影特性归纳如下。

① 在直线垂直的投影面上投影积聚为一点。

② 其他两个投影平行于相应的投影轴且反映实长。

2.3.2.3　一般位置直线

一般位置直线（general-position line）是与三个投影面都倾斜的直线，见图 2-16。其三面投影的长度均缩短，直线 AB 的各面投影与投影轴的夹角，不反映 AB 与投影面的真实倾角。其投影特性如下。

① 三个投影都倾斜于投影轴且小于实长。

② 投影与投影轴的夹角不反映直线对投影面的倾角。

2.3.3　两直线的相对位置

两直线的相对位置有三种情况：平行（parallel）、相交（intersection）和交叉（non-planar line）（既不平行也不相交）。

2.3.3.1　平行两直线

两直线平行，其同面投影必定平行。如图 2-19 所示，$AB /\!/ CD$，则 $ab /\!/ cd$、$a'b' /\!/ c'd'$、$a''b'' /\!/ c''d''$。反之，两直线的投影符合上述特点，则此两直线必定平行。

当两直线均为一般位置直线时，则由两直线的任意两面投影即可判断是否平行。

当两直线均为某一投影面平行线时，可由两直线所平行的投影面上的投影配合在另一投影面上的投影进行判断。

如图 2-20（a）所示，直线 AB、CD 均为侧平线，判断直线 AB、CD 是否平行。

方法一：如图 2-20（b）所示，加 W 面，由两面投影补画第三面投影，其侧面投影 $a''b''$ 不平行 $c''d''$，所以 AB 与 CD 不平行。

方法二：如图 2-20（c）所示，分别连接 AD、BC 的正面投影和水平投影，由图可见，AD、BC 不相交也不平行，即直线 AD 与 BC 为交叉直线，$ABCD$ 不共面，故 AB 与 CD 不平行。

2.3.3.2　相交两直线

两直线相交，其同面投影必相交，且交点的投影符合点的投影规律。如图 2-21 所示，直线 AB 与 CD 相交，其同面投影 $a'b'$ 与 $c'd'$、ab 与 cd、$a''b''$ 与 $c''d''$ 均相交，其交点 k'、k、k'' 为 AB 与 CD 的交点 K 的三面投影。反之，若两直线的投影符合上述特点，则此两直

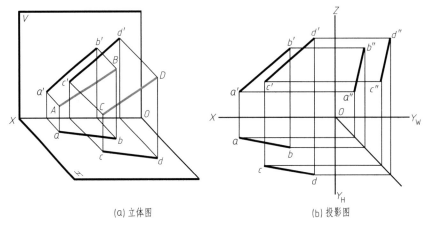

(a) 立体图　　　　　　　　(b) 投影图

图 2-19　平行两直线

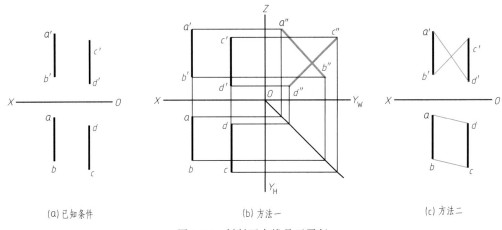

(a) 已知条件　　　　　　(b) 方法一　　　　　　(c) 方法二

图 2-20　判断两直线是否平行

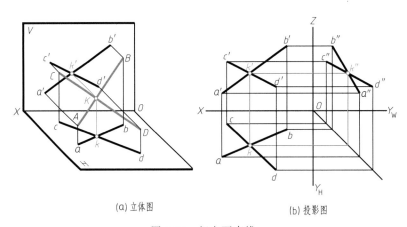

(a) 立体图　　　　　　　　(b) 投影图

图 2-21　相交两直线

线必定相交。

当两直线均为一般位置直线时，则由两直线任意两面投影即可判断是否相交。

当两直线之一为投影面平行线时，可由两直线在该投影面上的投影配合在另一投影面上的投影进行判断。

如图 2-22 所示，直线 AB 为侧平线，判断 AB、CD 两直线是否相交。

方法一：由图 2-22（a）三个投影看出尽管 $a'b'$ 与 $c'd'$、ab 与 cd、$a''b''$ 与 $c''d''$ 均相交，但交点不符合投影规律，所以 AB 与 CD 不相交。

方法二：利用点分线段成定比的性质进行判断，如图 2-22（b）所示，$a'e':e'b'\neq ae:eb$，即点 E 不属于直线 AB，AB 与 CD 没有共有点，故不相交。

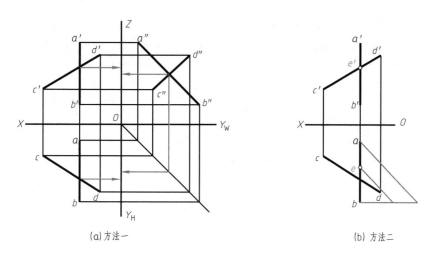

(a) 方法一　　　　　　　　　　　　　(b) 方法二

图 2-22　判断两直线是否相交

2.3.3.3　交叉两直线

交叉两直线既不平行也不相交，因此不具备平行两直线和相交两直线的投影特点。若交叉两直线的投影中，有某投影相交，这个投影的交点是同处于一条投射线上且分别属于两直线的两个点——一对重影点的投影。

如图 2-23 所示，正面投影的交点 $1'(2')$，是同处于一条投射线上的分别属于直线 CD 的点Ⅰ与直线 AB 的点Ⅱ的正面投影；水平投影的交点 3（4），是同处于另一条投射线上的分别属于直线 AB 的点Ⅲ与直线 CD 的点Ⅳ的水平投影。

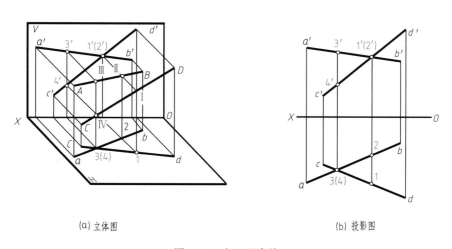

(a) 立体图　　　　　　　　　　　　　(b) 投影图

图 2-23　交叉两直线

重影点Ⅰ、Ⅱ和Ⅲ、Ⅳ的可见性按前述重影点的方法判断：正面投影中，$1'$可见，$2'$不可见；水平投影中，3可见，4不可见。

[例2-5]　判断图2-24中两直线的相对位置。

【判断】　图2-24（a）中，直线AB、CD为一般位置直线，正面投影$a'b'$、$c'd'$相交于k'，水平投影ab、cd相交于k。k'、k是点K的两面投影，故AB、CD是相交两直线。

图2-24（b）中，直线AB、CD是正平线，且正面投影$a'b'//c'd'$，水平投影$ab//cd$，故AB、CD是平行两直线。

图2-24（c）中，直线AB为一般位置直线，CD为侧平线，它们的正面投影和水平投影分别相交。但由于$c'k':k'd'\neq ck:kd$，点K不属于直线CD，故直线AB、CD没有共有点，为交叉两直线。

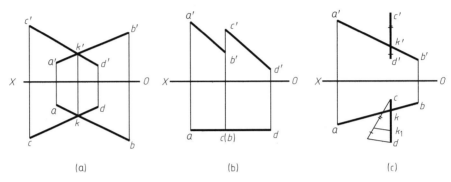

图2-24　判断两直线的相对位置

2.3.4　直角投影定理

当空间两直线都平行于某一投影面时，在该投影面上的投影才能反映两直线间夹角的实际大小。但是，当两直线垂直（相交或交叉）时，只要其中一条平行于某一投影面，它们在该投影面上的投影仍互相垂直，反之，若相交或交叉两直线在某一投影面上的投影互相垂直，且其中一条是该投影面的平行线，则两直线在空间互相垂直。此投影特性也称为直角投影定理。这是在投影图上解决作图有关垂直问题以及求距离问题的依据。如图2-25所示，现以一边平行于水平面的直角为例，证明如下。

已知$AB//H$面，$AB\perp CD$，CD倾斜于H面。

因为$AB//H$面，$Bb\perp H$面，所以$AB\perp Bb$；

因为$AB\perp CD$，$AB\perp Bb$，所以$AB\perp$平面$CDdc$；

又因$ab//AB$，$AB\perp$平面$CDdc$，所以$ab\perp$平面$CDdc$，则有$ab\perp cd$，即$\angle abc$和$\angle abd$是直角。

[例2-6]　求AB、CD两直线的公垂线EK的投影及实长（图2-26）。

【分析】　直线AB是铅垂线，CD是一般位置直线，所以它们的公垂线是一条水平线。

【作图】　（1）由直线AB的水平投影a（b）向cd作垂线交于k，根据投影规律求出k'。

（2）由k'向$a'b'$作垂线交于e'，$e'k'$和ek即为公垂线EK的投影。

（3）因为EK是水平线，所以水平投影ek即为EK的实长。

2.3.5　用直角三角形法求一般位置直线实长及其对投影面的倾角

特殊位置直线在三面投影中能直接反映其实长及对投影面的倾角，而一般位置直线则不

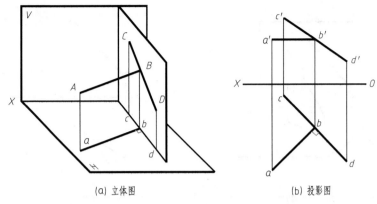

(a) 立体图   (b) 投影图

图 2-25 一边平行于投影面的直角的投影

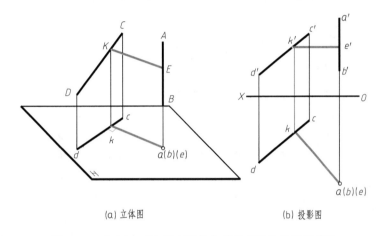

(a) 立体图   (b) 投影图

图 2-26 求 AB、CD 两直线的公垂线 EK 的投影及实长

能，但在工程上，经常遇到需要求解的情况，可用下面方法。

如图 2-27（a）所示，已知一般位置直线 AB 的两面投影，过点 B 作 $BK /\!/ ab$ 交 Aa 于 K，此时 $\triangle ABK$ 为直角三角形，一直角边 $BK = ab$，另一直角边 AK 为 A、B 两点的 Z 坐标差，斜边 AB 就是空间直线 AB 的实长，$\angle ABK = \alpha$ 是直线 AB 对 H 面的倾角。因此，只要作出这个直角三角形，就能确定 AB 的实长和倾角 α。这种求作一般位置直线段的实长和倾角的方法，称为直角三角形法。其作图过程如图 2-27（b）所示。

① 在正面投影中，由 b' 作水平线，作出直线 AB 两端点与 H 面的距离差 $Z_A - Z_B$。

② 以 ab 为一直角边，由 a 作 ab 的垂线，在此垂线上量取 $am = Z_A - Z_B$。

③ 连接 b 和 m，bm 即为直线 AB 的实长，$\angle abm$ 即为 AB 对 H 面的真实倾角 α。

按照上述的作图原理和方法，也可以将 $a'b'$ 或 $a''b''$ 作为一直角边，直线 AB 的两端点与 V 面或 W 面的距离差作为另一直角边，作出 AB 的实长及其对 V 面的倾角 β 或对 W 面的倾角 γ，归纳为图 2-28。

因此，用直角三角形法求一般位置直线实长及其对投影面倾角的方法是：以直线在某一投影面上的投影为底边，以直线的两端点与这个投影面的距离差为对边，形成一个直角三角形，其斜边是直线的实长，斜边与底边的夹角就是该直线对这个投影面的倾角。

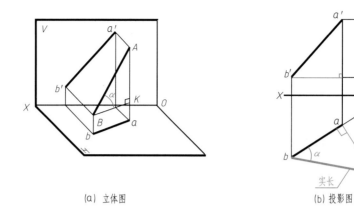

(a) 立体图　　　　　　　(b) 投影图

图 2-27　用直角三角形法求一般位置直线实长及其对投影面的倾角

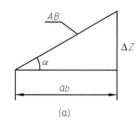
(a)

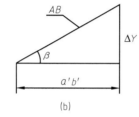
(b)

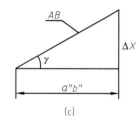
(c)

图 2-28　直角三角形法的三种三角形

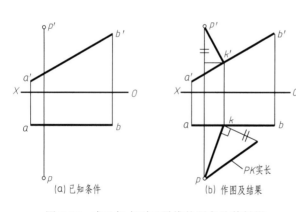

(a) 已知条件　　　　　(b) 作图及结果

图 2-29　求已知点到正平线的距离及其投影

[例 2-7]　求点 P 到正平线 AB 的距离及其投影（图 2-29）。

【分析】　因为 AB 为正平线，所以点 P 到 AB 的距离 PK 在正面投影上反映直角，根据相交两直线的作图方法可求得垂足 K。

【作图】　（1）由 p' 作 $p'k' \perp a'b'$ 得 k'。

（2）依据点的投影规律求得 k，连接 pk 得水平投影。

（3）用直角三角形法求出 PK 的实长。

2.4　平面的投影

2.4.1　平面的表示法

2.4.1.1　几何元素表示法

在投影图上，通常用图 2-30 所示的五组几何元素（geometrical element）中的任意一组来表示平面（plane）的投影。

①不在一直线上的三点；②一直线与直线外一点；③平行两直线；④相交两直线；⑤平

面几何图形，如三角形、四边形、圆等。

以上五种形式彼此之间可以互相转化，实际上第一种表示法是基础，后几种都由它转化而来。

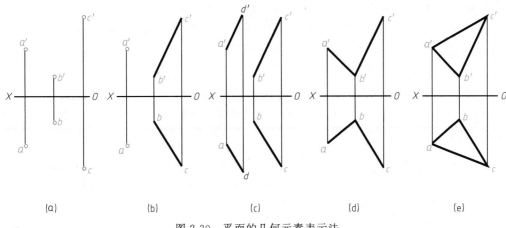

图 2-30 平面的几何元素表示法

2.4.1.2 迹线表示法

平面也可以用迹线（trace）表示，如图 2-31 所示。迹线是平面与投影面的交线。通常把用迹线表示的平面称为迹线平面。平面与 V 面、H 面、W 面的交线，分别称为正面迹线（用 P_V 表示）、水平迹线（用 P_H 表示）、侧面迹线（用 P_W 表示）。迹线是投影面上的直线，它在该投影面上的投影与自身重合，用粗实线表示并标注上述符号；

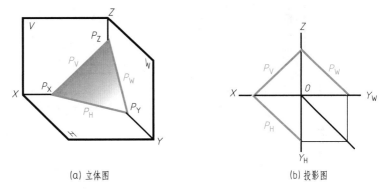

(a) 立体图 (b) 投影图

图 2-31 平面的迹线表示法

另两投影分别与相应的投影轴重合，一般不标记。

2.4.2 各种位置平面的投影特性

平面按与投影面相对位置可分为三类：投影面平行面、投影面垂直面、一般位置平面。前两类又统称为特殊位置平面。平面和投影面的夹角称为平面对投影面的倾角，通常用 α、β、γ 分别表示平面对 H、V、W 面的倾角。

2.4.2.1 投影面平行面

（1）投影面平行面 平行于一个投影面的平面称为投影面平行面（plane parallel to the projection plane），共有三种。

正平面（frontal plane）：$//V$ 面，$\perp H$ 面、W 面的平面；

水平面（horizontal plane）：$//H$ 面，$\perp V$ 面、W 面的平面；

侧平面（profile plane）：$//W$ 面，$\perp V$ 面、H 面的平面。

（2）投影面平行面投影特性 表 2-3 列出了投影面平行面的实例图、立体图、投影图及其投影特性。以表中正平面 $EHNK$ 为例加以说明。

从立体图可知：矩形 $EHNK$ 是正平面，所以 V 面投影 $e'h'n'k'$ 反映实形，由于矩形 $EHNK$ // V 面，必定 $\perp H$ 面、W 面，所以在 H 面、W 面上投影有积聚性，分别积聚为一条直线，由于正平面 $EHNK$ 上各点的 Z 坐标相等，所以，$ehnk$ // OX，$e''h''n''k''$ // OZ。

于是，得出正平面的投影特性。同理可得水平面、侧平面的投影特性。

综上所述，投影面平行面的投影特性归纳如下。

① 在平面平行的投影面上的投影反映实形。

② 其他两个投影积聚为直线，分别平行于相应的投影轴。

表 2-3　投影面平行面投影特性

名称	正平面	水平面	侧平面
实例图			
立体图			
投影图			
投影特性	(1)正面投影反映实形 (2)水平投影积聚为 // OX 轴的直线，侧面投影积聚为 // OZ 轴的直线	(1)水平投影反映实形 (2)正面投影积聚为 // OX 轴的直线，侧面投影积聚为 // OY_W 轴的直线	(1)侧面投影反映实形 (2)正面投影积聚为 // OZ 轴的直线，水平投影积聚为 // OY_H 轴的直线

2.4.2.2　投影面垂直面

（1）投影面垂直面　只垂直于一个投影面的平面，称为投影面垂面（plane perpendicular to the projection plane），共有三种。

正垂面（V-perpendicular plane）：$\perp V$ 面，倾斜于 H 面、W 面的平面；

铅垂面（H-perpendicular plane）：⊥H面，倾斜于V面、W面的平面；

侧垂面（W-perpendicular plane）：⊥W面，倾斜于V面、H面的平面。

（2）投影面垂直面投影特性　表2-4列出了投影面垂直面的实例图、立体图、投影图及投影特性。以表中正垂面$ABCD$为例加以说明。

从立体图可知：由于矩形平面$ABCD$是一正垂面，所以在V面的投影积聚为一条直线；又因为矩形平面$ABCD$⊥V面，而H面⊥V面，投影$a'b'c'd'$和OX轴分别是矩形平面$ABCD$及H面与V面的交线，所以，投影$a'b'c'd'$和OX轴的夹角是矩形平面$ABCD$与H面的倾角α。同样，投影$a'b'c'd'$和OZ轴的夹角是矩形平面$ABCD$与W面的倾角γ；由于矩形平面$ABCD$倾斜于H面、W面，所以，它的水平投影和侧面投影具有类似性，面积缩小。

于是，得出正垂面的投影特性。同理可得铅垂面、侧垂面的投影特性。

综上所述，投影面垂直面的投影特性归纳如下。

① 在平面垂直的投影面上的投影积聚为直线，其与相应投影轴的夹角反映平面与相应的投影面的倾角。

② 其他两投影具有类似性且面积缩小。

表 2-4　投影面垂直面投影特性

名称	正垂面	铅垂面	侧垂面
实例图			
立体图			
投影图			
投影特性	（1）正面投影积聚为直线,其与OX轴、OZ轴的夹角分别是对H面、W面的真实倾角α、γ （2）水平投影和侧面投影具有类似性,面积缩小	（1）水平投影积聚为直线,其与OX轴、OY_H轴的夹角分别是对V面、W面的真实倾角β、γ （2）正面投影和侧面投影具有类似性,面积缩小	（1）侧面投影积聚为直线,其与OY_W轴、OZ轴的夹角分别是对H面、V面的真实倾角α、β （2）正面投影和水平投影具有类似性,面积缩小

2.4.2.3　一般位置平面

一般位置平面（general-position plane）是与三个投影面都倾斜的平面，如图 2-32（a）所示，因为它与三个投影面既不平行也不垂直，所以其三面投影既不反映实形，也不积聚为直线，故也不能反映该平面与投影面的真实倾角。图 2-32（b）中的△ABC 的三面投影△a'b'c'、△abc 和△a"b"c"面积均小于△ABC，都是△ABC 的类似形，任一投影都不反映△ABC 的实形，也不反映 α、β、γ。

由此可知，一般位置平面的投影特性：它的三个投影都是小于实形的类似形且不反映倾角 α、β、γ。

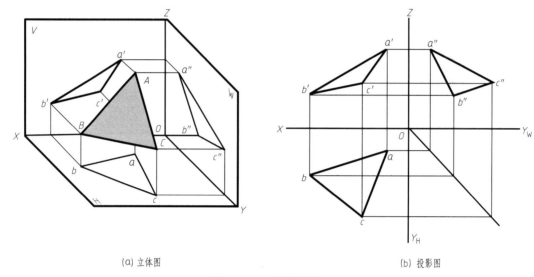

(a) 立体图　　　　　　　　　　　　　　　(b) 投影图

图 2-32　一般位置平面

2.4.3　平面上的点和直线

从初等几何可知，点和直线在平面上的几何条件如下。

① 点在平面上，必在平面的一条直线上。因此只要在平面内的任意一条直线上取点，该点都在平面上［图 2-33（a）］。

② 直线在平面上，则该直线必定通过平面上的两个点；或通过一个点，且平行于平面内一直线［图 2-33 中（b）、（c）］。

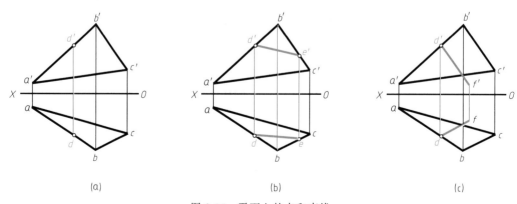

(a)　　　　　　　　　　(b)　　　　　　　　　　(c)

图 2-33　平面上的点和直线

[例2-8]　如图2-34所示，试判别点 K 和点 E 是否在平面 $ABCD$ 上。

【分析】　若所判别的点能位于平面 $ABCD$ 的一条直线上，则点在此平面上，否则，就不在平面上。

【作图】　（1）连点 c'、k' 与 $a'b'$ 交于点 f'，由 $c'f'$ 作出水平投影 cf，CF 是平面 $ABCD$ 上的一条直线，因 k 不在 cf 上，所以点 K 不在平面上。

（2）连接 a'、e' 交 $c'd'$ 于 g'，由 $a'g'$ 求出水平投影 ag 并延长正好与 e 相交，因 AG 是平面 $ABCD$ 上的一条直线，点 E 在 AG 直线上，所以点 E 在平面 $ABCD$ 上。

由此可见，即使点的两个投影都在平面的投影范围内，该点也不一定在平面上；即使一点的两个投影都在平面的投影范围外，该点也不一定不在平面上。点是否在平面上应根据它的投影特性来确定。

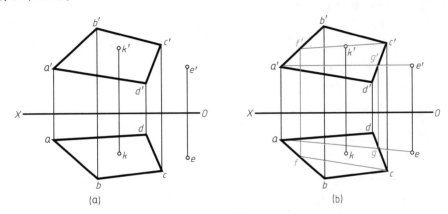

图 2-34　判断点是否在平面上

[例2-9]　在已知平面△ ABC 内作一条正平线，并使其到 V 面的距离为10mm（图2-35）。

【分析】　平面内的投影面平行线应同时具有投影面平行线和平面内的直线的投影特性。因此，所求直线的水平投影应平行于 OX 轴，且到 OX 轴的距离为10mm，同时该直线还必须在平面△ ABC 内。

【作图】　（1）在 H 面上作与 OX 轴平行且相距为10mm的直线，与 ab、ac 分别交于 m 和 n。

（2）过 m、n 分别作 OX 轴的垂线与 $a'b'$、$a'c'$ 交于 m' 和 n'，连接 $m'n'$、mn，MN 即为所求。

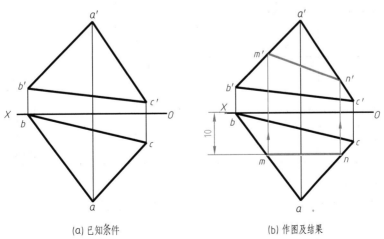

(a) 已知条件　　　　　(b) 作图及结果

图 2-35　在平面上取直线

由于直线和平面本身都具有方向性，所以在不同位置平面内取直线时，必须注意这一特性。在各种位置的平面内取直线情况见表 2-5。

表 2-5 各种位置平面内取直线情况

平　　面	可以作的直线		不可作的直线	
正平面	正平线 铅垂线 侧垂线		水平线 侧平线 正垂线	一般位置直线
水平面	水平线 正垂线 侧垂线		正平线 侧平线 铅垂线	
侧平面	侧平线 正垂线 铅垂线		正平线 水平线 侧垂线	
正垂面	正平线 正垂线	一般位置直线	水平线 侧平线 铅垂线 侧垂线	
铅垂面	水平线 铅垂线		正平线 侧平线 正垂线 侧垂线	
侧垂面	侧平线 侧垂线		正平线 水平线 正垂线 铅垂线	
一般位置平面	投影面平行线		投影面垂直线	

2.4.4 迹线表示的特殊位置平面

2.4.4.1 投影面平行面

表 2-6 列出了三种迹线表示的投影面平行面的立体图、投影图及其投影特性。据此，迹线表示的投影面平行面的投影特性可归纳如下。

① 在平面平行的投影面上无迹线。

② 其他两个投影面上的迹线分别平行于相应的投影轴。

表 2-6 迹线表示投影面平行面的投影特性

名称	正平面	水平面	侧平面
立体图			
投影图			
投影特性	(1)正面上无迹线 (2)水平面上的迹线为//OX 轴的直线,侧面上的迹线为//OZ 轴的直线	(1)水平面上无迹线 (2)正面上的迹线为//OX 轴的直线,侧面上的迹线为//OYw 轴的直线	(1)侧面上无迹线 (2)正面上的迹线为//OZ 轴的直线,水平面上的迹线为//OYH 轴的直线

2.4.4.2 投影面垂直面

表 2-7 列出了三种迹线表示的投影面垂直面的立体图、投影图及其投影特性。据此，迹线表示的投影面垂直面的投影特性可归纳如下。

① 在平面垂直的投影面上的迹线有积聚性，其与相应投影轴的夹角反映平面与相应的

投影面的倾角。

② 其他两投影面上的迹线分别垂直于相应的投影轴。

表 2-7 迹线表示投影面垂直面的投影特性

名称	正垂面	铅垂面	侧垂面
立体图			
投影图			
投影特性	（1）正面上的迹线有积聚性，其与 OX 轴、OZ 轴的夹角分别是对 H 面、W 面的真实倾角 α、γ （2）水平面上的迹线$\perp OX$ 轴，侧面上的迹线$\perp OZ$ 轴	（1）水平面上的迹线有积聚性，其与 OX 轴、OY_H 轴的夹角分别是对 V 面、W 面的真实倾角 β、γ （2）正面上的迹线$\perp OX$ 轴，侧面上的迹线$\perp OY_W$ 轴	（1）侧面上的迹线有积聚性，其与 OY_W 轴、OZ 轴的夹角分别是对 H 面、V 面的真实倾角 α、β （2）正面面上的迹线$\perp OZ$ 轴，水平面上的迹线$\perp OY_H$ 轴

2.4.5 圆的投影

与其他平面图形一样，圆也可表示平面，下面介绍特殊位置圆的投影。

2.4.5.1 投影面平行圆

表 2-8 列出了三种投影面平行圆的投影图及其投影特性，可归纳如下。

① 在圆平行的投影面上的投影反映圆的实形。

② 其他两个投影积聚为直线，长度等于圆的直径且平行于相应的投影轴。

2.4.5.2 投影面垂直圆

表 2-9 列出了三种投影面垂直圆的投影图及其投影特性。

① 在圆垂直的投影面上的投影积聚为直线，长度等于圆的直径，投影与相应投影轴的夹角反映圆与相应的投影面的倾角。

② 其他两个投影均为椭圆，椭圆的长轴是圆的平行于这个投影面的直径的投影，短轴是圆的与上述直径相垂直的直径的投影。

表 2-8 投影面平行圆投影特性

名称	正平圆	水平圆	侧平圆
投影图			
投影特性	(1)正面投影反映圆的实形 (2)水平投影积聚为//OX 轴的直线,侧面投影积聚为//OZ 轴的直线,长度均为圆的直径	(1)水平投影反映圆的实形 (2)正面投影积聚为//OX 轴的直线,侧面投影积聚为//OY$_W$ 轴的直线,长度均为圆的直径	(1)侧面投影反映圆的实形 (2)正面投影积聚为//OZ 轴的直线,水平投影积聚为//OY$_H$ 轴的直线,长度均为圆的直径

表 2-9 投影面垂直圆投影特性

名称	正垂圆	铅垂圆	侧垂圆
投影图			
投影特性	(1)正面投影积聚为直线,长度为圆的直径,投影与 OX 轴、OZ 轴的夹角分别是对 H 面、W 面的真实倾角 α、γ (2)水平投影和侧面投影均为椭圆,长轴为正垂线	(1)水平投影积聚为直线,长度为圆的直径,投影与 OX 轴、OY$_H$ 轴的夹角分别是对 V 面、W 面的真实倾角 β、γ (2)正面投影和侧面投影均为椭圆,长轴为铅垂线	(1)侧面投影积聚为直线,长度为圆的直径,投影与 OY$_W$ 轴、OZ 轴的夹角分别是对 H 面、V 面的真实倾角 α、β (2)正面投影和水平投影均为椭圆,长轴为侧垂线

2.5 直线与平面、平面与平面之间的相对位置

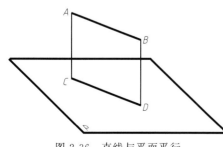

图 2-36 直线与平面平行

2.5.1 平行关系

2.5.1.1 直线与平面平行

若一直线与某平面内的任一直线平行,那么此直线与该平面平行,反之亦然。如图 2-36 所示,直线 AB 与平面 P 内的直线 CD 平行,则直线 AB 平行于平面 P。特殊情况下,当直线与投影面垂直面平行时,直线的投影平行于平面的有积聚性的同面投影即直线和平面在此面上的投影

都为直线，直线的投影也可聚为点，如图 2-37 所示。

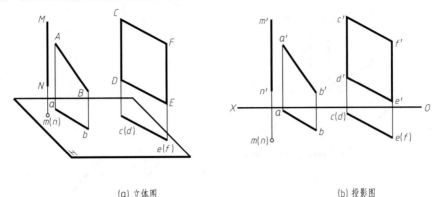

(a) 立体图　　　　　　　　　　　　　(b) 投影图

图 2-37　直线与铅垂面平行

[例 2-10]　过点 M 作一正平线 MN 与平面△ABC 平行（图 2-38）。

【分析】　因为所求为正平线，根据直线与平面平行的投影特性，应首先在△ABC 内取一条正平线，然后过 M 点作该直线的平行线即可。

【作图】　（1）从△ABC 内过 B 点作一条正平线 BD。

（2）过 M 点作直线 MN 平行于 BD，则 MN 即为所求。

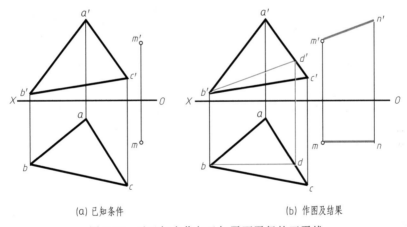

(a) 已知条件　　　　　　　　　　　　(b) 作图及结果

图 2-38　过已知点作与已知平面平行的正平线

2.5.1.2　平面与平面平行

若一平面内的两条相交直线分别平行于另一平面内的两条相交直线，则两平面相互平行。特殊情况下，当两投影面垂直面相互平行时，则它们有积聚性的同面投影必相互平行，反之亦然（图 2-39）。

[例 2-11]　已知 AB ∥ CD ∥ EF ∥ GH，判断平面 $ABDC$ 与平面 $EFGH$ 是否平行（图 2-40）。

【分析】　两平面平行的条件是分别位于两平面内的一对相交直线对应平行，因此只要判断平面 $ABDC$ 内与 AB（或 CD）相交的某条直线是否平行于平面 $EFGH$ 内与 EF（或 GH）相交的一条直线即可。

【作图】　（1）连接 ac 及 $a'c'$，则直线 AC 在平面 $ABDC$ 内。

（2）过 e' 作 $e'k'$ 平行于 $a'c'$ 并与 $g'h'$ 交于 k'，求出直线 GH 上 K 点的水平投影 k。

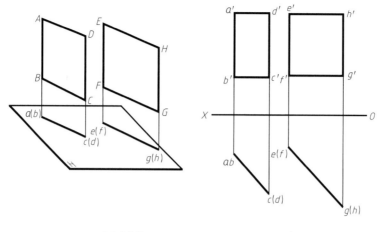

(a) 立体图   (b) 投影图

图 2-39 两相互平行的铅垂面

(3) 连接 ek，则直线 EK 在平面 $EFGH$ 内。

(4) 由于 ek 不平行于 ac，故两平面不平行。

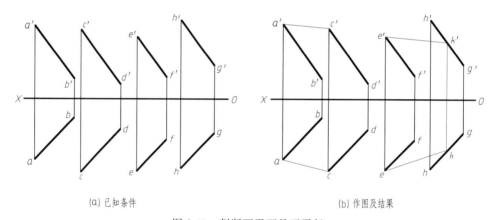

(a) 已知条件   (b) 作图及结果

图 2-40 判断两平面是否平行

2.5.2 相交关系

直线与平面不平行必相交，平面与平面不平行也必相交。直线与平面相交会产生交点，交点既属于直线又属于平面，为相交的直线与平面的共有点；相交两平面的交线为直线，该直线同属于相交的两平面，是相交平面的共有线。因此求交点或交线就是求共有点或共有线的问题。

对投影重叠区域还需进行可见性判别，交点是直线投影可见与不可见的分界点；交线是平面投影可见与不可见的分界线。

本节仅讨论直线或平面处于特殊位置时的相交情况。

2.5.2.1 直线与平面相交

当直线或平面处于特殊位置，特别是当其中某一投影具有积聚性时，交点的投影必定位于有积聚性的投影上。利用这一特性可以较简单地求出交点的一个投影，再根据直线或平面上取点的方法求出另一个投影。

[例 2-12] 求图 2-41 中直线 EF 与平面 $\triangle ABC$ 的交点 K 并判别可见性（distinguish the visibility)。

【分析】　这是一般位置直线与特殊位置平面相交。

【作图】　(1) 求交点：因为平面△ABC 是铅垂面，它的水平投影积聚为直线 abc，交点 K 的水平投影 k 必在其上，再利用 K 点位于直线 EF 上的投影特性，求出其正面投影 k'。

(2) 判别可见性：由水平投影可知，KF 在平面之前，故正面投影 k'f' 可见，画粗实线，而 k'e' 与△a'b'c' 的重叠部分利用平面△ABC 上的 Ⅰ 点和直线 EF 上的 Ⅱ 点这一对重影点判别出 k'2' 不可见，用细虚线表示。

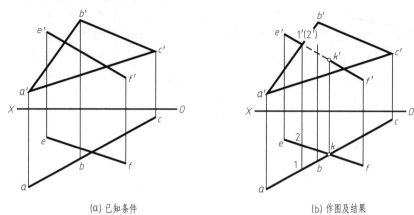

(a) 已知条件　　　　　　　　(b) 作图及结果

图 2-41　求直线与铅垂面的交点

[例 2-13]　求正垂线 EF 与平面△ABC 的交点 K 并判别可见性（图 2-42）。

【分析】　这是投影面垂直线与一般位置平面相交。

【作图】　(1) 求交点：因为 EF 是正垂线，其正面投影积聚为一点 e'(f')，故交点 K 的正面投影 k' 与之重合，再利用交点 K 位于平面△ABC 内的投影特性，求出其水平投影 k。

(2) 判别可见性：由水平投影可知，直线 EF 与平面上的 AC 边、BC 边都是交叉直线，有两对重影点，利用直线 EF 上的 Ⅰ 点和平面△ABC 上 BC 边的 Ⅱ 点这一对重影点判别出 1k 可见，画粗实线，则另一段不可见，用细虚线表示。

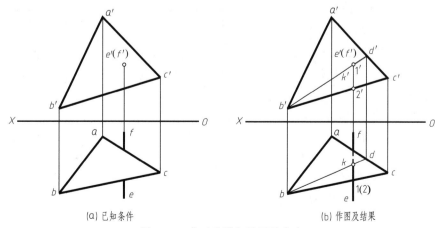

(a) 已知条件　　　　　　　　(b) 作图及结果

图 2-42　求正垂线与平面的交点

2.5.2.2 平面与平面相交

如上所述，相交两平面的交线是两平面的共有线，所以，只要确定两平面的两个共有点或一个共有点及交线的方向，即可确定两平面的交线。

当然其中一个平面是特殊位置平面，可利用积聚性求解。

[例2-14] 求平面△ABC与平面△DEF的交线MN并判别可见性（图2-43）。

【分析】 这是两正垂面相交，交线一定是正垂线，正面投影积聚为一点，水平投影垂直于OX轴且在两平面的公共范围内。

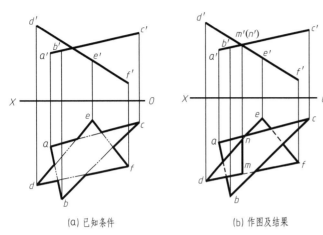

(a) 已知条件　　　　(b) 作图及结果

图2-43　求两正垂面的交线

【作图】 （1）求交线：利用正垂面的积聚性，可直接求出交线的正面投影为m'（n'），过m'作OX轴垂线，分别交df、de于m、n，得交线的水平投影mn。

（2）判别可见性：由正面投影可知，DMN部分在$ABMN$部分的上方，故水平投影dmn可见，画粗实线，ab被遮住一部分，不可见，用细虚线表示，其余部分可见性也由此判别。

[例2-15] 求平面△ABC与矩形DEFG的交线MN并判别可见性（图2-44）。

【分析】 平面△ABC是一般位置平面，矩形DEFG是铅垂面，为求得两平面的交线，可先求出△ABC中AB和BC两条边与矩形DEFG的两个交点M和N的两个投影，然后连接其同面投影并判别可见性。

【作图】 （1）求交线：利用矩形DEFG在水平面上有积聚性直接求得m、n，用平面取点法求得m'、n'，分别连接mn，$m'n'$即得交线MN。

（2）判别可见性：由水平投影可知，BMN部分在矩形DEFG的前方，故其正面投影$b'm'n'$可见，画粗实线，矩形上的$e'f'$被部分遮住，不可见，用细虚线表示，其余部分可见性也由此判别。

2.5.3 垂直关系

垂直是相交的特殊情况。

2.5.3.1 直线与平面垂直

若一直线垂直于一平面，则此直线必垂直于该平面内所有直线，其中包括平面内的正平线和水平线。因此，其投影图具有以下投影特性。

① 直线的正面投影垂直于该平面内正平线的正面投影。

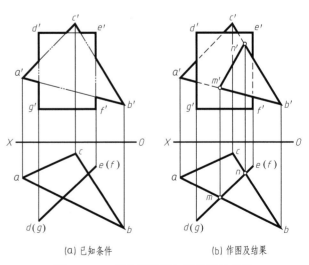

(a) 已知条件　　　　(b) 作图及结果

图2-44　一般位置平面与铅垂面的交线

② 直线的水平投影垂直于该平面内水平线的水平投影（图 2-45）。

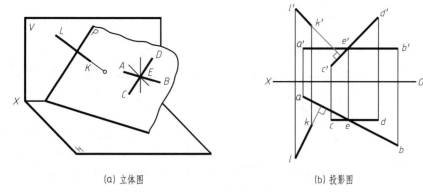

(a) 立体图　　　　　　　　　　　　　(b) 投影图

图 2-45　直线与投影面垂直

[例 2-16]　过点 M 作直线 MF 垂直于△ABC 所在的平面（图 2-46）。

【分析】　根据直线与平面垂直时的投影特性，所作直线的正面投影应垂直于△ABC 上的正平线的正面投影，水平投影应垂直于△ABC 上的水平线的水平投影。因此，作图时应首先在△ABC 内作一条正平线和一条水平线。

【作图】　（1）过 C 点作平面内的水平线 CE 的正面投影和水平投影。

（2）过 B 点作平面内的正平线 BD 的正面投影和水平投影。

（3）根据直角投影定理作出平面的垂线 MF 的正面投影和水平投影即可。

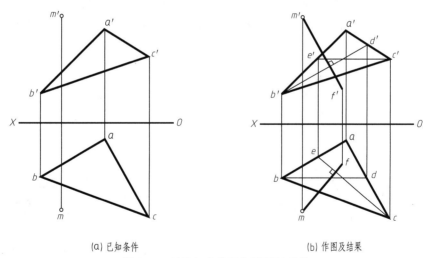

(a) 已知条件　　　　　　　　　　　　(b) 作图及结果

图 2-46　过已知点作已知平面的垂线

[例 2-17]　过点 C 作平面与直线 AB 垂直（图 2-47）。

【分析】　根据直线与平面垂直时的投影特性，所作平面内应包含与已知直线垂直的相交两直线，若它们是相交于平面内一点的正平线和水平线，则正平线的正面投影应垂直于已知直线的正面投影，水平线的水平投影应垂直于已知直线的水平投影。

【作图】　（1）过 C 点作水平线 EF，使 $ef \perp ab$。

（2）过 C 点作正平线 GH，使 $g'h' \perp a'b'$，EF、GH 两相交直线确定的平面为所求。

2.5.3.2　平面与平面垂直

若一直线与一平面垂直，则包含此直线的所有平面都垂直于该平面，因此，直线与平面

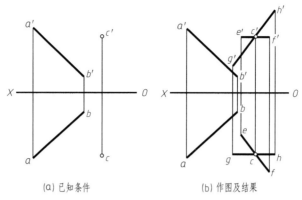

(a) 已知条件　　　　　(b) 作图及结果

图 2-47　过已知点作垂直于已知直线的平面

垂直问题是解决平面与平面垂直问题的基础。绘制相互垂直平面的方法有两种：①使一平面包含另一平面的一条垂线；②使一平面垂直于另一平面内的一条直线。

[例 2-18]　过点 M 作一平面垂直于△ABC 所在的平面（图 2-48）。

【分析】　假设所作平面由相交于点 M 的两条直线构成，根据两平面垂直的几何条件，使其中一条为平面△ABC 的垂线即可。

【作图】　（1）过 A 点作平面内的水平线 AⅠ的正面投影和水平投影。

（2）过 B 点作平面内的正平线 BⅡ的正面投影和水平投影。

（3）根据直角投影定理作出平面的垂线 MF 的正面投影和水平投影。

（4）过点 M 作任意直线 ME，相交两直线 ME、MF 所确定的平面即为所求。

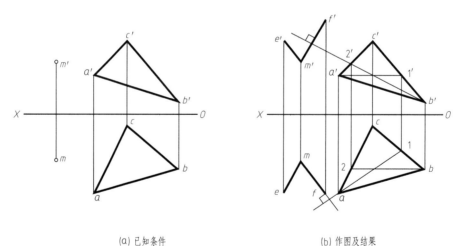

(a) 已知条件　　　　　(b) 作图及结果

图 2-48　过已知点作垂直于已知平面的平面

第3章　　　投影变换

工程实际中，经常遇到要解决几何元素的空间定位和度量问题，如求线段的实长、求平面图形的实形、求两平面间的夹角以及两直线之间的距离等，这些都可以在投影图上用图解的方法来解决。

由第 2 章知道，当直线或平面对投影面处于特殊位置时，它们的投影能直接反映其实长、实形、夹角、距离等，但若处于一般位置时，情形就比较复杂了（表 3-1）。

为解决问题，需要改变几何元素对投影面的相对位置，通常采用以下两种方法。

（1）换面法（changing projection plane method）　保持空间几何元素的位置不变，用一个新的投影面体系代替原投影面体系，使空间几何元素在新投影面体系中处于有利于解题的特殊位置。

（2）旋转法（rotating method）　保持投影面的位置不变，将空间几何元素绕着某一选定的轴旋转到特殊位置。

本章仅讨论换面法。

表 3-1　几何元素对投影面的不同相对位置比较

3.1　换面法的基本概念

图 3-1 表示一铅垂面△ABC，该三角形在 V 面和 H 面的投影体系（以后简称 V/H 体系）中的投影都不反映实形。为了使新投影反映实形，取一个平行于该三角形且垂直于 H

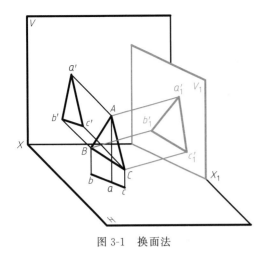

图 3-1　换面法

面的 V_1 面来代替 V 面，则新的 V_1 面和不变的 H 面构成一个新的两投影面体系 V_1/H。该三角形在 V_1/H 体系中 V_1 面的投影 $\triangle a_1'b_1'c_1'$ 就反映三角形的实形。

显然，新投影面的选择必须符合以下两个基本条件。

① 新投影面垂直于原投影面体系中的一个投影面，与其组成互相垂直的新的两投影面体系。

② 新投影面使空间几何元素在其中处于有利于解题的位置。

3.2　点的投影变换

点是最基本的几何元素，因此要掌握换面法解题的规律，必须从点的投影变换（projection transformation）开始。

3.2.1　点的一次变换

下面我们研究更换正立投影面时，点的投影变换规律。如图 3-2（a）所示，点 A 在 V/H 体系中，正面投影为 a'，水平投影为 a。现在保持 H 面不变，取一铅垂面 V_1 （$V_1 \perp H$）代替正立投影面 V，形成新投影面体系 V_1/H。将点 A 向 V_1 面投射，得到新投影面上的投影 a_1'。这样，点 A 在新旧两体系中的投影（a，a_1'）和（a，a'）都为已知。其中 a_1' 为新投影，a' 为旧投影，而 a 为新、旧体系中共有的不变投影，它们之间有下列关系。

① 由于这两个体系具有公共的水平面 H，因此点 A 到 H 面的距离（即 Z 坐标），在新旧体系中都是相同的，即 $a'a_X = Aa = a_1'a_{X_1}$。

② 当 V_1 面绕 X_1 轴旋转到与 H 面重合时，根据点的投影规律可知 aa_1' 必定垂直于 X_1 轴，这和 $aa' \perp X$ 轴的性质相同。

根据以上分析，可以得出点的投影变换规律：① 点的新投影和不变投影的连线，必垂直于新投影轴；② 点的新投影到新投影轴的距离等于被替换的旧投影到旧投影轴的距离。

图 3-2（b）是根据上述规律，由 V/H 体系中的投影（a，a'）求出 V_1/H 体系中的投影的作图法。首先按题意画出新投影轴 X_1，它确定了新投影面的位置；然后过 a 作 $aa_1' \perp X_1$，在垂直线上截取 $a_1'a_{X_1} = a'a_X$，则 a_1' 即为所求的新投影。

图 3-3 是变换水平投影面。取正垂面 H_1 代替 H 面，H_1 面和 V 面构成新投影面体系 V/H_1，求出其新投影 a_1。因新、旧两体系具有公共的 V 面，因此 $a_1a_{X_1} = Aa' = aa_X$。

3.2.2　点的二次变换

实际运用中，有时变换一次投影面不能解决问题，而必须变换两次或多次，称为二次变换或多次变换。图 3-4 是变换二次投影面时，求点的新投影的方法，其原理和一次变换相同。

在变换过程中，新投影面除了符合前述两个条件，还必须交替变换，如在图 3-4 中先以 V_1 面代替 V 面，构成新体系 V_1/H；再以这个体系为基础，取 H_2 面代替 H 面，又构成新体系 V_1/H_2。也可以先换 H 面后换 V 面，即先由 V/H 体系变换为 V/H_1 体系，再变换为 V_2/H_1 体系。

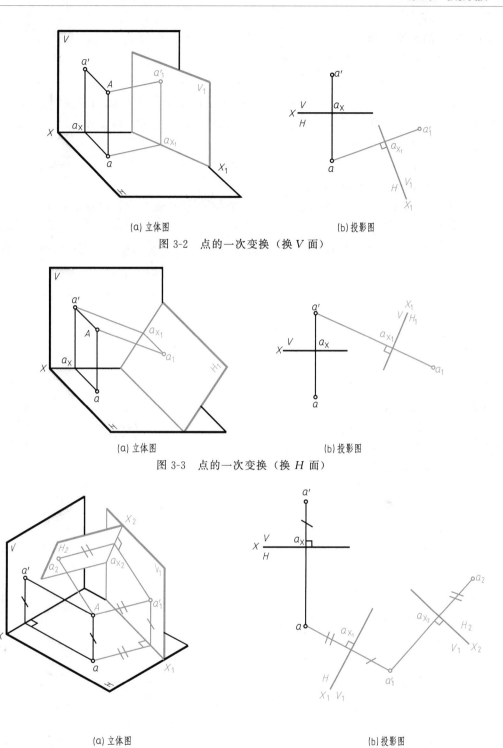

(a) 立体图　　　　　　　　　　(b) 投影图

图 3-2　点的一次变换（换 V 面）

(a) 立体图　　　　　　　　　　(b) 投影图

图 3-3　点的一次变换（换 H 面）

(a) 立体图　　　　　　　　　　(b) 投影图

图 3-4　点的二次变换（先换 V 面再换 H 面）

3.3　直线的投影变换

直线由两点决定，只要变换直线上的任意两点即可求得直线的新投影。

3.3.1 直线的一次变换

3.3.1.1 将一般位置直线变为投影面平行线

如图 3-5（a）所示，直线 AB 在 V/H 体系中为一般位置直线，取 V_1 面代替 V 面，使 V_1 面平行直线 AB 并垂直于 H 面，此时，AB 在新体系 V_1/H 中成为新投影面的平行线。求出 AB 在 V_1 面上的投影 $a_1'b_1'$，则 $a_1'b_1'$ 反映线段 AB 的实长，且 $a_1'b_1'$ 和 X_1 轴的夹角 α 即为直线 AB 对 H 面的倾角。

【作图】（1）画出新投影轴 X_1，必须 $X_1 /\!/ ab$，但和 ab 间的距离可以任取。

（2）分别求出线段 AB 两端点的投影 a_1' 和 b_1'。

（3）连 $a_1'b_1'$ 即为线段的新投影，它反映 AB 的实长，且与 X_1 轴的夹角反映 AB 对 H 面的倾角 α［图 3-5（b）］。

若求 AB 的实长及其对 V 面的倾角 β，则应变换 H 面，将 AB 变为 H_1 面的平行线，如图 3-6 所示。

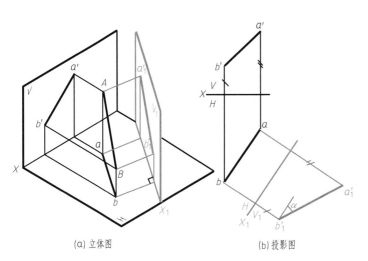

(a) 立体图 (b) 投影图

图 3-5 将一般位置直线变为投影面平行线（换 V 面）

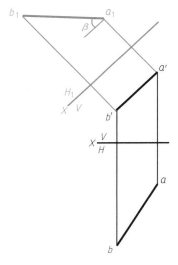

图 3-6 将一般位置直线变为投影面平行线（换 H 面）

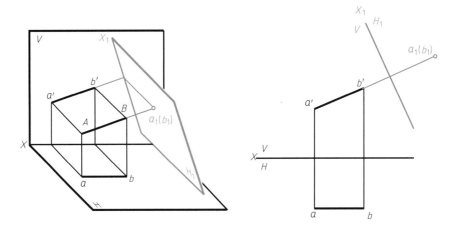

(a) 立体图 (b) 投影图

图 3-7 将投影面平行线变为投影面垂直线

3.3.1.2　将投影面平行线变为投影面垂直线

如图 3-7 所示，由于直线 AB 在 V/H 体系中为一正平线，因此作垂直于直线 AB 的新投影面 H_1 必垂直于原投影面体系中的 V 面，这样 AB 在 V/H_1 体系中变为投影面垂直线，它在 H_1 面上的投影 a_1b_1 积聚为一点。

【作图】　（1）作新轴 X_1，使 $X_1 \perp a'b'$；

（2）求出 AB 在 H_1 面上的新投影 a_1b_1，a_1b_1 重合为一点。

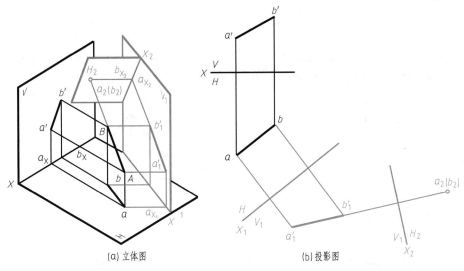

(a) 立体图　　　　　　　　　　　(b) 投影图

图 3-8　将一般位置直线变为投影面垂直线（先换 V 面）

3.3.2　直线的二次变换

欲将一般位置直线变为投影面垂直线，若选新投影面直接垂直于一般位置直线，则此平面也是一般位置平面，它和原体系中的任一投影面不垂直，因此不能构成新的投影面体系。必须先将一般位置直线变为投影面平行线，再将投影面平行线变为投影面垂直线才能解决问题［图 3-8（a）］。

【作图】　如图 3-8（b）所示。

（1）作 $X_1 /\!/ ab$。

（2）求出 AB 在 V_1 面上的新投影 $a_1'b_1'$。

（3）作 $X_2 \perp a_1'b_1'$。

（4）求得 AB 在 H_2 面上的新投影 a_2b_2，a_2 与 b_2 积聚为一点。

图 3-9 为先换 H 面再换 V 面将一般位置直线变为投影面垂直线的作图过程。

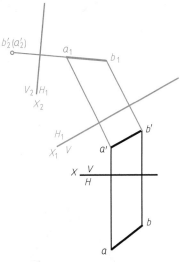

图 3-9　将一般位置直线变为投影面垂直线（先换 H 面）

3.4　平面的投影变换

3.4.1　平面的一次变换

3.4.1.1　将一般位置平面变为投影面垂直面

图 3-10（a）表示一般位置平面 $\triangle ABC$，为了使平面 $\triangle ABC$ 变为投影面垂直面，理论

上只需使属于该平面的任意一条直线垂直于新投影面。而实际上，新投影面必须垂直于保留的投影面，且一般位置直线变为投影面垂直线时，必须连续变换两次投影面，而投影面平行线变为投影面垂直线时，只需变换一次。因此，在平面△ABC上任取一条投影面平行线（水平线AD）为辅助线，取与它垂直的V_1面为新投影面，平面△ABC也就变成新投影面的垂直面了。

【作图】 如图3-10（b）所示。

（1）在△ABC上取一条水平线CD（cd，c'd'）。

（2）作$X_1 \perp cd$。

（3）求出△ABC在V_1/H体系中V_1面上的投影$a_1'b_1'c_1'$，它们积聚成一直线，该直线与X_1轴的夹角即为△ABC对H面的倾角α。

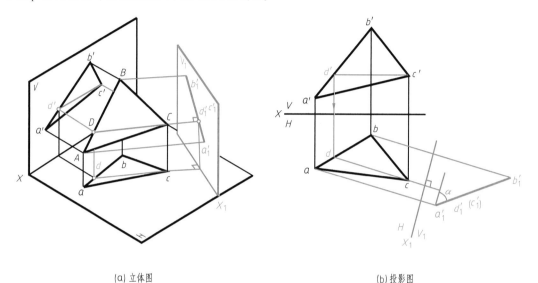

(a) 立体图   (b) 投影图

图3-10 将一般位置平面变为正垂面（换V面，求α）

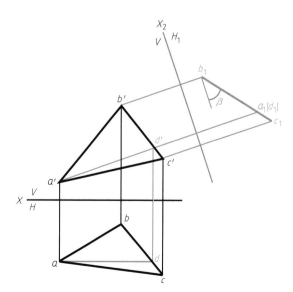

图3-11 将一般位置平面变为铅垂面（换H面，求β）

若求△ABC对V面的倾角β，可在△ABC上取一条正平线AD作为辅助线，以H_1代替H，则△ABC在H_1面上的投影$a_1b_1c_1$与X_1轴的夹角β即所求（图3-11）。

由上述可知，求平面与某投影面的倾角时，必须保持该投影面不变，并在平面上取该投影面的平行线作为辅助线而变换另一投影面。

3.4.1.2 将投影面垂直面变为投影面平行面

由于投影面垂直面已经垂直于一个投影面，所以只要建立一个与已知平面平行的新投影面，即可在新投影体系中得到该平面的实形（图3-12）。

【作图】 （1）作 X_1 // $\triangle ABC$ 有积聚性的水平投影 abc；

（2）求出 $\triangle ABC$ 在 V_1/H 体系中 V_1 面上的新投影 $\triangle a_1'b_1'c_1'$，$\triangle a_1'b_1'c_1'$ 反映 $\triangle ABC$ 实形。

3.4.2 平面的二次变换

要将一般位置平面变为投影面平行面，若取新投影面平行于一般位置平面，则这个新投影面也一定是一般位置平面，它和原投影体系中的任一投影面都不能构成投影面体系。

要解决这个问题，必须进行二次变换，首先将一般位置平面变为投影面垂直面，然后再将投影面垂直面变为投影面平行面。

【作图】 如图3-13所示。

（1）在 $\triangle ABC$ 上取一条水平线 CD（cd，$c'd'$）。

（2）作 $X_1 \perp cd$。

（3）求出 $\triangle ABC$ 在 V_1/H 体系中 V_1 面上的投影 $\triangle a_1'b_1'c_1'$，$\triangle ABC \perp V_1$ 面，投影积聚成一直线。

（4）作 X_2 // $a_1'b_1'c_1'$。

（5）求出 $\triangle ABC$ 在 V_1/H_2 体系中 H_2 面上的投影 $a_2b_2c_2$，$\triangle a_2b_2c_2$ 反映 $\triangle ABC$ 实形。

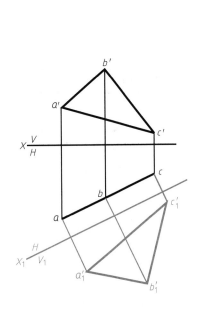

图 3-12　将投影面垂直面
变为投影面平行面

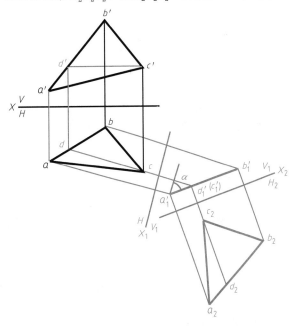

图 3-13　将一般位置平面变为投影面平行面
（先换 V 面再换 H 面）

3.5　应用举例

应用换面法解决工程问题时，会遇到各种情况，但从其作图过程看，可以归结为四个基本作图问题。

① 将一般位置直线变为投影面平行线——求直线的实长及其对投影面的倾角。

② 将一般位置直线变为投影面垂直线——求点到直线的距离、两直线间的距离及两平面间的夹角。

③ 将一般位置平面变为投影面垂直面——求点到平面的距离及平面对投影面的倾角。

④ 将一般位置平面变为投影面平行面——求平面的实形。

前面介绍直线和平面的投影变换规律时已涉及求直线的实长、平面的实形以及直线、平面对投影面的倾角，下面举例说明求距离、夹角等问题。

[例3-1] 求两交叉直线 AB、CD 的公垂线实长及其投影 [图 3-14（a）]。

【分析】 两交叉直线之间的最短距离就是它们的公垂线，因此，如果把两交叉直线之一变换成投影面垂直线，如 $CD \perp H_2$ 面 [图 3-14（b）]，则公垂线 MN 必为 H_2 面的平行线，故 $m_2 n_2 = MN$。所以，这是将一般位置直线变换成投影面垂直线的作图问题。

【作图】 如图 3-14（c）所示。

（1）作 $X_1 // cd$，在 V_1 面中求出 $a_1' b_1'$ 和 $c_1' d_1'$。

（2）作 $X_2 \perp c_1' d_1'$，即 $H_2 \perp cd$，在 H_2 面中求出 $a_2 b_2$ 和 $c_2 d_2$。

（3）过 $c_2 d_2$ 向 $a_2 b_2$ 作垂线得 $m_2 n_2$，$m_2 n_2$ 即为公垂线实长。

（4）由 m_2 求得 m_1'，过 m_1' 作 $m_1' n_1' // X_2$ 得交点 n_1'，再由 $m_1' n_1'$ 依次求得 m、n 和 m'、n'，连接 m、n 和 m'、n' 即为公垂线 MN 的投影。

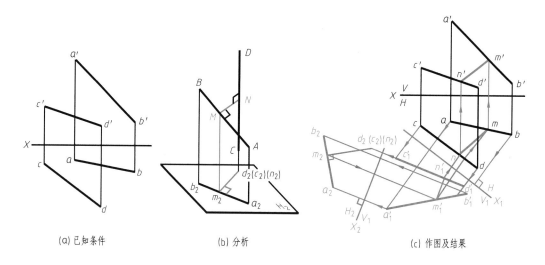

(a) 已知条件　　　　　　　(b) 分析　　　　　　　(c) 作图及结果

图 3-14　用换面法求两交叉直线的公垂线及其投影

[例3-2] 如图 3-15（a）所示，已知平面 $\triangle ABC$ 及面外一点 M 的两面投影，求 M 点到平面 $\triangle ABC$ 的距离及其投影。

【分析】 题中平面 $\triangle ABC$ 是一般位置平面，当它变换成投影面垂直面时，问题得解，如图 3-15（b）所示变成 V_1 面的垂直面时，平面的投影积聚为一条线，反映点至平面的垂线 MN 为 V_1 面的平行线，在 V_1 面上的投影 $m_1' n_1'$ 显实长。一般位置平面变换成投影面垂直面时，只需一次变换即可。

【作图】 （1）在 $\triangle ABC$ 上取水平线 AD（ad，$a'd'$）。

（2）作 $X_1 \perp ad$，在 V_1 / H 体系中求出新投影 $a_1' b_1' c_1'$ 和 m_1'。

（3）过 m_1' 作 $a_1' b_1' c_1'$ 的垂线，垂足为 n_1'，则 $m_1' n_1'$ 显示点 M 到 $\triangle ABC$ 的真实距离。

（4）过点 m 作 $mn // X_1$，并根据 n_1' 求得 n 和 n'，再连 mn 和 $m'n'$ 即为所求。

[例3-3] 如图 3-16（a）所示，已知两一般位置平面 $\triangle ABC$ 和 $\triangle BCD$ 的两面投影，试

用换面法求两平面间的夹角 θ。

【分析】 任何互相不平行的两平面必相交，其夹角称为二面角。当两个平面同时垂直于某一投影面时，它们在该平面上的投影均积聚为直线，此两直线间的夹角就反映出两平面间的真实夹角。要使两平面同时变换为新投影面的垂直面，必须把它们的交线变换为新投影面的垂直线。从图中知道，BC 是两平面的交线，为一般位置直线，故需要进行二次变换。

【作图】 如图 3-16（b）所示。

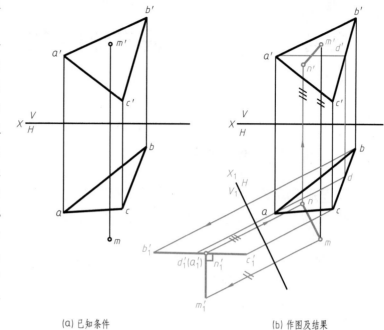

(a) 已知条件　　　　(b) 作图及结果

图 3-15　用换面法求 M 到平面的距离及其投影

（1）作 $X_1 /\!/ bc$，求出新投影 $\triangle a_1' b_1' c_1'$ 和 $\triangle b_1' c_1' d_1'$，在 V_1 / H 体系中，平面 $\triangle ABC$ 和 $\triangle BCD$ 仍为一般位置平面，但 BC 为投影面平行线。

（2）作 $X_2 \perp b_1' c_1'$，在 H_2 面中求出 $a_2 b_2 c_2$ 和 $b_2 c_2 d_2$，分别积聚为两直线，这两直线的夹角即为所求。

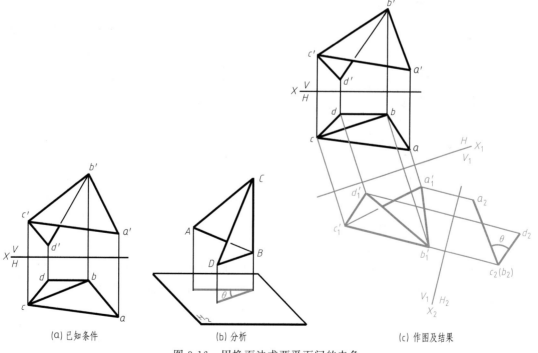

(a) 已知条件　　　　(b) 分析　　　　(c) 作图及结果

图 3-16　用换面法求两平面间的夹角

第4章　　　基本体的投影

4.1　三面投影和三视图

4.1.1　三视图的形成

　　画法几何学中，物体在 V、H 和 W 三投影面体系中的正投影，称为物体的三面投影，如图 4-1 所示，而《技术制图　投影法》（GB/T 14692—2008）规定：物体在投影面上的投影称为视图。因此，物体的视图与物体的投影实际上是相同的，只是换了一种描述方法，即物体的三面投影也称为三视图（three views）。根据投射方向，把在三投影面体系中的正面投影称为前视图，由于其通常反映物体的主要特征，习惯称为主视图（front view），水平投影称为俯视图（top view），侧面投影称为左视图（left view），原投影图中的投影轴只反映物体相对于投影面的距离，对视图间的投影关系并无影响，故在三视图中不再画出，如图 4-2 所示。按图示位置配置视图时，一律不标注视图的名称。

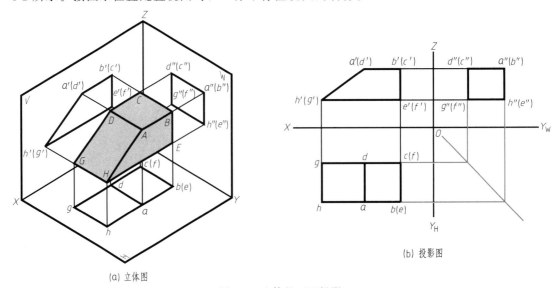

(a) 立体图　　　　　　　　　　　　(b) 投影图

图 4-1　立体的三面投影

4.1.2　三视图的投影规律

　　从图 4-2（b）可以看出：

　　① 主视图反映物体的左右、上下位置关系，即反映物体的长度和高度；

　　② 俯视图反映物体的左右、前后位置关系，即反映物体的长度和宽度；

　　③ 左视图反映物体的前后、上下位置关系，即反映物体的宽度和高度。

　　由此，三视图的投影规律可以形象地概括为：主、俯视图长对正；主、左视图高平齐；俯、左视图宽相等。

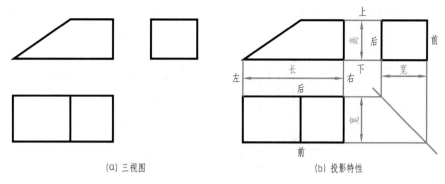

(a) 三视图　　　　　　　　　　(b) 投影特性

图 4-2　立体的三视图

【注意】　在确定俯、左视图"宽相等"时，要区别物体的前后位置关系，以主视图为基准，远离主视图的为前，反之为后。

4.2　基本体的投影

立体（solid）的形状千变万化，按它们表面的形状可分为两类：

① 平面立体（polyhedron）——表面全是平面的立体，如棱柱、棱锥等；

② 曲面立体（curved solid）——表面全为曲面或既有曲面又有平面的立体，如圆柱、圆锥、圆球、圆环等。

通常把棱柱、棱锥、圆柱、圆锥、圆球、圆环等简单立体称为基本几何体，简称基本体（elementary soild）。

4.2.1　平面立体及其表面上的点和线

平面立体的表面都是平面，平面由直线围成，所以绘制平面立体的投影可归结为绘制各种直线、平面及它们之间相对位置的投影，再判别可见性，将可见轮廓线的投影画成粗实线，不可见轮廓线的投影画成细虚线，当粗实线和细虚线重合时画粗实线，当轮廓线与细点画线重合时画轮廓线。

为了画图简便，且画出的图度量性好，应使立体上尽可能多的表面处于特殊位置，再根据立体各表面和轮廓线对投影面的相对位置，分析它们的投影，完成作图。

4.2.1.1　棱柱

棱柱（prism）是棱线相互平行的平面立体，可以由底面的平面图形沿棱线平动形成。棱线与底面倾斜的棱柱称为斜棱柱；棱线与底面垂直的棱柱称为直棱柱，底面为正多边形的直棱柱称为正棱柱。本节只讨论正棱柱的投影。

（1）投影　如图 4-3（a）所示的一正六棱柱（regular hexagonal prism），其上、下底面均为水平面，在 H 面上的投影反映实形，在 V 面及 W 面上的投影分别积聚为上下两直线；六个棱面中，前后两棱面为正平面，在 V 面上的投影反映实形，在 H 面及 W 面上的投影分别积聚为前后两直线；其余四个棱面均为铅垂面，在 H 面上的投影积聚为直线，V 面和 W 投影面上的投影均为矩形。

【作图】　① 因为视图对称，先用细点画线画出对称中心线以确定立体的位置［图 4-4（a）］。

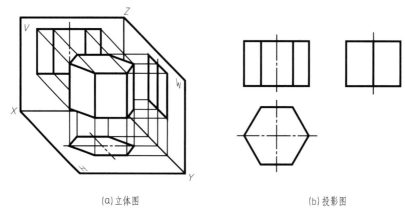

(a)立体图   (b)投影图

图 4-3　正六棱柱的投影

② 画出反映棱柱特性的两底面实形的水平投影 ［图 4-4（b）］。

③ 以底面正六边形的投影为参照，将上下底面对应顶点的正面投影连接起来即为棱线的正面投影 ［图 4-4（c）］。

④ 根据投影关系，作出其侧面投影 ［图 4-4（d）］。

⑤ 因正六棱柱的可见轮廓线与不可见轮廓线均重合，所以投影画粗实线 ［结果如图 4-3（b）］。

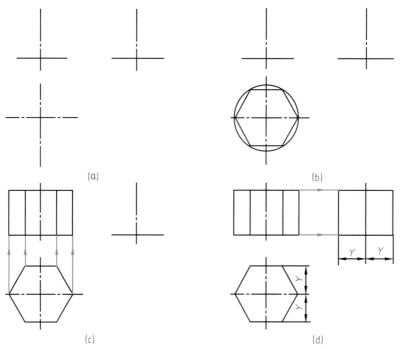

图 4-4　正六棱柱投影的作图步骤

（2）表面取点和线　在棱柱立体表面上取点，其原理和方法与平面上取点相同，关键是对点所在的平面进行投影分析，应用点及点所在平面投影的双重限定关系来确定点的投影。

判别可见性的原则：若点所在的面的投影可见，则点的投影亦可见。

［例 4-1］　如图 4-5（a）所示，已知棱柱表面上 A、B 两点和折线 $CDEF$ 的正面投影，求另两投影，并判别可见性。

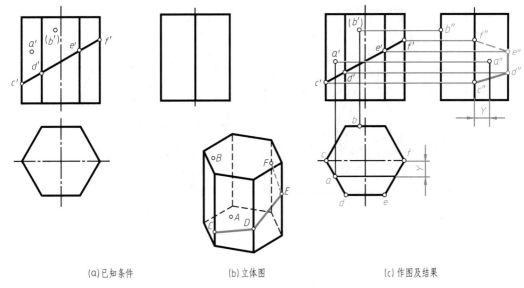

|(a)已知条件|(b)立体图|(c)作图及结果|

图 4-5　棱柱表面取点和线

【分析】　由图 4-5（a）可知，点 A 位于左前方棱面上，该棱面的水平投影积聚成一条直线，点 A 的水平投影 a 也应位于该直线上，先求 a，再按对应关系求出 a''。根据点 B 的正面投影 b' 可知点 B 位于六棱柱后方的棱面上，其水平投影和侧面投影均在后方棱面的相应投影上［图 4-5（b）］。$CDEF$ 各段线在不同的棱面上，先作出折线上各折点的投影，再连线即可。

【作图】　如图 4-5（c）所示。

① 由 a' 向 H 面作投影连线与左前棱面的水平投影相交求得 a。

② 由 a，a' 求得 a''。

③ 由于点 A 位于左前方可见的棱面上，故 a'，a'' 均可见。

④ 同理，根据点 B 的正面投影 b' 可求出 b、b'' 并确定它们的可见性。

⑤ 作出 c、d、e、f 并连成线即为折线的水平投影，再结合正面投影作出侧面投影，最后，根据各段折线所在棱面投影的可见性来确定折线 $CDEF$ 投影的可见性。

4.2.1.2　棱锥

棱锥（pyramid）由底面、锥顶和三角形棱面围成，各条棱线汇于锥顶，底面为多边形；正棱锥的底面是正多边形，棱面为等腰三角形，见图 4-6（a）。

（1）投影　如图 4-6（a）所示，正三棱锥（regular triangular pyramid）的底面 ABC 为水平面，其水平投影反映实形，正面投影和侧面投影均积聚为水平直线；后棱面 SAC 是侧垂面，其侧面投影积聚为直线，正面投影和水平投影均为三角形；左、右两棱面 SAB、SBC 为一般位置平面，三个投影均为原棱面的类似形。

【作图】　如图 4-6（b）所示。

① 画出反映底面 ABC 实形的水平投影及有积聚性的正面、侧面投影。

② 确定顶点 S 的三面投影。

③ 分别连接顶点 S 与底面各顶点的同面投影，从而得到各棱线的投影即完成三棱锥的投影。

（2）棱锥表面取点和线　棱锥的各组成表面既有特殊位置平面，也有一般位置平面。因

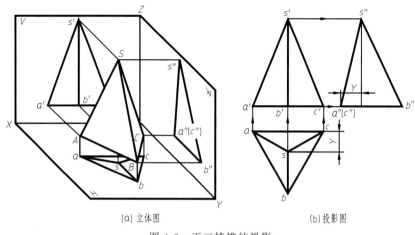

(a) 立体图　　　　　　　　　　　　(b) 投影图

图 4-6　正三棱锥的投影

此在棱锥表面取点过程中，所取点在特殊位置平面上的，其投影可利用平面投影的积聚性作图；所取点在一般位置平面上的，点的投影可选取该平面内的特殊位置直线（如正平线、水平线、侧平线等）来辅助作图。

[例 4-2]　已知图 4-7 所示棱锥外表面上 K 点的正面投影 k'（可见），试作 K 点的其他投影。

【作图】

方法一：如图 4-7（a）所示。

① 过锥顶 S 点和 K 点作一辅助线 SD，即在视图上作 $s'k'$ 延长交 $b'c'$ 于点 d'。

② 因为 D 是直线 BC 上的点，根据点的投影特性，确定点 D 的水平投影 d，连线 sd，可以知道 k 在 sd 上，再根据点的投影特性确定 K 点的水平投影 k，此投影可见。

③ 求出 K 点第三个投影。

④ 因为 k' 可见，所以 K 点在△SBC 上，△SBC 的侧面投影不可见，故 k'' 也不可见，用（k''）表示。

方法二：如图 4-7（b）所示。

① 过 K 点作水平线交棱线 SC 于 M 点，即在视图上作直线 $m'n'$ 平行于 $a'c'$ 且交 $s'c'$ 于 m' 点。

② 由 m' 求得 m，过 m 作 mn 平行于 bc 交 sb 于 n，则 k 一定在 mn 上。

③ 根据点的投影特性，由 k' 求得 k。

④ 由 k、k' 求得 k''。

⑤ 判别可见性。

方法三：因为 K 点在△SBC 上，在平面△SBC 上过 K 点任意作一辅助线求解，由读者自行分析。

[例 4-3]　如图 4-8（a），求棱锥表面上的线 KN 的水平投影和侧面投影。

【分析】　KN 实际上是三棱锥表面上的一条折线 KMN，见图 4-8（b）。

【作图】　① 按 [例 4-2] 方法求出 K、M、N 三点的水平投影和侧面投影，连接同面投影即为所求。

② 由于棱面△SBC 的侧面投影不可见，所以直线 MN 的侧面投影 $m''n''$ 不可见，画细虚线，折线水平投影及线 KM 的侧面投影均可见。

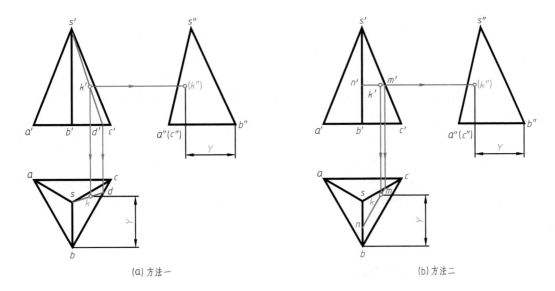

(a) 方法一   (b) 方法二

图 4-7　正三棱锥表面取点

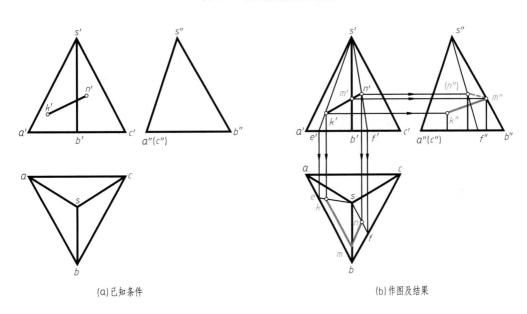

(a) 已知条件   (b) 作图及结果

图 4-8　正三棱锥表面取线

4.2.2　曲面立体及其表面上的点和线

工程上常见的曲面立体为由回转面（revolution surface）或回转面与平面所围成的回转体（revolution），其上的回转面是由一条线绕轴线旋转一周形成的，这条线称为母线（generating line），任一位置的母线称为素线（element line），母线上各点绕轴线旋转时，形成回转面上垂直于轴线的纬圆（zonal line）。

回转体的投影特点：① 在垂直于回转体轴线的投影面上，投影一定是圆，要画中心线，另两投影一定完全相同，要画轴线；② 回转体没有明显的棱线，画图时画投影轮廓线（或称为转向轮廓线）。

下面分别介绍回转体的投影及其表面上取点和线的方法。

4.2.2.1　圆柱

圆柱（cylinder）由圆柱面、顶面和底面三部分围成，如图4-9（a）所示。

（1）圆柱面的形成　圆柱面由直线 AA_1 绕与其平行的轴线回转而成。

（2）投影　当圆柱的轴线垂直于 H 面时，圆柱的顶面、底面是水平面，所以水平投影反映圆的实形，其正面投影和侧面投影积聚为直线，直线的长度等于圆的直径；由于圆柱的轴线垂直于水平面，圆柱面的所有素线都是铅垂线，故其水平投影积聚为圆，与上下底面圆的投影重合；在圆柱的正面投影中，前后两半圆柱面的投影重合为一矩形，矩形的左右两边分别是圆柱面最左、最右素线的投影，这两条素线是前后两半圆柱面的分界线，又称为正面投影的转向轮廓线；在圆柱的侧面投影中，左右两半圆柱面重合为一矩形，矩形的前后两边分别是最前、最后素线的投影，这两条素线是左右两半圆柱面的分界线，又称为侧面投影的转向轮廓线。

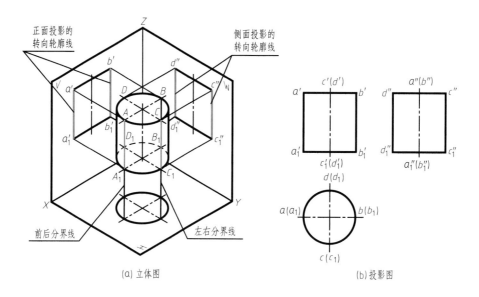

（a）立体图　　　　（b）投影图

图 4-9　圆柱的投影

【作图】　如图4-9（b）所示。

① 用细点画线画出水平投影的中心线及正面投影和侧面投影的轴线。

② 画投影为圆的水平投影。

③ 根据水平投影及圆柱的高度画出正面投影和侧面投影（两投影均为矩形）。

可见性问题：转向轮廓线是圆柱面上可见部分与不可见部分的分界线，对正面投影来说，以转向轮廓线 AA_1、BB_1 为界，前半部分圆柱面可见，后半部分圆柱面不可见；对于侧面投影，以转向轮廓线 CC_1、DD_1 为界，左半部分圆柱面可见，右半部分圆柱面不可见。

（3）圆柱表面取点和线　对轴线处于特殊位置（如上所述的铅垂位置）的圆柱，其圆柱面在轴线所垂直的投影面上的投影具有积聚性，其顶面、底面在另两投影面上的投影具有积聚性，借助这一积聚性，可以作出圆柱表面上的点和线的投影。点与线的可见性问题可以根据其相对于转向轮廓线的位置进行判定。

［例 4-4］　如图4-10所示，已知圆柱体表面的曲线 MN 的正面投影 $m'n'$，求其水平投影和侧面投影。

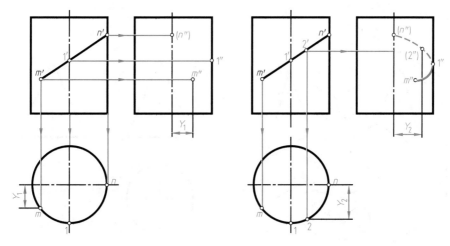

(a) 已知条件和取特殊点   (b) 取一般点及结果

图 4-10 圆柱表面取点和线

【分析】 根据题意，MN 在前半个圆柱面上。因为 MN 为一曲线，故应求出 MN 上若干个点，其中转向轮廓线上的点为特殊点，必须求出。

【作图】 ① 确定曲线 MN 的特殊位置点 M、Ⅰ、N，点Ⅰ、N 为曲线在圆柱转向轮廓线上的点，点 M、N 为曲线的端点，作出点 M、Ⅰ、N 的正面投影 m'、$1'$、n'。

② 利用圆柱面投影有积聚性直接作出水平投影 m、1、n，再根据点的投影特性作出侧面投影 m''、$1''$、n''。

③ 选取一般位置点Ⅱ，用上述方法作出其在 V 面、H 面和 W 面上的投影 $2'$、2、$2''$。

④ 由圆柱投影可知，MⅠ在圆柱表面的左半部，而ⅠN 在右半部，所以 m''、$1''$可见，而 $2''$、n''不可见。

⑤ 把各点的同面投影依次光滑连接成曲线，其中 $m''1''$可见，画粗实线，$1''2''n''$不可见，画细虚线。

4.2.2.2　圆锥

圆锥（cone）由圆锥面和底面所围成，如图 4-11（a）所示。

（1）圆锥面的形成　圆锥面由直线 SA 绕与它相交的轴线回转而成，其上所有素线均交于锥顶 S 点，且面上任一点与顶点的连线均为属于圆锥表面的直线。

（2）投影　当圆锥的轴线垂直于 H 面时，底面为水平面，水平投影反映实形，其正面投影、侧面投影均积聚成直线；圆锥面在水平面上的投影为圆内区域，与底面的水平投影重影，另两个投影为等腰三角形，三角形两腰为锥面的转向轮廓线的投影；最左和最右素线 SA、SB 为正平线，是正面投影转向轮廓线，其水平投影与底面圆的水平对称中心线重合；最前和最后素线 SC、SD 为侧平线，是侧面投影转向轮廓线，其水平投影与底圆的垂直对称中心线重合。

【作图】 如图 4-11（b）所示。

① 画出对称中心线和轴线的投影。

② 画出轴线所垂直的投影面上的投影。

③ 画出锥顶 S 的三面投影。

④ 作出其转向轮廓线的投影，即得圆锥的投影。

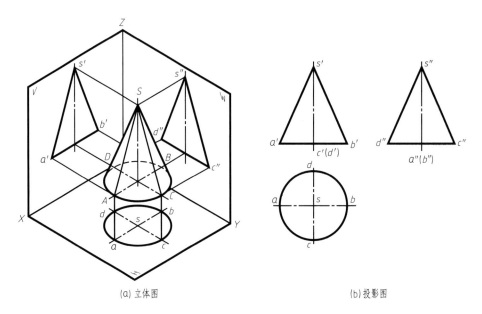

(a) 立体图   (b) 投影图

图 4-11　圆锥的投影

可见性问题：对正面投影来说，以最左、最右转向轮廓线 SA、SB 为界，前半部分圆锥面可见，后半部分圆锥面不可见；对于侧面投影，以最前、最后转向轮廓线 SC、SD 为界，左半部分圆锥面可见，右半部分圆锥面不可见。

（3）圆锥表面取点和线　对轴线处于特殊位置的圆锥（如上所述的铅垂位置），由于圆锥面的投影没有积聚性，所以要确定圆锥面上点的投影，必须先在圆锥面上作包含这个点的辅助直线或圆，再利用所作辅助线的投影，并根据点的投影关系确定点的投影；其中圆锥表面特殊位置（如转向轮廓线）上的点，可以直接求出。点与线的可见性问题可以根据其相对于转向轮廓线的位置进行判定。

［例 4-5］　图 4-12（a）所示轴线铅垂放置的圆锥，已知其外表面点 K 的正面投影，作出 K 点的另两投影。

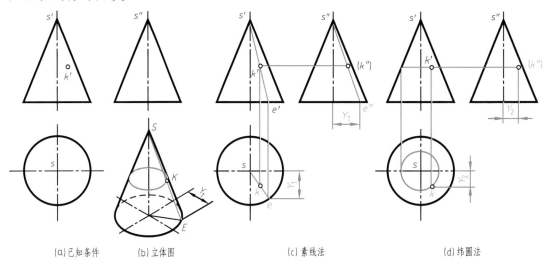

(a) 已知条件　　(b) 立体图　　(c) 素线法　　(d) 纬圆法

图 4-12　圆锥表面取点

【分析】 由于圆锥面的三个投影都没有积聚性，所以需要在圆锥面上通过点 K 作辅助线。为了便于作图，选取的线应该简单、易画。比如选素线或垂直于轴线的纬圆（水平圆）作为辅助线［如图 4-12（b）］，通常形象地称其为素线法和纬圆法，现分述如下。

素线法 因为点 K 在圆锥表面上，其与顶点 S 的连线是属于圆锥面的直线，因此过点 K 与锥顶 S 所作连线 SE，必与圆锥底圆交于点 E。

【作图】 如图 4-12（c）所示。

① 过 k' 作直线 $s'e'$（即圆锥面上辅助素线 SE 的正面投影）。

② 作出 SE 的水平投影 se 和侧面投影 $s''e''$。

③ 点 K 在 SE 上，故 k 和 k'' 必定分别在 se 和 $s''e''$ 上。

纬圆法 因为过点 K 总存在一个属于锥面的水平纬圆，点 K 的投影必在纬圆的同面投影上，而纬圆的水平投影反映实形，侧面投影积聚为一直线，根据点的投影特性可确定点 K 的投影。

【作图】 如图 4-12（d）所示。

① 过 k' 作直线与轴线垂直（纬圆的正面投影），并与最左、最右两转向轮廓线的投影相交，两交点间的长度即为纬圆的直径。

② 在水平投影中，作出该纬圆的投影。

③ 因点 K 在圆锥面的前半部分，故由 k' 作直线向水平投影作投影连线交前半部纬圆于 k，再由 k'、k 求出 k''。

[例 4-6] 如图 4-13（a），已知圆锥表面上线段 SNM 的正面投影，求 SNM 的另两投影。

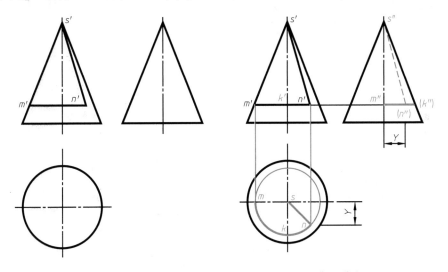

(a)已知条件   (b)作图及结果

图 4-13 圆锥表面取线

【分析】 因 $m'n'$ 在正面投影上是直线且垂直于轴线，所以 MN 是纬圆上的线，因 $s'n'$ 过锥顶，故 SN 为圆锥表面的一条素线。

【作图】 如图 4-13（b）所示。

① 求 M 的水平投影 m，再以 s 为圆心、sm 为半径画纬圆，过 n' 作投影连线与纬圆相交的交点即是 N 的水平投影 n，由 n'、n 求出 n''。根据投影规律作出纬圆的侧面投影。

② 连 sn、$s''n''$，即为素线的水平投影和侧面投影，因 N 在圆锥面的右半部分，侧面投影不可见，所以 $s''n''$ 画虚线。

4.2.2.3 圆球

圆球（sphere）由球面围成。

（1）**球面的形成** 球面由半圆或圆绕其直径回转而成，如图 4-14（a）所示。

（2）**投影** 如图 4-14（b）所示，圆球的三个投影均为大小等于圆球直径的圆，是圆球表面、平行于投影面的最大圆的投影，即正面投影圆 a' 是前、后两半球可见与不可见的分界线 A 的投影，是正面投影转向轮廓线；水平投影圆 b 是上、下两半球可见与不可见的分界线 B 的投影，是水平投影转向轮廓线；侧面投影圆 c'' 是左、右两半球可见与不可见的分界线 C 的投影，是侧面投影转向轮廓线；A 的水平投影 a 对应于 H 面投影圆的前后对称中心线，A 的侧面投影 a'' 对应于 W 面投影圆的前后对称中心线，B 和 C 的另两投影也与相应圆的中心线重合，不应画出。

（3）**圆球表面取点和线** 由于圆球面的投影没有积聚性，且球面上不存在直线，只有曲线，最简单易画的是圆，故要确定圆球面上点的投影，必须过球面上的点作特殊位置辅助圆，利用其积聚性确定点的投影。点与线的可见性问题依据其与转向轮廓圆的相对位置进行判定。

[**例 4-7**] 如图 4-15 所示，已知圆球表面曲线 AB 的正面投影 $a'b'$，求另两投影。

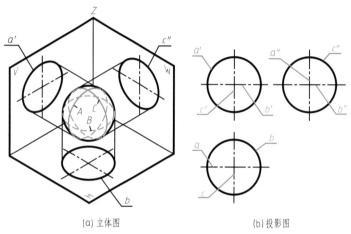

(a) 立体图　　　　　(b) 投影图

图 4-14　圆球的投影

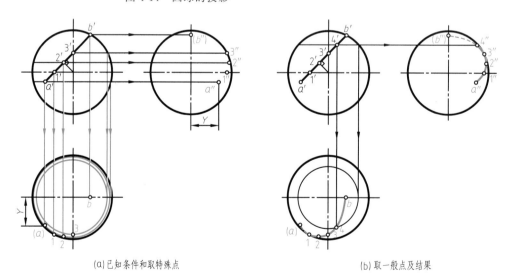

(a) 已知条件和取特殊点　　　　　(b) 取一般点及结果

图 4-15　圆球表面取点和线

【分析】 根据已知条件，AB 位于前半个球面且为曲线，故应求出其上若干点，尤其是转向轮廓线上的点及确定曲线范围的特殊点。

【作图】 ① 求 A、B 的另两投影，A 点位于前下左半球，所以水平投影不可见，侧面投影可见；B 点位于前上右半球，所以水平投影可见，侧面投影不可见。

② 在 AB 上取特殊点 Ⅰ、Ⅱ、Ⅲ，求出它们的各面投影并判别可见性。

③ 在 AB 上取一般点 Ⅳ，求出其各面投影并判别可见性。

④ 将各点的同面投影依次光滑连线，得水平投影 $a1234b$ 和侧面投影 $a''1''2''3''4''b''$，由于 Ⅰ 点在上、下两半球可见与不可见的分界线上，它是水平投影可见与不可见的分界点，由于 Ⅲ 点在左、右两半球可见与不可见的分界线上，它是侧面投影可见与不可见的分界点，因此水平投影 $a1$ 段、侧面投影 $3''4''b''$ 段画细虚线。

4.2.2.4 圆环

圆环（torus）由环面围成。

（1）环面的形成 环面由圆绕与其共面但不通过圆心的轴线回转而成。

（2）投影 将母线圆分成两半，离轴线远的半圆形成外环面，离轴线近的半圆形成内环面。

图 4-16 所示为圆环的三面投影。圆环轴线垂直于 H 面，圆环的水平投影有三个同心圆，其中粗实线大圆和小圆为圆环面上最大水平圆和最小水平圆的投影，这两圆是环面最大、最小两纬圆，是圆环对 H 面的转向轮廓线，它将圆环面分成上半环面和下半环面，水平投影中的点画线圆为母线圆圆心轨迹的投影；圆环的另外两个投影形状相同，分别由平行于投影面的两个素线圆的投影及其公切线组成：正面投影中的左、右两圆分别是圆环面上最左、最右素线圆的投影，其上、下两公切线分别是圆环面上最高、最低纬圆的正面投影，因为内环面从前面是看不见的，所以内环面的素线半圆应该画成细虚线，侧面投影有类似情况。

（3）圆环面上的点 圆环面上无直线，但有一系列纬圆，因此，求圆环面上点的投影需采用辅助纬圆法作图。

如图 4-16 所示，已知圆环表面上点 M 的正面投影 m'，求其另两个投影。根据 m' 为可见投影，可知 M 点在外环面的前半部，为求 m、m''，过点 M 作一个纬圆，该纬圆垂直于圆环轴线，画出这个圆的水平投影，即得 M 点的水平投影 m，再由 m' 和 m 求得 m''，由 M 点的位置判断出 m 可见、m'' 不可见。若 m' 不可见，则有三解（如图中 m_1、m_2、m_3，m_1''、m_2''、m_3''）。

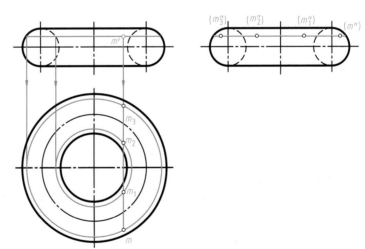

图 4-16 圆环的投影及圆环表面取点

第5章 立体表面的交线

一般物体很少是单纯的基本体，而是由基本体根据不同的要求叠加或切割而成，因此，在物体表面就会产生交线：截交线和相贯线。

5.1 截交线

5.1.1 概述

若基本体被一个或数个平面截切，则形成不完整的立体。截切立体的平面称为截平面（intersecting plane），截平面与立体表面的交线称为截交线（intersection line），截交线所围成的平面图形称为截断面，被截断后的部分称为截断体（segment）。

由于立体的形状及截平面与立体的相对位置不同，截交线的形状也各不相同，但任何截交线都具有以下两个基本性质。

（1）共有性 截交线既在截平面上，又在立体表面上，截交线是截平面与立体表面的共有线，截交线上的点也都是它们的共有点（common point）。

（2）封闭性 由于立体表面是有范围的，因此截交线一般是封闭的平面图形。

因为截交线是截平面与立体表面的共有线，所以求作截交线的实质就是求出截平面与立体表面的共有点。

5.1.2 平面立体的截交线

平面立体的表面是由若干平面围成的，故平面立体的截交线必定是一个封闭多边形，这个多边形的各边就是截平面与平面立体各表面的交线，而多边形的各顶点就是截平面与平面立体各棱线的交点。因此，求平面立体的截交线有以下两种方法。

① 求各棱线与截平面的交点——棱线法。

② 求各棱面与截平面的交线——棱面法。

求平面立体的截交线时，首先应确定平面立体的原始形状，进而分析其与投影面的相对位置；再分析截平面相对投影面和平面立体的位置，明确截交线的形状和投影特性，如积聚性、类似性等。

5.1.2.1 平面与棱柱相交

[例5-1] 已知正六棱柱被正垂面截切后的正面投影和水平投影，如图5-1（a）所示，完成其侧面投影。

【分析】 根据题意，六棱柱的各棱线垂直于水平面且与正垂面都相交，用棱线法求解。

【作图】 （1）画出正六棱柱的侧面投影，将正垂面与六根棱线的交点求出［图5-1（b）］。

（2）连接各点，即为所求［图5-1（c）］，注意可见性。

[例5-2] 已知带方孔的正六棱柱的切口如图5-2（a）所示，完成其侧面投影。

【分析】 带方孔正六棱柱可以看成在正六棱柱中挖去一个正四棱柱，其切口可以看成由

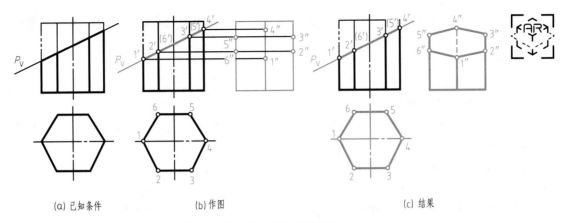

(a) 已知条件　　　　(b) 作图　　　　(c) 结果

图 5-1　正六棱柱被正垂面截切

P、Q 两个平面截切立体所得。作图时，可以假想将 P、Q 两平面扩大，各自完全截切带方孔六棱柱，分别求出 P、Q 两平面与六棱柱外表面及正四棱柱内表面的截交线，然后以 P、Q 两平面的交线为界，保留所需部分的截交线。

【作图】　（1）画出完整带方孔正六棱柱的侧面投影，用棱线法求出 P 面完全截切该立体的交线 ［图 5-2（b）］。

（2）用棱面法求出 Q 平面完全截切该立体产生的两条为铅垂线的交线，它们之间的宽度由水平投影中的 Y_1 量取 ［图 5-2（c）］。

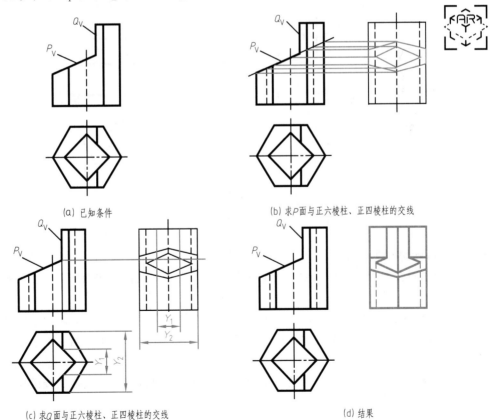

(a) 已知条件　　　　(b) 求P面与正六棱柱、正四棱柱的交线

(c) 求Q面与正六棱柱、正四棱柱的交线　　　　(d) 结果

图 5-2　带方孔的正六棱柱的切口

（3）求 P、Q 两平面的交线，并以交线为界，保留所需部分，擦去多余的图线，注意可见性，完成全图［图 5-2（d）］。

【注意】 ① 外表面（正六棱柱）与内表面（方孔）同时产生了截交线。

② 当两个以上的平面截切立体时，每两个截平面之间存在交线。

5.1.2.2 平面与棱锥相交

［例 5-3］ 一个正三棱锥被相交的正垂面与水平面截切，如图 5-3 中（a）、（b），补画其水平投影和侧面投影。

【作图】（1）如图 5-3（b）所示的正三棱锥被正垂面 P 和水平面 Q 截切，由［例 4-2］方法二知，水平截面与棱线交点在 V、H 面的投影分别为 $1'$、$2'$、1、2，且 $12//ac$。过 1 作 ab 的平行线，过 2 作 bc 的平行线。

（2）正垂面与水平面的交线是正垂线，在 V 面上积聚成一点，它在 H 面上的投影与（1）中所述的平行线分别相交于 3、4。

（3）H 面上的平面 12341 即水平截面的实形，它在 V 面上积聚成一直线 $1'2'3'(4')$。

（4）正垂面在 V 面上积聚成一直线，它和棱线的投影 $s'b'$ 交于点 $5'$，则直线 $3'5'(4')$ 与 △345 分别是正垂截面在 V、H 面上的投影。

（5）根据投影规律，完成侧面投影。结果如图 5-3（c）所示。

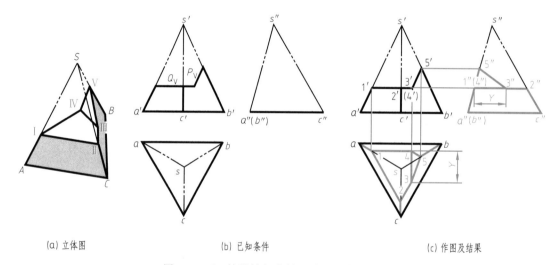

（a）立体图　　　　　　　　（b）已知条件　　　　　　　　（c）作图及结果

图 5-3 正三棱锥被相交的正垂面和水平面截切

5.1.3 回转体的截交线

平面与回转面相交所得的截交线是两面的共有线，它既在回转面上，又在截平面上。

求回转体的截交线的一般步骤如下。

（1）分析截交线的形状 回转体表面与截平面相交，其截交线形状取决于回转体的形状以及回转体与截平面的相对位置。截交线都是封闭的平面图形，多为封闭的曲线或由曲线与直线组成的图形。

（2）分析截交线的投影 弄清截平面与投影面的相对位置，明确截交线的投影特性，如积聚性、类似性等。

（3）画出截交线的投影 如果截交线的投影形状为矩形、三角形或圆等，则比较容易画出；如果其投影为椭圆等非圆曲线，一般要先求出限定截交线大小、范围、可见分界等的特殊点，然后再在特殊点间求出一些一般点，最后光滑地连接起来。

下面说明圆柱、圆锥、圆球等回转体的截交线画法。

5.1.3.1　平面与圆柱相交

平面与圆柱相交，根据截平面与圆柱轴线的相对位置不同，其截交线有三种形状，即两平行直线、圆和椭圆，见表 5-1。

表 5-1　圆柱面的截交线

截平面位置	平行于圆柱轴线	垂直于圆柱轴线	倾斜于圆柱轴线
截交线形状	两平行直线	圆	椭圆
立体图			
投影图			

现举例说明圆柱面的截交线画法。

［例 5-4］ 圆柱被一正垂面 P 所截，已知其正面投影和水平投影，求作其侧面投影（图 5-4）。

【分析】 截平面 P 与圆柱轴线倾斜相交，所以截交线为一椭圆。因截平面 P 为一正垂面，所以截交线的正投影积聚在 P_V 上。同时，由于圆柱面的水平投影具有积聚性，所以截交线的水平投影都积聚在圆上。由于 P 倾斜于侧投影面，所以截交线的侧面投影一般仍为椭圆。

【作图】（1）画出完整的圆柱侧面投影。

（2）求特殊点：特殊点（special point）一般为截交线上的最高点、最低点、最左点、最右点、最前点、最后点，椭圆长、短轴的端点以及圆柱面转向轮廓线上的点。由图 5-4 可以看出，椭圆的长轴和短轴是 Ⅱ、Ⅳ 和 Ⅰ、Ⅲ，两者互相垂直平分。Ⅱ、Ⅳ 两点的正面投影位于圆柱正面投影的转向轮廓线上，Ⅰ、Ⅲ 两点的正面投影位于 $2'4'$ 的中点，重合为一点。水平投影 1、2、3、4 皆积聚在圆上。根据点的投影规律可求出 $1''$、$2''$、$3''$、$4''$。

（3）求一般点：为光滑连接截交线，一般需要求适量一般点（general point），为方便作图，尽量寻找前后左右对称的点，先在正面投影上找点 $5'$、$6'$、$7'$、$8'$，然后按立体表面取点的方法求其水平投影 5、6、7、8，再求其侧面投影 $5''$、$6''$、$7''$、$8''$，一般点的多少取决于图形大小及作图准确性。

（4）光滑连接：用曲线板在侧面投影上将以上点光滑连接（smooth connection），即求得截交线的侧面投影，擦去被截部分的立体投影。

（5）若要知道截交线的实形，用换面法即可求得。

【思考】 当截平面 P 与圆柱轴线的交角为 45°时，截交线的空间形状为椭圆，但此时长短轴的侧面投影怎样？截交线的侧面投影还是椭圆吗？

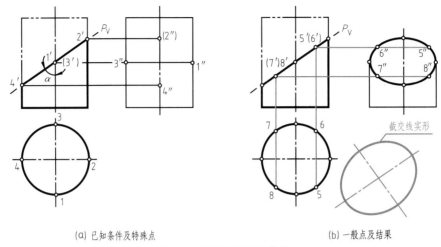

(a) 已知条件及特殊点　　　　　　　　(b) 一般点及结果

图 5-4　圆柱被正垂面截切

[例 5-5]　圆柱被平行于轴线的平面及倾斜于轴线的平面所截，已知其正面投影和水平投影，求作侧面投影（图 5-5）。

【分析】　轴线为铅垂线的圆柱被正垂面 P 和侧平面 Q 所截，正垂面倾斜于轴线，与圆柱面的截交线为一段椭圆弧，其求法与上题相同，所不同的是最高点有两个：B 和 C；侧平面平行于轴线，与圆柱面的截交线为两条铅垂线，它们的正面投影积聚在这个侧平面上，水平投影积聚为两点，且在水平投影圆上，侧面投影为竖直方向两直线；正垂面和侧平面产生的交线为正垂线，其正面投影积聚为一点，水平投影和侧面投影均为直线。此外，还需注意侧平面与圆柱顶面的交线，整体考虑后，在侧平面所截处应有一矩形的侧平面，其侧面投影反映矩形的实形。

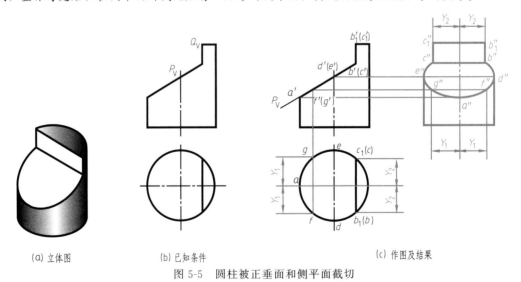

(a) 立体图　　　　　　(b) 已知条件　　　　　　　　(c) 作图及结果

图 5-5　圆柱被正垂面和侧平面截切

【作图】　（1）画出完整的圆柱侧面投影。

（2）求椭圆上的特殊点 A、B、C、D、E 的各面投影。

（3）求椭圆弧上的一般点 F、G 的各面投影。

（4）作出铅垂线 BB_1 和 CC_1 的各面投影。

（5）作出截平面之间交线的侧面投影和截平面与顶面交线的侧面投影。

（6）将所求曲线上点的同面投影依次光滑连接，并判别可见性。

［例5-6］　在圆柱上开一个矩形槽，已知其正面投影和水平投影，求侧面投影（图5-6）。

【分析】　从图上可以看出，矩形槽是由两个与轴线平行的侧平面和一个与轴线垂直的水平面截切而成的，前者与圆柱面的截交线是两条平行直线，它们在正面投影上重合为一条直线，在水平投影上积聚为两点；后者与圆柱面的截交线是圆弧，在正面投影上聚成直线，在水平投影上反映圆弧实形。

【作图】　（1）先画出完整的圆柱体的侧面投影。

（2）图中 $ACDB$ 为侧平面，根据 ac、$a'c'$ 和 bd、$b'd'$ 画出 $a''c''$ 和 $b''d''$。

（3）与 $ACDB$ 对称的另一侧平面的侧面投影都重合为 $a''c''d''b''$，反映 $ACDB$ 实形。

（4）槽的底面是一个水平面，依据截交线（圆弧）的正面投影与水平投影求得侧面投影积聚为一条直线。

（5）由于 C、D 两点间的水平面在两侧平面之间，所以 $c''d''$ 不可见。

如图5-7所示的物体是圆柱左右两侧均被与其轴线平行的平面 P 和与其轴线垂直的平面 Q 截切而成，读者可根据前面的叙述自行分析交线的求法。

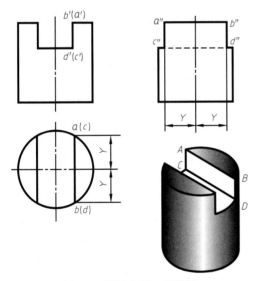

图5-6　圆柱上开一矩形槽

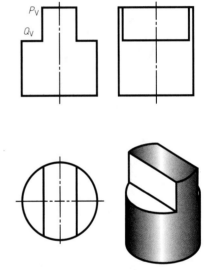

图5-7　圆柱左右两侧各切去一块

［例5-7］　在圆筒上开一矩形槽，已知其正面投影和水平投影，求作侧面投影（图5-8）。

【分析】　本题情况与［例5-6］相似，只是把圆柱改成了圆筒，这时截平面不仅与圆柱外表面有截交线，而且与圆柱内表面也有截交线。

【作图】　（1）先画出完整的圆筒的侧面投影。

（2）依次求出圆柱外表面与圆柱内表面的截交线的侧面投影：外表面截交线的侧面投影与上例完全相同，内表面截交线的侧面投影作法与上例相似。

【注意】　① 内表面截交线的可见性。

② 圆筒的中空部分不应画线。

读者可自行分析圆筒左右两侧各切去一块（图5-9）以及圆柱穿孔（图5-10）、圆筒穿孔（图5-11）的交线求法。

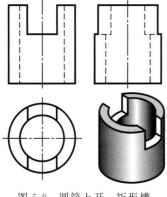

图 5-8 圆筒上开一矩形槽

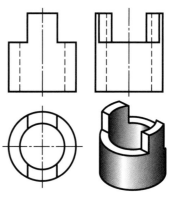

图 5-9 圆筒左右两侧各切去一块

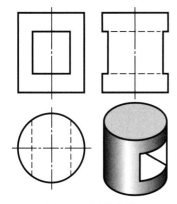

图 5-10 圆柱穿孔

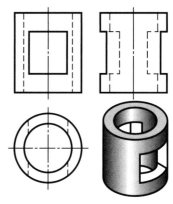

图 5-11 圆筒穿孔

5.1.3.2 平面与圆锥相交

平面与圆锥相交,根据截平面与圆锥轴线的相对位置不同,其截交线有五种形状:圆、椭圆、抛物线(parabola)、双曲线(hyperbola)及相交两直线,见表 5-2。

表 5-2 圆锥面的截交线

截平面位置	垂直于圆锥轴线	倾斜于圆锥轴线且 $\theta > \alpha$	倾斜于圆锥轴线且 $\theta = \alpha$	倾斜于圆锥轴线且 $\theta < \alpha$	过锥顶
截交线形状	圆	椭圆	抛物线	双曲线	相交两直线
立体图					
投影图					

现举例说明圆锥面截交线的画法。

[例5-8] 轴线为铅垂线的圆锥被一正垂面 P 截切，已知其正面投影，求作水平投影和侧面投影（图5-12）。

【分析】 正垂面 P 与圆锥轴线倾斜相交，且其夹角大于半锥角，所以截交线为椭圆，它的正面投影积聚在 P_V 上，水平投影及侧投影仍为椭圆。

【作图】（1）先画出完整圆锥的水平投影和侧面投影。

（2）求特殊点：转向轮廓线上的点Ⅰ、Ⅱ、Ⅲ、Ⅳ的水平投影1、2、3、4和侧面投影 $1''$、$2''$、$3''$、$4''$直接由正面投影 $1'$、$2'$、$3'$、$4'$求出，从图5-12可以看出，椭圆的长轴和短轴是Ⅲ和Ⅵ，两者互相垂直平分，Ⅴ、Ⅵ两点的正面投影 $5'$、$(6')$ 位于 $1'$、$2'$的中点，用素线法或纬圆法确定它们的水平投影5、6再求出侧面投影 $5''$、$6''$，这里Ⅰ是最左点、最低点，Ⅱ是最右点、最高点，Ⅴ是最前点，Ⅵ是最后点。

（3）求一般点：根据对称情况求出Ⅶ、Ⅷ两点。

（4）光滑连接，判别可见性，擦去被平面 P 截去的投影。

[例5-9] 圆锥被一正平面截切，已知水平投影和正面投影的圆锥的轮廓，求作截交线的正面投影（图5-13）。

【分析】 截平面 P 平行于正投影面，即与圆锥轴线平行，所以截交线为一双曲线，截交线的水平投影积聚在 P_H 上成一直线，它的正面投影为一反映实形的双曲线。

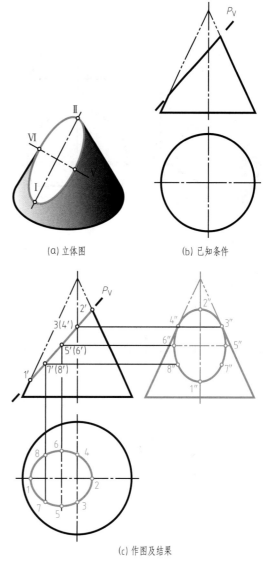

(a) 立体图　　　　(b) 已知条件

(c) 作图及结果

图5-12　圆锥被一正垂面截切

【作图】（1）求特殊点：由图可以看出，最低点是 A 和 B，在圆锥底圆上，它们分别是最左、最右点，其水平投影为 a、b，正面投影为 a'、b'，最高点是 C，其水平投影 c 位于直线 ab 的中点，用纬圆法求出正面投影 c'。

（2）求一般点：过锥顶 S 在锥面上作辅助线 SⅠ、SⅡ，求出 D、E 两一般点。

（3）判别可见性：由于圆锥的前半部分被切去，所以截交线的正面投影可见。

（4）光滑连接：依次连接 $a'd'c'e'b'$ 即为所求。

螺纹紧固件螺母是截交线的实例。

[例5-10] 如图5-14所示，圆锥被平面 P、Q、R 截去左上端，其中平面 P 延伸后过锥顶 S，完成水平投影和侧面投影。

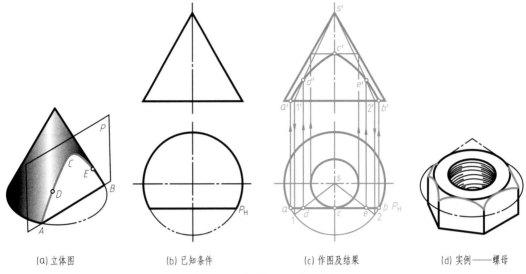

(a) 立体图　　(b) 已知条件　　(c) 作图及结果　　(d) 实例——螺母

图 5-13　圆锥被一正平面截切

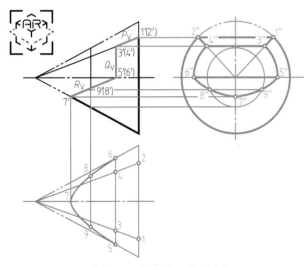

图 5-14　圆锥被三平面截切

【分析】 从图中可看出：Q 为侧平面，截交线为圆；P 为过锥顶 S 的正垂面，截交线为相交两直线；R 为与圆锥轴线夹角等于半锥角的正垂面，截交线为抛物线。

【作图】 （1）画出圆锥的水平投影和侧面投影。

（2）求平面 P 与圆锥面的截交线：由 $1'3'$、$2'4'$ 求出 13、24 及 $1''3''$、$2''4''$，它们均为直线。

（3）求平面 Q 与圆锥面的截交线：由 $5'$、$6'$ 求出 5、6 及 $5''$、$6''$，侧平面在水平面上积聚为线 56，侧面投影为两段圆弧 $3''5''$、$4''6''$。

（4）求平面 R 与圆锥面的截交线：由 $7'$ 求出最低、最左点Ⅶ的水平投影 7 和侧面投影 $7''$，同理，求出一般点的投影 8、9 和 $8''$、$9''$，依次光滑连接 68795 及 $6''8''7''9''5''$，得抛物线投影。

（5）画出截平面之间的交线：P 与 Q、Q 与 R 的交线均为直线，其水平投影为 34 与 56，二者部分重合，侧面投影为 $3''4''$ 和 $5''6''$。

（6）补全投影轮廓线：水平投影转向轮廓线自 5、6 点左端被截去，故 5、6 左端不能画转向轮廓线，Ⅰ、Ⅱ两点同在圆锥底部的侧平面上，故连接 $1''2''$。

（7）判别可见性：截交线及截平面之间的交线在水平面和侧面上均可见。

5.1.3.3　平面与圆球相交

平面与圆球相交，其截交线形状都是圆，但根据截平面与投影面的相对位置不同，其截交线的投影可能为圆、椭圆或积聚为直线。如图 5-15 所示，圆球被水平面所截，其截交线的水平投影为一反映实形的圆，正面投影和侧面投影则积聚为直线，直线的长度为此圆的直径。

现举例说明圆球截交线的画法。

[例5-11]　如图5-16所示，圆球被一正垂面截切，求作圆球的截交线。

【分析】　圆球被正垂面截切，截交线为圆，圆的正面投影与截平面重合为一直线段，长度等于圆的直径；由于截平面倾斜于水平面和侧面，所以截交线在这两个面上的投影都是椭圆，椭圆的长轴分别为圆上垂直于正面的直径的水平投影和侧面投影，其长度为截交线圆的直径，椭圆短轴分别为截交线圆上平行于正面的直径的水平投影和侧面投影。

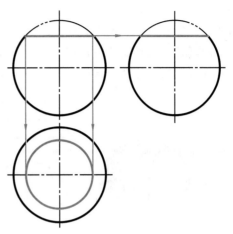

图5-15　圆球被一水平面截切

【作图】　（1）求特殊点：在正面投影上确定转向轮廓线上的点Ⅰ、Ⅱ、Ⅴ、Ⅵ、Ⅶ、Ⅷ，依据不同情况直接或用纬圆法求出它们的水平投影和侧面投影，Ⅰ点是最高点、最右点，Ⅱ点是最低点、最左点；再确定最前点Ⅲ和最后点Ⅳ，正面投影 $3'(4')$ 在 $1'2'$ 的中点，用纬圆法求3、4、$3''$、$4''$。

（2）求一般点：A、B。

（3）依次光滑连接各点的同面投影1、a、5、3、7、2、8、4、6、b、1和 $1''$、a''、$5''$、$3''$、$7''$、$2''$、$8''$、$4''$、$6''$、b''、$1''$，即得截交线的水平投影和侧面投影，且均可见。

（4）补全轮廓线的投影，即为所求。

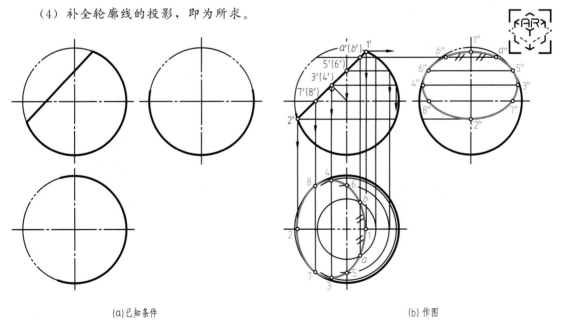

(a)已知条件　　　　　　　　　　　　　　　　(b)作图

图5-16　圆球被一正垂面截切

[例5-12]　半圆球上开有矩形槽，已知它的正面投影，求作水平投影和侧面投影，如图5-17所示。

【分析】　半球上开矩形槽实质是由一个水平面和两个侧平面截切半球，其截交线皆为圆的一部分。水平面与半球相截，其截交线的水平投影反映实形，为圆的一部分，正面投影和侧面投影积聚为直线。侧平面与半球相截，其截交线的侧面投影反映实形，为一段圆弧，正面投影和水平投影积聚为直线。

【作图】　（1）在正面投影上过水平面作一截面，在水平投影上得一辅助圆，槽底部分的圆弧即为截交线的水平投影，［图5-17（c）］。

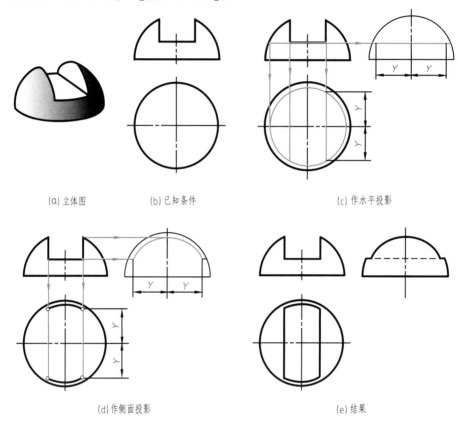

(a) 立体图　　　　(b) 已知条件　　　　(c) 作水平投影

(d) 作侧面投影　　　　　　　(e) 结果

图 5-17　半圆球上开一矩形槽

（2）同理，在正面投影上过侧平面作一截面，

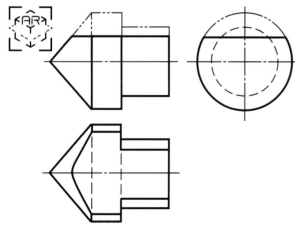

图 5-18　组合回转体被一水平面截切

在侧面投影上得一辅助半圆，槽壁部分的圆弧，即为截交线的侧面投影［图5-17（d）］。

（3）截平面之间的两条交线都是正垂线，正面投影分别积聚为点，水平投影分别与两个侧平面重合，侧面投影与水平面重合，其中间一部分被半球的左半面遮住而不可见，画成细虚线［图5-17（e）］。

5.1.3.4　平面与组合回转体相交

由两个或两个以上回转体组合而成的形体称为组合回转体。

当平面与组合回转体相交时，其截交线是由截平面与各个回转体表面的交线所组成的平面图形，求作投影时，可分别作出截平面与各基本回转体交线的投影，然后拼成所求截交线的投影，如图 5-18 所示。特别要注意：两基本回转体表面的交线及其可见性。

5.2 相贯线

5.2.1 概述

物体表面不仅会出现截交线，还会出现两立体表面相交产生的交线——相贯线（intersecting line），相交的立体称为相贯体（intersecting body）。

5.2.1.1 相贯线的种类

按照立体的类型，常见的相交情况有以下三种：①平面立体与平面立体相交；②平面立体与回转体相交；③回转体与回转体相交，如图 5-19 所示。

平面立体与平面立体的交线是空间折线，可以化解为平面立体的截交线求解，而平面立体与回转体的交线是平面曲线或直线的空间组合，可以化解为回转体的截交线求解，因此，这里主要介绍回转体与回转体相交的情况。

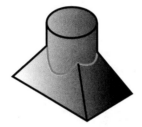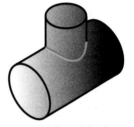

(a) 平面立体与平面立体相交　　(b) 平面立体与回转体相交　　(c) 回转体与回转体相交

图 5-19　相交的三种情况

5.2.1.2 相贯线的性质

① 相贯线是两立体表面的共有线，也是两个立体表面的分界线，相贯线上的点是两立体表面的共有点。

② 相贯线一般为封闭、光滑的空间曲线（space curve），在特殊情况下，可能是平面曲线或直线。

③ 相贯线形状取决于两回转体各自的形状、大小和它们的相对位置。

5.2.1.3 求相贯线的方法

① 表面取点法。

② 辅助平面法。

5.2.1.4 求相贯线的步骤

① 求特殊点。特殊点是能确定相贯线的形状和范围的点，如最高点、最低点、最前点、最后点、最左点、最右点以及回转面转向轮廓线上的点。

② 求一般点。为光滑连接相贯线，必要时需在特殊点之间求出若干个一般点。

③ 光滑连接。

④ 判别可见性。原则是相贯线要同时处在两个立体的可见表面才可见。

⑤ 整理轮廓线。尽管相贯体由两个以上基本体组成，但实际是一个整体，因此有些轮廓线是不存在的。

5.2.2 表面取点法

表面取点法（finding points on a surface）就是利用表面投影具有积聚性的特点，确定两回转体表面上若干共有点的已知投影，然后采用回转体表面上找点的方法求出它们的未知投影，从而画出相贯线的投影。此法最简单，但有使用条件：相交两回转表面中至少有一个投影有积聚性。

[例 5-13]　求轴线垂直相交两圆柱的相贯线的投影，如图 5-20 所示。

【分析】　这两个圆柱轴线垂直相交，且直径不等，相贯线为一前后、左右对称的封闭空间曲线，由于小圆柱的轴线是铅垂线，大圆柱的轴线是侧垂线，所以相贯线的水平投影积聚为小圆，侧面投影为大圆的一部分。

【作图】　（1）求特殊点：最左点Ⅰ、最右点Ⅱ、最前点Ⅲ、最后点Ⅳ，同时Ⅰ、Ⅱ点是最高点，也是大、小圆柱正面投影转向轮廓线上的点，Ⅲ、Ⅳ点是最低点，也是小圆柱侧面投影转向轮廓线上的点［图 5-20（a）］。

（2）求一般点：Ⅴ、Ⅵ、Ⅶ、Ⅷ［图 5-20（b）］。

（3）依次光滑连接各点。

（4）判别可见性：由于相贯线前后对称，可见与不可见重合。

（5）整理轮廓线：Ⅰ、Ⅱ点之间没有轮廓线，即 1′、2′之间不能画线，结果如图 5-20（c）。

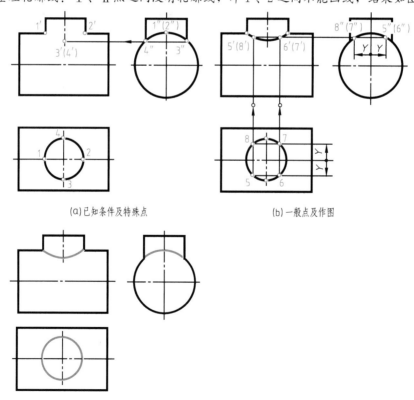

图 5-20　两圆柱轴线垂直相交

两圆柱轴线垂直相交的情况在工程实际中较常见，GB/T 16675.1—2012 规定，在不致引起误解时，相贯线的投影可以简化，即用圆弧或直线代替非圆曲线。一般是以大圆柱的半径为半径画圆弧，注意所画圆弧凸向大圆柱的轴线，如图 5-21 所示。显然当两圆柱的直径相差较大时，就可用直线代替了。

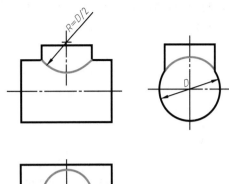

在机械零件中经常遇到虚、实两圆柱垂直相贯（轴线相交）的三种情况：

① 实、实圆柱相贯（两圆柱相交）；

② 实、虚圆柱相贯（圆柱与圆孔相交）；

③ 虚、虚圆柱相贯（两圆孔相交），如表 5-3 所示。

图 5-21　相贯线的简化画法

由表可见，圆柱的虚实变化并不影响相贯线的形状，不同的只是相贯线及转向轮廓线的可见性。

表 5-3　两圆柱垂直相贯的三种情况

图的类型	两圆柱相交	圆柱与圆孔相交	两圆孔相交
立体图			
投影图			

[例 5-14]　如图 5-22（a）所示，已知两个轴线垂直交叉、直径不等的圆柱相交，补全相贯体的正面投影。

【分析】　由于小圆柱面的水平投影和大圆柱面的侧面投影都有积聚性，所以相贯线的水平投影重合在大圆柱水平投影范围内的小圆柱面的有积聚性的投影上，且上半、下半相贯线重合；而相贯线的侧面投影则重合在小圆柱侧面投影范围内的大圆柱面的有积聚性的投影上，且左半、右半相贯线的投影也重合。于是问题就归结为已知相贯线的水平投影和侧面投影，求作其正面投影。

【作图】　（1）如图 5-22（b）所示，在相贯线的水平投影和侧面投影上，定出 A、B、C、D、E、F、G、H 这八个特殊点的投影，其中 A、B 为最前点，C、D 为最后点，A 为最高点，B 为最低点，E、G 为最左点，F、H 为最右点，E、F、G、H 还是小圆柱正面投影转向轮廓线上的点，C、D 是大圆柱水平投影转向轮廓线上的点，A、B 是小圆柱侧面投影转向轮廓线上的点。

（2）如图 5-22（c）所示，在已作出的相贯线上的点较稀疏之处，于相贯线的水平投影上，再定出左右、上下对称的四个一般点的投影 i、j、k、l，并求出 i′、j′、k′、l′ 和 i″、j″、k″、l″，按各点在水平投影和侧面投影中的顺序，将它们的正面投影连接起来，从水平投影和侧面投影可见：小圆柱与大圆柱的后半面相交，因而整个相贯线的正面投影都不可见，画细虚线。

（3）大圆柱正面投影的上下两条转向轮廓线都是完整的，小圆柱正面投影的左右两条转向

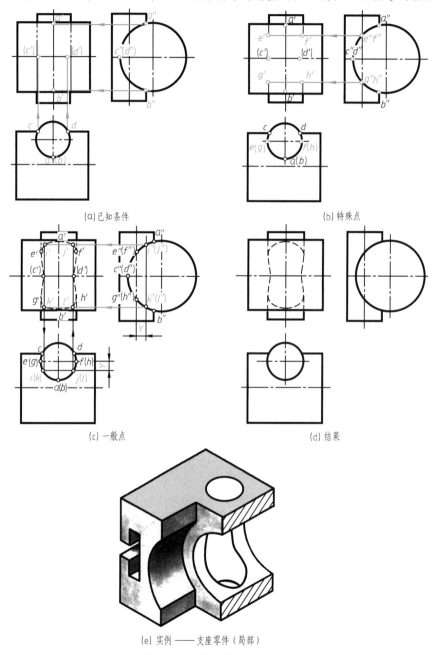

(a) 已知条件

(b) 特殊点

(c) 一般点

(d) 结果

(e) 实例——支座零件（局部）

图 5-22　两圆柱轴线垂直交叉

轮廓线，只存在 e'、f' 之上的和 g'、h' 之下的线段且被大圆柱遮住部分不可见，画成细虚线，见图 5-22（d）。

图 5-22（e）是这个相贯线的实例——支座零件。

5.2.3　辅助平面法

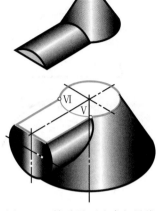

所谓辅助平面法（anxiliary plane method），就是在两回转体相交部分，用平面截切两回转表面得出两组截交线（或切线），此两组截交线（或切线）的交点即为相贯线上的点（如图 5-23 上的 Ⅴ、Ⅵ 点），这些点既属于两回转表面又属于辅助平面，即三面共点。此法最常用，尤其当相交的两回转表面的投影都没有积聚性，无法用表面取点法直接画出时。

为使作图简便，辅助平面的选择原则是：使辅助平面与两回转表面截交线的投影简单易画，即直线或圆。

图 5-23　辅助平面法求相贯线

[例 5-15]　如图 5-24 所示，求圆柱与圆锥的相贯线。

【分析】　由于圆柱的轴线为侧垂线，圆柱面的侧面投影有积聚性，相贯线的侧面投影也积聚在其上，因此，只需求作其正面投影和水平投影。又因圆锥轴线垂直于 H 面，所以可选取一系列水平面或者一系列过锥顶的投影面垂直面作为辅助面。本例只介绍选水平面作为辅助面的方法（图 5-23），而选取过锥顶的投影面垂直面作为辅助面求解的方法由读者自行考虑。

【作图】　（1）求特殊点：由于组成该相贯体的两立体轴线相交且前后对称于同一平面，所以过轴线作一正平面 Q，与两立体正面投影的转向轮廓线相交，交点Ⅰ为最高点，交点Ⅱ为最低点，也是最左点。再过圆柱轴线作水平面 P，它与圆锥相交的截交线为水平圆，与圆柱相交的截交线为两条水平投影的转向轮廓线，此两组截交线的交点Ⅲ为最前点，交点Ⅳ为最后点。

（2）求一般点：为光滑连接的需要，再作辅助水平面 P_1、P_2 等，求得一般点。

（3）依次光滑连接各点的正面投影和水平投影。

（4）判别可见性：此相贯线为前、后对称的空间曲线，故其正面投影的可见部分与不可见部分重合，画成粗实线；相贯线的水平投影，在圆锥面上为可见，而在圆柱的上半面可

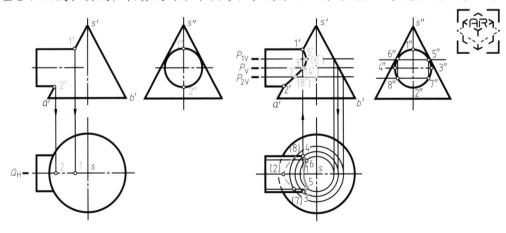

(a) 已知条件及特殊点　　　　　　　　　　(b) 辅助平面法作图及结果

图 5-24　圆柱与圆锥相交

见，下半面不可见，可见与不可见的分界点为转向轮廓线上的3、4两点。

（5）补全轮廓线，完成全图。注意，圆锥底圆在圆柱下面的部分在水平投影中不可见，画细虚线。

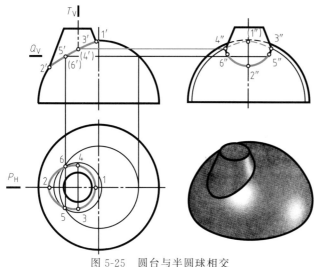

图 5-25　圆台与半圆球相交

[例 5-16]　求圆台与半圆球相贯线的投影，如图 5-25 所示。

【分析】　圆台与半圆球的三个投影均无积聚性，故只能用辅助平面法完成，根据圆台与半圆球的空间位置，辅助平面取过圆台回转中心的正平面和侧平面可求得相贯线上的特殊点，再取一系列水平面求一般点。

【作图】　（1）求特殊点：过圆台轴线作辅助正平面 P，它与圆台面和半球面均交于正面投影转向轮廓线，交点的正面投影为 $1'$、$2'$，再过圆台轴线作辅助侧平面 T，它与圆台面交于侧面投影转向轮廓线，与半球面交于一条侧平半圆，两组交线的交点的侧面投影为 $3''$、$4''$，求出这四点的另两投影。

（2）求一般点：在Ⅱ点和Ⅲ、Ⅳ点之间适当位置，作辅助平面 Q，与圆台面和半球面各交于一水平圆，两水平圆交点的水平投影为 5、6，然后定出 $5'$、$6'$ 和 $5''$ 和 $6''$。

（3）依次光滑地连接各点的同面投影。

（4）判别可见性：因该相贯体前后对称，故在正面投影上，相贯线的前半曲线 $2'5'3'1'$ 与后半曲线 $2'(6')(4')1'$ 重合，画粗实线；相贯线的水平投影全部可见，也画粗实线，尽管整个相贯线都在半球面的左半部，但有一部分在圆台面的右半部，圆台面侧面投影的可见与不可见分界点为Ⅲ、Ⅳ点，因此在其右半部的 $3''(1'')4''$ 不可见，画细虚线，其余画粗实线。

（5）补全轮廓线：由于半球面在侧面投影上的一部分转向轮廓线被圆台遮住，不可见，所以画虚线。

5.2.4　相贯线的特殊情况及相贯线的变化趋势

5.2.4.1　相贯线的特殊情况

两曲面立体的相贯线，一般情况下是空间曲线，特殊情况下可以是平面曲线或直线。

（1）**相贯线为圆**　当具有公共回转轴的两回转体相贯时，相贯线为垂直于公共回转轴的圆，此圆在垂直于轴线的投影面上的投影为圆，平行于轴线的投影面上的投影为一直线，如图 5-26 所示。

（2）**相贯线为椭圆**　当具有公共内切球面的两回转体相贯时，相贯线为两相交椭圆。

① 当两直径相同的圆柱轴线垂直相交时，相贯线为两个大小相等的椭圆，它们在平行于两轴线的投影面上的投影反映为相交两直线，另两投影均为与圆柱面投影重合的圆，如图 5-27（a）所示。

② 当两直径相同的圆柱轴线倾斜相交时，相贯线为两大小不等的椭圆，它们在平行于

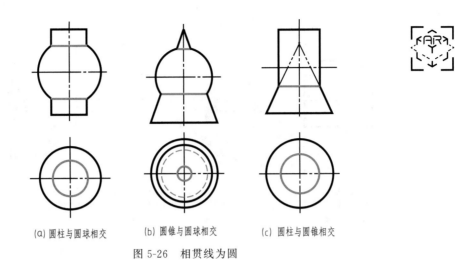

(a) 圆柱与圆球相交 (b) 圆锥与圆球相交 (c) 圆柱与圆锥相交

图 5-26 相贯线为圆

两轴线的投影面上的投影仍反映为相交两直线，在垂直于圆柱轴线的投影面上的投影为与圆柱面投影重合的圆，如图 5-27（b）所示。

③ 当一圆锥轴线与一圆柱轴线垂直相交时，相贯线是两个大小相等的椭圆，它们在平行于两轴线的投影面上的投影反映为相交两直线，在垂直于圆锥轴线的投影面上的投影为两相交的椭圆，如图 5-27（c）所示。

④ 当一圆锥轴线与一圆柱轴线倾斜相交时，相贯线是两个大小不等的椭圆，它们在平行于两轴线的投影面上的投影反映为相交两直线，在垂直于圆锥轴线的投影面上的投影为两相交的椭圆，如图 5-27（d）所示。

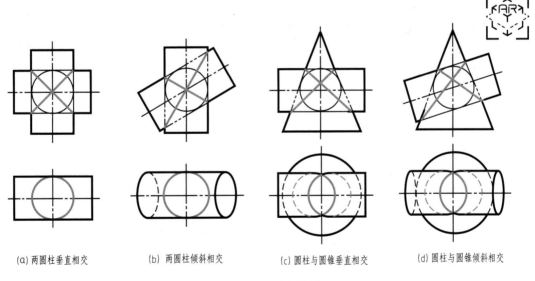

(a) 两圆柱垂直相交 (b) 两圆柱倾斜相交 (c) 圆柱与圆锥垂直相交 (d) 圆柱与圆锥倾斜相交

图 5-27 相贯线为椭圆

这类相贯线在等直径的管道工程领域有着较广泛的应用，如三通管、弯管等，如图 5-28 所示。

（3）相贯线为直线 当轴线相互平行的两圆柱相贯，或共锥顶的两圆锥相贯时，相贯线为直线，如图 5-29 所示。

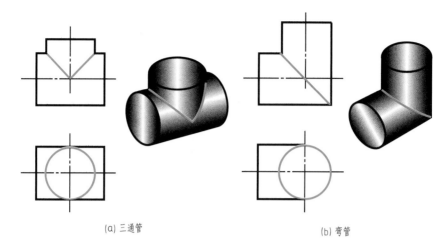

(a) 三通管　　　　　　　　　　(b) 弯管

图 5-28　特殊相贯线的实例

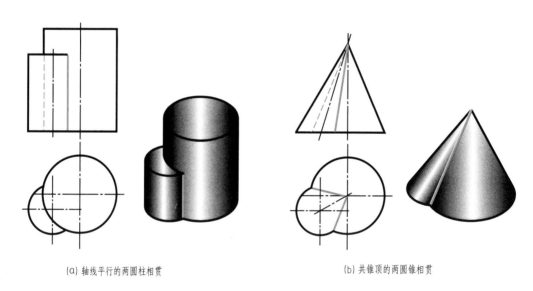

(a) 轴线平行的两圆柱相贯　　　　　　(b) 共锥顶的两圆锥相贯

图 5-29　相贯线为直线

5.2.4.2　相贯线的变化趋势

前已述及，相贯线形状取决于两回转体各自的形状、大小和它们的相对位置，掌握相贯线变化的趋势，对提高空间想象力和正确作图会有较大帮助。

①　当两圆柱的轴线垂直相交时，其相贯线形状随两圆柱直径的变化而变化，如图 5-30 所示。

②　两圆柱的轴线由垂直相交到垂直交叉，其相贯线形状随两圆柱相对位置的变化而变化，如图 5-31 所示。

③　当圆柱的轴线与圆锥的轴线垂直相交时，若改变圆柱直径，则相贯线形状随圆柱直径的变化而变化，如图 5-32 所示。

5.2.5　组合相贯线

以上所述皆为两个立体相交时相贯线的求法，但在工程实际中，三个或三个以上的立体

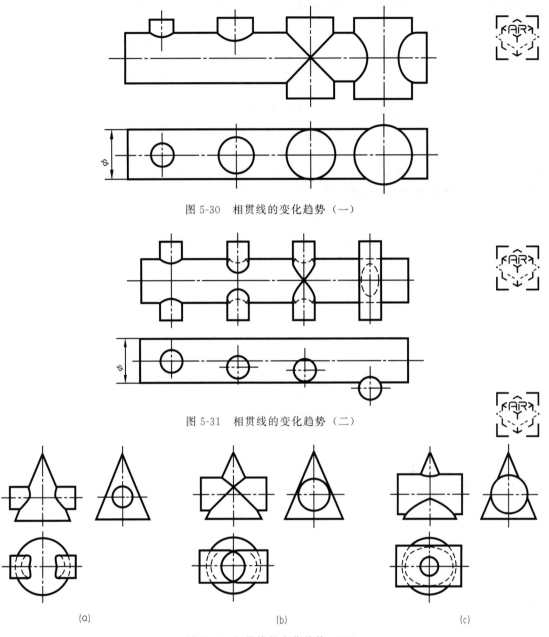

图 5-30 相贯线的变化趋势（一）

图 5-31 相贯线的变化趋势（二）

(a)　　　　　　　　　　(b)　　　　　　　　　　(c)

图 5-32 相贯线的变化趋势（三）

相交的情况也很常见，其表面形成的交线为组合相贯线，它的求法基本上和两个立体相交时相贯线的求法一样，只是在求相贯线前，先进行认真分析，再用求两个立体相贯线的方法，把它们彼此相交部分的相贯线分别求出，再合并为一条封闭的线。

[例 5-17]　图 5-33 为三个回转体相交的立体，试求其相贯线。

【分析】　这是三个圆柱组成的相贯体，其中一大一小两圆柱同轴且轴线为侧垂线，相贯线为直径等于小圆柱直径的圆；另有一小圆柱轴线为铅垂线，它与前述两圆柱都垂直相交，且两小圆柱直径相等，由于是两两部分相交，所以一部分相贯线为特殊相贯线，一部分为空间曲线；还有轴线为铅垂线圆柱与大圆柱的左端面相交，交线为平行于铅垂轴线的两直线，综上所知，三个回转体的相贯线是由特殊相贯线（椭圆弧）、两条直线、一段空间曲线组成。该相贯线前、后对称。

【作图】 （1）求特殊相贯线部分：轴线为铅垂线圆柱和轴线为侧垂线的小圆柱相交，相贯线为相交的椭圆弧，其水平投影和侧面投影已知，可由2、9求出2″、9″，再求出2′、9′连接1′2′，即其正面投影（直线）。

（2）求中间部分的交线：轴线为铅垂线的圆柱与大圆柱的左端面相交，相交为直线，由水平投影3、8求出3″、8″，由此可求出3′、8′。连接2′3′、8′9′、2″3″、8″9″即为该交线的水平投影、侧面投影。

（3）求出右边的一般相贯线：轴线为铅垂线的小圆柱与大圆柱部分相交，由该段相贯线的水平投影、侧面投影可求出其正面投影。

（4）判别可见性：轴线为铅垂线的小圆柱的右半面的相贯线不可见，画细虚线。

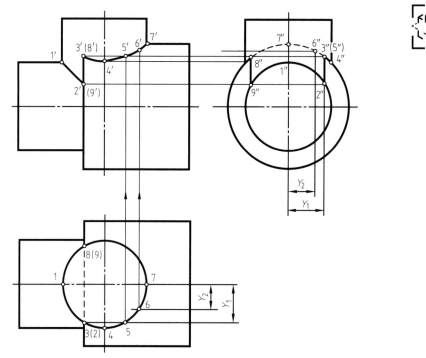

图 5-33 三个圆柱组成的相贯体

第6章　　　组合体

由一些基本体（棱柱、棱锥、圆柱、圆锥、圆球、圆环等）组成的较复杂的立体称为组合体。组合体可看作是机械零件的主体模型，在本课程中的地位十分重要。本章将在前面所学知识的基础上，介绍组合体视图的绘制、阅读、尺寸标注及其构形设计。

6.1　组合体的形体分析

6.1.1　组合体的组合方式

组合体（combination）的组合方式可以分为叠加（superposition）、切割（cutting，包括穿孔）和综合（hybrid）三类（表 6-1）。

表 6-1　组合体的组合方式

组合方式	图　　例	说　　明
叠加	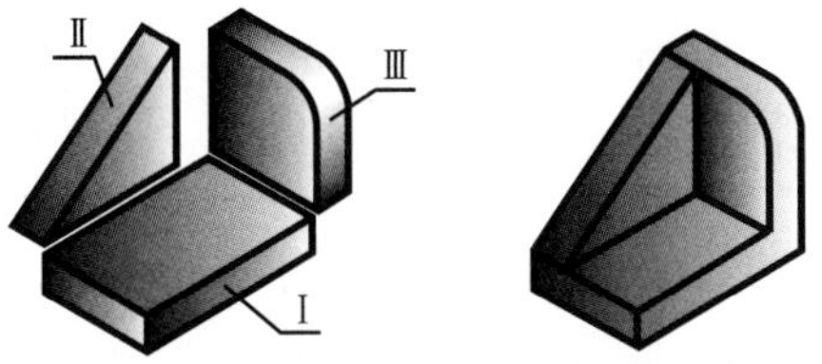	该组合可看作是由Ⅰ、Ⅱ、Ⅲ三部分叠加所形成的
切割	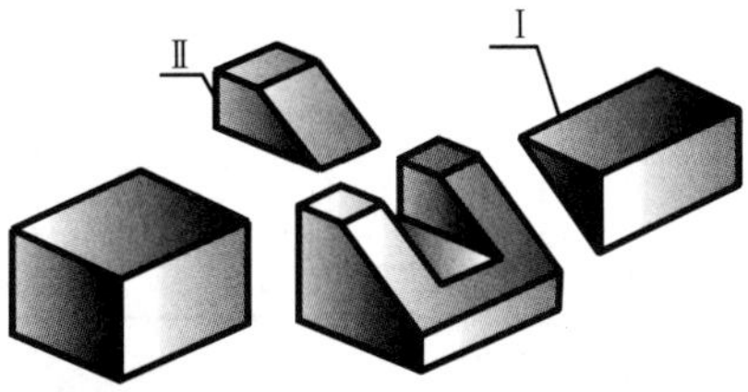	该组合体可看作是长方体被切去Ⅰ、Ⅱ两部分所形成的
综合	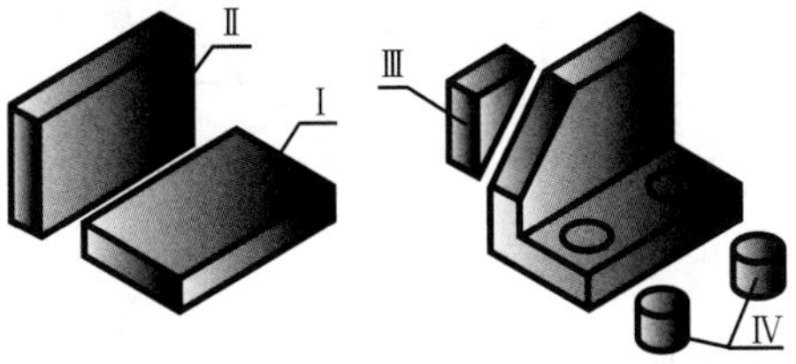	该组合体可看作是由Ⅰ、Ⅱ两部分叠加之后，又被切去Ⅲ、Ⅳ两部分所形成的

6.1.2　组合体相邻表面的连接关系及其画法

在组合体中，相互结合的两个基本体表面之间的连接关系有：不平齐、平齐、相切、相交四种。

6.1.2.1　不平齐

当两个基本体结合部分的平面不平齐时，它们的连接处不共面，故要有分界线，即这两个面之间一定有线，投影图为两个封闭的线框，如图 6-1 所示。

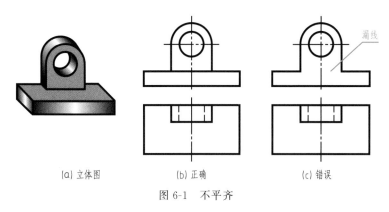

(a) 立体图   (b) 正确   (c) 错误

图 6-1 不平齐

6.1.2.2 平齐（共面）

若两个基本体结合部分的平面相互平齐（alignment），则在它们的连接处共面，没有分界线，在投影图上构成一个封闭的线框，如图 6-2 所示。

6.1.2.3 相切

若两个基本体表面（平面与曲面或曲面与曲面）相切，由于相切处的表面连接是光滑过渡，它们之间不存在分界线，所以不画线，且相邻表面的投影只画到切点处，如图 6-3 所示。

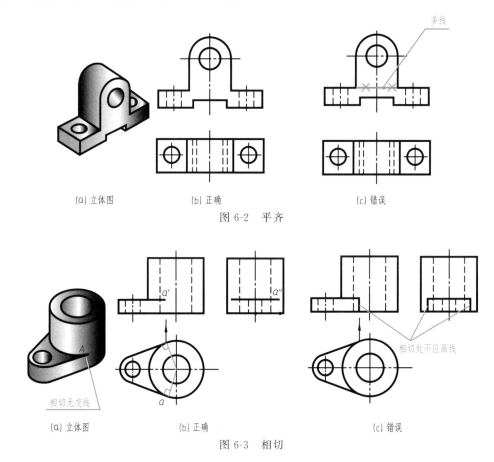

(a) 立体图   (b) 正确   (c) 错误

图 6-2 平齐

(a) 立体图   (b) 正确   (c) 错误

图 6-3 相切

6.1.2.4 相交

若相邻表面相交，则一定产生交线（截交线、相贯线），它们是形体表面的分界线，在视图中必须画出，如图 6-4 所示。

6.1.3 组合体的形体分析法

假想将组合体分解成若干基本体或简单组合体，分析各基本体和简单组合体的形状、相对位置、组合形式以及表面连接方式，从而获得对组合体形状完整认识的方法，称为形体分

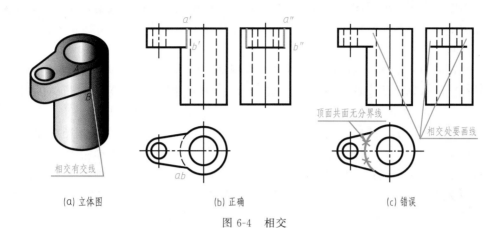

图 6-4　相交

析法（shape analysis method）。用形体分析法分析组合体，能化繁为简、化难为易，提高绘图的质量和速度。

　　形体分析法是画、读组合体视图及标注尺寸的最基本方法之一。图6-5（a）的组合体可以分解为图6-5（b）所示的底板Ⅰ、直立空心圆柱Ⅱ、凸台Ⅲ和肋板Ⅳ，其中Ⅰ和Ⅱ相切，Ⅰ和Ⅳ叠加，Ⅱ和Ⅲ、Ⅳ相交。

　　常见的简单组合体见图6-6。

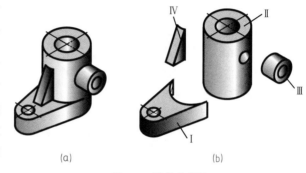

图 6-5　形体分析法

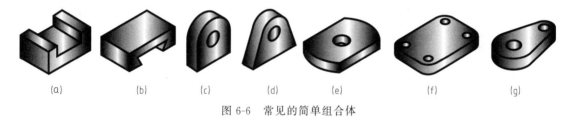

图 6-6　常见的简单组合体

6.2　画组合体三视图

6.2.1　画图方法和步骤

　　（1）形体分析　画图前首先对组合体进行形体分析。

　　（2）选择主视图　主视图是最主要的视图，选择原则如下。

　　① 考虑物体按正常位置安放，自然平稳，并力求使物体上主要平面平行或垂直于投影面以方便作图。

　　② 选择能较明显地反映组合体各组成部分形状和相对位置的方向作为主视图的投射方向（信息量最大原则）。

　　③ 兼顾其他视图表示的清晰性（虚线最少原则）。

　　主视图选定之后，俯视图和左视图也就随之确定。

（3）选比例和图幅　视图确定后，根据实物大小按相关国家标准规定选择合适的比例和图幅（优选 1∶1 比例）。确定图幅大小时，要算好各视图的总体尺寸，并预留各视图间标注尺寸的适当间距和画标题栏的位置。

（4）布置图面　用细点画线或细实线画出各视图的作图基准线（一般为对称中心线、回转结构的轴线、对称平面、较大平面、底面或端面的积聚性投影线等），以保证视图匀称地布置在图纸上。

（5）画底稿　用细实线轻轻地、仔细地逐个画出各基本体的三视图，画图顺序一般为：先画主要形体，后画次要形体；先画大的形体，后画小的形体；先画外形轮廓，后画内部细节；先画实线，后画虚线；先画定位尺寸全的部分，后画连接部分；先画各基本形体，后画它们之间的交线。

【注意】　① 底稿线一定要用细实线轻轻地画，图线要细、轻，自己能看清就可以，以便检查时易于修改。

② 逐个画出各基本体的三视图，不应完成组合体的一个视图再画其他视图。

③ 一般从最能反映形状特征的视图入手画每个基本体，而对于切口、槽等被挖切部分的表面，应从有积聚性的投影画起。

④ 根据立体表面的连接关系，正确绘制各组成部分相接处的分界线、截交线及相贯线等，尤其要注意平齐、相交、相切、截切部位等细节的画法和处理。

⑤ 明确各基本体之间只有表面存在连接关系，内部是融为一体的。

（6）检查加深　完成底稿后，认真检查，修正错误，擦去多余的图线，按规定的线型加深，当几种线型重合时，一般按"粗实线、细虚线、细点画线、细实线"的顺序取舍。

6.2.2　画法举例

［例 6-1］　画出图 6-7 所示轴承座的三视图。

【分析】　应用形体分析法，可将轴承座分解为五个简单形体：凸台、轴承、支承板、肋板和底板，如图 6-7（a）所示，凸台和轴承是两个垂直相交的空心圆柱体，内外表面都有相贯线；支承板、肋板和底板是形状不同的平板，支承板的左右侧面与轴承的外圆柱面相切，肋板的左右侧面与轴承的外圆柱面相交，底板的顶面与支承板、肋板的底面互相叠合。

将轴承座按自然位置放稳后，可以由 A、B、C、D 四个方向投射［图 6-7（b）］，所得视图见图 6-8。首先比较 A 向和 C 向，C 向细虚线较多，没有 A 向好；然后比较 B 向和 D 向，尽管两者虚实线情况相同，但若以 B 向作为主视图，则左视图细虚线较多，也不合适；再比

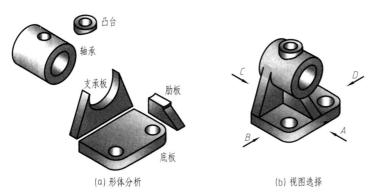

（a）形体分析　　　　　　　（b）视图选择

图 6-7　轴承座的形体分析与视图选择

较 A 向和 D 向，这两个方向都反映形体特征，但若以 D 向作为主视图，则主视和俯视在竖直方向较狭长，因此选择 A 向作为主视图方向。

【作图】　步骤见图 6-9。

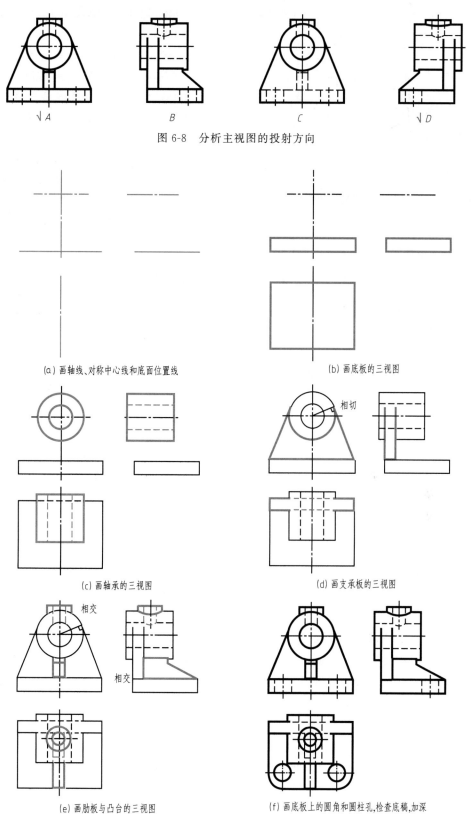

图 6-8　分析主视图的投射方向

(a) 画轴线、对称中心线和底面位置线

(b) 画底板的三视图

(c) 画轴承的三视图

(d) 画支承板的三视图

(e) 画肋板与凸台的三视图

(f) 画底板上的圆角和圆柱孔,检查底稿,加深

图 6-9　轴承座三视图的作图步骤

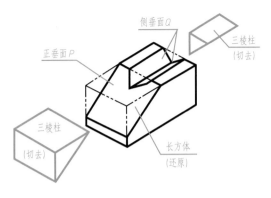

图 6-10 垫块的形体分析

[例 6-2] 根据图 6-10 所示垫块的立体图画三视图。

【分析】 这类以切割为主形成的组合体，一般根据切割顺序画图。垫块的基本体为四棱柱，先用一正垂面 P 截切其左上角，接着用前后对称的两个侧垂面 Q 从左向右切出一个 V 形槽。

【作图】 先画出基本体的投影，再一步步画出切割后的形体，过程见图 6-11。

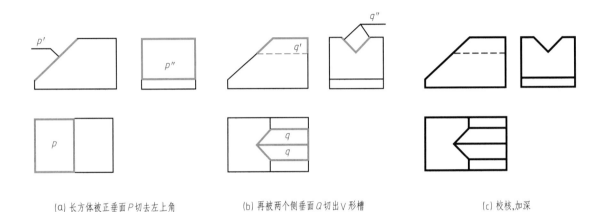

(a) 长方体被正垂面 P 切去左上角　　(b) 再被两个侧垂面 Q 切出 V 形槽　　(c) 校核,加深

图 6-11 垫块三视图的作图过程

6.3 组合体的尺寸标注

视图只能表达组合体的形状，而它的真实大小及各部分的确切位置，则要依据视图上所注的尺寸来确定。图样中的尺寸是零件加工的依据，因此尺寸标注非常重要，要求做到如下几点。

① 正确——符合国家标准的规定。
② 完整——尺寸齐全，不遗漏，也不重复。
③ 清晰——尺寸位置配置恰当，便于读图。
④ 合理——符合设计和工艺要求。

6.3.1 基本体的尺寸标注

6.3.1.1 平面立体

一般标注长、宽、高三个方向的尺寸，如图 6-12 所示，其中正方形的尺寸可在数字前加注"□"符号，加"（ ）"的尺寸为参考尺寸。

6.3.1.2 曲面立体

如图 6-13 所示，圆柱、圆锥应注出底圆直径和高度尺寸，圆台还应加注顶圆的直径。

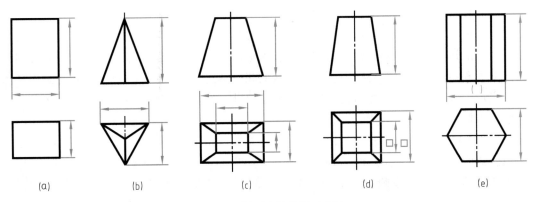

图 6-12 平面立体的尺寸标注

直径尺寸应在其数字前加符号"ϕ"，一般注在非圆视图上，这种形式用一个视图就可确定立体形状和大小，其他视图可省略；标注球的直径和半径时，应分别在 ϕ、R 前加符号 S。

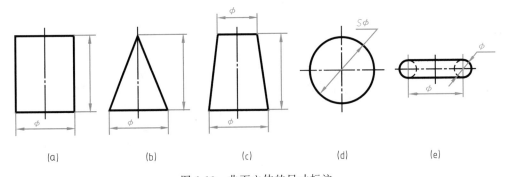

图 6-13 曲面立体的尺寸标注

6.3.2 切割体和相贯体的尺寸标注

截交线和相贯线的形状和大小取决于基本体本身的形状大小及两者之间的相对位置，因此，先注出基本体的尺寸，再注出截平面的定位尺寸或相贯体间相对位置尺寸，截交线和相贯线不标尺寸，见图 6-14。

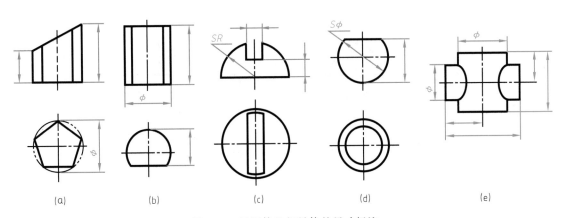

图 6-14 切割体和相贯体的尺寸标注

6.3.3 组合体的尺寸标注

6.3.3.1 方法

组合体的尺寸标注与第1章中平面图形的尺寸标注相同，首先确定长、宽、高三个方向的基准，一般选对称形体的对称面，形体的较大平面（如底面、重要端面等）以及主要回转结构的轴线和中心线等，然后运用形体分析法假想分解组合体，逐一注出各基本体或简单组合体的定形尺寸和确定它们之间相对位置的定位尺寸，并注意调整，最后根据组合体的结构特点注出总体尺寸（overall dimension）。

6.3.3.2 注意事项

组合体的尺寸标注需注意以下事项（图6-15）。

① 尺寸尽量标注在反映形状特征（shape feature）或位置特征（position feature）最明显的视图上。

② 同一形体的定形、定位尺寸尽量集中标注。

③ 尺寸尽量标注在视图外，与两视图有关的尺寸最好标注在两视图之间。

④ 同轴回转体的直径不宜呈辐射状集中注在投影为圆的视图上，最好注在非圆视图上，但板件上多孔分布时，孔的直径应注在反映为圆的视图上。

⑤ 圆弧的半径应标注在反映圆弧实形的视图上，且相同的圆角半径只标注一次，不能在符号"R"前加数目。

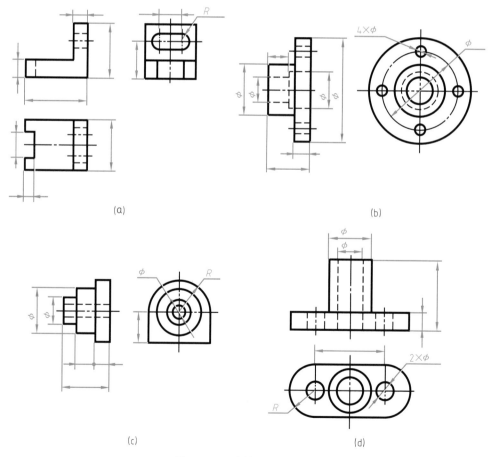

图 6-15 组合体的尺寸标注

⑥ 同一方向连续的尺寸尽量放在一条尺寸线上对齐；同一方向不连续的尺寸，应按"小尺寸在内，大尺寸在外"的原则排列，尽量避免尺寸线与尺寸界线相交。

⑦ 尽量避免在虚线上标注尺寸。

⑧ 若组合体某一方向端部是回转结构，则该方向的总体尺寸一般不标注，而由回转结构中心轴线的定位尺寸和回转结构的定形尺寸（半径或直径）确定。

在标注尺寸过程中，有时会出现不能兼顾的情况，则在保证尺寸完整、清晰的前提下，根据具体情况统筹安排、合理布局。

6.3.3.3　举例

[例 6-3]　标注图 6-7 轴承座的尺寸。

【作图】　标注步骤如图 6-16 所示。

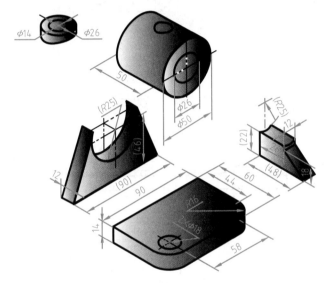

(a) 形体分析和初步考虑各基本体的定形尺寸

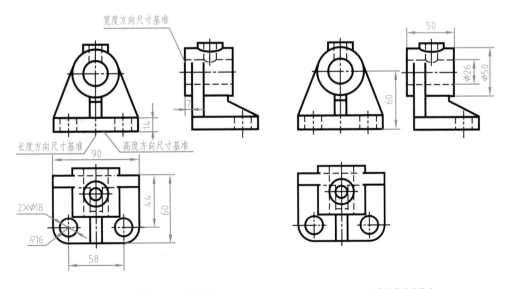

(b) 确定尺寸基准、标注底板的尺寸　　　　(c) 标注轴承的尺寸

图 6-16

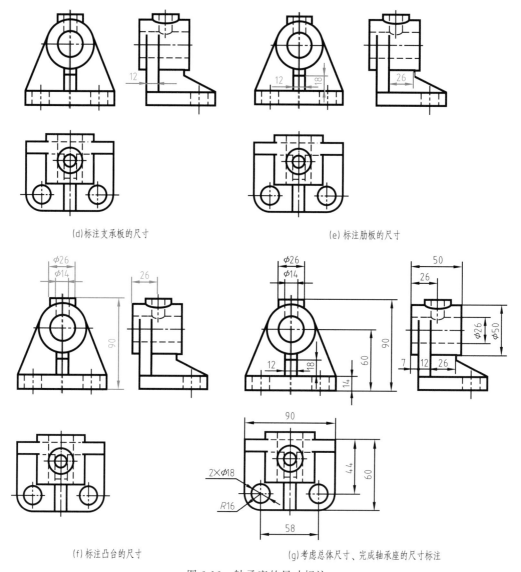

(d)标注支承板的尺寸　　　　　　　　　　　(e)标注肋板的尺寸

(f)标注凸台的尺寸　　　　　　　　　(g)考虑总体尺寸、完成轴承座的尺寸标注

图 6-16　轴承座的尺寸标注

6.4　读组合体视图

　　读图是根据已有视图，运用投影规律，进行分析、判断、想象出空间形体的过程，是画图的逆过程。因此画图理论就是读图理论，画图方法就是读图方法，但读图还有其特殊规律。

6.4.1　读图的基本要领

6.4.1.1　几个视图联系起来阅读

　　组合体的形状一般由几个视图才能表达清楚，每个视图只能反映物体一个方向的形体特征，因此一个视图或两个视图有时不能唯一确定组合体的形状。

　　① 图 6-17 为一个视图相同而形体不同的物体。

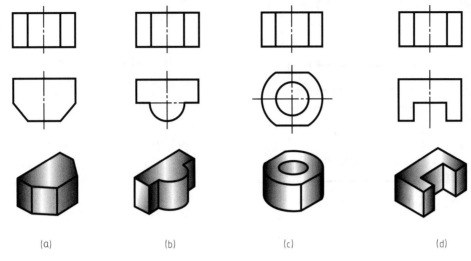

图 6-17 一个视图相同的物体

② 图 6-18 为两个视图相同形体不同的物体。

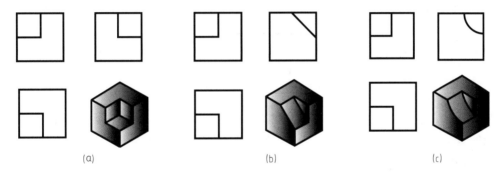

图 6-18 两个视图相同的物体

6.4.1.2 找出特征视图

① 形状特征视图——反映物体形状特征的视图，如图 6-19 中（a）、（b）中的主视图。

② 位置特征视图——反映各基本体之间相互位置关系的视图，如图 6-19 中（a）、（b）中的左视图上的虚、实线反映形体的前、后或里、外的位置关系。

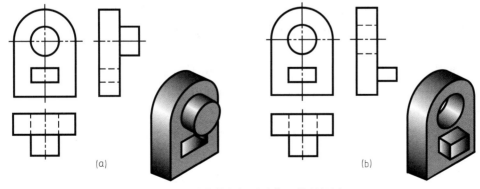

图 6-19 形状特征视图及位置特征视图

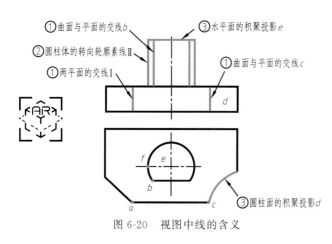

① 曲面与平面的交线b
② 圆柱体的转向轮廓素线Ⅱ
① 两平面的交线Ⅰ
③ 水平面的积聚投影e
① 曲面与平面的交线c
③ 圆柱面的积聚投影d

图 6-20　视图中线的含义

6.4.1.3　理解视图中线和线框的含义

（1）视图中线的三种含义　①物体上两个面的交线（含棱线）的投影；②曲面转向轮廓线的投影；③物体上一表面（平面或曲面）有积聚性的投影，如图 6-20 所示。

（2）视图中线框的三种含义　①物体上一个面（平面或曲面）的投影；②曲面及其切平面的投影；③物体上空心结构的投影，如图 6-21 所示。

6.4.1.4　明确视图中面与面的位置关系

视图中相邻两线框，一般表示相交的两个表面或者同向错位的两表面，图 6-17 中（a）、（b）、（c）主视图上两相邻线框属前者，这时图中公共边是这两个面的交线，图 6-17（d）是同向错位的两表面，图中公共边是第三表面的积聚性投影。

6.4.1.5　利用物体上平面的投影特性

组合体上有各种位置的平面，如图 6-22，读图时利用第 2 章介绍的知识有利于想象物体。

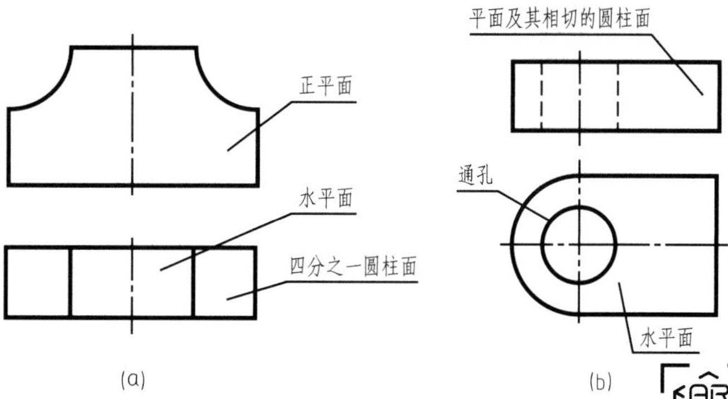

正平面
水平面
四分之一圆柱面

(a)

平面及其相切的圆柱面
通孔
水平面

(b)

图 6-21　视图中线框的含义

6.4.2　读图的基本方法

6.4.2.1　形体分析法

形体分析法是读组合体视图的基本方法，一般在最能反映形状特征的主视图上按线框分解组合体，然后根据投影规律找出各部分在其他视图中的投影，分别想象出每一部分的形状，再确定它们的组合形式和相互位置关系，综合想象（comprehensive imagination）出组合体的整体形状。

下面以图 6-23 所示的组合体为例说明运用形体分析法读图的方法和步骤。

（1）初步了解　根据组合体的视图和尺寸，初步了解组合体的大概形状和大小，按主视图上的线框，用形体分析法分析它由Ⅰ、Ⅱ、Ⅲ、Ⅳ四部分组成，Ⅱ、Ⅲ、Ⅳ都简单叠加在Ⅰ上，如图 6-23（a）所示。

（2）投影分析　根据三等关系在其他视图中找出Ⅰ、Ⅱ、Ⅲ、Ⅳ四部分的相应线框，想象出Ⅰ是长方体，Ⅱ是圆柱体，Ⅲ是三棱柱，Ⅳ是有阶梯孔的长圆板，如图 6-23 中（b）～（e）所示。

（3）综合想象　在逐个看懂各组成部分形状的基础上，弄清楚Ⅳ在最右边、Ⅱ在左前方，Ⅲ紧贴在Ⅳ的左边且后边与Ⅳ平齐，由此想出整个组合体的形状。

上述过程可以归纳为：看视图，识大致；分部分，想形体；对投影，找关系，合起来，想整体。

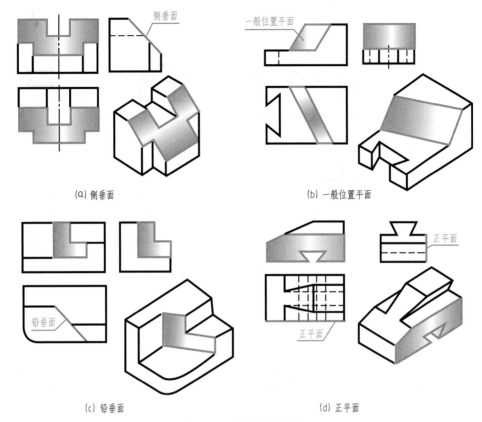

(a) 侧垂面　　　　　　　　　　　　　　　(b) 一般位置平面

(c) 铅垂面　　　　　　　　　　　　　　　(d) 正平面

图 6-22　平面的投影特性

6.4.2.2　线面分析法

当物体被切割、形状不规则或投影重合时，用形体分析法往往不能直接想象出物体的形状，这时需要用线面分析法（analysis method of lines and planes）。所谓线面分析法就是根据线、面的投影特征，逐个分析每个面的形状，面与面的相对位置关系以及各交线的性质，从而想象出组合体形状。

现以图 6-24 所示的组合体为例，说明线面分析法在读图中的运用。

① 由于图 6-24（a）所示组合体的三个视图的外形轮廓基本上都是长方形，主、俯视图上有缺角，可想象这是一个被切割掉几部分的长方体。

② 主视图中的斜线 p' 对应的俯视图 p 和左视图 p'' 都是线框，说明这是一正垂面，如图 6-24（b）所示。

③ 主视图上线框 q' 对应的俯视图 q 为一斜线，左视图 q'' 是一线框，可分析出这是一铅垂面，如图 6-24（c）所示。

④ 综合起来，想象出该组合体形状，如图 6-24（d）所示。

读图过程中，一般综合运用形体分析法和线面分析法：先用形体分析法把握组合体的大致轮廓，在此基础上用线面分析法分析解决局部不确定的线面细节和难点。

6.4.3　读图举例

由两个视图补画第三视图或补画三视图中所缺的图线，是培养和锻炼读图能力的有效手段，因为只有在读懂已知视图并想象出物体形状的基础上，才能正确作图。但不论做哪种练习，其方法和步骤仍是形体分析法和线面分析法，即根据已知视图，想象组合体的形状，按

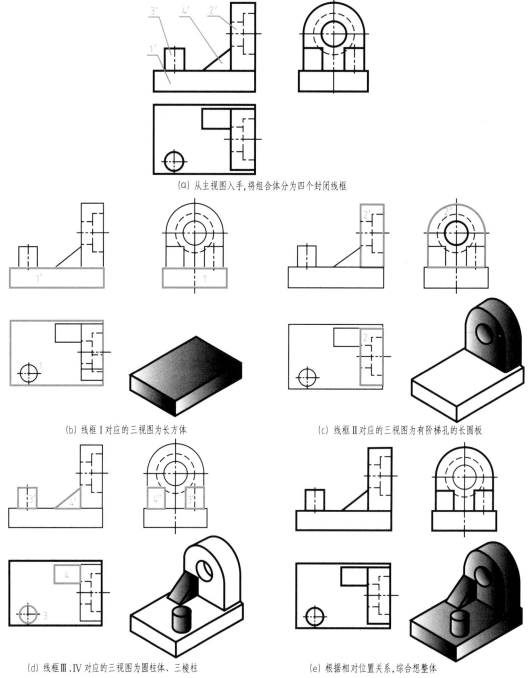

(a) 从主视图入手,将组合体分为四个封闭线框

(b) 线框Ⅰ对应的三视图为长方体

(c) 线框Ⅱ对应的三视图为有阶梯孔的长圆板

(d) 线框Ⅲ、Ⅳ对应的三视图为圆柱体、三棱柱

(e) 根据相对位置关系,综合想整体

图 6-23　用形体分析法读图

投影关系补画出所缺的视图或所缺的线。补画视图时,应根据各组成部分逐步进行,对叠加型组合体,先画单个基本体,后合成整体;对切割型组合体,先画整体后切割,并按先实后虚,先外后内的顺序进行。

　　[例 6-4]　图 6-25 (a) 为组合体的主、俯视图,补画它的左视图。

　　【分析】　这是叠加型组合体,采用形体分析法。

　　【作图】　(1) 将主视图中的三个封闭粗实线框作为组成组合体的三个部分Ⅰ、Ⅱ、Ⅲ,

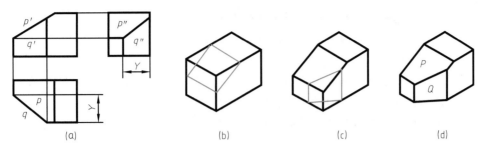

图 6-24　用线面分析法读图

如图 6-25（a）所示。

（2）分别想象出各个部分的形状，画出左视图，如图 6-25 中（b）～（d）所示。

（3）分析各部分之间的文章关系与组合方式，综合想象出整个组合体的形状，完成它的左视图，如图 6-25（e）所示。

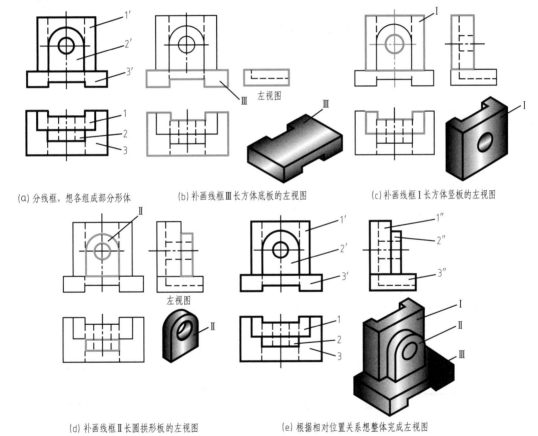

图 6-25　补画叠加式组合体左视图的过程

[例 6-5]　图 6-26（a）为组合体的主、俯视图，想象出其整体形状，并补画左视图。

【分析】　这个组合体由上部分和下部分组成，其中上部分是四棱柱，下部分是被切割的五棱柱，如图 6-26（b）所示。已知主、俯视图，求作左视图。

【作图】　如图 6-26 中（c）、（d）所示。

（1）分线框，大致分块。

（2）对照投影想形体，画上部分和下部分左视图。

（3）观察两棱柱的相对位置及表面连接关系（相交），完成全图。

［例6-6］　补画组合体三视图中所缺的线。

【作图】　（1）补画圆柱底板前后两个方槽的正面投影，如图6-27（b）所示。

（2）补画圆筒前后两个缺口的正面投影，如图6-27（c）所示。

（3）补画穿过圆柱底板和圆筒的孔的侧面投影，如图6-27（d）所示。

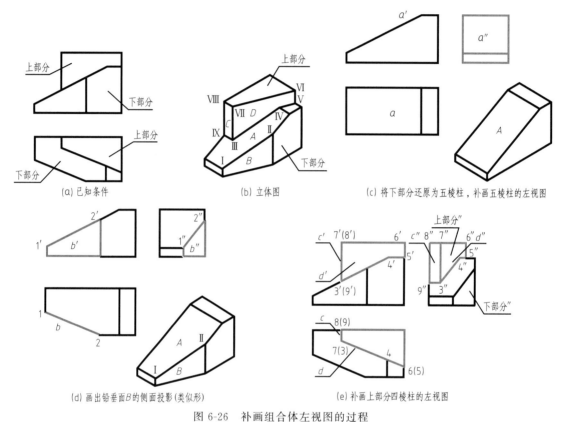

(a) 已知条件　　(b) 立体图　　(c) 将下部分还原为五棱柱，补画五棱柱的左视图

(d) 画出铅垂面B的侧面投影(类似形)　　(e) 补画上部分四棱柱的左视图

图 6-26　补画组合体左视图的过程

【分析】　尽管有缺线，仍可看出组合体由圆柱底板和圆筒两部分叠加而成，如图6-27（a）所示。

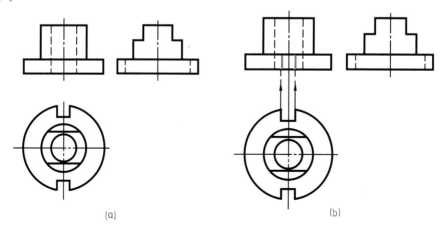

(a)　　　　　　　(b)

图 6-27

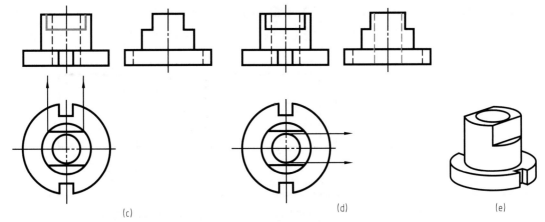

图 6-27　补画视图缺线的过程

【作图】（1）补画圆柱底板前后两个方槽的正面投影，如图 6-27（b）所示。

（2）补画圆筒前后两个缺口的正面投影，如图 6-27（c）所示。

（3）补画穿过圆柱底板和圆筒的孔的侧面投影，如图 6-27（d）所示。

图 6-27（e）为该组合体的立体图。

6.5　构形设计基础

任何一个产品，其设计过程都可分为三步，即概念设计、技术设计和施工设计。概念设计是以功能分析为核心，即对用户的需求通过功能分析寻求最佳的构形概念；技术设计是将概念设计过渡到技术上可制造的三维模型，构形设计（configuration design）是技术设计中的重要组成部分；施工设计主要是使该三维模型成为真正能使用的零部件成品。由此可见组合体的构形设计是零件构形设计的基础。

组合体的构形设计能把空间想象、构思形体和表达三者结合起来。这不仅能促进画图、读图能力的提高，还能发展空间想象能力，有利于发挥构思者的创造性。

6.5.1　构形设计的基本原则

6.5.1.1　构形应以基本体为主

组合体是各种零件的抽象和简化，应利用现有的知识和技能使构形设计的组合体体现工业产品或工程形体的结构形状和功能，但不必强调完全工程化。如图 6-28 的组合体的外形很像一部卡车，但都是由几个基本体通过一定的组合方式形成的。

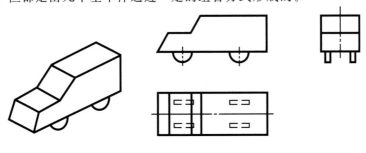

(a) 立体图　　　　　　　　　　　　(b) 投影图

图 6-28　构形以基本体为主

6.5.1.2　构形应体现平、稳、动、静等造型艺术法则

（1）具备和谐的比例关系　如黄金矩形、$\sqrt{2}$矩形等，会产生视觉上的美感，如图6-29所示。

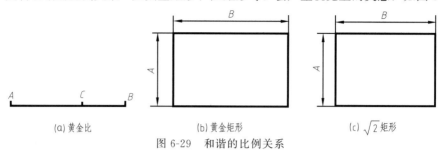

(a)黄金比　　　　　　　(b)黄金矩形　　　　　　　(c) $\sqrt{2}$ 矩形

图6-29　和谐的比例关系

（2）注重结构的稳定与轻巧　稳定与轻巧是造型美对立统一的两个方面，一般粗短、重心较低的形体给人以稳定的感觉［图6-30（a）］，但缺乏轻巧感；细长的形体具有轻巧俊俏感，但缺乏稳定感［图6-30（c）］。一般可以通过增加或减少底部面积来增强稳定或轻巧感。

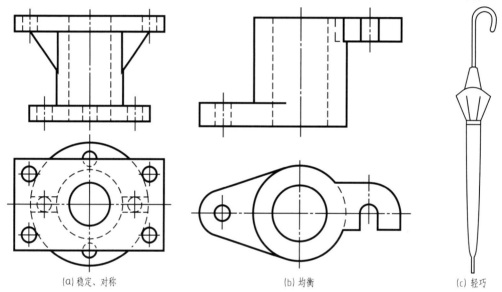

(a)稳定、对称　　　　　　　　　(b)均衡　　　　　　　　　(c)轻巧

图6-30　结构的稳定与轻巧、对称与均衡

（3）对称与均衡是取得良好视觉平衡的基本形式　对称形体具有稳定与平衡感［图6-30（a）］，均衡是不对称的平衡方式，构造非对称形体时应注意形体大小和位置分布，以获得视觉上的平衡［图6-30（b）］。

（4）运用对比的手法以表现形体差异　运用对比手法，产生直线与曲线、凹与凸、大与小、高与低、实与虚、动与静的变化效果，避免造型单调，如图6-31所示。

6.5.1.3　构形应新颖

创新是设计的灵魂，没有创新，就没有设计。构形设计时应大胆创新，力求构思新颖，风格独特，同时注意立体与环境之间的协调和谐。

6.5.2　构形设计的基本方法

本节构形设计的主要方式是根据已给组合体的一个视图，构思组合体的形状、大小并将其表达出来。

6.5.2.1　通过表面凹凸、正斜、平曲面联想构思组合体

如图6-32、图6-33所示为凹凸构思和平曲构思。

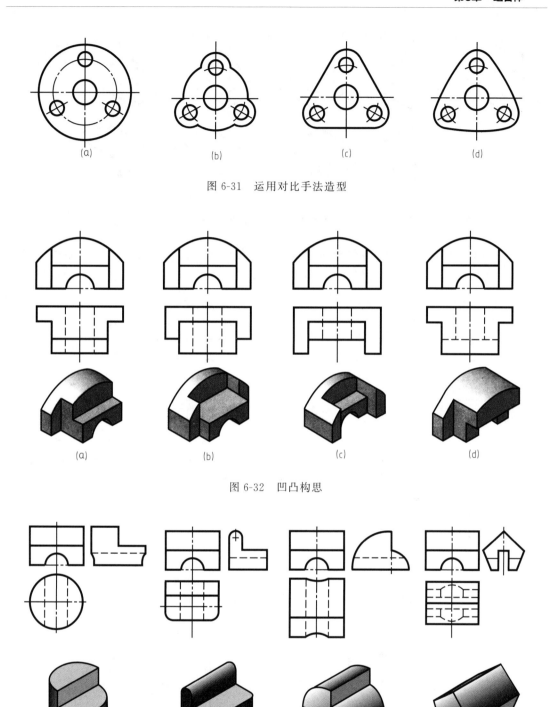

图 6-31　运用对比手法造型

图 6-32　凹凸构思

图 6-33　平曲构思

6.5.2.2　通过基本体之间不同组合方式的联想构思组合体

（1）叠加式设计　根据已知的几个基本体的形状和大小，进行叠加而设计出组合体。图 6-34 为给定两个四棱柱，通过各种位置的叠加得到不同的组合体。

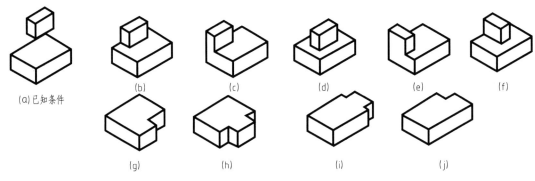

图 6-34　叠加式设计

（2）切割式设计　一个基本体经过数次切割，可构成组合体。图 6-35 主、俯视图表达的组合体可以认为由一个四棱柱或圆柱分别经一到五次切割获得，这里各用七个左视图表示，该主、俯视图可以表达二百多种组合体。图 6-35（a）为已知条件。

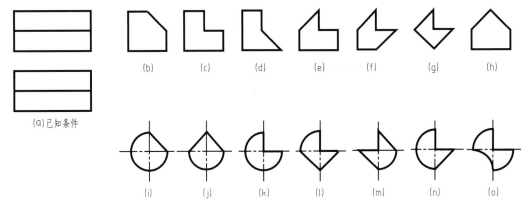

图 6-35　切割式设计

（3）组合式设计　组合式设计就是综合叠加式设计和切割式设计，这是构成组合体的一般方法。图 6-36 就是按此方式，以已知主视图设计的几个组合体。

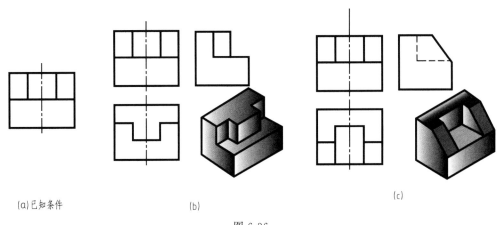

图 6-36

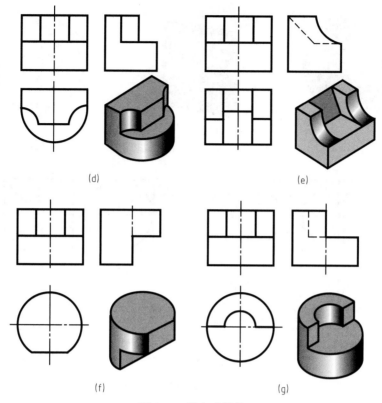

(d)

(e)

(f)

(g)

图 6-36 组合式设计

6.5.3 构思举例

[例 6-7] 图 6-37 为一组合体的主视图，构思组合体，并画出主、左视图。

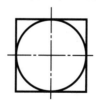

图 6-37 已知组合体主视图

【分析】 （1）构思为两基本体的简单叠加或切挖，如图 6-38 所示。

（2）构思为两等直径圆柱体垂直相交，如图 6-39 所示。

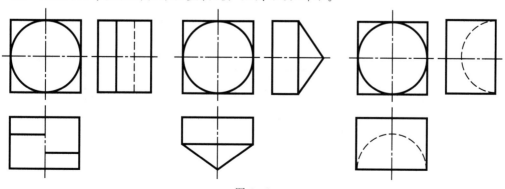

图 6-38

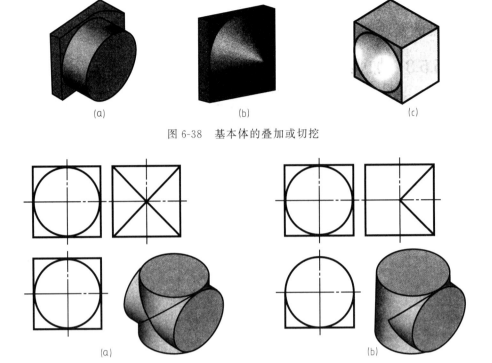

图 6-38 基本体的叠加或切挖

图 6-39 两等直径圆柱体垂直相交

（3）构思为基本体被截切，如图 6-40。

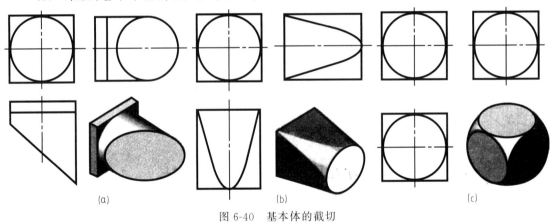

图 6-40 基本体的截切

[例 6-8] 如图 6-41（a）所示，一平板上有三个孔，试设计一个塞块，使它能沿着三个不同方向，不留间隙地穿过这三个孔。

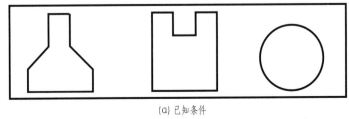

（a）已知条件

图 6-41

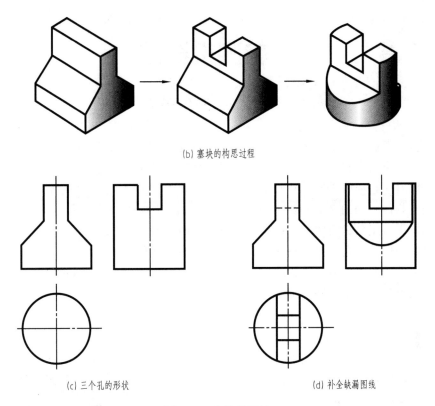

(b) 塞块的构思过程

(c) 三个孔的形状   (d) 补全缺漏图线

图 6-41　塞块的设计

【分析】　若把三个孔形按主、俯、左三个视图的位置放置，作为塞块的三个视图［图 6-41（c）］，则补全三视图中的缺漏图线［图 6-41（d）］，即可确定塞块的形状。

塞块的构思过程见图 6-41（b）。

6.5.4　构形设计时应注意的问题

① 组成组合体的各基本体应尽可能简单，尽量采用常见的回转体和平面立体，没有特殊需要不要用其他不规则曲面。这样绘图、标注尺寸和制作都比较方便。

② 封闭的内腔不便于成形，一般不采用，如图 6-42 所示。

③ 构形设计的组合体应是实际可以存在的实体，组合体各组成部分应牢固连接，不能是点接触或线接触及点单面连接等，如图 6-43 所示。

图 6-42　封闭的内腔

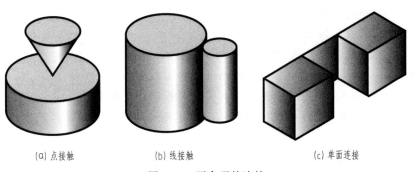

(a) 点接触　　　　　　(b) 线接触　　　　　　(c) 单面连接

图 6-43　不合理的连接

第7章　轴测投影图

多面正投影图能够准确、完整地表达物体的形状和大小，作图简便，在工程中应用很广，但它的每一个投影都只能反映物体长、宽、高中的两项，缺乏立体感，必须有一定看图能力的人才能看懂，如图 7-1（a）所示。为了帮助看图，工程上经常采用轴测投影图（简称轴测图）表达物体，如图 7-1（b）所示，它能同时反映物体的长、宽、高，富有立体感，但物体上原来平行于坐标面的平面在其上变成平行四边形、圆变成椭圆，所以它既不能准确而清晰地表达物体的构造与形状特征，又不便于标注尺寸和各种技术要求，且作图复杂，在工程上仅作为辅助图样。但在表达迂回交叉的管路、由钢板和型材焊成的框架，以及需要反映机器的直观形象等场合，轴测图非常有用。

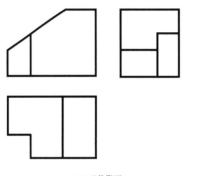

(a) 正投影图　　　　　　　　(b) 轴测投影图

图 7-1　正投影图和轴测投影图

7.1　轴测投影的基本知识

7.1.1　轴测图的形成

根据国家标准 GB/T 14692—2008，将物体连同其参考直角坐标系，沿不平行于任一坐标面的方向，用平行投影法向单一投影面投射所得的具有立体感的图形称为轴测图（axonometric drawing），如图 7-2 所示。

7.1.2　轴测投影的基本性质

由于轴测图是用平行投影法得到的，因此必然有下列投影特性：

① 从属性——轴测投影后，点线等图形元素的隶属关系保持不变。

② 平行性——物体上互相平行的线段，其轴测投影仍互相平行。

③ 定比性——物体上两平行线段或同一直线上两线段长度之比，经轴测投影后仍保持不变。

7.1.3　轴测图的基本术语和参数

① 轴测投影面（plane of axonometric projection）——生成轴测图的平面。

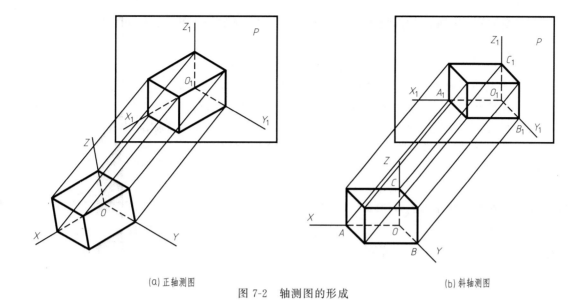

(a) 正轴测图　　图 7-2　轴测图的形成　　(b) 斜轴测图

② 轴测轴（axonometric axis）——直角坐标轴 OX、OY、OZ 在轴测投影面上的投影 O_1X_1、O_1Y_1、O_1Z_1。

③ 轴间角（angle between axes）——轴测轴之间的夹角 $\angle X_1O_1Z_1$、$\angle X_1O_1Y_1$、$\angle Y_1O_1Z_1$。

④ 轴向伸缩系数（coefficient of axial deformation）——轴测轴上的单位长度与原坐标系中相应坐标轴上的单位长度的比值，设 $\Delta X_1/\Delta X = p$，$\Delta Y_1/\Delta Y = q$，$\Delta Z_1/\Delta Z = r$，则 p、q、r 分别表示 O_1X_1、O_1Y_1、O_1Z_1 轴上的伸缩系数。

7.1.4　轴测图的种类

根据投射线与轴测投影面的相对位置，轴测图分为正轴测图（投射线垂直于轴测投影面）和斜轴测图（投射线倾斜于轴测投影面）两大类，见图 7-2。

在每类轴测图中，根据轴向伸缩系数的不同又分为如下三类。

① 三个轴向伸缩系数相等，即 $p = q = r$，称为正等轴测图（isometric drawing），简称正等测；或斜等轴测图（oblique isometric drawing），简称斜等测。

② 若只有两个轴向伸缩系数相等，如 $p = q \neq r$，称为正二等轴测图（dimetric drawing），简称正二测；或斜二等轴测图（cabinet drawing），简称斜二测。

③ 若三个轴向伸缩系数均不相等，即 $p \neq q \neq r$，称为正三等轴测图（trimetric drawing），简称正三测；或斜三等轴测图（oblique trimetric drawing），简称斜三测。

本章介绍工程上用得较多的正等测和斜二测。

7.1.5　轴测图的画法

画轴测图的基本方法有三种。

（1）坐标法　坐标法是将物体上的各点直角坐标移到轴测坐标中，定出各点、线、面的轴测投影，再连线成轴测图。[例 2-1] 中的画立体图实质就是用坐标法画 A 点的轴测图，由此可知，"轴测"的含义就是沿相应的轴向（坐标轴和轴测轴）测量线段的长度。

（2）切割法　切割法是用形体分析法将形状复杂的物体看成由一个简单的基本体切割而成，先画出基本体的轴测图，然后按形体形成的过程逐块切割，得到轴测图。

（3）叠加法　叠加法是把物体分解成各个基本体，依次将各基本体准确定位后叠加在一起，形成整个物体的轴测图。

具体作图时，一般根据物体的形状特点综合运用上述方法。

画轴测图的一般步骤：①在物体上确定坐标原点；②画出轴测轴；③沿轴度量确定各点的位置；④连接各点，完成全图，清理作图痕迹；⑤检查加深。

在轴测图中，用粗实线画出物体的可见轮廓。必要时，可用细虚线画出物体的不可见轮廓。

7.2 正等测

7.2.1 正等测的基本参数

正等测的三个轴间角相等，均为 $120°$，三个轴向伸缩系数也相等，即 $p=q=r≈0.82$。为作图方便，通常进行简化，取 $p=q=r=1$，如图 7-3 所示。作图时，与轴测轴平行的线段可直接量取实际长度，画出的正等测比原投影放大了 $1/0.82≈1.22$ 倍，但轴测图的形状不变（图 7-4）。

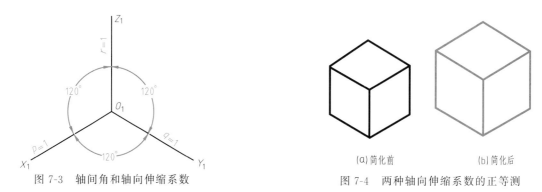

图 7-3　轴间角和轴向伸缩系数

图 7-4　两种轴向伸缩系数的正等测

7.2.2 平面立体的正等测

下面是画平面立体正等测的例子。

[例 7-1]　根据三棱锥的三视图，用坐标法画出其正等测。

【作图】　（1）在三棱锥的视图上定坐标系，并量出各点的坐标值，如图 7-5（a）所示。

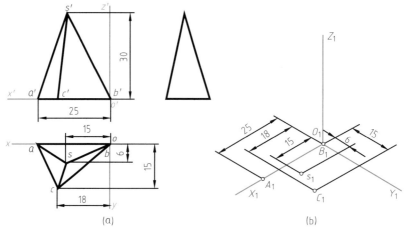

(a)

(b)

图 7-5

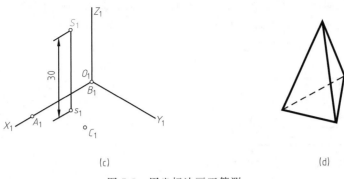

(c)　　　　　　　　　　　　(d)

图 7-5　用坐标法画正等测

（2）画轴测轴，在轴测坐标中定底面各点和锥顶在底面投影的位置，如图 7-5（b）所示。

（3）根据三棱锥的高度定出锥顶 S_1，如图 7-5（c）所示。

（4）区分可见性，连接各顶点，完成作图，如图 7-5（d）所示。

[例 7-2]　根据图 7-6（a）所示的三视图，用切割法画出物体的正等测。

【作图】　（1）在视图上确定坐标系，如图 7-6（a）所示。

（2）画轴测轴，作出长方体的轴测投影，如图 7-6（b）所示。

（3）依次进行切割，如图 7-6 中（c）、（d）所示。

（4）清理、检查、加深，最后结果如图 7-6（e）所示。

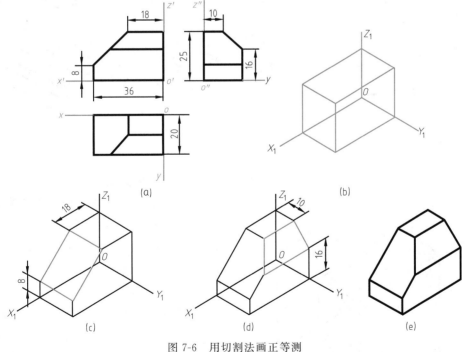

(a)　　　　　　　　　　(b)

(c)　　　　　(d)　　　　　(e)

图 7-6　用切割法画正等测

[例 7-3]　根据物体的两视图，用叠加法画出其正等测。

【作图】　（1）如图 7-7（a）所示，在视图上设置坐标轴并分解物体为 A、B、C 三个基本体（四棱柱）。

（2）画出轴测轴，作出底部四棱柱 A 的轴测图，如图 7-7（b）所示。

（3）在四棱柱 A 的上表面中心位置，作棱柱 B 的轴测图，如图 7-7（c）所示。

（4）用同样的方法作出顶部四棱柱 C 的轴测图，如图 7-7（d）所示。

（5）区分可见性，擦去多余线，加深，即得物体轴测图，如图 7-7（e）所示。

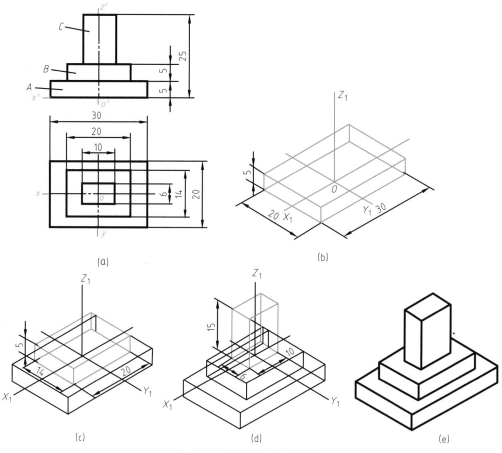

图 7-7 用叠加法画正等测

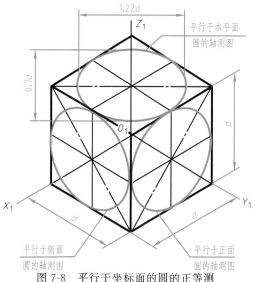

图 7-8 平行于坐标面的圆的正等测

7.2.3 回转体的正等测

7.2.3.1 平行于坐标面的圆的正等测

在物体的三个坐标面 XOY、YOZ、XOZ（或其平行面）上的圆的正等测是椭圆，如图 7-8 所示，可以看出：椭圆的长轴垂直于不属于此坐标面的第三根轴的轴测轴，且在菱形（圆的外切正方形的正等测）的长对角线上，约等于 $1.22d$（d 为圆的直径）；短轴则平行于这条轴测轴，且在菱形的短对角线上，约等于 $0.7d$。

为了简化画图，圆的正等测可采用四心近似画法，现以直径为 d 的 XOY 平面上的圆为例，介绍其作图步骤。

① 定椭圆中心 O_1，并作轴测轴 O_1X_1、O_1Y_1，按圆的直径 d 截取点 A_1、B_1、C_1、D_1，如图 7-9（a）所示。

② 过点 A_1、B_1、C_1、D_1 分别作 O_1X_1、O_1Y_1 轴的平行线，得一菱形，如图 7-9（b）所示。

③ 作菱形钝角顶点和其两对边中点连线，交长对角线于 G_1、H_1 点，E_1、F_1、G_1、H_1 即为四个圆心，如图 7-9（c）所示。

④ 分别以点 E_1、F_1 为圆心，以 F_1A_1 为半径在 A_1B_1、C_1D_1 间画大圆弧，再分别以 G_1、H_1 为圆心，以 G_1D_1 为半径在 A_1D_1、B_1C_1 间画小圆弧，如图 7-9（d）所示。

【注意】　菱形钝角顶点和其两对边中点连线就是菱形各边的中垂线。

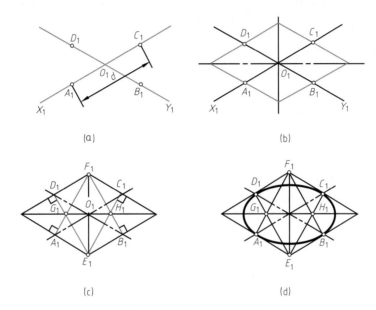

图 7-9　椭圆的四心近似画法

7.2.3.2　圆柱及圆柱截切体的正等测

图 7-10（a）的圆柱上、下底两个圆与 XOY 面平行，且大小相等，画其正等测的步骤如下。

根据所给直径 d 和高度 h 作出两个大小相同、距离为 h 的椭圆，然后画出它们的公切线即可。

① 画上底圆的轴测图，将三个圆心下移圆柱高度 h，画下底圆的轴测图，如图 7-10（b）所示。

② 作两椭圆公切线，如图 7-10（c）所示。

③ 擦去多余图线并加深，即完成全图，如图 7-10（d）所示。

【注意】　画公切线时，先要找出切点，然后再连线，由于两椭圆大小相同，所以椭圆长轴的两个端点即为切点，这样可以少画半个下底圆的椭圆。

［例 7-4］　对以上圆柱截切，其主俯视图见图 7-11（a），作出截断体的正等测。

【作图】　(1) 选坐标原点为顶圆的圆心，XOY 坐标面与上顶圆重合，如图 7-11（a）所示。

(2) 按上述方法画圆柱的正等测，如图 7-11（b）所示。

(3) 从主视图取 $1'(2')$ 至 o' 的距离，截取在轴测图 X_1 轴上 O_1 点的右边，定出 I_1

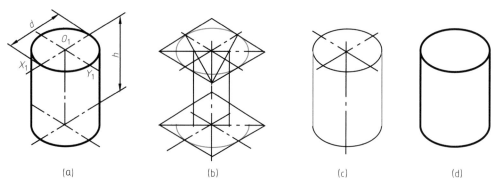

(a)　　　　　　　(b)　　　　　　　(c)　　　　　　　(d)

图 7-10　圆柱的正等测

II_1 连线的中点，然后作 Y_1 轴的平行线交椭圆于 I_1、II_1 点，沿 Z_1 方向向下平移 I_1、II_1 至 III_1、IV_1 点，完成侧平截面的轴测投影，如图 7-11（c）所示。

　　（4）在主俯视图上分别量取 V、VI、VII 点的 X、Y、Z 坐标，在圆柱的轴测图上作出 V_1、VI_1、VII_1 点的轴测投影，如图 7-11（d）所示。

　　（5）从主俯视图中取截交线上的一般点 8、9，同样用坐标法作出 VIII_1、IX_1 的轴测投影，如图 7-11（e）所示。

　　（6）依次光滑连接 III_1、V_1、VIII_1、VII_1、IX_1、VI_1、IV_1 各点，作出截交线，如图 7-11（f）所示。

　　（7）清理、检查、加深，完成截切圆柱的轴测图，如图 7-11（g）所示。

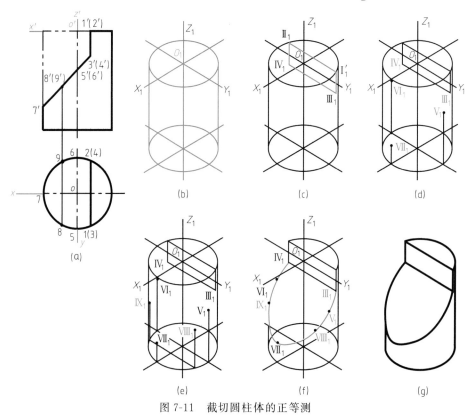

图 7-11　截切圆柱体的正等测

7.2.3.3 圆角的正等测

圆角是圆的一部分，其正等测画法与圆的正等测相同，由图 7-9 已知：在椭圆近似画法中，菱形钝角与大圆弧相对，锐角与小圆弧相对，相邻两条边的中垂线的交点就是圆心，由此可以得出平板 [图 7-12（a）] 上圆角的正等测画法，作图步骤如下。

① 在平板的轴测图上，由平板顶面角顶沿两条边上量取圆角半径 R 得到切点，过切点作相应边的垂线，交点 Ⅰ₁、Ⅱ₁ 即为所求圆角的圆心，将两圆心垂直下移平板的厚度 h 得到平板底面圆角的圆心 Ⅲ₁、Ⅳ₁ [图 7-12（b）]。

② 分别以点 Ⅰ₁、Ⅱ₁、Ⅲ₁、Ⅳ₁ 为圆心，以圆心到切点的距离为半径画圆弧，并作两小圆弧的外公切线 [图 7-12（c）]。

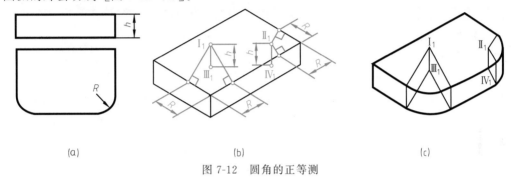

(a)   (b)   (c)

图 7-12   圆角的正等测

7.2.4   组合体的正等测

[例 7-5]   根据图 7-13（a）所示组合体的三视图，画出它的正等测。

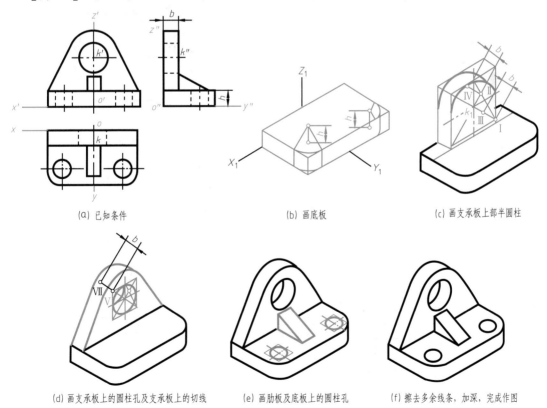

(a) 已知条件   (b) 画底板   (c) 画支承板上部半圆柱

(d) 画支承板上的圆柱孔及支承板上的切线   (e) 画肋板及底板上的圆柱孔   (f) 擦去多余线条，加深，完成作图

图 7-13   用综合法画组合体的正等测

【作图】 根据组合体的形体特点，可用综合法作图，一般先叠加后切割，其作图步骤如图 7-13 中（b）~（f）所示。

7.3 斜二测

7.3.1 斜二测的基本参数

机械工程中最常用的斜轴测图是坐标面 XOZ 与轴测投影面平行的斜二测。此时，根据平行投影特性，XOZ 面上的图形在轴测投影面中反映实形，因此轴间角仍保持原来的 $90°$，轴向伸缩系数 $p=r=1$，而 Y 轴斜投影后长度缩短，约为原长的 0.47 倍，为方便作图取 $q=0.5$，轴间角 $\angle X_1O_1Y_1=\angle Y_1O_1Z_1=135°$，如图 7-14 所示。

7.3.2 斜二测的画法

7.3.2.1 平行于坐标面的圆的斜二测

图 7-15 是平行于坐标面的圆的斜二测，其中平行于 XOZ 平面的圆仍然是实形，平行于 XOY、YOZ 平面的圆投影为椭圆。根据计算，XOY 和 YOZ 坐标面上的椭圆长轴 $=1.06d$，短轴 $=0.33d$，其中 d 为圆的实际直径，椭圆长轴分别与 O_1X_1 或 O_1Z_1 轴倾斜约 $7°10'$。

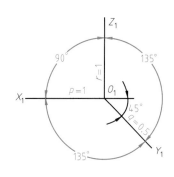 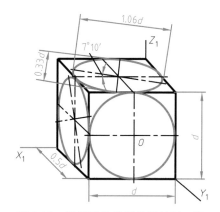

图 7-14 轴间角和轴向伸缩系数　　　图 7-15 平行于坐标面的圆的斜二测

7.3.2.2 组合体的斜二测

[例 7-6] 根据图 7-16 所示组合体的视图，绘制其斜二测。

【作图】（1）选择坐标轴和原点，如图 7-16（a）所示。

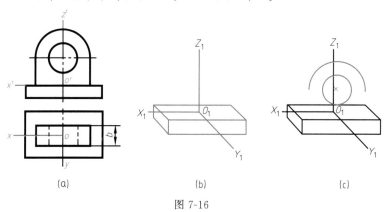

(a)　　　　　(b)　　　　　(c)

图 7-16

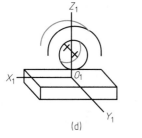
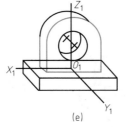

图 7-16　组合体的斜二测的画法

（2）画出轴测轴及长方形底板，如图 7-16（b）所示。

（3）确定竖板前表面的圆心位置画圆和半圆弧，如图 7-16（c）所示。

（4）沿 Y 轴将圆心往后平移 $b/2$ 的距离画后表面的圆弧，如图 7-16（d）所示。

（5）完成其他可见轮廓线，并作前后表面半圆弧的公切线，如图 7-16（e）所示。

（6）去掉多余线条，完成全图，如图 7-16（f）所示。

7.3.3　斜二测与正等测的比较

斜二测的画法与正等测的画法相同，只是轴测轴的方向、轴间角的大小、轴向伸缩系数不同而已。选择使用一种类型的轴测图主要是为了获得较强的立体感，同时方便作图。

图 7-17 中，上面一个物体上平行于 XOZ 平面的圆较多，在正等测上全部表现为椭圆，作图复杂，而在斜二测中圆保持实形，作图简便；下面一个物体上部的方块呈 45°方向，若画成正等测，两个侧面都积聚，立体感不好，而画成斜二测则有较强的立体感。但由于正等测的 O_1X_1、O_1Y_1、O_1Z_1 轴向直线长都按 1：1 量取，而斜二测 O_1X_1、O_1Z_1 轴向直线长按 1：1 量

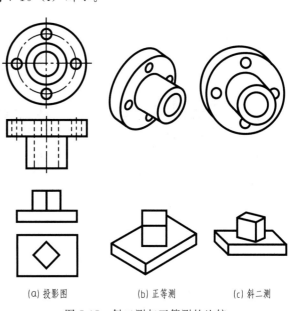

(a) 投影图　　(b) 正等测　　(c) 斜二测

图 7-17　斜二测与正等测的比较

取，O_1Y_1 轴向直线长按 1：2 量取，一般情况下首先考虑选用正等测，特别是当表达与三个坐标面平行的平面上都有曲线或圆的物体时，更应选用正等测。

7.4　轴测剖视图

为了表达物体的内部结构，可假想用剖切平面将物体剖去一部分，这种剖切后的轴测图称为轴测剖视图。为了保持外形清晰，一般用两个互相垂直的轴测坐标面（或其平行面）切去物体的四分之一。

7.4.1　轴测剖视图中的剖面线

剖切平面切出的截断面上应画剖面线，剖面线的方向平行于相应坐标平面中两轴上等值长度点的连线，正等测中剖面线的方向见图 7-18（a），斜二测中的剖面线方向见图 7-18（b）。

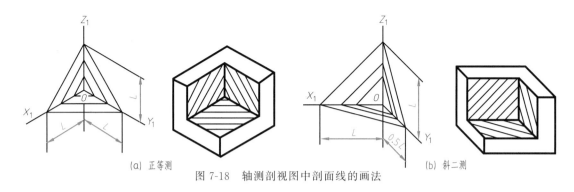

(a) 正等测

图 7-18 轴测剖视图中剖面线的画法

(b) 斜二测

当剖切平面通过物体的肋或轮辐等薄壁结构的纵向对称面时，不画剖面线，而用粗实线将其与邻接部分分开 [图 7-19 (a)]；在图中表示不够清晰时，也允许在肋或薄壁部分用细点表示被剖切部分 [图 7-19 (b)]。

装配图的轴测剖视图中，各相邻零件的剖面线方向或间隔应有明显的区别，如图 7-20 所示。

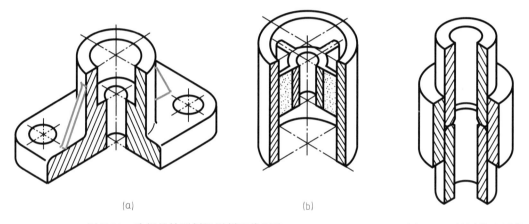

(a)　　　　　　　　(b)

图 7-19　肋板的轴测剖视图剖面线画法

图 7-20　轴测装配图的
剖面线画法

7.4.2　轴测剖视图的画法

轴测剖视图的作图步骤随熟练程度不同通常有两种：一种是先画后剖，即先画出未剖切的轴测图，然后用剖切面切开，作出断面及断面之后露出的形状，此方法较适于初学者，如图 7-21 所示；另一种是先剖后画，即直接画出断面，然后再画出内外的其他可见轮廓，此

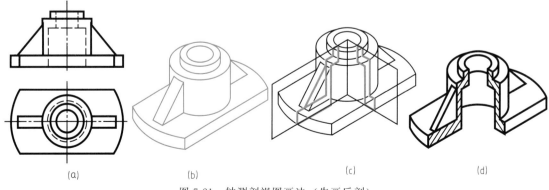

(a)　　　　　　(b)　　　　　　　(c)　　　　　(d)

图 7-21　轴测剖视图画法（先画后剖）

法在作图中减少了不必要的作图线，作图迅速，如图 7-22 所示。

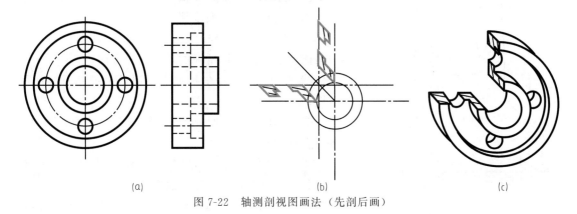

图 7-22　轴测剖视图画法（先剖后画）

7.5　轴测草图

　　轴测图立体感强容易看懂，在学习过程中可以帮助学生验明所想象的形体是否正确，有助于提高空间思维能力。但由于轴测图作法烦琐，所以在构思、交流时常采用轴测草图，轴测草图是一种凭目测或想象、徒手绘制的轴测图。

7.5.1　基本方法与技巧

　　画轴测草图，除掌握轴测图的画法以及第 1 章介绍的草图画法外，还应注意以下几点。

　　① 尽量目测画准轴测轴，对复杂图形有时需要用比例法确定轴间角，如图 7-23 所示。

　　② 画图时，徒手按实际比例划分线段，通常以物体上某一平行于轴测轴的边为单位长度 l，则其余沿轴向边长都可以按比例划分，必要时也可将 l 分成需要的等份以方便度量，如图 7-24 所示。

　　③ 借助等分线段和对角线完成图形的缩放，如图 7-25 所示。

　　④ 根据矩形对角线交点或对边中点确定图形的对称线及几何中心位置，如图 7-26 所示。

　　⑤ 利用轴测网格纸画图（图 7-27）。

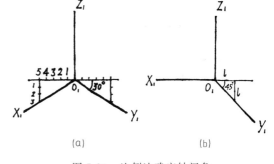

图 7-23　比例法确定轴间角

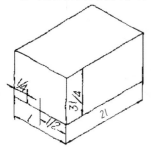
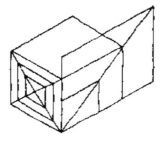
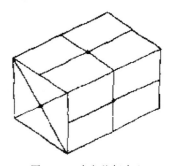

图 7-24　按比例划分边长　　　图 7-25　缩放图形　　　图 7-26　确定几何中心

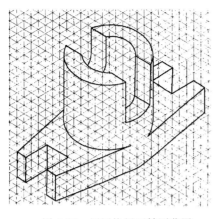

图 7-27　用网格纸画轴测草图

7.5.2　画轴测草图的步骤

画轴测草图的一般步骤如下。

① 对物体进行分析，选择合适的轴测图种类，确定最能反映立体形体特征的轴测投影方向。

② 在物体上选择坐标原点，通常由可见部位着手作图。

③ 准确地绘制轴测轴或与轴测轴相平行的基线，进行合理的布图。

④ 保持轴向线段与相应轴测轴的平行关系，物体上的各顶点可沿轴向以比例法度量。

⑤ 对圆及圆弧先画出"包围盒"，当图形基本完成后，在"包围盒"中描出椭圆弧，然后清理图形。

⑥ 检查图形，尤其需检查立体在轴测投影后，各部分相互遮挡引起的可见性变化，完成图形。

如图 7-28 所示为一支座正等测草图的画法。

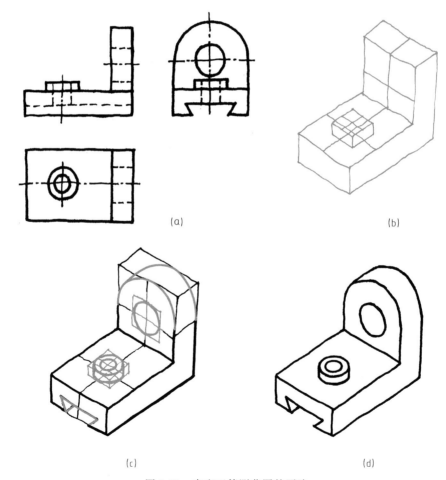

(a)　　　　　　　　　　　　　　(b)

(c)　　　　　　　　　　　　　　(d)

图 7-28　支座正等测草图的画法

第8章　机件常用的表达方法

在实际工程中，机器零件的结构形状是多种多样的，对比较复杂的机件，仅用前面介绍的三视图往往难以表达清楚，还必须增加表达方法，国家标准图样画法（GB/T 4458.1—2002、GB/T 4458.6—2002、GB/T 17451—1998、GB/T 17452—1998、GB/T 17453—2005、GB/T 16675.1—2012）中规定了机件的各种表达方法。本章将介绍视图、剖视图、断面图及其他表达方法。

这些画法的基本原则是：在完整、清晰表达物体形状的前提下，力求制图简便。

8.1　视图

视图主要用于表达机件的外部结构和形状。为了便于看图，视图一般只画出物体的可见部分，必要时才用细虚线画出其不可见部分。视图通常分为基本视图、向视图、斜视图和局部视图。

8.1.1　基本视图

当机件的外部形状较复杂时，为了分别表达机件上下、左右、前后六个方向的结构形状，在原有三个投影面的基础上再增加三个投影面，构成一个正六面体，将机件置于其中，分别向六个面投射，如图8-1（a）所示。正六面体的六个面称为基本投影面，物体在各基本投影面上的投影称为基本视图（principle view）。除主、俯、左三个视图外，还有由下向上

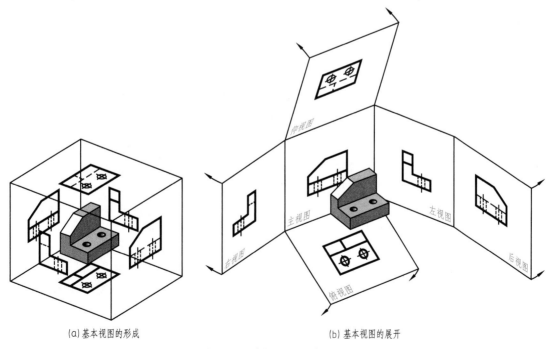

(a) 基本视图的形成　　　　　　　　　　　(b) 基本视图的展开

图 8-1　基本视图的形成及展开

投射所得的仰视图 (bottom view)、由右向左投射所得的右视图 (right view)、由后向前投射所得的后视图 (rear view)。

六个基本投影面的展开如图 8-1 (b) 所示,六个基本视图的配置关系见图 8-2,国家标准规定,按此位置配置时,不标注视图的名称。各基本视图之间仍遵循如下投影规律。

① 主、俯、仰视图长对正,后视图与主、俯、仰视图长相等。

② 主、左、右、后视图高平齐。

③ 俯、左、右、仰视图宽相等。

【注意】 除后视图外,远离主视图的一边为前面。

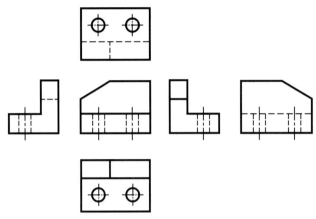

图 8-2　基本视图的配置

实际画图时,一般不必将机件的六个基本视图全部画出,而是根据机件的特点和复杂程度,按实际需要选择其中几个基本视图,从而完整、清晰、简明地表达出该机件的结构形状。

8.1.2　向视图

向视图 (reference arrow layout view) 是可自由配置的视图。

在实际设计绘图过程中,因专业需要和图形布局,往往不能同时将六个基本视图都画在同一张图纸上,或不能按图 8-2 的形式配置视图,此时可按向视图配置视图。

向视图的表达方式如图 8-3 所示,在向视图的上方标注 "X"("X" 为大写拉丁字母),在相应视图的附近用箭头指明投射方向,并标注相同的字母。

8.1.3　斜视图

将机件向不平行于任何基本投影面的平面投射所得的视图,称为斜视图 (oblique view)。斜视图用来表达机件上倾斜结构的真实形状。

如图 8-4 (a) 所示的压紧杆,由于耳板是倾斜的,在左视图和俯视图上均不反映实形,为了清楚表达耳板的形状,可用换面

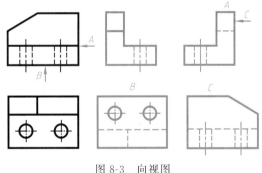

图 8-3　向视图

法,设置一个与物体倾斜表面平行的新投影,然后以垂直于倾斜表面的方向向新投影面投射,则耳板在该投影面上的投影就能反映它的实形,如图 8-4 (b) 所示。

(1) 斜视图的画法　斜视图通常画成局部斜视图,机件上不需表达的部分用波浪线或双折线断开,如图 8-5 中 (a)、(b) 所示。

(2) 斜视图的配置　斜视图通常按向视图的配置形式配置 [图 8-5 (a)],必要时,允许将斜视图旋转,这时,用旋转符号表示旋转方向 [画法如图 8-5 (c) 所示],表示视图名称的 "X" 应写在旋转符号箭头端,也允许将旋转角度注写在字母之后,如图 8-5 (b) 所示。

(3) 斜视图的标注　斜视图要标注,必须在斜视图的上方标出视图的名称 "X";在相

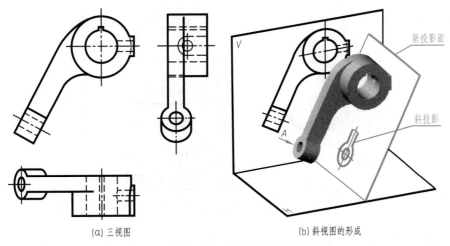

(a) 三视图　　　　　　　　　(b) 斜视图的形成

图 8-4　压紧杆的三视图及斜视图的形成

应的视图附近用箭头指明投射方向，并注上同样的字母"X"，字母一律水平书写。

8.1.4　局部视图

将机件的某一部分向基本投影面投射所得的视图，称为局部视图（local view）。局部视图用于补充基本视图尚未表达清楚的部分，是一个不完整的基本视图。

如图 8-6 所示的机件，当采用主、俯两个视图表达后，只有两侧凸台部分外形没有表达清楚，因此，采用了 A、B 两个局部视图加以补充，这样就可省去左、右两个视图，既简化了作图，又使表达方式简洁、明了，便于看图。

（1）局部视图的画法　局部视图的断裂边界一般用波浪线表示，如图 8-6 中的 A、图 8-5 中的 B；但当局部视图所表示的局部结构是完整的，其外轮廓线又呈封闭时，波浪线可省略不画，如图 8-6 中的 B 及图 8-5 中的 C。

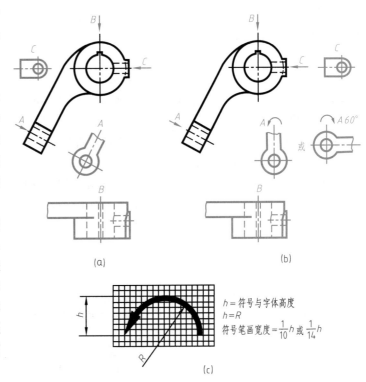

图 8-5　局部视图、斜视图的配置及旋转符号的画法

（2）局部视图的配置　局部视图通常按投影关系配置，如图 8-6 中的 A 及 8-5（a）中的 B、C 向，也可以按向视图配置，如图 8-6 中的 B 及图 8-5（b）中的 C。

（3）局部视图的标注

① 在一般情况下，应在局部视图的上方标注视图的名称"X"，并在相应的视图附近用箭头指明投影方向，标注同样的字母"X"。

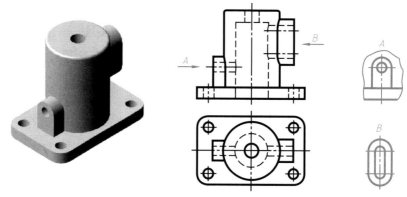

图 8-6　局部视图

② 当局部视图按投影关系配置，中间又没有其他图形隔开时，可省略标注，如图 8-6 中的 *A* 及 8-5（a）中的 *C*，可省略图中的箭头及字母。

8.2　剖视图

当机件的内部形状较复杂时，视图上就会出现虚线与实线交错、重叠，给读图和标注尺寸增加困难，为了清晰地表达物体内部形状，国家标准规定采用剖视图来表达。

8.2.1　剖视图的概念

假想用剖切面（cutting plane）剖开物体，将位于观察者和剖切面之间的部分移去，而将其余部分向投影面投射所得的图形，称为剖视图（sectional view），简称剖视。

如图 8-7（a）所示物体，其对应的主视图和俯视图如图 8-7（b）所示，主视图中虚线较多，为了清楚表达该机件的内部结构，主视图采用剖视图，剖切过程如图 8-7 中（c）、（d）所示，此时，主视图中原来不可见的孔变为可见，结果得到如图 8-7（e）所示的剖视图。

8.2.2　剖视图的基本画法和标注

8.2.2.1　剖视图的画法

（1）确定剖切面的位置　一般常用平面作为剖切面（也可用柱面）。为了表达物体内部的真实形状，剖切平面一般应通过物体内部结构的对称平面或孔的轴线，并平行于相应的投影面，如图 8-7（c）所示。

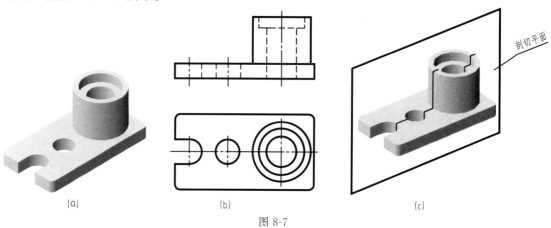

剖切平面

(a)　　　　　　　　　(b)　　　　　　　　　(c)

图 8-7

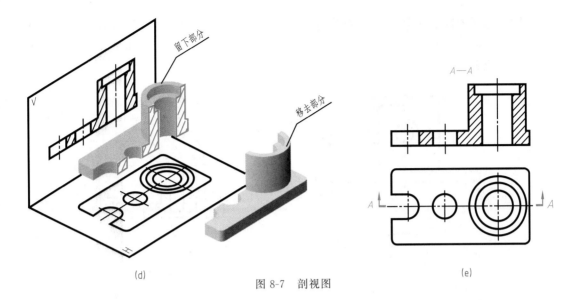

图 8-7　剖视图

（2）投影　将保留下来的部分向基本投影面投射，用粗实线画出剖切面切到的机件断面轮廓（轮廓内称为剖面区域）和其后的可见轮廓，如图 8-7（d）所示。

（3）画剖面符号　在剖面区域（sectional area）内画上剖面符号（sectional symbol），为了区分机件的实体部分和空心部分，同时还表示制造该机件所用的材料，国家标准《机械制图》规定了常用的剖面符号（表 8-1）。

表 8-1　剖面区域表示法（摘自 GB/T 4457.5—2013）

剖面		表示方法	剖面	表示方法
金属材料 （已有规定剖面符号者除外）			木质胶合板 （不分层数）	
线圈绕组元件			基础周围的泥土	
转子、电枢、变压器和 电抗器等的叠钢片			混凝土	
非金属材料 （已有规定剖面符号者除外）			钢筋混凝土	
型砂、填砂、粉末冶金、砂轮、 陶瓷刀片、硬质合金刀片等			砖	
玻璃及供观察用的其他 透明材料			格网 （筛网、过滤网等）	
木材	纵断面		液体	
	横断面			

注：1. 剖面符号仅表示材料的类型，材料的名称和代号另行注明。

2. 叠钢片的剖面线方向，应与束装中叠钢片的方向一致。

3. 液面用细实线绘制。

在同一金属零件的图中，剖面符号应画成间隔相等、方向相同且一般与剖面区域的主要轮廓或对称线成45°角的平行线（称为剖面线），如图8-8（a）所示。必要时，也可以画成与主要轮廓成适当角度，如图8-8（b）所示。

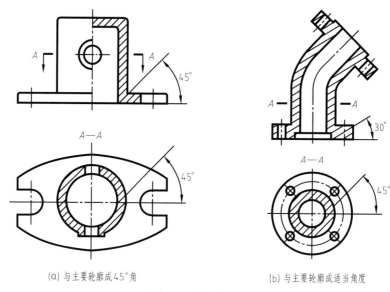

(a) 与主要轮廓成45°角　　　　　　　　　　　　(b) 与主要轮廓成适当角度

图 8-8　剖面线方向

8.2.2.2　剖视图的标注

① 在剖视图的上方用大写拉丁字母标出剖视图名称"X—X"，字母必须水平书写，如图 8-7（e）所示。

② 在相应的视图上画出剖切符号：即指示剖切面的起讫和转折位置（用粗实线短画表示）和投射方向（用箭头表示）的符号，剖切符号（cutting symbol）旁应标注相应的字母"X"，如图 8-7（e）所示。

③ 当剖视图按投影关系配置，中间又没有其他图形隔开时，可以省略箭头，如图 8-8（b）所示。

④ 剖视图按投影关系配置，中间又没有其他图形隔开，且剖切平面通过机件的对称平面或基本对称平面，则可省略标注，图 8-7（e）中的标注可省略。

8.2.2.3　画剖视图应注意的问题

① 剖视图是假想把机件剖开后画出的，因此，当机件的某一个视图画成剖视图，其他视图仍应完整画出，图 8-9（a）中的俯视图是错误的，图 8-9（b）正确。

② 剖视图中，剖切平面后的可见轮廓线应画出，不能遗漏，图 8-9（a）中漏画了孔与孔之间的交线。

③ 剖视图上一般不画虚线，但当机件某一个结构仍未表达清楚时，才画出虚线，如图 8-9（a）中的虚线是多余的，而图 8-9（c）中的虚线是必要的，表示底板的厚度，其对应机件立体如图 8-9（d）所示。

④ 国标规定：对于机件的肋、轮辐及薄壁等结构，若剖切平面通过其纵向对称面时，则按不剖绘制，即该部分不画剖面符号，用粗实线将它与相邻部分分开。图 8-9（b）中肋板的画法是正确的。

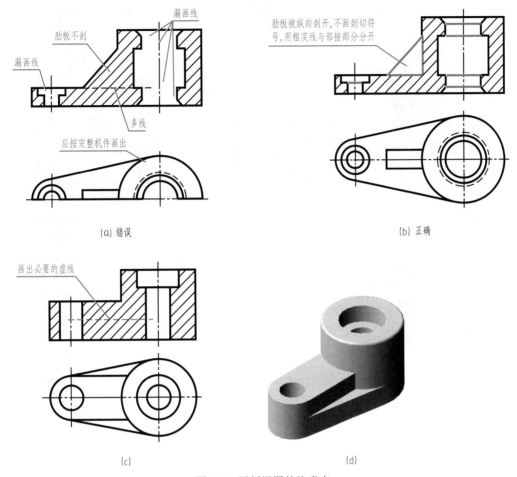

图 8-9 画剖视图的注意点

8.2.3 剖视图的种类和适用场合

剖视图按剖切范围的大小可分为：全剖视图、半剖视图和局部剖视图。

（1）全剖视图 用剖切平面将物体完全剖开后所得的剖视图，称为全剖视图（full sectional view）。

全剖视图适用于外形简单，而内部比较复杂的机件，其重点表达内形，如图 8-9 中（b）、（c）所示。

（2）半剖视图 当机件具有对称平面时，在垂直于对称平面的投影面上投射所得的图形，以对称中心线为界，一半画成视图以表达外形，另一半画成剖视图以表达内形，这种组合的图形称为半剖视图（half sectional view），如图 8-10（d）所示。

半剖视图主要用于内、外形状都需要表示的对称机件。其优点在于它能在一个图形中同时反映机件的内形和外形，由于机件是对称的，所以据此很容易想象出整个机件的全貌。

图 8-10 所示的支架，若主视图和俯视图都采用全剖视图表达，机件前面的凸台、上部的顶板被剖掉，则外形表达不完整 [图 8-10（a）]，因此不宜采用全剖视图。由支架的两视图可知，该机件内、外形状都比较复杂且前后和左右都对称，因此主视图、俯视图都可以采用半剖视图表达 [图 8-10（d）]，其剖切方式如图 8-10 中（b）、（c）所示。

当机件的形状接近于对称，且不对称部分已另有图形表达清楚时，也可画成半剖视图。

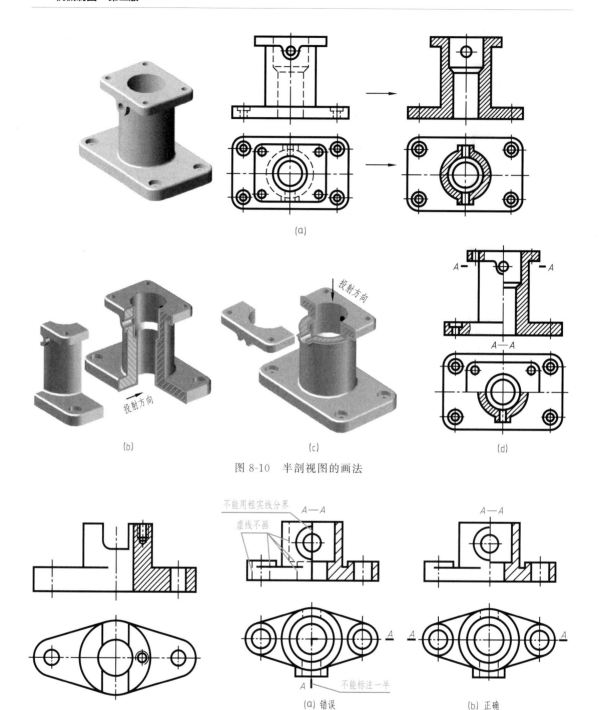

(a)

图 8-10　半剖视图的画法

(b)　　　　　　　　(c)　　　　　　　　(d)

图 8-11　基本对称机件的半剖视图

图 8-12　画半剖视图的注意点

(a) 错误　　　　(b) 正确

如图 8-11 所示的机件，除了螺纹孔外，其他结构左右对称，而螺纹孔的位置在俯视图中已经表达清楚了，因此也可以将主视图画成半剖视图。

【注意】　如图 8-12 所示。

① 半剖视图中，因机件的内部形状已由半个剖视图表达清楚，所以在不剖的半个外形视图中，表达内部形状的虚线，应省去不画。

② 半个外形视图和半个剖视图的分界线应画成细点画线，不能画成粗实线。

③ 半剖视图的标注方法与全剖视图的标注方法相同。

（3）局部剖视图　用剖切平面将机件局部地切开，以表达机件的部分内部结构，剖切与不剖部分以波浪线分界，这样所得到的剖视图称为局部剖视图（local sectional view），如图8-13（d）所示。

局部剖视图主要用于外部形状及内部结构都需要表达且不对称的机件。

图8-13（a）为箱体的两视图，由此可以看出该机件的结构不对称，为了将两视图中不可见的细虚线变为可见轮廓线，主视图采用图8-13（b）所示的剖切方式，用平行于正面的剖切面作了两次局部剖；俯视图采用8-13（c）所示的剖切方式，用水平剖切面局部剖开机件。结果如图8-13（d）所示，很清晰地表达出箱体的内外结构。

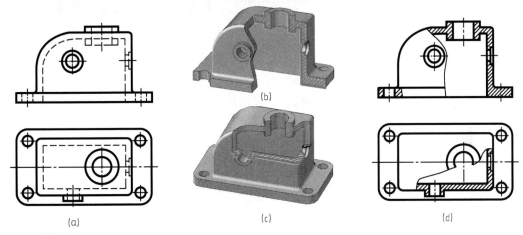

图 8-13　局部剖视图的画法

局部剖视图主要应用在以下几种情况。

① 需要同时表达不对称机件的内外形状时，常采用局部剖视图，如图8-13所示。

② 对于对称机件，其对称面正好与轮廓线重合而不宜采用半剖视图时，通常采用局部剖视图，如图8-14所示。

③ 实心杆上有孔、槽时，应采用局部剖视图，如图8-15所示。

④ 必要时，允许在剖视图中再作一次简单的局部剖视，这时两者的剖面线应同方向、同间隔，但要相互错开，如图8-16所示。

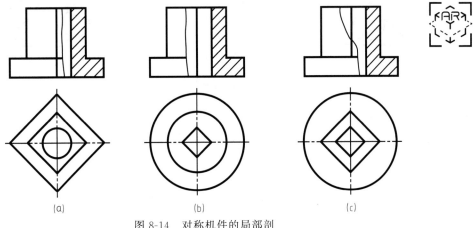

图 8-14　对称机件的局部剖

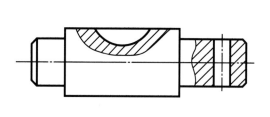

图 8-15 杆件的局部剖

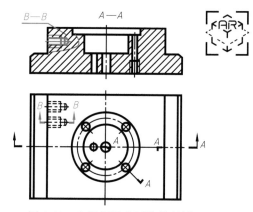

图 8-16 在剖视图中再作局部剖

【注意】 ① 局部剖视图是一种比较灵活的表示方法，运用恰当，可使视图简洁明了，但在同一个视图中，其数量不宜过多，否则图形过于破碎，影响读图。

② 剖视图中的波浪线只能画在物体表面的实体部分，不得穿越孔或槽，不能超出轮廓线，也不应与其他图线重合、或画在它们的延长线上，见图 8-17。

③ 当被剖结构为回转体时，允许将结构的轴线作为局部剖视图与视图的分界线，如图 8-18 所示。

④ 当单一剖切平面的剖切位置明显时，可以省略标注。

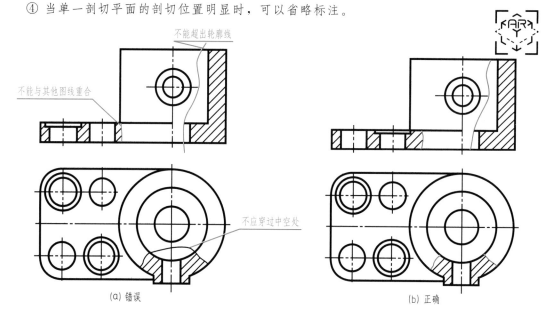

(a) 错误   (b) 正确

图 8-17 局部剖视图中波浪线的画法

8.2.4 剖切面的种类及剖切方法

根据机件的结构特点，可选择以下剖切面剖开机件。

8.2.4.1 单一剖切面

单一剖切面（single cutting plane）有如下三种情况。

① 用一个平行于某基本投影面的剖切平面剖开机件。如前所述的全剖视图、半剖视图和局部剖视图都是采用这种剖切平面剖切的。

② 用一个不平行于任何基本投影面的剖切平面剖开机件，这种剖切方法通常称为斜剖。如图 8-19 （a）所示的机件，由于其上部结构倾斜，为了表达孔及端面形状，用一个平行于端面的剖切面切开机件［图 8-19 （b）］，并向平行于该剖切平面的投影面进行投射，得到全剖视图 $A—A$，如图 8-19 （c）所示。

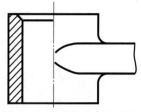

图 8-18　回转结构的局部剖

画斜剖视图（oblique sectional view）时应注意：斜剖视图标注不能省略，为了看图方便，斜剖视图最好配置在箭头所指方向，如图 8-19 （c）所示；也允许放在其他位置，如图 8-19 （d）；为了合理利用图纸，也可将图形旋转摆平，但必须标注 "$X—X$" 加旋转符号，如图 8-19 （e）所示。

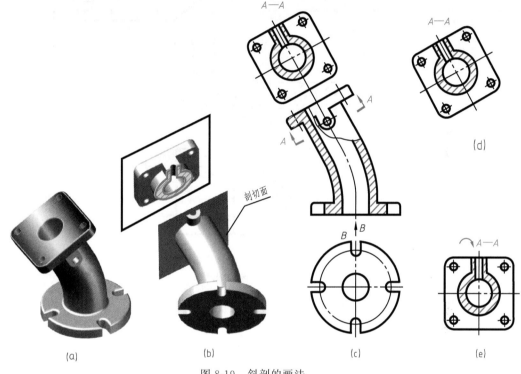

图 8-19　斜剖的画法

③ 用柱面（其轴线垂直于基本投影面）剖切机件。国标（GB/T 4458.6—2002）规定：采用柱面剖切时，剖视图应按展开绘制，并加注 "展开" 二字。如图 8-20 中的 $B—B$ 剖视图，是将采用了柱面剖切后的机件展开成平行于投影面后再进行投射得到的局部剖视图。

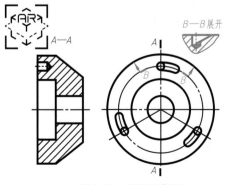

图 8-20　用柱面剖切

8.2.4.2　几个平行的剖切面

当机件内形层次较多，用一个剖切平面不能同时剖到几个内形结构时，可采用几个平行的剖切平面（several parallel cutting planes）剖开机件的方法，通常称为阶梯剖（offset sectional view），如图 8-21 所示。

【注意】① 阶梯剖必须标注：在剖切面的起、止和转折处用剖切符号表示剖切位置，各剖切位置符号转折处必须是直角，且不能与图上的轮廓线重合，并在各剖切符号附近注写与剖视图名称相同的字母；当空间狭小时，转折处可省略字母；同时用箭头指明投

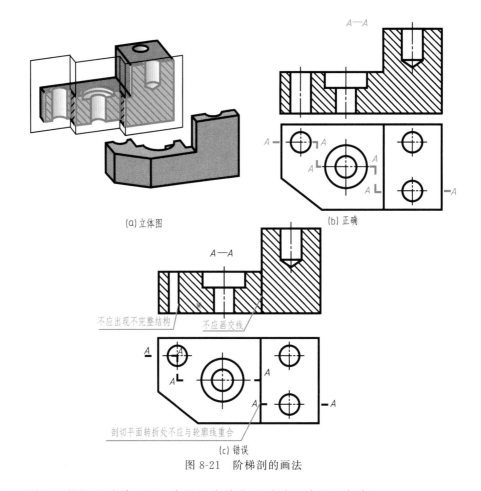

图 8-21 阶梯剖的画法

射方向（剖视图按投影关系配置，中间没有其他图形隔开时可以省略）。

　　② 在剖视图中，不应画出两个剖切平面转折处的投影，在图形内不应出现不完整的要素，仅当机件上两个要素在图形上具有公共对称中心线或轴线时，才可以各画一半，此时，应以对称中心线或轴线为界，如图 8-22 所示。

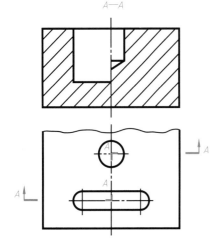

图 8-22 具有公共对称中心线的阶梯剖

8.2.4.3　几个相交的剖切面（several intersecting cutting planes）

　　（1）旋转剖　用两相交的剖切平面（交线垂直于某一基本投影面）剖开机件的方法称为旋转剖（aligned sectional view）。当机件在整体上具有回转轴时，可将轴线作为两相交剖切平面的交线，如图 8-23 所示。

　　【注意】　① 先假想按剖切位置剖开机件，然后将被剖切平面剖开的结构及有关部分旋转到与选定的基本投影面平行后再进行投射，使剖视图既反映实形又便于画图，如图 8-23 中的双点画结构。

　　② 在剖切平面后的其他结构一般应按原来的位置画出（如图 8-23 中的小孔）。

　　③ 当剖切后产生不完整要素时，应将此部分按不剖

绘制，如图 8-24 所示机件右部中间结构。

④ 旋转剖必须按规定在剖视图上标注剖视图的名称，在相应的视图上标注剖切符号及投射方向。

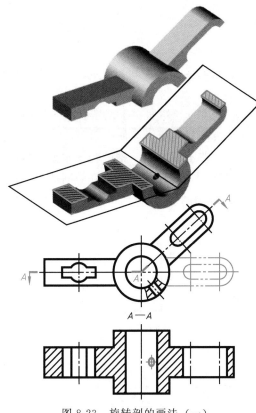

图 8-23　旋转剖的画法（一）

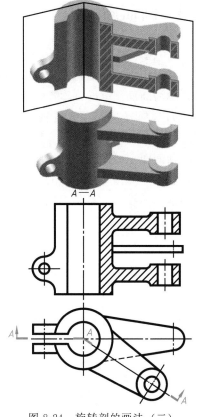

图 8-24　旋转剖的画法（二）

（2）复合剖　当用以上各种方法都不能简单而集中地表示出物体的内部形状时，可以用组合的剖切面剖开机件，这种剖切方法称为复合剖（composite sectional view），如图 8-25 和图 8-26 所示。

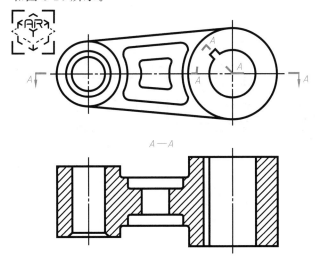

图 8-25　复合剖的画法（一）

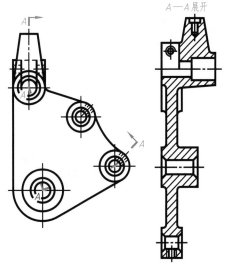

图 8-26　复合剖的画法（二）

画复合剖时，剖切符号和剖视图名称必须全部标出，图 8-26 是把剖切平面展开成同一平面后再投射的，这时标注的形式为"X—X 展开"。

8.3 断面图

8.3.1 基本概念及种类

假想用剖切平面将机件某处切断，只画出切断面形状的投影并画上规定的剖面符号的图形，称为断面图（cut），简称为断面。

如图 8-27（a）所示的轴，用一个主视图［图 8-27（b）］外加一个键槽断面图［图 8-27（c）］，就把整个结构表达清楚了，比用多个视图或剖视图显得更为简便、明了。

断面图主要用来配合视图表达肋板，轮辐，型材，带有孔、洞、槽的轴等常见结构的断面形状。断面图与剖视图的主要区别在于：断面图是面的投影，仅画出机件的断面形状；剖视图是体的投影，不仅要画出机件的断面形状，还要画出剖切面后面的可见轮廓线［如图 8-27（d）］。

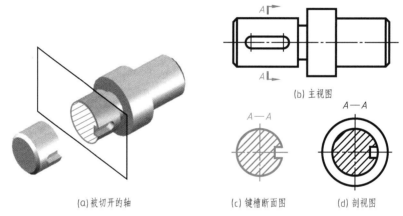

(b) 主视图

(a) 被切开的轴　　　(c) 键槽断面图　　　(d) 剖视图

图 8-27　断面图的概念

根据断面图配置的位置不同，分为移出断面图和重合断面图两种。

8.3.2 移出断面图

画在视图外的断面称为移出断面图（removed cut），如图 8-28 所示。

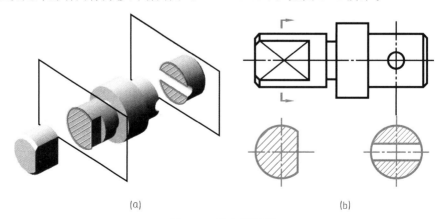

(a)　　　　　　　　　　(b)

图 8-28　移出断面图

8.3.2.1　移出断面的规定画法

① 移出断面的轮廓线用粗实线绘制，剖面区域要画上剖面符号。

② 为了能够表示断面的真实形状，剖切平面一般应垂直于机件的主要轮廓线或轴线，如图 8-29 （a）所示肋板的断面图；由两个或多个相交平面剖切得出的移出断面图，中间应断开绘制，如图 8-29 （b）所示。

③ 当剖切平面通过回转面形成的孔或凹坑的轴线时，这些结构应按剖视绘制，即孔口或凹坑封闭，如图 8-28 和图 8-29 （c）所示；当剖切平面通过非圆孔，会导致出现完全分开的两个断面时，这些结构也应按剖视绘制，如图 8-29 （d）所示。

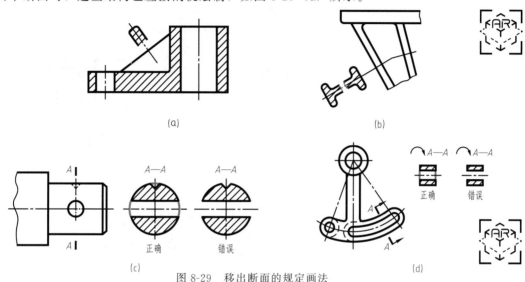

图 8-29　移出断面的规定画法

8.3.2.2　移出断面图的配置与标注

移出断面应尽量配置在剖切符号或剖切线的延长线上，如图 8-28 所示。也可以配置在其他适当位置，如图 8-27、图 8-29 （c）所示；在不引起误解时，允许将移出断面的图形转正，如图 8-29 （d）所示；当机件的断面形状一致或呈均匀变化时，移出断面可画在视图的中断处。

移出断面一般用剖切符号表示剖切面的位置，用箭头表示投射方向，并注上字母（一律水平书写）。在断面图的上方用相同的字母标出断面的名称 " X — X "，同时在不致引起误解时，断面的标注可省略。

移出断面图的配置及标注与图形的对称性有关，归纳于表 8-2。

表 8-2　移出断面图的配置与标注

配　　置	断面形状	
	对称的移出断面	不对称的移出断面
配置在剖切线或 剖切符号延长线上	剖切线(细点画线) 不必标注出字母和剖切符号	不必标注字母

续表

配　　置	断面形状	
	对称的移出断面	不对称的移出断面
按投影关系配置	不必标注箭头	不必标注箭头
配置在其他位置	不必标注箭头	应标注剖切符号(含箭头)和字母
配置在视图中断处	不必标注 图形不对称时，移出断面不得画在中断处	

8.3.3 重合断面图

画在视图内的断面图，称为重合断面图（coincident cut），如图 8-30 所示。

重合断面图的轮廓线用细实线绘制，剖面区域要画上剖面符号，如图 8-30 所示。当视图中的轮廓线与重合断面的图形重叠时，视图中的轮廓线仍完整画出，不能间断，如图 8-30（a）所示。

对称的重合断面不必标注；不对称的重合断面，在不致引起误解时，可省略标注，图 8-30 中（b）和（c）的断面对称，图 8-30（a）所示的断面不对称。

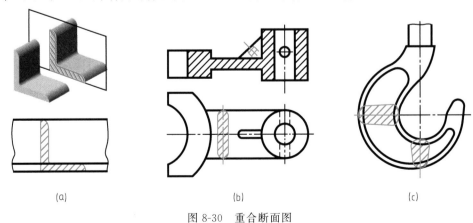

(a)　(b)　(c)

图 8-30 重合断面图

8.4 其他表达方法

8.4.1 局部放大图

将零件的部分结构，用大于原图形所采用的比例放大画出的图形称为局部放大图（local enlarged drawing）。

当机件上的某些细小结构在原图中表示得不清楚，或不便于标注尺寸时，就可采用局部放大图。

8.4.1.1 局部放大图的画法和配置

局部放大图可画成视图、剖视图、断面图，它与被放大部分的表达方式无关，应尽量配置在被放大部位的附近。

【注意】 ① 局部放大图的比例是指放大图与机件的对应要素之间的线性尺寸比，与被放大部位的原图所采用的比例无关。

② 局部放大图采用剖视图和断面图时，其图形按比例放大，断面区域中的剖面线的间距必须仍与原图保持一致，如图 8-31、图 8-32 所示。

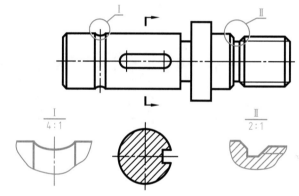

图 8-31 局部放大图（一）

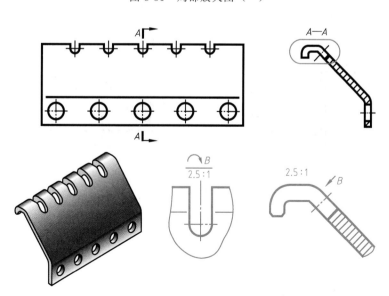

图 8-32 局部放大图（二）

③ 必要时可用几个图形表达同一被放大部分的结构，如图 8-32 所示。

8.4.1.2 局部放大图的标注

① 绘制局部放大图时，应用细实线圆或长圆圈出被放大的部位。

② 当同一零件上有几个被放大的部分时，必须用大写罗马数字依次进行编号，并在相应的局部放大图上方标注相同的数字和所采用的比例，如图 8-31 所示。当机件上被放大的部位仅有一处时，在局部放大图的上方只需注明所采用的比例，如图 8-32 所示。

8.4.2 简化画法和其他规定画法

在能够准确表示机件形状和结构的条件下，为使画图简便，可以采用国家标准规定的简化画法（simplified representation）和其他规定画法（conventional representation），简要介绍如下。

① 当机件具有若干个相同结构（齿、槽等），并按一定规律分布时，只需画出几个完整的结构，其余用细实线连接，并注明该结构的总数，如图 8-33（a）所示。

对于多个直径相同且成规律分布的孔（圆孔、螺孔、沉孔等），可以仅画出一个或几个，其余只需用细点画线表示其中心位置，并注明数量，如图 8-33（b）所示。

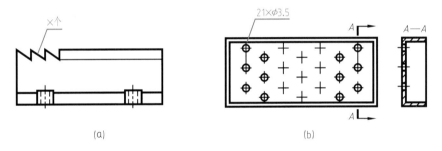

图 8-33　相同结构的简化画法

② 网状物、编织物或机件上的滚花部分，可在轮廓线附近用粗实线局部画出，也可省略不画，在零件图的技术要求中注明这些结构的具体要求，如图 8-34 所示。

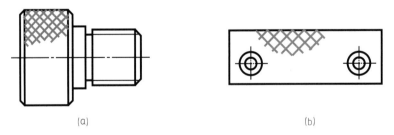

图 8-34　网状物和滚花的简化画法

③ 当剖切平面通过轮辐、肋及薄壁的对称平面或对称中心线时，这些结构都不画剖面符号，而用粗实线将它们与其相邻部分分开；若按横向剖切，这些结构则要画上剖面符号，如图 8-35、图 8-36 所示。

当回转体零件上均匀分布的肋、轮辐、孔等结构不处于剖切平面上时，可将这些结构旋转到剖切平面上画出其剖视图，如图 8-37 所示。

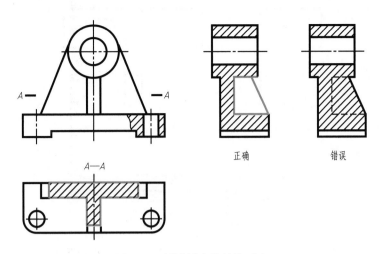

图 8-35 剖视图中肋板的画法

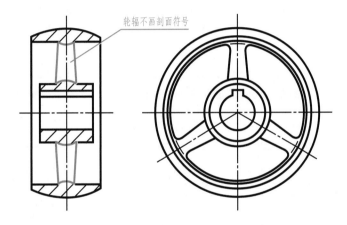

图 8-36 剖视图中轮辐的画法

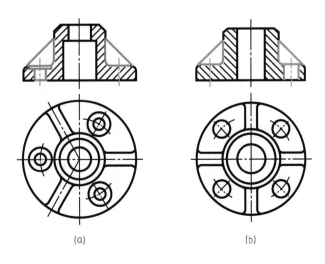

图 8-37 均布肋、孔的简化画法

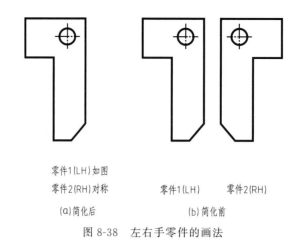

零件1(LH)如图
零件2(RH)对称   零件1(LH)   零件2(RH)
　　(a)简化后   (b)简化前

图 8-38　左右手零件的画法

④ 对于左右手零件，允许仅画出其中一件，另一件则用文字说明，如图 8-38 所示，其中"LH"表示左件，"RH"表示右件。

⑤ 当图形对称时，在不致引起误解的前提下，可只画视图的一半或四分之一，并在对称中心线的两端分别画出两条与其垂直的平行细实线，称为对称符号（symmetric sign），如图 8-39 所示。

⑥ 圆柱形法兰和类似零件上均匀分布的孔可按图 8-40 所示的方法表示（由机件外向该法兰端面方向投射），即只画出孔的位置而将圆盘省略。

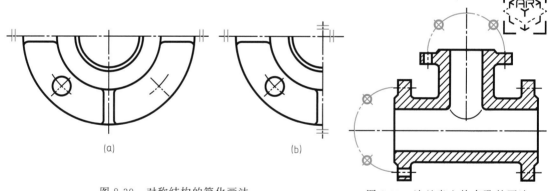

(a)　　　　　　　　　　　　　(b)

图 8-39　对称结构的简化画法　　　　　图 8-40　法兰盘上均布孔的画法

⑦ 较长的机件（轴、杆、型材、连杆等）沿长度方向的形状一致或按一定规律变化时，可断开后缩短绘制，断开后的尺寸仍按实际长度标注，如图 8-41 中（a）、（b）所示。

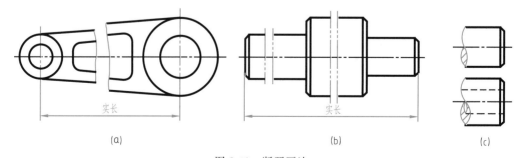

实长　　　　　　　　　　　实长

(a)　　　　　　　　　　　　　(b)　　　　　　　　　　(c)

图 8-41　断开画法

断裂处的边界线除用波浪线或双点画线绘制外，对于实心和空心圆柱可按图 8-41（c）绘制。

⑧ 与投影面的倾斜角度小于或等于 30° 的圆或圆弧，其投影可用圆或圆弧来代替，如图 8-42 所示。

⑨ 相贯线除了可以简化为圆弧或直线，在不致引起误解时，还可采用模糊画法表示，如图 8-43 所示。

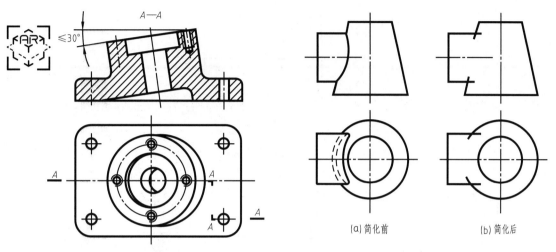

图 8-42　倾斜圆或圆弧的简化画法

（a）简化前　　（b）简化后

图 8-43　相贯线简化为模糊画法

⑩ 当机件上较小的结构及斜度已在一个图形中表示清楚时，其他图形应当简化或省略，如：图 8-44（a）中主视图省去两个圆，俯视图中相贯线用直线代替，图 8-44（b）中左视图按小端画出。

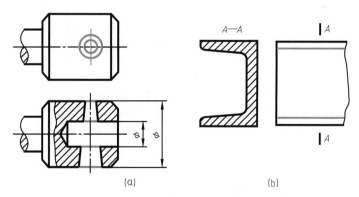

（a）　　　　　　　（b）

图 8-44　较小结构的简化画法

⑪ 当回转体上某些平面在图形中不能充分表达时，可用两条相交的细实线表示这些平面，如图 8-45 所示。

⑫ 在不致引起误解时，机件的移出断面允许省略剖面符号，但剖切位置和断面图的标注必须符合规定，如图 8-46 所示。

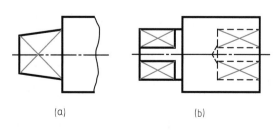

（a）　　　　　　　（b）

图 8-45　用平面符号表示平面

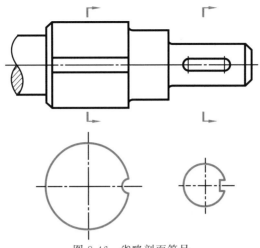

图 8-46 省略剖面符号

⑬ 在不致引起误解时，零件图中的小圆角、锐边的小圆角或 45° 的倒角允许省略不画，但必须注明尺寸或在技术要求中加以说明，如图 8-47 所示。

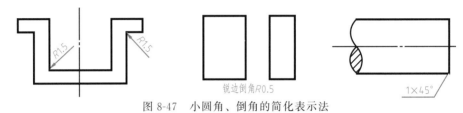

图 8-47 小圆角、倒角的简化表示法

⑭ 在需要表示位于剖切平面前的结构时，应将这些结构用细双点画线绘制，如图 8-48 所示。

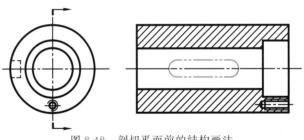

图 8-48 剖切平面前的结构画法

8.5 表达方法的综合应用

在绘制机械图样时，应根据机件的具体情况综合运用前面所学的视图、剖视图、断面图、简化画法等各种表达方法，在完整清晰地表达机件形状结构的前提下，力求制图简便。在这一原则下，还应注意每一视图要有表达重点，各视图之间应相互补充而不重复。同一个零件的视图表达方案可以有多种，尽可能选择最优方案。

下面以阀体为例说明表达方法的选择。

（1）形体分析 如图 8-49（a）所示的阀体由左上法兰Ⅰ、顶法兰Ⅱ、阀体主体Ⅲ、右前法兰Ⅳ和底法兰Ⅴ共五部分组成，阀体的前后、左右、上下均不对称；同时，阀体的四个法兰孔与阀体主体腔体相连，该机件的内部结构较复杂。

（2）表达方案选择　机件的表达首先选择主视图，根据上面的形体分析，为了清楚地表达阀体内部情况，主视图需要进行剖切，因为右前法兰Ⅳ的轴线与其他法兰的轴线不在一个平面上，因此剖切面不能选择单一平面，而需要选用两相交平面的旋转剖切方式，过程如图 8-49（b）所示，其对应视图是图 8-49（d）中的 $A—A$，该图清楚地表达了阀体内孔的连通情况及各段管径大小；为了同时表达阀体右前法兰Ⅳ的位置，还需要配置俯视图，为了避免虚线重叠，俯视图采用阶梯剖切的方式［图 8-49（c）］，重点表达左上法兰Ⅰ和右前法兰Ⅳ的相对位置、底法兰Ⅴ的外形及其上的四个孔的分布，其对应视图是图 8-49（d）中的 $B—B$；主视图和俯视图已经表示了阀体大部分结构，但四个法兰中除了底法兰Ⅴ，另外三个法兰的形状没有表达清楚，因此采用简化画法表达顶法兰Ⅱ的形状及其上 4 个孔的分布；采用局部视图 C 表达左上法兰Ⅰ的形状及其上 4 个孔的分布；采用 $D—D$ 斜剖视图表达右前法兰Ⅳ的形状及其上 2 个孔的分布。这样，使用五个视图就可以把该阀体的结构形状表达清楚。

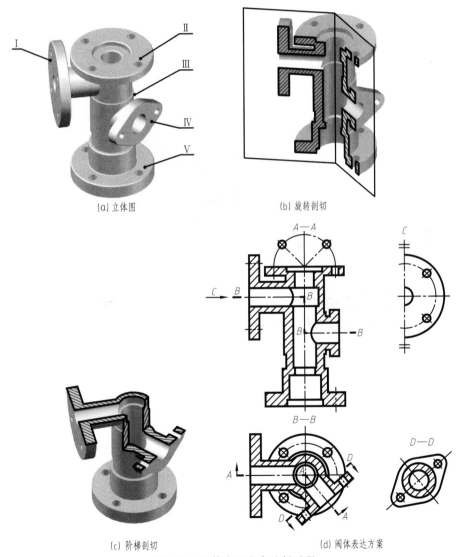

图 8-49　阀体表达方案选择过程

第9章 标准件和常用件

标准件——国家或行业对其结构、尺寸实行了标准化的零件，如螺栓、螺柱、螺钉、螺母、垫圈、键、销和轴承等零件。

常用件——对部分参数和尺寸作了规定的零件，如齿轮、弹簧等。

标准件（standard parts）和常用件（common parts）被广泛地应用于各种机器或部件中，用量很大，需成批生产，实行了标准化或作了规定后，就可以用标准的刀具或专用机床加工零件，因而能多快好省地获得产品，维修机器时，也可按规格选用和更换。

齿轮油泵是机器中润滑油输送系统的一个部件，图 9-1 所示的齿轮油泵由泵体、左端盖、右端盖、传动齿轮轴、齿轮轴、螺栓、键、销以及弹簧垫圈、螺母等零件装配而成，这其中有标准件、常用件，还有一般零件。

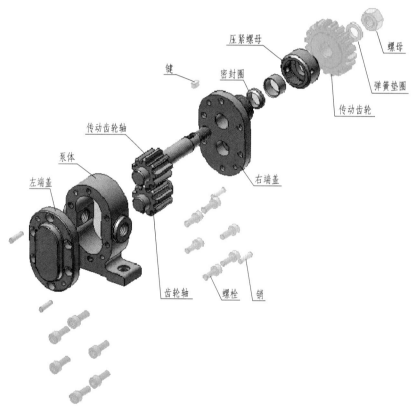

图 9-1　组成齿轮油泵的零件

为提高制图效率，不必按真实投影画出标准件上的螺纹、齿轮上的齿廓，只需根据国家标准规定的画法、代号和标记进行绘图和标注。

本章介绍标准件与常用件的基本知识、规定画法、代号与标记以及相关标准表格的查用。

9.1 螺纹

9.1.1 螺纹的形成

在圆柱面上沿着螺旋线形成的、具有相同轴向断面的连续凸起和沟槽，称为圆柱螺纹。在外表面上加工的螺纹称为外螺纹（external thread），在内表面上加工的螺纹称为内螺纹（internal thread）。在圆锥、圆球等表面上也可生成螺纹，分别称为圆锥螺纹和圆球螺纹。

螺纹的加工方法有很多，图9-2所示为车削内、外螺纹及铣制螺纹。车削螺纹时，固定在车床卡盘上的工件作等速旋转时，刀具沿工件轴向作等速直线移动，其合成运动使切入工件的刀尖在机件表面上加工出螺纹。还可以用丝锥、碾压板加工螺纹，如图9-3、图9-4所示。

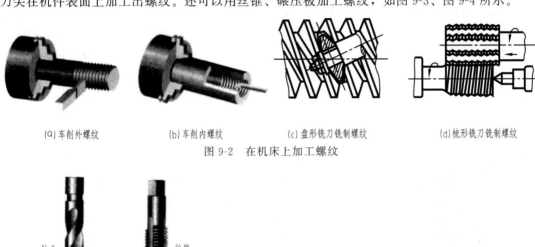

(a)车削外螺纹　　(b)车削内螺纹　　(c)盘形铣刀铣制螺纹　　(d)梳形铣刀铣制螺纹

图9-2　在机床上加工螺纹

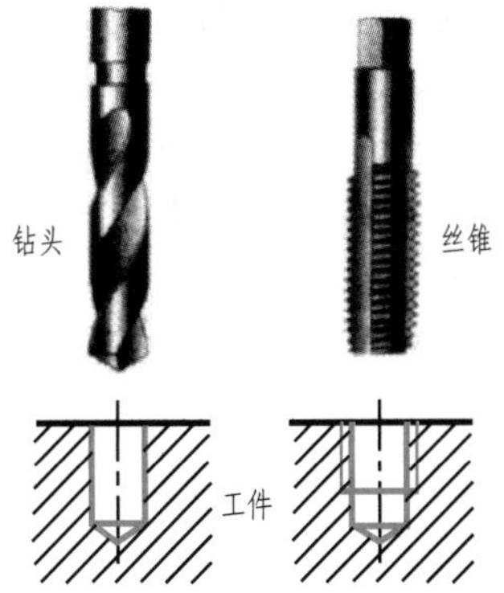

图9-3　用丝锥攻制内螺纹

(a)钻孔　　(b)攻丝

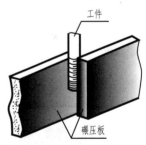

图9-4　螺纹的碾压加工法

9.1.2 螺纹的基本要素

内、外螺纹要成对使用，只有当它们的基本要素完全一致时，才能正确旋合，螺纹的基本要素包括：牙型、公称直径、线数、螺距与导程、旋向。

（1）牙型（tooth profile）　在通过螺纹轴线的断面上，螺纹的轮廓形状称为螺纹牙型。牙型上向外凸起的尖端称为牙顶，向里凹进的槽底称为牙底；相邻两牙侧面间的夹角称为牙型角，常用牙型角为60°、55°、30°。常见的标准螺纹牙型有三角形、梯形和锯齿形等，如图9-5所示。

（2）公称直径（nominal diameter）　螺纹直径有大径（d、D）、中径（d_2、D_2）和小径（d_1、D_1）之分，如图9-6所示。螺纹的顶径是与外螺纹或内螺纹牙顶相切的假想圆柱或圆锥的直径，即外螺纹的大径（major diameter）或内螺纹的小径（minor diameter）；螺纹的底径是与外螺纹或内螺纹牙底相切的假想圆柱或圆锥的直径，即外螺纹的小径、内螺纹

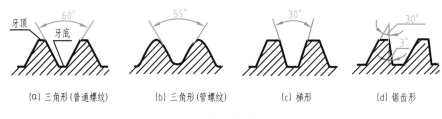

(a) 三角形(普通螺纹) (b) 三角形(管螺纹) (c) 梯形 (d) 锯齿形

图 9-5 常见螺纹牙型

的大径；中径（pitch diameter）是母线通过牙型上沟槽和凸起的宽度相等的假想圆柱或圆锥的直径。

代表螺纹规格的直径称为公称直径，普通螺纹、梯形螺纹、锯齿形螺纹的公称直径都是大径。

（3）线数（number of thread，n） 螺纹有单线和多线之分，沿一条螺旋线形成的螺纹称单线螺纹（single-start thread）；沿两条螺旋线形成的螺纹称双线螺纹（double-start thread），沿 n（$n\geqslant3$）条螺旋线形成的螺纹称多线螺纹（multiple-start thread），如图 9-7 所示。

（4）螺距（P）与导程（P_h） 螺距（pitch）是指相邻两牙在中径线上对应两点间的轴向距离，如图 9-6 所示。导程（lead）是指在同一条螺旋线上，相邻两牙在中径线上对应两点间的轴向距离。

螺距、导程、线数三者之间的关系式：$P_h=nP$，即导程等于线数乘以螺距，如图 9-7 所示。

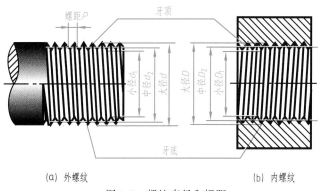

(a) 外螺纹   (b) 内螺纹

图 9-6 螺纹直径和螺距

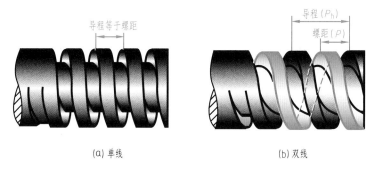

(a) 单线   (b) 双线

图 9-7 螺纹的线数、导程和螺距

（5）旋向（direction of thread rotation） 螺纹有右旋与左旋两种。顺时针旋转时旋入的螺纹，称右旋螺纹（right-hand thread）；逆时针旋转时旋入的螺纹，称左旋螺纹（left-hand thread）。工程上常用右旋螺纹。旋向可从外观判断：将外螺纹垂直放置，螺纹的可见部分是右高左低时为右旋螺纹，左高右低时为左旋螺纹。也可用左右手按图 9-8 所示方法判断。

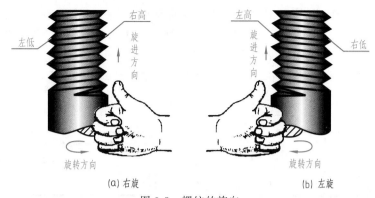

(a) 右旋   (b) 左旋

图 9-8 螺纹的旋向

上述五项基本要素中，改变任何一项就会得到不同规格的螺纹。为便于设计、制造和选用，国家标准对螺纹的牙型、公称直径和螺距作了相应的规定：三项均符合国家标准的称为标准螺纹（standard thread）；牙型符合国家标准，公称直径或螺距不符合国家标准的称为特殊螺纹（special thread）；牙型不符合国家标准的称为非标准螺纹（non-standard thread）。

9.1.3 螺纹的结构

（1）螺纹的末端 为了防止螺纹端部损坏和便于安装，通常在螺纹的起始处做成一定形状的末端，如圆锥形的倒角或球面形的圆顶等，如图 9-9（a）所示。

（2）螺纹的收尾和退刀槽 车削螺纹的刀具接近螺纹终止处时要逐渐离开工件，因而螺纹逐渐变浅，形成不完整的牙型，这一段螺纹称为螺纹收尾（简称螺尾），如图 9-9（b）所示。由于牙型不完整，螺尾部分无法正确旋合，为避免产生螺尾，可在螺纹终止处预先车出一个退刀槽，如图 9-9（c）所示。

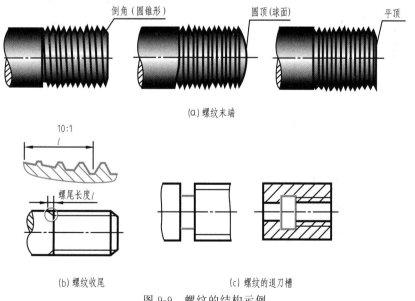

(a) 螺纹末端

(b) 螺纹收尾   (c) 螺纹的退刀槽

图 9-9 螺纹的结构示例

9.1.4 螺纹的规定画法

国家标准 GB/T 4459.1—1995 规定了机械图样中螺纹的画法。

（1）外螺纹的画法 如图 9-10 所示，外螺纹牙顶线（大径）用粗实线表示，牙底线

（小径）用细实线表示，并画入倒角中，其大小约为大径的 0.85 倍；在垂直于螺纹轴线的投影中，大径用粗实线圆表示，小径用约 3/4 圈细实线圆表示，不画倒角圆。螺纹终止线在不剖的外形图中画成粗实线，在剖视图中只画螺纹高度的一小段，剖面线必须画到粗实线为止；螺尾部分一般不画，需要时，用与轴线成 30° 的细实线画出。

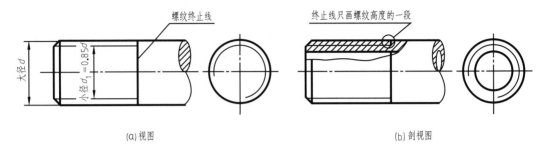

(a)视图　　　　　　　　　　　　　　(b)剖视图

图 9-10　外螺纹的规定画法

（2）内螺纹的画法　在剖视图中，内螺纹牙顶线（小径）用粗实线表示，牙底线（大径）用细实线表示，小径是大径的 0.85 倍，螺纹终止线用粗实线表示，剖面线画到粗实线为止；在垂直于螺纹轴线的视图上，小径用粗实线圆表示，大径用 3/4 圈细实线圆表示，不画倒角圆。绘制不穿通的螺孔时，应将钻孔深度和螺孔深度分别画出，并注意孔底按钻头锥角画成 120°，如图 9-11 所示。当螺纹为不可见时，螺纹的所有图线用虚线画出，如图 9-12 所示。用剖视图表示螺纹孔相贯时要画相贯线，如图 9-13 所示。

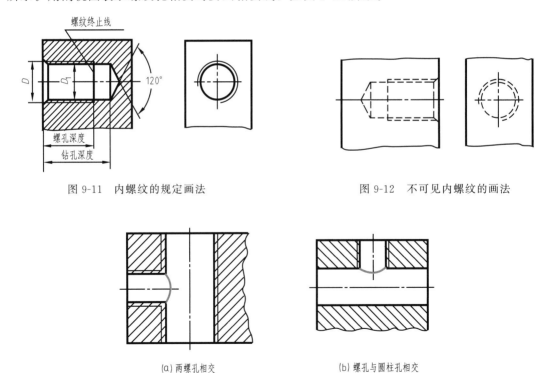

图 9-11　内螺纹的规定画法　　　　　　　　图 9-12　不可见内螺纹的画法

(a)两螺孔相交　　　　　　　　　　　　(b)螺孔与圆柱孔相交

图 9-13　螺孔中相贯线的画法

（3）螺纹旋合的规定画法　在剖视图中，内外螺纹旋合的部分应按外螺纹的画法绘制，其余部分仍按各自的画法表示，如图 9-14 所示。特别注意：表示内、外螺纹大径的细实线和粗实线，以及表示内、外螺纹小径的粗实线和细实线必须分别对齐。

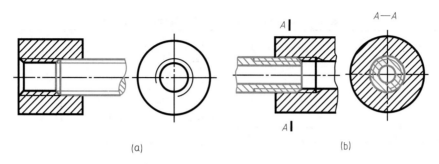

(a)　　　　　　　　　　　　　　　　(b)

图 9-14　螺纹旋合的规定画法

（4）螺纹牙型的表示法　当需要表示螺纹牙型时，可用图 9-15（a）所示的局部剖视图或图 9-15（b）的局部放大图表达。

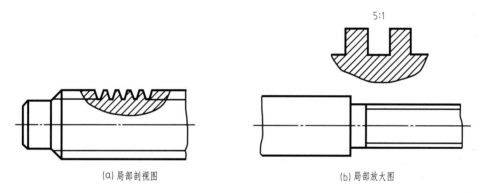

(a)局部剖视图　　　　　　　　　　　(b)局部放大图

图 9-15　螺纹牙型的表示法

9.1.5　螺纹的种类

前面已提到螺纹有标准螺纹、特殊螺纹、非标准螺纹。若按用途可分为连接螺纹（connecting thread）和传动螺纹（transmission thread）两类，前者起连接作用，后者用于传递动力和运动。具体的分类如下：

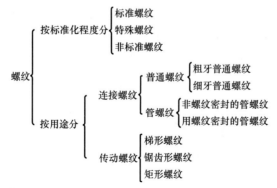

9.1.6　螺纹的规定标注

通过螺纹规定画法中的图示无法表示螺纹的种类、牙型、公称直径、螺距、旋向等要素，所以国家标准中规定用一定的标注方法来表示。

螺纹的规定标注分标准螺纹和非标准螺纹，表 9-1 为常用标准螺纹的种类、特征代号与标注。

表 9-1　常用标准螺纹的种类、特征代号与标注

螺 纹 种 类			特征代号	标注示例	说　明
连接螺纹	普通螺纹	粗牙普通螺纹	M		粗牙普通螺纹，公称直径 16mm；中径公差带和顶径公差带代号均为 6g；中等旋合长度；右旋
		细牙普通螺纹		M16×1-7H	细牙普通螺纹，公称直径 16mm；螺距 1mm；中径公差带和顶径公差带代号均为 7H；中等旋合长度；右旋
	管螺纹	55°非密封管螺纹	G	G1A	55°非密封的圆柱外管螺纹，尺寸代号为 1，螺纹公差等级为 A
		55°密封管螺纹 圆锥内螺纹	Rc	Rc1 1/2	55°密封的圆锥内管螺纹，尺寸代号为 11/2
		圆柱内螺纹	Rp		
		圆锥外螺纹	R₁ R₂		
传动螺纹	梯形螺纹		Tr	Tr36×12P6-7H	梯形螺纹，公称直径 36mm，双线螺纹，导程 12mm，螺距 6mm，右旋；中径公差带代号为 7H。中等旋合长度
	锯齿形螺纹		B	B70×10LH-7e	锯齿形螺纹，公称直径 70mm，单线螺纹，螺距 10mm，左旋；中径公差带代号为 7e；中等旋合长度

9.1.6.1　普通螺纹

普通螺纹（general purpose metric screw thread）的规定标记如下。

| 特征代号 | 公称直径 | × | 螺距 | － 螺纹公差带代号 | － 旋合长度代号 | － 旋向 |

① 特征代号：M。

② 公称直径：螺纹的大径。

③ 螺距：同一公称直径的粗牙普通螺纹只有一种螺距，所以省略不标，同一公称直径的细牙普通螺纹有一种及一种以上螺距，所以必须标注。

④ 螺纹公差带代号：包括中径公差带代号和顶径公差带代号（两者相同时只注一个，当螺纹为中等公差精度且公称直径≥1.6mm 时，公差带代号 6g、6H 不标注）。

⑤ 螺纹旋合长度代号：包括长（L）、中等（N）、短（S）三种情况，一般情况为中等旋合长度，所以省略 N。

⑥ 旋向：左旋用 LH 表示，因常用的是右旋，所以不标注，后面介绍的螺纹都相同。

标注方法是将规定标记注写在尺寸线或尺寸线的延长线上，尺寸线的箭头指向螺纹大径。

9.1.6.2　管螺纹

常用的管螺纹（pipe thread）有密封管螺纹和非密封管螺纹之分，规定标记如下。

| 特征代号 | 尺寸代号 | 公差等级 | － 旋向 |

① 特征代号：55°非密封管螺纹为 G。55°密封管螺纹中，与圆锥外螺纹旋合的圆柱内螺纹为 Rp；与圆锥外螺纹旋合的圆锥内螺纹为 Rc；与圆柱内螺纹旋合的圆锥外螺纹为 R_1；与圆锥内螺纹旋合的圆锥外螺纹为 R_2。

② 尺寸代号：管螺纹的尺寸代号是一个无单位数字，尺寸大小与管螺纹的孔径有关。

③ 公差等级：55°非密封管螺纹的外螺纹的公差等级有 A 级和 B 级，需标注，内螺纹和55°密封管螺纹的公差等级均只有一种，无须标注。

标注方法是将规定标记注写在大径线的引出线上，且文字字头向上。

9.1.6.3　梯形螺纹

| 特征代号 | 公称直径 | × | 导程P螺距 | － 螺纹公差带代号 | － 旋合长度代号 | － 旋向 |

① 特征代号：Tr。

② 公称直径：螺纹的大径。

③ 导程和螺距：单线螺纹只标螺距，多线螺纹都要标注。

④ 螺纹公差带代号：只注中径公差带代号。

⑤ 旋合长度代号：只有长（L）、中等（N）两种情况，中等旋合长度时不标注 N。

梯形螺纹（trapezoidal screw thread）标注方法同普通螺纹。

9.1.6.4　锯齿形螺纹

| 特征代号 | 公称直径 | × | 导程(P螺距) | 旋向 | － 螺纹公差带代号 | － 旋合长度代号 |

锯齿形螺纹（buttress screw thread）特征代号：B。其他与梯形螺纹相同。

9.1.6.5　非标准螺纹的标注

非标准螺纹的螺纹基本要素不符合国家标准，无资料可查，因此，在图样上应按标准螺纹画法画出，另外用放大比例的方法画出牙型的放大图，并在放大图上按一般零件的尺寸标注法标出相关尺寸，如图 9-16 所示。

9.1.6.6　螺纹副的标注

内外螺纹旋合在一起称为螺纹副（screw fastener），需要时，在装配图中应注出其标记，标注方法与螺纹标注方法相同，如图 9-17 所示。

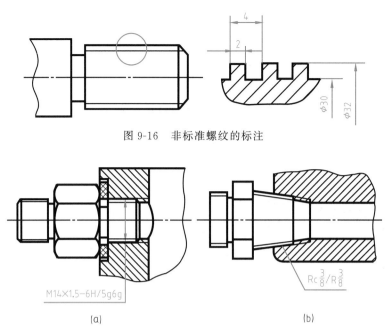

图 9-16　非标准螺纹的标注

(a)

M14×1.5–6H/5g6g

(b)

$Rc\frac{3}{8}/R\frac{3}{8}$

图 9-17　螺纹副的标注

9.2　常用的螺纹紧固件

9.2.1　常用螺纹紧固件及其规定标记

（1）螺纹紧固件　用螺纹起连接和紧固作用的零件称为螺纹紧固件（screw fastener），常用的螺纹紧固件有螺栓（bolt）、双头螺柱（double ends stud）、螺钉（screw）、螺母（nut）和垫圈（washer）等，如图 9-18 所示。

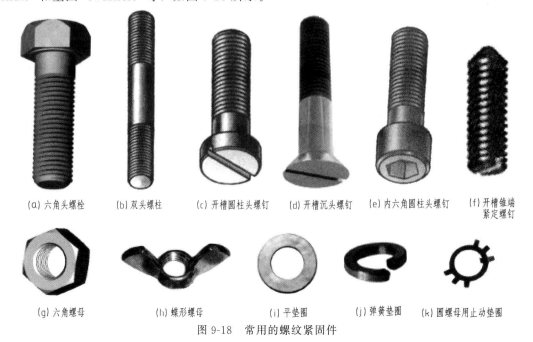

(a) 六角头螺栓　　(b) 双头螺柱　　(c) 开槽圆柱头螺钉　　(d) 开槽沉头螺钉　　(e) 内六角圆柱头螺钉　　(f) 开槽锥端紧定螺钉

(g) 六角螺母　　(h) 蝶形螺母　　(i) 平垫圈　　(j) 弹簧垫圈　　(k) 圆螺母用止动垫圈

图 9-18　常用的螺纹紧固件

（2）螺纹紧固件的规定标记　国家标准 GB/T 1237—2000 规定了标准的螺纹紧固件的标记方法，内容有：名称、标准编号、螺纹规格×公称长度，举例如下。

① 螺栓 GB/T 5782—2016 M12×80：表示螺纹规格 d=M12、公称长度 l=80mm 的六角头螺栓。

② 螺柱 GB/T 897—1988 M10×50：表示两端均为粗牙普通螺纹、螺纹规格 d=M10、公称长度 l=50mm 的双头螺柱。

③ 螺钉 GB/T 65—2016 M5×20：表示螺纹规格 d=M5、公称长度 l=20mm 的开槽圆柱头螺钉。

④ 螺母 GB/T 6170—2015 M12：表示螺纹规格 D=M12 的 1 型六角螺母。

⑤ 垫圈 GB/T 97.1—2002 8-140HV：表示公称尺寸 d=8mm 的平垫圈，硬度为 140HV。

9.2.2　螺纹紧固件的作用及画法

9.2.2.1　螺纹紧固件的作用

螺栓、双头螺柱和螺钉都是通过在圆柱上切削螺纹加工而成，起连接作用，其长度根据被连接零件的有关厚度决定。螺栓用于被连接件都不太厚，能加工成通孔且要求连接力较大的情况，如图 9-19 所示。而双头螺柱一般用于被连接件之一较厚或不允许钻成通孔且要求连接力较大的情况，故两端都有螺纹，一端用于旋入较厚零件的螺孔内，称为旋入端；与螺母配合的另一端，称为紧固端，如图 9-20 所示。螺钉按用途分为连接螺钉和紧定螺钉，前者用于不经常拆开和受力较小的连接中，被连接零件中一个为通孔，另一个为不通的螺孔，见图 9-21；后者用来固定两个零件的相对位置，使它们不产生相对运动。螺母和螺栓或双头螺柱等一起使用。垫圈一般安装在螺母下方，可避免旋紧螺母时损伤被连接零件的表面，弹簧垫圈可防止螺母松动脱落。

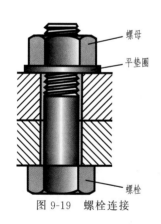

图 9-19　螺栓连接

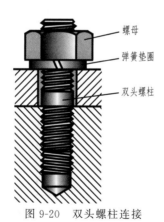

图 9-20　双头螺柱连接

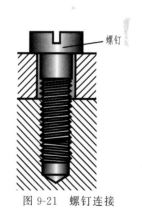

图 9-21　螺钉连接

9.2.2.2　螺纹紧固件的比例画法

螺纹紧固件的结构、尺寸均已标准化，并由有关专业工厂大量生产。根据螺纹紧固件的规定标记，就能在相应的标准中查出有关尺寸。因此，不需详细画出它们的零件图。

在装配图中，螺纹紧固件的画法允许按简化画法绘制。为了提高画图速度，螺纹紧固件各部分尺寸（除公称长度外）都可按照 d（或 D）的一定比例画出，称为比例画法。画图时，螺纹紧固件的公称长度 l 按照被连接零件的有关厚度决定。

各种常用螺纹紧固件的比例画法如表 9-2 所示。

表 9-2　各种螺纹紧固件的比例画法

名　　称	比　例　画　法
六角头螺栓 六角螺母	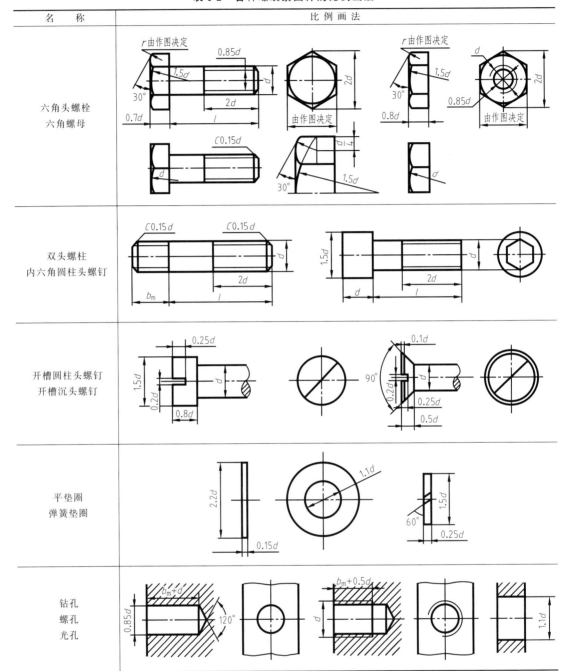
双头螺柱 内六角圆柱头螺钉	
开槽圆柱头螺钉 开槽沉头螺钉	
平垫圈 弹簧垫圈	
钻孔 螺孔 光孔	

注：b_m 为螺纹旋入长度。

9.2.3　螺纹紧固件连接的画法

9.2.3.1　螺栓连接

螺栓连接常用的紧固件包括螺栓、螺母、垫圈。在被连接零件上预先加工出螺栓孔，孔径应大于螺栓直径，一般为 $1.1d$，装配时，将螺栓插入螺栓孔中，垫上垫圈，拧上螺母，即完成螺栓连接。

（1）画法　如图 9-22 所示，螺栓连接装配画法按照以下步骤进行。

① 根据螺纹紧固件螺栓、螺母、垫圈的标记，由附录 2 查得或按照近似画法确定它们的全部尺寸。

② 确定螺栓的公称长度 l。

可先按下式估算：

$$l \geqslant \delta_1 + \delta_2 + h + m + a$$

式中，a 是螺栓伸出螺母的长度，一般取 $0.3d$。

由 l 的初算值，参阅附表 2-1，在螺栓标准的公称系列值中，选取一个与之接近的值。

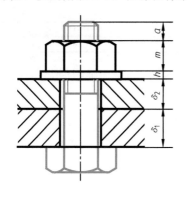
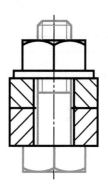
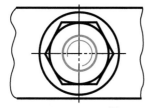

图 9-22 螺栓连接的比例画法

（2）注意

① 两零件的接触面画一条线，不接触面画两条线。

② 剖视图中，被连接的相邻两零件剖面线方向相反。

③ 当剖切平面通过螺纹紧固件的轴线时，这些零件按不剖绘制。

④ 在剖视图中，被连接零件的接触面画到螺栓大径处。

（3）简化画法 标准规定，在装配图中，螺纹紧固件的某些结构允许按简化画法绘制，如螺栓末端的倒角、螺栓头部和螺母的倒角可省略不画，如图 9-23 所示。

9.2.3.2 双头螺柱连接

双头螺柱连接常用的紧固件有双头螺柱、螺母、垫圈。先将螺柱的旋入端旋入较厚零件的螺孔中，再将带孔的较薄零件套入螺柱，然后加上垫圈，用螺母旋紧，即完成双头螺柱连接。

（1）画法 双头螺柱连接的装配画法如图

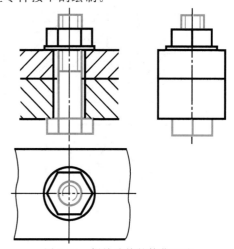

图 9-23 螺栓连接的简化画法

9-24（a）所示，各部分画图参考以下几点。

① 双头螺柱的有效长度可参考螺栓连接，先按下式估算：

$$l \geqslant \delta + h + m + a$$

式中，a 取 $0.3d$。

然后查附表 2-2，选取相近的标准长度。

② 双头螺柱的旋入端长度 b_m 值与带螺孔的被连接件的材料有关，可参考表 9-3 选取。

表 9-3 双头螺柱旋入端长度参考值

被旋入零件的材料	旋入端长度 b_m	标准编号
钢、青铜	$b_m = d$	GB/T 897—1988
铸铁	$b_m = 1.25d$ 或 $1.5d$	GB/T 898—1988 或 GB/T 899—1988
铝	$b_m = 2d$	GB/T 900—1988

③ 机件上螺孔的螺纹深度应大于旋入端螺纹长度 b_m，画图时，螺孔的螺纹深度可按 $b_m + 0.5d$ 画出，钻孔深度可按 $b_m + d$ 画出。

④ 双头螺柱下部螺纹终止线应与螺孔顶面重合。

（2）注意 螺纹紧固件连接装配图的画法比较烦琐，容易出错，下面以双头螺柱装配图为例作正误对比（图 9-24）。

① 此处应有螺纹小径（细实线）。

② 此处应有交线（粗实线）。

③ 每一零件的俯、左视图都应宽相等。

④ 被连接件孔径为 $1.1d$，这里应画两条粗实线。

⑤ 内、外螺纹的大、小径应对齐，小径与倒角无关。

⑥ 同一零件在不同视图上剖面线方向、间隔应相同。

⑦ 钻孔锥角应为 $120°$。

⑧ 应有 3/4 圈细实线圆，倒角圆不画。

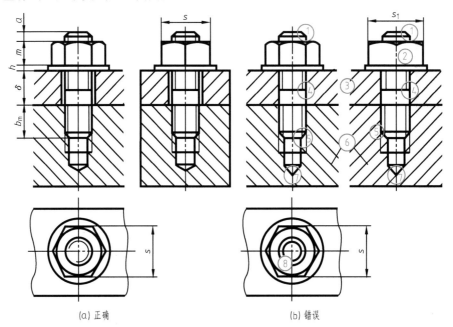

图 9-24 双头螺柱连接比例画法

9.2.3.3 螺钉连接

（1）连接螺钉 螺钉连接通常不用螺母和垫圈，直接将螺钉拧入较厚零件的螺孔中，靠螺钉头部压紧被连接件。

根据螺钉头部的形状不同，螺钉连接有多种压紧形式，图 9-25、图 9-26 是常用螺钉连接的比例画法及简化画法。画图时应注意以下几点。

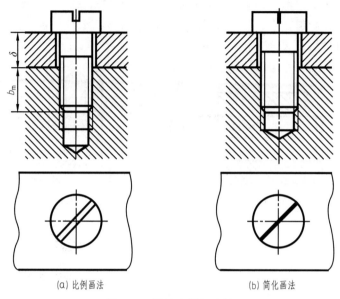

(a) 比例画法　　　　　　　　　　(b) 简化画法

图 9-25　圆柱头螺钉连接

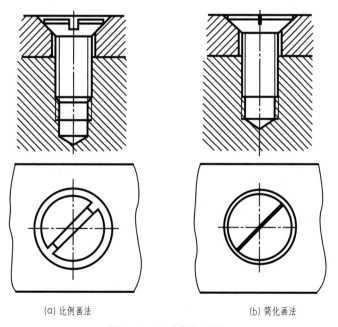

(a) 比例画法　　　　　　　　　　(b) 简化画法

图 9-26　沉头螺钉连接

① 较厚零件上加工有螺孔，为了使螺钉头部能压紧被连接件，螺钉的螺纹终止线应高于零件螺孔的端面轮廓线。

② 螺钉头部的槽在投影为圆的视图上画成与中心线成 45°角，常用加粗的粗实线简化绘制。

③ 螺钉的有效长度 l 应先按下式估算：

$$l \geqslant \delta + b_{\mathrm{m}}$$

式中，δ 为较薄零件的厚度；b_{m} 为螺钉旋入较厚零件螺孔的深度，要根据零件的材料而定。根据估算的结果，查附录，最终选取一个最接近标准的长度值。

（2）紧定螺钉　紧定螺钉用来防止两配合零件产生相对运动。图 9-27（a）是将锥端紧定螺钉旋入一个零件的螺孔中，使其锥端的 90°锥顶与另一零件上的 90°锥坑压紧；图 9-27（b）是将紧定螺钉骑缝旋入加工在两相邻零件之间的螺孔中。

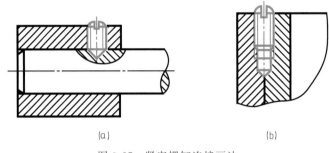

图 9-27　紧定螺钉连接画法

9.3　齿轮

齿轮（gear）在机器中用于传递运动和动力，改变转速和旋转方向。根据两啮合齿轮轴线在空间的相对位置不同，常见的齿轮可分为下列三类。

（1）圆柱齿轮（cylindrical gear）　用于两平行轴之间的传动，如图 9-28 中（a）～（d）所示。

（2）圆锥齿轮（bevel gear）　用于垂直相交两轴之间的传动图 9-28（e）所示。

（3）交错轴斜齿轮传动和蜗杆（worm）蜗轮（worm gear）传动　用于垂直交叉两轴之间的传动，如图 9-28 中（f）、（g）所示。

轮齿是齿轮的主要结构，齿廓曲线有渐开线、摆线及圆弧，最常见的是渐开线齿廓。轮齿的尺寸都有国家标准，凡轮齿符合标准规定的齿轮称为标准齿轮。这一节只介绍具有渐开线齿廓的标准齿轮的基本知识和规定画法。

9.3.1　圆柱齿轮

圆柱齿轮的轮齿有直齿、斜齿和人字齿三种。

9.3.1.1　直齿圆柱齿轮各部分的名称、代号和尺寸关系

现在以标准直齿圆柱齿轮为例说明齿轮各部分的名称和尺寸关系，如图 9-29 所示。

（1）齿顶圆（tip circle）　通过轮齿顶部的圆，其直径用 d_{a} 表示。

（2）齿根圆（root circle）　通过轮齿根部的圆，其直径用 d_{f} 表示。

（3）分度圆（reference circle）　齿轮加工时用以轮齿分度的圆，其直径用 d 表示。

（4）节圆（pitch circle）　以 O_1、O_2 为圆心，O_1P、O_2P 为半径所作的圆，其直径用 d' 表示。节点 P 为齿轮啮合时两齿廓在连心线上的接触点。对标准齿轮，分度圆与节圆重合，即 $d = d'$。

（5）齿距（pitch）　在分度圆上，相邻两齿同侧齿廓间的弧长，用 p 表示。

(a) 直齿外啮合齿轮　　(b) 直齿内啮合齿轮　　(c) 平行轴斜齿轮　　(d) 人字齿轮

(e) 圆锥齿轮　　　　(f) 交错轴斜齿轮　　　(g) 蜗杆蜗轮

图 9-28　常见的齿轮传动

（6）齿厚（tooth thickness）　一个轮齿在分度圆上的弧长，用 s 表示。

（7）槽宽（spacewidth）　一个齿槽在分度圆上的弧长，用 e 表示。

在标准齿轮中，齿厚与槽宽各为齿距的一半，即 $s = e = \dfrac{p}{2}$，$p = s + e$。

（8）模数（module）　如果齿轮的齿数为 z 时，则分度圆的周长＝zp，而分度圆周长＝πd，所以 $\pi d = zp$，即 $d = \dfrac{p}{\pi} z$。令 $\dfrac{p}{\pi} = m$，则 $d = mz$。m 称为齿轮的模数，它是齿距和 π 的比值。

模数是设计和制造齿轮的基本参数。模数越大，齿距 p 也越大，随之轮齿 s 也越厚，齿轮的承载能力也越强。为了便于设计和加工，模数已经标准化，我国规定的标准模数数值见表 9-4。

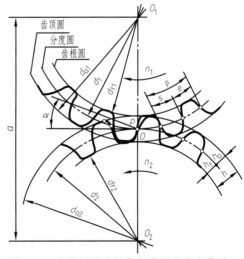

图 9-29　直齿圆柱齿轮各部分的名称和代号

表 9-4　圆柱齿轮的模数（摘自 GB/T 1357—2008）　　　　　　　　单位：mm

第一系列	1,1.25,1.5,2,2.5,3,4,5,6,8,10,12,16,20,25,32,40,50
第二系列	1.125,1.375,1.75,2.25,2.75,3.5,4.5,5.5,(6.5),7,9,11,14,18,22,28,36,45

注：优先采用第一系列模数，避免采用括号内的模数。

（9）齿形角（norminal pressure angle）　轮齿在分度圆的啮合点上 P 处的受力方向与该点瞬时运动方向线之间的夹角，用 α 表示。我国标准齿轮 $\alpha = 20°$。

（10）齿顶高（addendum）　分度圆至齿顶圆之间的径向距离，用 h_a 表示。

（11）齿根高（dedendum）　分度圆至齿根圆之间的径向距离，用 h_f 表示。

（12）齿高（tooth depth）　齿顶圆与齿根圆之间的径向距离，用 h 表示。$h = h_a + h_f$。

（13）齿宽（facewidth）　沿齿轮轴线方向测量的轮齿宽度，用 b 表示。

（14）中心距（center distance）　两啮合齿轮轴线之间的距离，用 a 表示。

（15）传动比（transmission ratio）　主动齿轮的转速 n_1（r/min）与从动齿轮的转速 n_2（r/min）之比，即 $i = n_1/n_2 = z_2/z_1$。

设计齿轮时，先要确定模数和齿数，其他各部分尺寸都可由模数和齿数计算出来。计算公式见表 9-5。

表 9-5　标准直齿圆柱齿轮各部分尺寸计算公式　　　　　　单位：mm

名　　称	代　　号	计　算　公　式
模数	m	$m = p/\pi = d/z$
齿顶高	h_a	$h_a = h_a^* m$
齿根高	h_f	$h_f = h_f^* m = (h_a^* + c^*)m = 1.25m$
齿高	h	$h = h_a + h_f = 2.25m$
分度圆直径	d	$d = mz$
齿顶圆直径	d_a	$d_a = m(z+2)$
齿根圆直径	d_f	$d_f = m(z-2.5)$
齿形角	α	$\alpha = 20°$
齿距	p	$p = \pi m$
齿厚	s	$s = p/2 = \pi m/2$
槽宽	e	$e = p/2 = \pi m/2$
中心距	a	$a = (d_1 + d_2)/2 = m(z_1 + z_2)/2$

注：其中 h_a^* 为齿顶高系数，h_f^* 为齿根高系数，c^* 为顶隙系数，取 $h_a^* = 1$，$c^* = 0.25$。

9.3.1.2　圆柱齿轮的规定画法

（1）单个圆柱齿轮的画法

① 在视图中，齿轮的轮齿部分按下列规定绘制：齿顶圆和齿顶线用粗实线画出，分度圆和分度线用点画线表示，齿根圆和齿根线用细实线表示［图 9-30（b）］或省略不画。

② 在剖视图中，当剖切平面通过齿轮的轴线时，轮齿一律按不剖处理。这时，齿根用粗实线绘制［图 9-30（c）］。

③ 对于斜齿轮或人字齿，可在非圆的外形图上用三条平行的细实线表示轮齿的方向［图 9-30 中（d）、（e）］。

（2）圆柱齿轮啮合的画法　啮合部分的规定画法如下。

① 在垂直于圆柱齿轮轴线的视图上，两齿轮的节圆应该相切。啮合区内的齿顶圆仍用粗实线画出［图 9-31（a）］，也可省略不画［图 9-31（b）］。

② 在平行于圆柱齿轮轴线的视图上，啮合区内的齿顶线不需要画出，节线用粗实线绘制［图 9-31（c）］。

③ 在剖视图中，当剖切平面通过两啮合齿轮的轴线时，在啮合区内将一个齿轮的轮齿用粗实线绘制，另一个齿轮的轮齿被遮挡的部分用虚线绘制［图 9-31（a）、图 9 32］，也可省略不画。

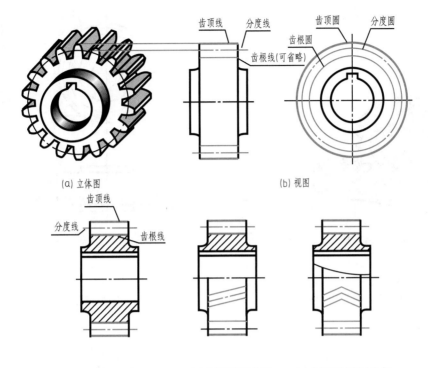

(a) 立体图   (b) 视图

(c) 主视图全剖(直齿)   (d) 主视图半剖(斜齿)   (e) 主视图局部剖(人字齿)

图 9-30 单个圆柱齿轮的画法

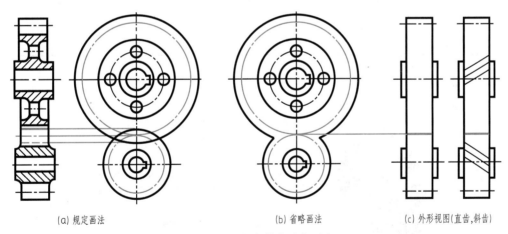

(a) 规定画法   (b) 省略画法   (c) 外形视图(直齿,斜齿)

图 9-31 圆柱齿轮的啮合画法

9.3.1.3 齿轮和齿条啮合的画法

如图 9-33 所示，齿轮和齿条啮合时，齿轮旋转，齿条做直线运动。齿轮和齿条啮合的画法与两圆柱齿轮啮合的画法基本相同，只是齿轮的节圆应与齿条的节线相切，如图 9-34 所示，俯视图中，齿条上齿形的终止线用粗实线表示。

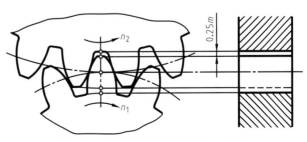

图 9-32 轮齿啮合区在剖视图上的画法

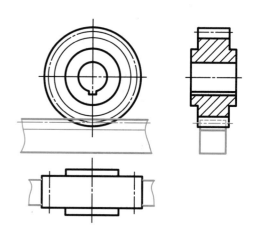

图 9-33　齿轮与齿条啮合

图 9-34　齿轮与齿条啮合画法

9.3.2　圆锥齿轮

圆锥齿轮俗称伞齿轮，用于传递两相交轴间的回转运动，两轴相交成直角的锥齿轮传动应用最广。

圆锥齿轮的轮齿位于圆锥面上，因此它的轮齿一端大一端小。齿厚和槽宽等也随之由大到小逐渐变化，模数和分度圆也随齿厚而变化。为了设计和制造方便，规定以大端模数为标准模数，见表 9-6，直齿圆锥齿轮各部分的名称和符号如图 9-35 所示。

表 9-6　圆锥齿轮的模数（GB/T 12368—1990）　　　　　单位：mm

1	1.125	1.25	1.375	1.5	1.75	2	2.25	2.5	2.75	3	3.25	3.5	3.75
4	4.5	5	5.5	6	6.5	7	8	9	10	11	12	14	16
18	20	22	25	28	30	32	36	40	45	50			

注：$m<1mm$ 的模数未列出。

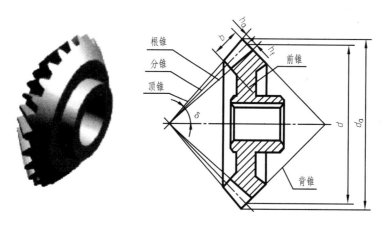

图 9-35　直齿圆锥齿轮各部分的名称及符号

9.3.2.1　直齿圆锥齿轮的各部分名称和尺寸关系

直齿圆锥齿轮的各部分的尺寸也都与模数和齿数相关，轴线相交成 90°的直齿圆锥齿轮各部分尺寸的计算公式见表 9-7。

分度圆锥面的素线与齿轮轴线间的夹角称为分锥角（reference cone angle），用 δ 表示。

从顶点沿分度圆锥面的素线至背锥面的距离称为外锥距（outer cone distance），用 R 表示。模数 m、齿数 z、齿形角 α 和分度圆锥角 δ 是直齿圆锥齿轮的基本参数，是决定其他尺寸的依据。只有模数和齿形角分别相等，且两齿轮分锥角之和等于两轴线间夹角的一对直齿圆锥齿轮才能正确啮合。

表 9-7　标准直齿圆锥齿轮的计算公式

名　称	代　号	计　算　公　式
分度圆锥角	δ_1（小齿轮） δ_2（大齿轮）	$\tan\delta_1 = z_1/z_2$；$\tan\delta_2 = z_2/z_1$ （$\delta_1 + \delta_2 = 90°$）
分度圆直径	d	$d = mz$
齿顶圆直径	d_a	$d_a = m(z + 2\cos\delta)$
齿根圆直径	d_f	$d_f = m(z - 2.4\cos\delta)$
齿顶高	h_a	$h_a = m$
齿根高	h_f	$h_f = 1.2m$
齿高	h	$h = h_a + h_f = 2.2m$
外锥距	R	$R = mz/2\sin\delta$
齿顶角	θ_a	$\tan\theta_a = 2\sin\delta/z$
齿根角	θ_f	$\tan\theta_f = 2.4\sin\delta/z$
齿宽	b	$b \leqslant R/3$

9.3.2.2　直齿圆锥齿轮的画法

（1）单个直齿圆锥齿轮的画法　单个直齿圆锥齿轮的主视图多用全剖视图，而在左视图上用粗实线画出大端、小端齿顶圆，大端分度圆用细点画线画出，齿根圆和小端分度圆规定不画，如图 9-36 所示。

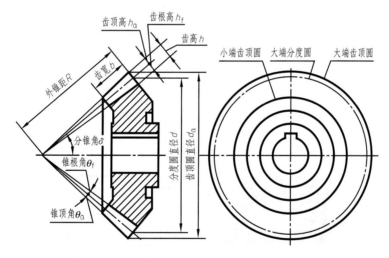

图 9-36　单个直齿圆锥齿轮画法

（2）直齿圆锥齿轮啮合的画法　如图 9-37 所示。

9.3.3　蜗杆蜗轮

在蜗杆蜗轮传动中，通常蜗杆是主动件，蜗轮是从动件。蜗杆的齿数（即头数）z 等于螺杆上螺旋线的条数，常用单头或双头，因此可得到较大的传动比，结构紧凑，但效率低。蜗杆和蜗轮的轮齿是螺旋形的，蜗轮的齿顶面和齿根面常制成圆环面。啮合的蜗杆、蜗轮的模数相同，蜗轮的螺旋角和蜗杆的螺旋线外角相等、方向相同。

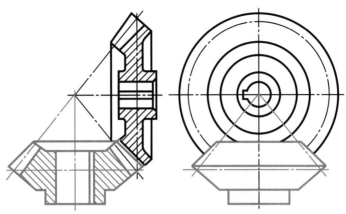

图 9-37 直齿圆锥齿轮啮合的画法

9.3.3.1 蜗杆蜗轮各部分名称

我国规定的蜗杆、蜗轮的标准模数和蜗杆直径系数见表 9-8。对于标准蜗杆，模数确定之后，蜗杆直径系数可以从表中查出。

表 9-8 蜗杆、蜗轮的标准模数和蜗杆直径系数

模数 m	分度圆直径 d_1	蜗杆直径系数 q	模数 m	分度圆直径 d_1	蜗杆直径系数 q
1.25	20	16	4	40	10
	22.4	17.92		71	17.75
1.6	20	12.5	5	50	10
	28	17.5		90	18
2	22.4	11.2	6.3	63	10
	35.5	17.75		112	17.778
2.5	28	11.2	8	80	10
	45	18		140	17.5
3.15	35.5	11.27	10	90	9
	56	17.778		160	16

蜗杆和蜗轮各部分几何要素的代号和规定画法与圆柱齿轮基本相同。蜗杆是齿数较少的斜齿圆柱齿轮，其轴向剖面和梯形螺纹相似，蜗杆的各部分名称及画法如图 9-38 所示，图中 p_x 是轴向齿距；b_1 是齿宽。蜗轮各部分名称及画法如图 9-39 所示，图中 d_{a2} 是齿顶圆直径；d_{e2} 是顶圆直径；b_2 是齿宽。

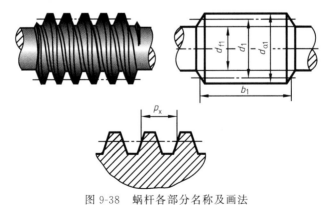

图 9-38 蜗杆各部分名称及画法

9.3.3.2 蜗杆蜗轮的画法

蜗杆以平行于轴线的投影面上的投影为主视图，为了表示蜗杆的牙型一般采用局部剖视

图或局部放大图，常采用剖视图，如图 9-38 所示。

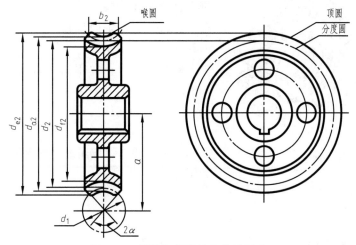

图 9-39 蜗轮各部分的名称及画法

蜗轮的表达方法与圆柱齿轮基本相同，在平行于轴线的主视图中，常采用剖视图，在圆的视图中，只画分度圆和顶圆，喉圆和齿根圆不必画出，如图 9-39 所示。

蜗杆蜗轮啮合的画法如图 9-40 所示。

在蜗杆为圆的视图上，蜗杆与蜗轮投影重合部分，只画蜗杆投影；在蜗轮为圆的视图上，啮合区内蜗杆的节线与蜗轮的节圆相切。

在蜗杆蜗轮啮合的外形图中，在啮合区内蜗杆的齿顶线与蜗轮的顶圆均用粗实线绘制，见图 9-40（a）。

在蜗杆与蜗轮啮合的剖视图中，主视图一般采用全剖，左视图采用局部剖视，见图 9-40（b）。

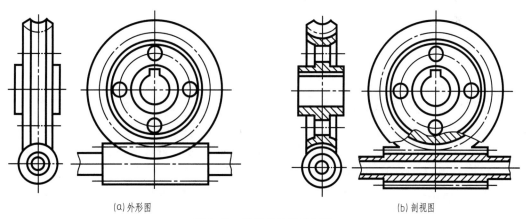

(a) 外形图　　　　　　　　　　　　　　　　　(b) 剖视图

图 9-40 蜗杆蜗轮啮合画法

9.4 键与销

9.4.1 键

键通常用于连接轴和装在轴上的齿轮、带轮等回转零件，起传递转矩的作用。

图 9-41 键连接

如图 9-41 所示，将键嵌入轴上的键槽中，再将带有键槽的齿轮装在轴上，当轴转动时，因为键的存在，齿轮就与轴同步转动，达到传递运动和动力的目的。

键是标准件，常用的键有普通型平键（square and rectangular key）、普通型半圆键（woodruff key）和钩头型楔键（gib head taper key）等，如图 9-42 所示。

本节主要介绍应用最多的普通型平键及其画法，如图 9-43 所示。

(a) 普通型平键　　　　　　(b) 普通型半圆键　　　　　　(c) 钩头型楔键

图 9-42　常用的键

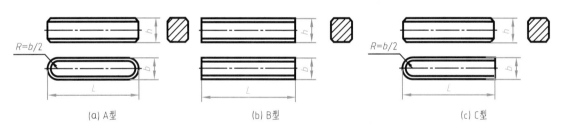

(a) A型　　　　　　　　　(b) B型　　　　　　　　　(c) C型

图 9-43　普通型平键及其画法

普通型平键的标记格式和内容为：标准代号 键 型式代号 宽度×高度×长度，其中 A 型为可省略型式代号。

例如：$b=16$mm、$h=10$mm、$L=100$mm 的普通 A 型平键应标记为：

GB/T 1096 键 $16×10×100$

而 $b=16$mm，$h=10$mm，$L=100$mm 的普通 C 型平键应标记为：

GB/T 1096 键 C $16×10×100$

采用普通平键连接时，键的长度 L 和宽度 b 要根据轴的直径 d 和传递的扭矩大小从标准中选取适当值。轴和轮毂上的键槽的表达方法和尺寸及装配图上普通型平键的连接画法如图 9-44 所示。

【注意】用于轴、孔连接时，键的两侧面是工作面，其与轴和轮毂上的键槽两侧均接触，画一条线；键的底面与轴上的键槽底面也接触，画一条线；而键的顶面与轮毂键槽之间有空隙，应画两条线。

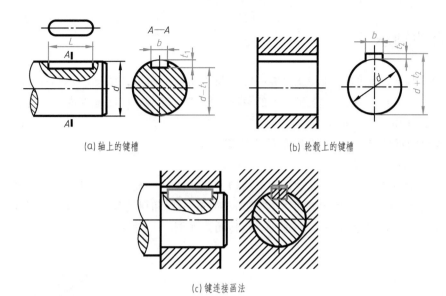

(a) 轴上的键槽　　　　　　　　　　(b) 轮毂上的键槽

(c) 键连接画法

图 9-44　键槽的表达方法和尺寸及普通型平键的连接画法

9.4.2　销

销也是标准件，通常用于零件间的连接、定位或防松。常用的销有圆柱销（parallel pin）、圆锥销（taper pin）和开口销（split pin）等，它们的名称、标准号、图例及标记示例如表 9-9 所示。

表 9-9　销的名称、标准号、图例及标记示例

名称	标 准 号	图 例	标 记 示 例
圆柱销	GB/T 119.1—2000		公称直径 $d=10$mm、公差为 m6、公称长度 $l=80$mm、材料为钢，不经淬火、不经表面处理的圆柱销的标记为： 销 GB/T 119.1 10m6×80
圆锥销	GB/T 117—2000		公称直径 $d=10$mm、公称长度 $l=100$mm、材料为 35 钢，热处理硬度 28～38HRC、表面氧化处理的 A 型圆锥销的标记为： 销 GB/T 117 10×100
开口销	GB/T 91—2000		公称直径 $d=4$mm、公称长度 $l=20$mm、材料为 Q215 或 Q235，不经表面处理的开口销的标记为： 销 GB/T 91 4×20

销连接画法如图 9-45 所示。

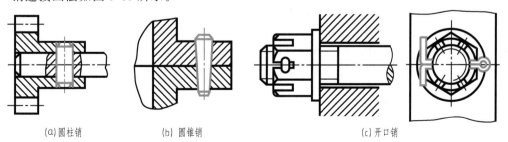

(a) 圆柱销　　　　　　　(b) 圆锥销　　　　　　　(c) 开口销

图 9-45　销连接画法

9.5 滚动轴承

轴承起支承转动轴的作用，分为滑动轴承和滚动轴承两类。滚动轴承（rolling bearing）具有摩擦阻力小，结构紧凑，能在较大的载荷、转速及较高的精度范围内工作等特点，所以是生产中广泛使用的一种标准件。

9.5.1 滚动轴承的结构、类型、代号和标记

9.5.1.1 滚动轴承的结构

滚动轴承的种类虽然很多，但其基本结构大体相同，一般由四个部分组成：外圈（outer ring）、内圈（inner ring）、滚动体（rolling element）和保持架（retainer）组成，通常外圈固定在机体上，内圈套在轴上，随轴一起转动，如图 9-46 所示。

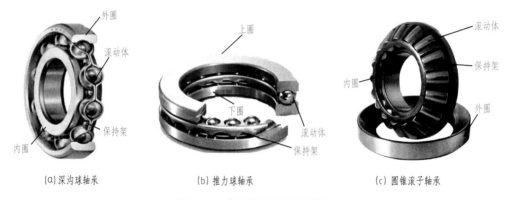

(a)深沟球轴承　　　　(b)推力球轴承　　　　(c)圆锥滚子轴承

图 9-46　常用滚动轴承的结构

9.5.1.2 滚动轴承的类型

（1）按承受载荷的方向分为三类

① 向心轴承：主要承受径向载荷，如图 9-46（a）所示的深沟球轴承（deep groove ball bearing）；

② 推力轴承：只承受轴向载荷，如图 9-46（b）所示的推力球轴承（thrust ball bearing）；

③ 向心推力轴承：同时承受径向和轴向载荷，如图 9-46（c）所示的圆锥滚子轴承（tapered roller bearing）。

（2）按照滚动体的类型可以分为三类　球轴承、圆柱滚子轴承、圆锥滚子轴承。如果圆柱滚子的直径很小，则称为滚针轴承。

9.5.1.3 滚动轴承的代号和标记方法

滚动轴承的种类有很多，为了使用方便，将其结构、尺寸、公差等级、技术性能的产品特征等都用代号来表示，即轴承代号。我国在 GB/T 272—2017 中规定，一般用途的滚动轴承代号由前置代号、基本代号和后置代号构成，其排列顺序为：

| 前置代号 | 基本代号 | 后置代号 |

（1）基本代号　滚动轴承的基本代号表示轴承的基本类型、结构和尺寸，由三部分组成：类型代号、尺寸系列代号、内径代号。类型代号由数字或字母表示。

① 类型代号。轴承类型代号用数字或字母按表 9-10 表示。

表 9-10 轴承类型代号

代 号	轴 承 类 型	代 号	轴 承 类 型
0	双列角接触球轴承	7	角接触球轴承
1	调心球轴承	8	推力圆柱滚子轴承
2	调心滚子轴承和推力调心滚子轴承	N	圆柱滚子轴承
3	圆锥滚子轴承		双列或多列用字母 NN 表示
4	双列深沟球轴承	U	外球面球轴承
5	推力球轴承	QJ	四点接触球轴承
6	深沟球轴承	C	长弧面滚子轴承(圆环轴承)

注：在表中代号前、后加字母或数字表示该类轴承中的不同结构。

② 尺寸系列代号。轴承的尺寸系列代号由两位数字组成，见表 9-11。前一位数字为轴承宽（高）度系列代号，后一位数字为直径系列代号。

表 9-11 滚动轴承尺寸系列代号

直径系列代号	向心轴承								推力轴承			
	宽度系列代号								高度系列代号			
	8	0	1	2	3	4	5	6	7	9	1	2
	尺寸系列代号											
7	—	—	17	—	37							
8		08	18	28	38	48	58	68				
9		09	19	29	39	49	59	69				
0		00	10	20	30	40	50	60	70	90	10	
1		01	11	21	31	41	51	61	71	91	11	
2	82	02	12	22	32	42	52	62	72	92	12	22
3	83	03	13	23	33				73	93	13	23
4		04		24					74	94	14	24
5										95		

注：尺寸系列代号有时可以省略，除圆锥滚子轴承外，其余各类轴承宽度系列代号"0"均省略；深沟球轴承和角接触球轴承的 10 尺寸系列代号中的"1"可以省略；双列深沟球轴承的宽度系列代号"2"可以省略。

③ 内径代号。轴承内径代号表示轴承的公称内径的大小，由两位数字表示，如表 9-12 所示。

表 9-12 滚动轴承内径代号

轴承公称内径 d/mm		内 径 代 号
0.6～10(非整数)		用公称内径毫米数直接表示，在其与尺寸系列代号之间用"/"分开
1～9(整数)		用公称内径毫米数直接表示，对深沟球轴承及角接触轴承 7、8、9 直径系列，内径与尺寸系列代号之间用"/"分开
10～17	10	00
	12	01
	15	02
	17	03
20～480(22、28、32 除外)		公称内径除以 5 的商数，商数为个位数，需要在商数左边加"0"
≥500 以及 22、28、32		用公称内径毫米数直接表示，但在与尺寸系列代号之间用"/"分开

（2）前置、后置代号 前置、后置代号是轴承在结构形状、尺寸、公差、技术要求等有改变时，在其基本代号左右添加的补充代号，其排列见表 9-13。

表 9-13 前置、后置代号的排列

轴 承 代 号										
前置代号（用字母表示）	基本代号	后置代号								
		1	2	3	4	5	6	7	8	9
轴承分部件		内部结构	密封、防尘与外部形状变化	保持架及其材料	轴承零件材料	公差等级	游隙	配置	振动及噪声	其他

9.5.1.4 标记说明

滚动轴承的规定标记是："滚动轴承 基本代号 标准编号"，举例说明如下。

[例9-1] 滚动轴承 6310 GB/T 276—2013

【说明】

滚动轴承 6 3 10 GB/T 276—2013
- 深沟球轴承的标准编号
- 内径代号：内径 $d = 10 \times 5 = 50$mm
- 尺寸系列代号："3"——60000 型的 03 系列
- 类型代号："6"——深沟球轴承

[例9-2] 滚动轴承 51308 GB/T 301—2015

【说明】

滚动轴承 5 13 08 GB/T 301—2015
- 推力球轴承的标准编号
- 内径代号：内径 $d = 8 \times 5 = 40$mm
- 尺寸系列代号："13"——50000 型的 13 系列
- 类型代号："5"——推力球轴承

[例9-3] 滚动轴承 32208 GB/T 297—2015

【说明】

滚动轴承 3 22 08 GB/T 297—2015
- 圆锥滚子轴承的标准编号
- 内径代号：内径 $d = 8 \times 5 = 40$mm
- 尺寸系列代号："22"——30000 型的 22 系列
- 类型代号："3"——圆锥滚子轴承

9.5.2 滚动轴承的画法

滚动轴承作为标准件，不需要画出零件图，只需表示在应用它的装配图中。国家标准 GB/T 4459.7—2017 规定了轴承的三种画法：通用画法、特征画法、规定画法。其中通用画法和特征画法都属于简化画法，规定画法属于比例画法。同一图样中，只能采用一种画法。画图前应先根据轴承代号由国家标准中查出滚动轴承几个主要尺寸：外径（D）、内径（d）、宽度（B）等，具体画法见表9-14。

表9-14 常用滚动轴承的规定画法和特征画法

轴承类型	主要尺寸数据	规定画法	特征画法
深沟球轴承 60000	D d B		
推力球轴承 50000	D d T		

续表

轴承类型	主要尺寸数据	规定画法	特征画法
圆锥滚子轴承 30000	D d B T C		

9.6　弹簧

　　弹簧是一种利用弹性来工作的机械零件，它可以控制机件的运动、缓和冲击或震动、储蓄能量、测量力的大小等，其特点是去掉外力后，能立即恢复原状，一般用弹簧钢制成，广泛用于机器、仪表中。

　　弹簧的种类很多，有螺旋弹簧、平面涡卷弹簧、板弹簧等，常见的螺旋弹簧（coiled spring）又有压缩弹簧（compression spring）、拉伸弹簧（extension spring）及扭力弹簧（torsion spring）等，如图9-47所示。在机械制图中，弹簧应按《机械制图　弹簧表示法》（GB/T 4459.4—2003）绘制。本节只着重介绍圆柱螺旋压缩弹簧的画法和尺寸计算。圆柱螺旋压缩弹簧的尺寸及参数由 GB/T 2089—2009 规定。

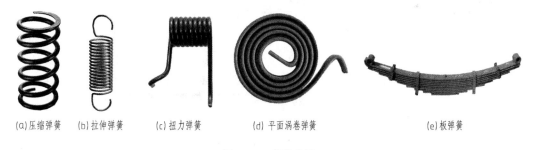

(a)压缩弹簧　　(b)拉伸弹簧　　(c)扭力弹簧　　(d)平面涡卷弹簧　　(e)板弹簧

图 9-47　弹簧种类

9.6.1　圆柱螺旋压缩弹簧的术语和尺寸关系

　　圆柱螺旋压缩弹簧一般是由弹簧钢丝绕制而成，外形呈螺旋状，其形状和尺寸由以下参数决定（图9-48）。

　　① 材料直径 d：制造弹簧的钢丝直径。

　　② 弹簧直径

　　弹簧外径 D　弹簧的最大直径。

　　弹簧内径 D_1　弹簧的最小直径，$D_1 = D - 2d$。

　　弹簧中径 D_2　弹簧外径和内径的平均值，$D_2 = (D + D_1)/2 = D - d = D_1 + d$。

③ 圈数：为使弹簧各圈受力均匀，一般将两端并紧磨平，使其端面与轴线垂直，该部分基本不起弹力作用，工作时仅起支承作用，称为支承圈 n_Z。两端加在一起的支承圈数有 1.5 圈、2 圈、2.5 圈三种，其中以 2.5 圈较常见。除支承圈外，其余保持相等节距参与工作而变形的圈数称为有效圈数 n，它是计算弹簧受力的主要依据。支承圈数（number of end coils）和有效圈数（number of active coils）之和称为总圈数（total number of active coils）n_1，即 $n_1 = n + n_Z$。

④ 节距 t：除支承圈外的相邻两圈对应点间的轴向距离。

⑤ 自由高度（free height）H_0：弹簧在未受负荷时的轴向尺寸，$H_0 = nt + (n_Z - 0.5)d$。

⑥ 展开长度 L：弹簧展开后的钢丝长度。有关标准中的弹簧展开长度 L 均指名义尺寸，其计算方法为：$L \approx n_1 \sqrt{(\pi D_2)^2 + t^2}$。

⑦ 旋向：弹簧的旋向与螺纹的旋向一样，也有右旋和左旋之分。

9.6.2 弹簧的规定画法

9.6.2.1 螺旋压缩弹簧的表达方法

① 在平行于螺旋弹簧轴线的投影面的视图中，其各圈的轮廓应画成直线。

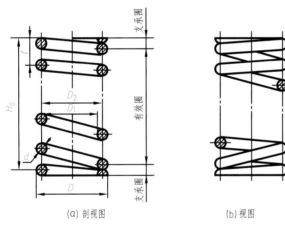

（a) 剖视图　　　　（b) 视图

图 9-48　圆柱螺旋压缩弹簧的画法

② 螺旋弹簧均可画成右旋，但左旋螺旋弹簧，不论画成左旋或右旋，一律要注出旋向"左"字。

③ 螺旋压缩弹簧，如要求两端并紧磨平时，不论支承圈的圈数多少和末端贴紧情况如何，均按支承圈数为 2.5 圈绘制；必要时也可按支承圈的实际结构绘制。

④ 有效圈数在 4 圈以上的螺旋弹簧中间部分可以省略，圆柱螺旋弹簧中间部分省略后，允许适当缩短图形长度，如图 9-48 所示。

9.6.2.2 圆柱螺旋压缩弹簧的画图步骤

已知一圆柱螺旋压缩弹簧的 H_0、d、D_2、n_1、n_Z、t，其画图步骤见图 9-49。

① 以自由高度 H_0 和弹簧中径 D_2 作矩形 $ABCD$。

② 按材料直径 d 画出支承圈的簧丝断面的圆和半圆。

③ 根据节距 t 作簧丝断面。

④ 按右旋方向作簧丝断面的切线。校核，加深，画剖面线。

9.6.2.3 圆柱螺旋压缩弹簧在装配图中的画法

① 在装配图中，弹簧被挡住的结构一般不画，其可见部分应从弹簧的外径或中径画起，如图 9-50 （a）所示。

② 螺旋弹簧被剖切时，允许只画簧丝剖面。当簧丝直径小于或等于 2mm 时，其剖面可涂黑表示，如图 9-50 （b）所示。

③ 当簧丝直径小于或等于 2mm 时，允许采用示意画法，如图 9-50 （c）所示。

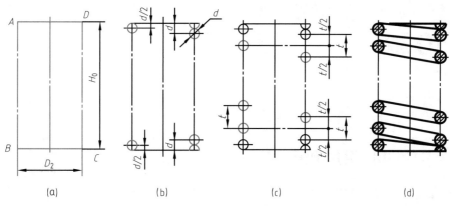

图 9-49　圆柱螺旋压缩弹簧的画图步骤

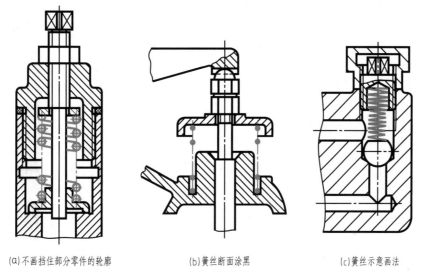

(a)不画挡住部分零件的轮廓　　　　(b)簧丝断面涂黑　　　　(c)簧丝示意画法

图 9-50　圆柱螺旋压缩弹簧在装配图中的画法

第10章　　零件图

10.1　零件图的作用和内容

10.1.1　零件图的作用

任何一台机器或一个部件，都是由一定数量、相互联系的零件按照一定的装配关系和技术要求装配而成的。

零件图（detail drawing）是表达单个零件结构形状、尺寸大小及其技术要求的图样，它是零件加工、制造和检验的依据，是生产中的重要技术文件。

10.1.2　零件图的内容

如图 10-1 所示，一张完整的零件图通常包括以下基本内容。

（1）一组视图　用视图、剖视图、断面图、局部放大图及各种简化画法正确、完整、清晰地表达零件的内外结构形状。

（2）完整的尺寸　表达零件在生产、检验时所需的全部尺寸。

（3）技术要求　用文字、数字或规定符号标注或说明零件加工、检验过程中应达到的各项技术指标，如表面粗糙度、尺寸公差、几何公差、表面热处理等。

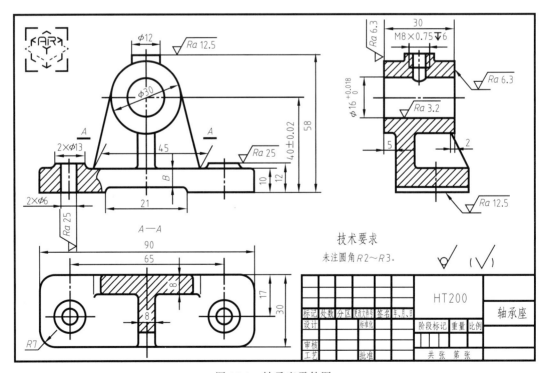

图 10-1　轴承座零件图

（4）标题栏 标题栏中应填写零件的名称、图号、材料、数量、比例、单位名称、设计、制图和审核人员的签名和日期等。

10.2 零件图的视图选择

零件图的视图选择就是根据零件的结构形状、加工方法以及它在机器或部件中的位置和作用等因素，选择一组视图表达零件的内外结构形状，具体要求如下。

（1）正确 各视图之间的投影关系、所采用的图样画法（视图、剖视图、断面等）及各种标注方法要符合国家标准的规定。

（2）完整 零件各组成部分的结构形状及其相对位置要表达完全且唯一确定。

（3）清楚 图形及视图表达应清晰易懂，便于读图。

（4）简便 视图表达要简洁精练，经过分析、比较、优化，合理确定最佳方案。

10.2.1 主视图的选择

主视图是一组视图的核心，它反映零件的信息量最多，绘图或读图时一般都从主视图入手，所以应首先选择，选择时要考虑以下两个问题。

（1）零件的安放位置 主视图的安放位置有两个：加工位置和工作位置。为了生产时看图方便，最好采用加工位置，但是有些零件的形体较复杂，制造时需要在不同的机器上加工，并且加工时的装夹位置又各不相同，所以就不适于采用加工位置，而应按零件在机器或部件中的工作位置安放。

（2）投射方向 主视图的投射方向应选择最能反映零件各组成部分的结构形状和相对位置的那个方向，即遵循形状特征原则。如图 10-2 所示的端盖，将 A 向作为主视图的方向。

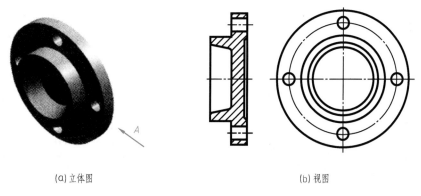

(a) 立体图　　　　　　　　　　(b) 视图

图 10-2 端盖

10.2.2 其他视图的选择

其他视图的选择应以主视图为基础，按零件的自然结构特点，优先选用基本视图或在基本视图上进行剖视，以表达主视图中未表达清楚的主要结构形状，再用一些辅助视图（如局部视图、斜视图等），作为对基本视图的补充，以表达次要结构、细小部位或局部形状。注意每个视图应有表达重点，且视图数量要恰当。图 10-2 选择左视图补充表达端盖。

10.3 零件图的尺寸标注

10.3.1 零件图尺寸标注的基本要求

零件图上所注的尺寸应当满足正确、完整、清晰和合理的要求，前三项已在前面章节中作过介绍。所谓合理，即标注的尺寸既要满足设计要求，又要满足工艺要求，换言之，既要保证零件在机器中的工作性能，又要方便加工测量。要真正满足这一要求，需要一定的专业知识和生产实践经验，本节只简单介绍零件尺寸合理性的基本知识。

10.3.2 正确选择尺寸基准

度量尺寸的起点，称为尺寸基准，即用来确定其他几何元素位置的一组线、面，按用途不同，分设计基准（design datum）和工艺基准（process datum）两种。

10.3.2.1 设计基准和工艺基准

（1）设计基准 在设计中为保证零件的性能要求而确定的基准，可通过分析零件在机器或部件中的作用和装配时的定位关系来确定，是设计零件时首先要考虑的。

（2）工艺基准 零件加工过程中在机床夹具中的定位面或测量时的定位面，是为了加工和测量的方便而附加的基准。

10.3.2.2 主要基准和辅助基准

每个零件都有长、宽、高三个方向的尺寸，因此，每个方向至少要有一个基准。当某一方向上有若干个基准时，可以选择一个设计基准作为主要基准（primary datum），其余的尺寸基准是辅助基准（secondary datum）。辅助基准和主要基准之间应有一个尺寸直接联系起来，即要有一个定位尺寸。

10.3.2.3 尺寸基准的选择

综合考虑设计与工艺两方面的要求，合理地选择尺寸基准，是标注零件尺寸首先要考虑的重要问题。标注尺寸时应尽可能使设计基准和工艺基准重合，做到既满足设计要求，又满足工艺要求。但实际上往往不能兼顾设计和工艺要求，就必须对零件的各部分结构的尺寸进行分析，明确哪些是主要尺寸，哪些是非主要尺寸。主要尺寸应从设计基准出发进行标注，直接反映设计要求，能体现所设计零件在部件中的功能；对于非主要尺寸，应考虑加工测量的方便，以加工顺序为依据，由工艺基准引出，直接反映工艺要求，便于操作和保证加工测量。

图 10-3 所示是轴的尺寸标注，由于轴为回转体，所以它的轴线是其径向尺寸的主要基准，端面Ⅰ是轴向尺寸的主要基准，其端面Ⅱ是轴向的辅助基准。

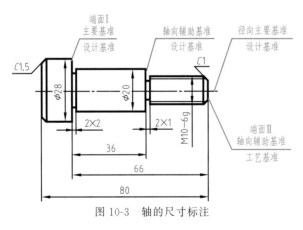

图 10-3 轴的尺寸标注

10.3.3 合理标注尺寸应注意的问题

零件图上标注尺寸的一般原则是：为保证设计的精度要求，应将主要尺寸直接标注在零件图上，标注尺寸时应注意以下内容。

（1）重要尺寸必须直接注出 重要尺寸是指直接影响零件在机器或部件中的工作性能和

准确位置的尺寸，一定要直接注出以满足设计要求，如图 10-4 所示的齿轮油泵从动轴，键槽尺寸 L_2 应直接注出，确保其不受其他尺寸误差的影响。

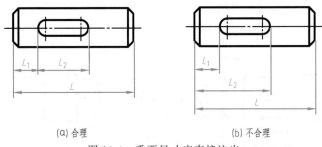

(a) 合理　　　　　　　　(b) 不合理

图 10-4　重要尺寸应直接注出

（2）要保证相关尺寸的一致性　相互关联的零件之间的相关尺寸要一致，包括配合尺寸、轴向和径向定位尺寸，以避免发生差错。如图 10-5 所示的泵盖上的销孔与泵体上的销孔的定位尺寸注法上完全一致，容易保证装配精度，因此是合理的。

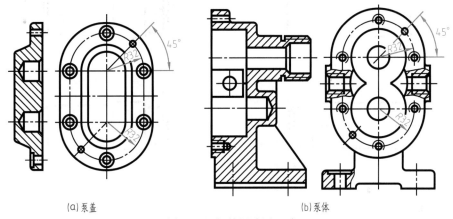

(a) 泵盖　　　　　　　　(b) 泵体

图 10-5　相关尺寸要一致

（3）避免注成封闭尺寸链　封闭尺寸链是零件某一方向上的尺寸首尾相互连接，如图 10-6（a）所示。由于加工误差的存在，很难保证每一尺寸的精度要求，所以在标注时出现封闭尺寸链是不合理的，应该避免它。办法是：当几个尺寸构成封闭尺寸链时，从链中选出一个最不重要的尺寸空出不标，如图 10-6（b）所示，若为避免现场计算，方便加工、下料，仍将其标出时，应将此尺寸数值用圆括号括起，称之为参考尺寸，如图 10-6（c）所示。

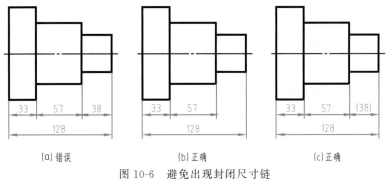

(a) 错误　　　　　(b) 正确　　　　　(c) 正确

图 10-6　避免出现封闭尺寸链

（4）应考虑加工、测量方便　在满足零件设计要求的前提下，标注尺寸时要尽量符合零件的加工顺序，图 10-7 为轴的加工顺序和尺寸标注；要方便测量、检验，尽量做到使用普通工具就能直接测量，以减少专用量具的设计和制造，如图 10-8 所示。

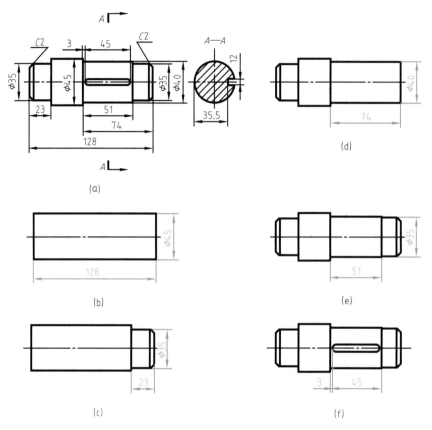

图 10-7　轴的加工顺序和尺寸标注

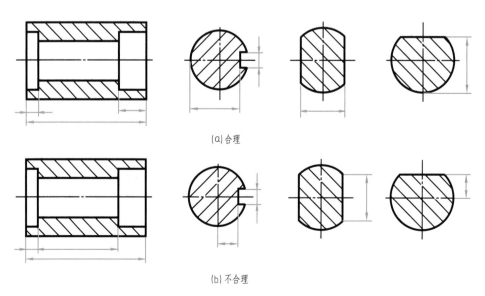

图 10-8　考虑测量、检验方便的尺寸标注

（5）毛坯面与加工面尺寸标注　如在同一方向上有若干未加工面（毛坯面）和加工面，则毛坯面、加工面尺寸应分别标注，一般同一方向上只能有一个尺寸将毛坯面与加工面联系起来，如图10-9所示。这是因为铸造件、锻造件表面误差较大，如每一个毛坯面都与加工面联系起来，切削该加工面时所有的尺寸都会发生改变，要同时保证这些尺寸的要求较为困难。

（6）零件上的标准结构按规定标注　零件上的标准结构，如螺纹、退刀槽、键槽、销孔、沉孔等，应查阅有关国家标准，按规定标注尺寸。表10-1为零件上常见结构的尺寸注法。

10.3.4 标注尺寸的方法与步骤

① 正确选择基准。

② 考虑设计要求，从基准出发直接标出重要尺寸。

③ 考虑工艺要求，标注加工时需要的尺寸。

④ 用形体分析法标注其他尺寸，并检查尺寸是否有重复和遗漏、是否构成封闭尺寸链。

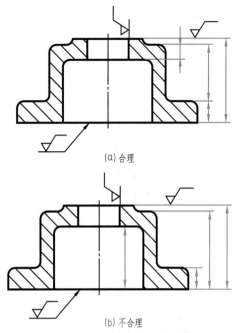

(a) 合理

(b) 不合理

图 10-9　毛坯面与加工面尺寸标注

表 10-1　零件上常见结构的尺寸标注

结构类型	标 注 方 法	说　明
退刀槽	2×φ6　　2×1　　2×1　　2×φ8	一般按"槽宽×直径"或"槽宽×槽深"的形式标注
螺孔	3×M6-6H　3×M6-6H　3×M6-6H	表示均匀分布的3个螺孔，其公称直径为6mm，公差带代号为6H
螺孔	3×M6-6H▼10　3×M6-6H▼10　3×M6-6H	表示均匀分布的3个螺孔，其公称直径为6mm，公差带代号为6H，螺孔深度为10mm

续表

结构类型	标　注　方　法	说　　明
光孔	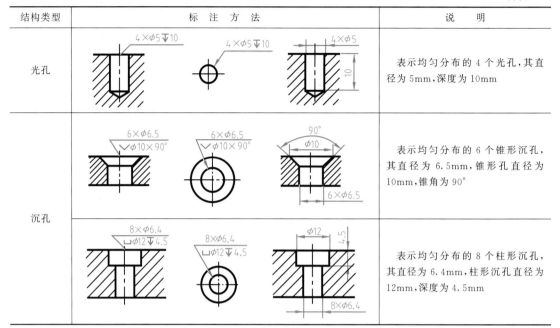	表示均匀分布的 4 个光孔,其直径为 5mm,深度为 10mm
沉孔		表示均匀分布的 6 个锥形沉孔,其直径为 6.5mm,锥形孔直径为 10mm,锥角为 90°
		表示均匀分布的 8 个柱形沉孔,其直径为 6.4mm,柱形沉孔直径为 12mm,深度为 4.5mm

10.4　典型零件的视图表达及尺寸注法

根据零件的形状和功用,可将其大致分为轴套类、盘盖类、叉架类和箱体类四种类型。

10.4.1　轴套类零件

轴类零件一般用来支承传动件(如齿轮、皮带轮等)并传递动力;套类零件一般装在轴上,起轴向定位、传动和连接作用,如套筒和衬套等。

(1) 结构分析　轴套类零件(shaft-sleeve parts)的结构一般比较简单,各组成部分多是同轴线的不同直径的回转体(如圆柱或圆锥等),而且轴向尺寸大,径向尺寸相对小,常带有键槽、轴肩、螺纹及退刀槽、中心孔等结构;套类零件是中空的。

(2) 加工方法　主要在车床、磨床上加工。

(3) 主视图的选择　按加工位置将轴线水平放置,大端在左、小端在右,键槽和孔结构朝前,以垂直轴线的方向作为主视图的投射方向。

(4) 视图表达　一般只用一个基本视图(主视图)表达零件的主体结构,而用断面图、局部剖视图、局部放大图等表达键槽、退刀槽、中心孔等结构,对于较长的且沿长度方向的形状一致或按一定规律变化的零件,还可采用断开画法;中空的套类零件,其主视图一般取剖视图。

(5) 尺寸基准　选用水平放置的轴线和重要端面(如加工精度最高的面、轴肩等)作为主要尺寸基准。

(6) 实例分析　如图 10-10 所示的主动齿轮轴,各部分均为同轴线的圆柱体,有一个键槽,齿轮部分的两端有砂轮越程槽。主视图取轴线水平放置,键槽向前,以表达键槽的形状;键槽的深度用断面图表示,并在断面图上标注尺寸和公差。其主要尺寸基准:径向——轴孔的轴线;长度方向——齿轮的左端面。

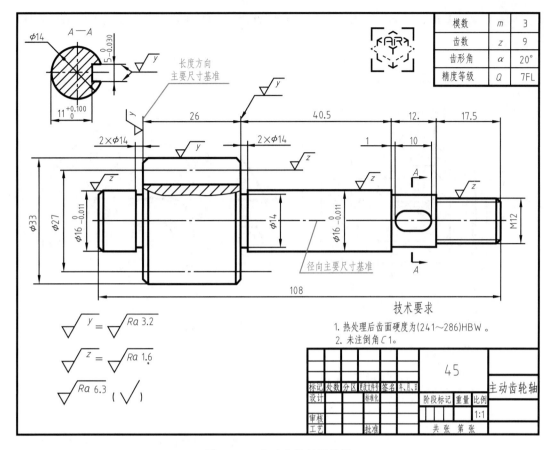

模数	m	3
齿数	z	9
齿形角	α	20°
精度等级	Q	7FL

图 10-10　主动齿轮轴零件图

10.4.2　盘盖类零件

盘盖类零件（disc-cover parts）多用于传递动力和扭矩，或起支承、轴向定位及密封作用，主要包括轮（齿轮、手轮、皮带轮）；盘（圆盘、法兰盘）；盖（端盖、阀盖、泵盖、轴承盖）。

（1）结构分析　这类零件的主体结构是同轴线的回转体或其他平板形，且厚度方向的尺寸小于其他两个方向的尺寸。端盖在机器中起密封和支承轴作用，往往有一个端面是与其他零件接触的重要面，因此，常设有安装孔、支承孔等；盘状传动件一般带有键槽、轮辐、均匀分布的孔，通常以一个端面与其他零件接触定位。

（2）加工方法　回转体的盘盖类零件主要在车床上加工成型；平板形盘盖类零件用刨削和铣削加工。

（3）主视图的选择　以车削加工为主的零件，按主要加工位置将轴线水平放置，以垂直轴线的方向作为主视图的投射方向；不以车削加工为主的零件，按工作位置放置。

（4）视图表达　一般采用两个基本视图，主视图常采用剖视图以表达内部结构，另一视图则表达其外形轮廓和各种孔、肋、轮辐等的数量及其分布情况，常采用简化画法，如果还有细小结构，则还需增加局部放大图。

（5）尺寸基准　通常采用孔轴线和重要端面（如与其他零件的接触面）作为主要尺寸基准。

（6）实例分析　如图 10-11 所示端盖，采用主视图和左视图表达，其中主视图采用复合剖。其主要尺寸基准：径向——孔的轴线；长度方向——零件右边结合面（表面结构要求为 $\sqrt{Ra\,3.2}$ 处）。

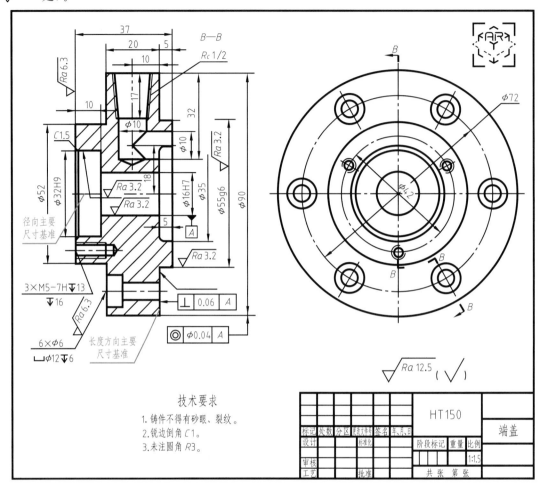

图 10-11 端盖零件图

10.4.3 叉架类零件

叉架类零件（fork-frame parts）包括各种用途的拨叉和支架，拨叉主要用在机床等各种机器的操纵机构上，起操纵机器、调节速度的作用。支架主要起支承和连接作用。

（1）结构分析 这类零件通常由工作部分、支承（或安装）部分及连接部分组成，形状一般较为复杂且不规则，常有螺孔、肋、槽等结构。

（2）加工方法 一般由铸造或锻造产生毛坯，然后进行多种工序的加工。

（3）主视图的选择 以零件的工作位置放置，投射方向取最能反映零件形状特征的方向。

（4）视图表达 一般需要两个以上的基本视图表达其主要结构形状，零件的倾斜部分用斜视图或斜剖视表达，内部结构常采用局部剖视图，薄壁和肋板的断面形状以断面图表达。

（5）尺寸基准 常采用安装面或对称面作为主要尺寸基准。

（6）实例分析 如图 10-12 所示托脚零件图，采用主视图和俯视图（其中主视图有两处局部剖）表达，外加局部视图和斜剖视图各一个。其主要尺寸基准：长度方向——托脚右边的孔轴线；宽度方向——前后对称面；高度方向——顶端面。

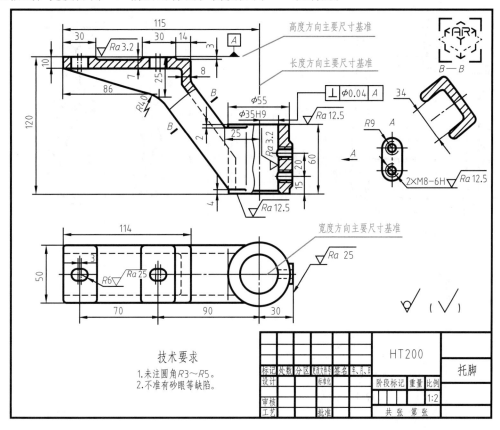

图 10-12 托脚零件图

10.4.4 箱体类零件

箱体类零件（housing case shaped parts）主要起支承、包容、保护其他零件的作用，包括泵体、阀体、减速器箱体等各种壳体。

（1）结构分析 这类零件的内外形状均复杂，常有内腔、轴承孔、凸台、肋、安装板、圆孔、沉孔、螺孔等结构。

（2）加工方法 一般由铸造获得毛坯，然后进行多种机械加工，最后还需经热处理等工序。

（3）主视图的选择 以零件的工作位置放置，以反映零件形状特征的方向作为投射方向。

（4）视图表达 采用三个以上的基本视图，并通过主要支承孔轴线的剖视图表示其内部形状，一些局部结构常用局部视图、局部剖视图、断面图等表达。

（5）尺寸基准 常采用重要安装面、重要加工面、接触面或对称面以及孔轴线作为主要尺寸基准。

（6）实例分析 图 10-13 阀体零件图，共采用三个基本视图，其中主视图采用全剖，俯视图局部剖，左视图半剖。其主要尺寸基准：长度方向——竖直孔的轴线；宽度方向——前后对称面；高度方向——φ43 的孔轴线。

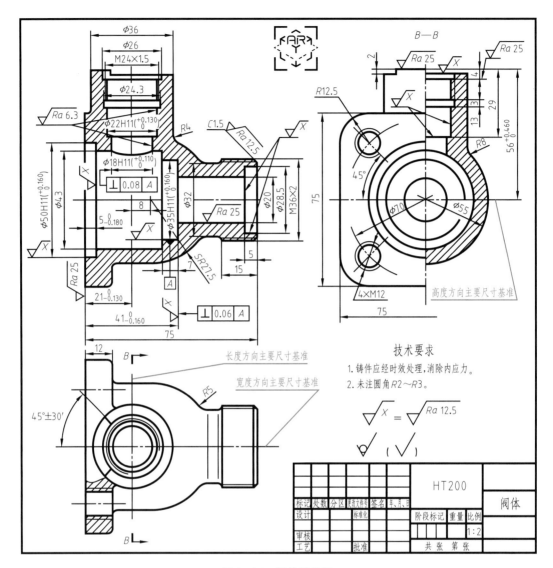

图 10-13 阀体零件图

10.5 零件常见工艺结构简介

零件的结构形状主要是根据它在部件（或机器）中的作用决定的，但是，制造工艺对零件的结构也有某些要求。因此，在画零件图时，应使零件的结构既能满足使用，又要方便制造。下面介绍一些常见的工艺结构（technological structure），供画图时参考。

10.5.1 零件的铸造工艺结构

10.5.1.1 起模斜度

用铸造的方法制造零件的毛坯时，为了便于从砂型中取出模样，一般沿起模方向做成很小的斜度（约 1:20），这个斜度称为起模斜度（draft taper）。因此，在铸件上也有相应的起模斜度，如图 10-14（a）所示，它在图样上一般不标注，也可以不画出，如图 10-14（b）所示，必要时在技术要求中用文字进行说明。

10.5.1.2　铸造圆角

在铸件毛坯各表面的相交处，都有铸造圆角［curving of castings，图 10-14（c）］，这样既能方便起模，又能防止浇铸铁水时将砂型转角处冲坏，还可以避免铸件在冷却时产生缩孔（shrinkage cavity）或裂纹［crack，图 10-14 中（d）、（e）］。铸造圆角在图样上一般不标注，常集中注写在技术要求中。

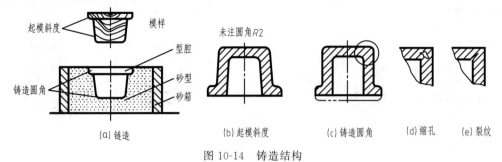

图 10-14　铸造结构

10.5.1.3　铸件壁厚

在浇铸零件时，为了避免因各部分冷却速度不同而产生缩孔或裂纹，铸件壁厚应保持均匀或逐渐过渡，如图 10-15 所示。

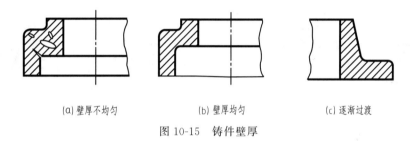

图 10-15　铸件壁厚

10.5.1.4　铸件各部分形状应尽量简化

为了便于制模、造型、清理、去除浇冒口和机械加工，铸件外形应尽可能平直，内壁也应减少凸起或分支部分，如图 10-16 所示。

10.5.1.5　过渡线及其画法

由于铸件上有圆角、拔模斜度存在，铸件表面上的交线就不十分明显了，这种线称为过渡线，过渡线的画法与相贯线、截交线的画法相同，不同的是在过渡线的端部留有空隙，且用细实线绘制，如图 10-17 所示。

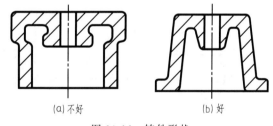

图 10-16　铸件形状

10.5.2　零件机械加工的工艺结构

10.5.2.1　倒角和倒圆

为了去除零件的毛刺、锐边和便于装配，轴或孔的端部一般都加工成倒角（chamfer），45°倒角较多。

为了避免应力集中而产生裂纹，在轴肩处往往加工成圆角过渡的形式，称为倒圆（rounding），以 R 表示。

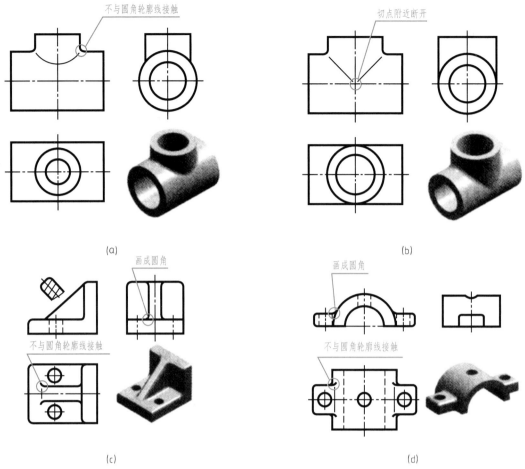

图 10-17 过渡线的画法

倒角和倒圆见图 10-18，与零件直径相对应的倒角 C 和倒圆 R 的推荐值可查阅附表 4-5。

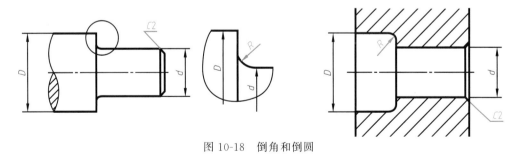

图 10-18 倒角和倒圆

10.5.2.2 退刀槽和砂轮越程槽

加工时，为了退出刀具或使砂轮可稍稍越过加工面，并且在装配时能使相邻零件靠紧，常在待加工面的末端加工出退刀槽（undercut，图 10-19）或砂轮越程槽（relief grooves for grinding wheels，图 10-20）。

10.5.2.3 凸台、凹坑、凹槽和凹腔

为了减少机械加工量、节约材料和减少刀具的消耗，加工与非加工表面要分开，做成凸台（boss）、凹坑（pit）、凹槽或凹腔等结构，如图 10-21 所示。

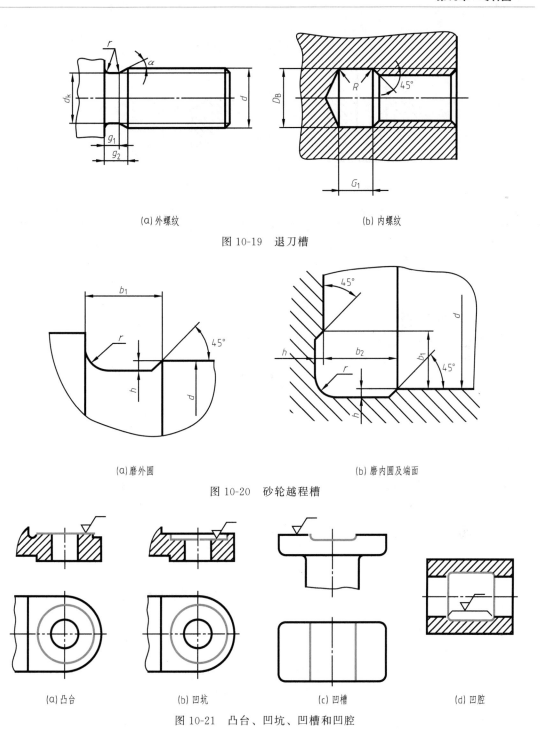

(a) 外螺纹　　　　　　　　　　(b) 内螺纹

图 10-19　退刀槽

(a) 磨外圆　　　　　　　　　　(b) 磨内圆及端面

图 10-20　砂轮越程槽

(a) 凸台　　　　(b) 凹坑　　　　(c) 凹槽　　　　(d) 凹腔

图 10-21　凸台、凹坑、凹槽和凹腔

10.5.2.4　钻孔结构

　　用钻头钻出的盲孔（blind hole），其底部有一个 120° 的锥角，钻孔（drilling）深度指圆柱部分的深度，不包括锥坑，如图 10-22（a）所示。在钻出的阶梯孔（stepped hole）过渡处，也存在锥角 120° 的圆台，其画法及尺寸如图 10-22（b）所示。

　　用钻头钻孔时，要求钻头轴线尽量垂直于被加工表面，以保证钻孔的准确和避免钻头折断，若遇曲面或斜面，则应增设凸台或凹坑，如图 10-23 所示。

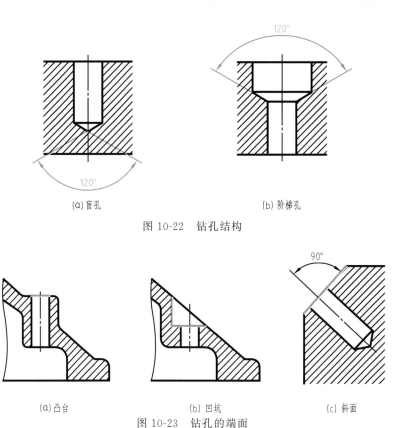

(a)盲孔   (b)阶梯孔

图 10-22　钻孔结构

(a)凸台   (b)凹坑   (c)斜面

图 10-23　钻孔的端面

10.6　零件图中的技术要求

为了提高机械设备的质量，必须保证各零件的制造精度。零件图中除了视图和尺寸之外，还要注出技术要求（technical requirement），它是制造和检验零件的重要技术数据之一。

技术要求包括：零件的表面结构要求、极限与配合、几何公差、热处理及其他有关制造的要求。

10.6.1　表面结构要求

10.6.1.1　基本概念

表面结构（surface texture）是指零件表面的几何形貌，它是表面粗糙度（surface roughness）、表面波纹度、表面纹理、表面缺陷和表面几何形状的总称。

图 10-24　表面结构示意图

经过加工的零件表面看起来很光滑，但从显微镜下观察却可见其具有微小的峰、谷、波纹和刀痕等（图 10-24），这是在加工过程中，机床、刀具、工件系统的振动，以及刀具切削时的塑性变形等因素造成的。实际表面的这种微观不平度，对零件的磨损、疲劳强度、耐腐蚀性、配合性质和喷涂质量及外观等都有很大影响，并直接关系到机器的使用性能和寿命，特别是对运转速度快、装配精度高、密封要求严的产品，更具有重要意义。因此，在设计绘图时，应根据产品的精密程度，对其零件的表面结构提出相应要求。

10.6.1.2 表面结构参数

表面结构的常用评定参数为轮廓参数，《产品几何技术规范（GPS） 表面结构 轮廓法 术语、定义及表面结构参数》（GB/T 3505—2009）中规定了三个：P 参数（原始轮廓参数）、W 参数（波纹轮廓参数）、R 参数（粗糙度轮廓参数），其中，R 参数中轮廓算术平均偏差 Ra 和轮廓最大高度 Rz（图 10-25）目前在我国机械图样中最常用，它们既能满足常用表面的功能要求，检测也比较方便。本章仅介绍优先推荐选用的轮廓算术平均偏差 Ra。

轮廓算术平均偏差（arithmetic mean deviation of the profile）Ra 是指在一个取样长度 l 内纵坐标值 $Z(x)$ 绝对值的算术平均值，用公式表示为 $Ra = \dfrac{1}{l}\int_0^l |Z(x)|\,\mathrm{d}x$ 或者近似表示为 $Ra = \dfrac{1}{n}\sum_{i=1}^{n} |Z_i|$，式中，$n$ 为轮廓上的采样点数。Ra 值越小，表面质量要求越高，零件表面越光滑；Ra 值越大，表面质量要求越低，零件表面越粗糙。

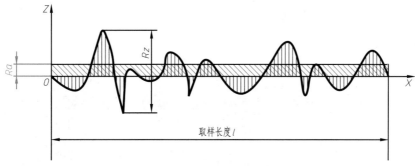

图 10-25 轮廓算术平均偏差 Ra 和轮廓最大高度 Rz

轮廓算术平均偏差 Ra 的数值见表 10-2。当规定系列值不能满足需要时，可选取补充系列值。

表 10-2 轮廓算术平均偏差 Ra 的数值（摘自 GB/T 1031—2009） 单位：μm

规定系列	0.012, 0.025, 0.05, 0.1, 0.2, 0.4, 0.8, 1.6, 3.2, 6.3, 12.5, 25, 50, 100
补充系列	0.008, 0.010, 0.016, 0.020, 0.032, 0.040, 0.063, 0.080, 0.125, 0.160, 0.25, 0.32, 0.50, 0.63, 1.00, 1.25, 2.0, 2.5, 4.0, 5.0, 8.0, 10.0, 16.0, 20, 32, 40, 63, 80

10.6.1.3 表面结构的符号、代号和标注方法

（1）表面结构符号的含义（表 10-3）

表 10-3 表面结构符号的含义

符号类别	符 号	含 义
基本图形符号	√	未指定工艺方法的表面,没有补充说明时不能单独使用
扩展图形符号	▽	在基本图形符号加一短横,表示指定表面是用去除材料的方法获得,如机械加工
	⌀√	在基本图形符号加一个圆圈,表示指定表面是用不去除材料的方法获得,也可用于表示保持上道工序形成的表面,不管这种状况是通过去除材料或不去除材料形成的

符号类别	符 号	含 义
完整图形符号	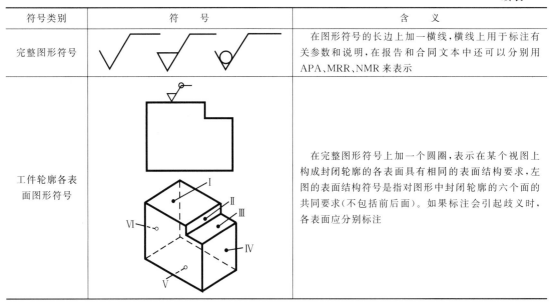	在图形符号的长边上加一横线,横线上用于标注有关参数和说明,在报告和合同文本中还可以分别用 APA、MRR、NMR 来表示
工件轮廓各表面图形符号		在完整图形符号上加一个圆圈,表示在某个视图上构成封闭轮廓的各表面具有相同的表面结构要求,左图的表面结构符号是指对图形中封闭轮廓的六个面的共同要求(不包括前后面)。如果标注会引起歧义时,各表面应分别标注

(2)表面结构符号的画法 表面结构符号的画法见图 10-26,具体尺寸见表 10-4。

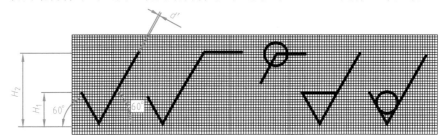

图 10-26 表面结构符号的画法

表 10-4 表面结构符号的尺寸

数字和字母高度 h(见 GB/T 14691)	2.5	3.5	5	7	10	14	20
符号线宽 d'	0.25	0.35	0.5	0.7	1	1.4	2
字母线宽 d							
高度 H_1	3.5	5	7	10	14	20	28
高度 H_2(最小值)	7.5	10.5	15	21	30	42	60

注:H_2 取决于标注内容。

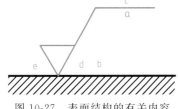

图 10-27 表面结构的有关内容
在符号中的注写位置

(3)表面结构的有关内容在符号中的注写位置 如图 10-27 所示,其中:

位置 a——注写表面结构的单一要求;位置 a 和位置 b——标注两个或多个表面结构要求;位置 c——注写加工方法;位置 d——注写表面纹理和方向;位置 e——注写加工余量。

(4)表面结构代号的含义 见表 10-5。

(5)表面结构的标注方法 表面结构要求对每一表面一般只标注一次,标注在轮廓线上,其符号应从材料外指向并接触表面,尽可能注在相应的尺寸及其公差的同一视图上。除非另有说明,所标注的表面结构要求是对完工零件表面的要求。

表 10-5 表面结构代号的含义

代　号	含　义
$\sqrt{\overline{Ra\,3.2}}$	表示任意加工方法,Ra 的上限值是 $3.2\mu m$
$\sqrt{Ra\,3.2}$	表示去除材料,Ra 的上限值是 $3.2\mu m$
$\sqrt{Ra\,3.2}$	表示不允许去除材料,Ra 的上限值是 $3.2\mu m$
$\sqrt{\begin{array}{l}Ra\,3.2\\ Ra\,1.6\end{array}}$	表示去除材料,Ra 的上限值是 $3.2\mu m$,下限值是 $1.6\mu m$

表面结构标注示例见表 10-6。

表 10-6 表面结构标注示例

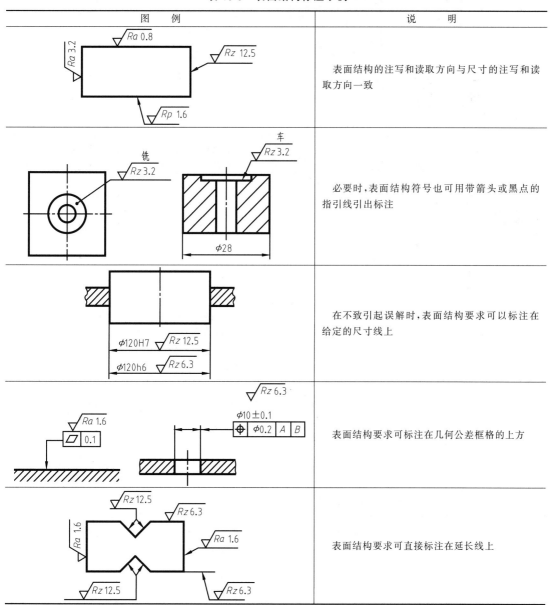

图　例	说　明
	表面结构的注写和读取方向与尺寸的注写和读取方向一致
	必要时,表面结构符号也可用带箭头或黑点的指引线引出标注
	在不致引起误解时,表面结构要求可以标注在给定的尺寸线上
	表面结构要求可标注在几何公差框格的上方
	表面结构要求可直接标注在延长线上

续表

图　　例	说　　明
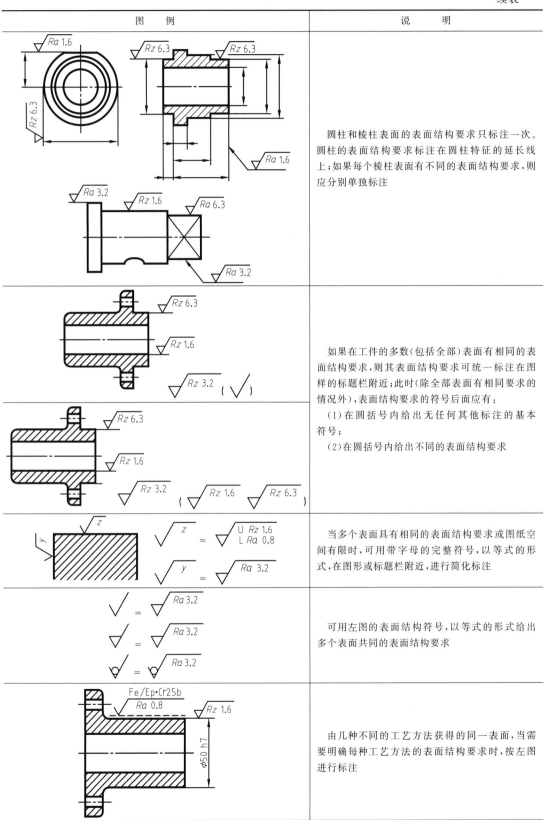	圆柱和棱柱表面的表面结构要求只标注一次。圆柱的表面结构要求标注在圆柱特征的延长线上;如果每个棱柱表面有不同的表面结构要求,则应分别单独标注
	如果在工件的多数(包括全部)表面有相同的表面结构要求,则其表面结构要求可统一标注在图样的标题栏附近;此时(除全部表面有相同要求的情况外),表面结构要求的符号后面应有: (1)在圆括号内给出无任何其他标注的基本符号; (2)在圆括号内给出不同的表面结构要求
	当多个表面具有相同的表面结构要求或图纸空间有限时,可用带字母的完整符号,以等式的形式,在图形或标题栏附近,进行简化标注
	可用左图的表面结构符号,以等式的形式给出多个表面共同的表面结构要求
	由几种不同的工艺方法获得的同一表面,当需要明确每种工艺方法的表面结构要求时,按左图进行标注

10.6.2 极限与配合

10.6.2.1 互换性

零件的互换性（interchangeability）是指在现代化大规模生产条件下，在不同工厂、不同车间、由不同工人制造出的同一规格的零件中任取一件，不经修配、调整立即装到机器或部件上就能满足使用要求（如工作性能、零件间配合的松紧程度）的性质。现代化的机械工业，要求机器零件具有互换性，这样既能满足各生产部门广泛的协作要求，又能进行高效率的专业化生产，所以极限与配合是零件图和装配图中一项重要的技术要求。

10.6.2.2 基本术语

如果按同一张零件图制造出来的零件绝对准确，虽然互换不成问题，但毫无必要也不可能，因为由于机床、刀夹具、工人技术水平等因素的限制，加工出来的零件总有误差。我们结合零件工作情况，给零件尺寸规定一个允许的变动量，使零件既可以制造出来，又能满足使用要求，保证互换性。这个变动量就是尺寸公差。下面以图 10-28 为例说明基本术语。

（1）公称尺寸（nominal size）　由图样规范确定的理想形状要素的尺寸，如 $\phi40$。

（2）实际尺寸（actual size）　测量完成加工的零件所得的尺寸。

（3）极限尺寸（limiting size）　尺寸要素允许的两个极端，实际尺寸变化的两个界限值。

① 上极限尺寸：尺寸要素允许的最大尺寸，如 $\phi40.007$。

② 下极限尺寸：尺寸要素允许的最小尺寸，如 $\phi39.982$。

（4）尺寸偏差（简称偏差）　某一尺寸减其公称尺寸所得的代数差。

① 上极限偏差（upper limit deviation）：上极限尺寸减其公称尺寸所得的代数差。

上极限偏差代号，对孔用大写字母"ES"表示，对轴用小写字母"es"表示。

$$ES = 40.007 - 40 = 0.007mm$$

② 下极限偏差（lower limit deviation）：下极限尺寸减其公称尺寸所得的代数差。

下极限偏差代号，对孔用大写字母"EI"表示，对轴用小写字母"ei"表示。

$$EI = 39.982 - 40 = -0.018mm$$

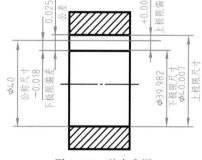

图 10-28　基本术语

（5）尺寸公差（简称公差）　上极限尺寸减下极限尺寸之差或上极限偏差减下极限偏差之差，它是允许尺寸的变动量。

$$公差 = 40.007 - 39.982 = 0.025mm \ 或 = 0.007 - (-0.018) = 0.025mm$$

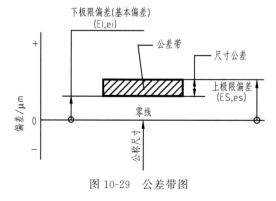

图 10-29　公差带图

（6）零线（zero line）　在极限与配合图中，表示公称尺寸的一条直线，以其为基准确定偏差和公差。

（7）公差带图　为了方便分析，将尺寸公差与公称尺寸的关系按放大比例画成简图，如图 10-29 所示。

公差带（tolerance zone）：在公差带图中，由代表上极限偏差和下极限偏差或上极限尺寸和下极限尺寸所限定的一个区域，它由公差大小和其相对零线的位置（基本偏差）确定。

（8）标准公差（standard tolerance） 国家标准规定的用来确定公差带大小的公差值，它由公称尺寸和公差等级来确定。

（9）标准公差等级 确定尺寸精确程度的等级。国家标准分为 20 个等级：IT01，IT0，IT1，…，IT18，IT01 级最高，其公差值最小；IT18 级最低，其公差值最大。级别与公差值在国家标准中用列表的形式表示，见表 10-7。在一般机器的配合尺寸中，孔用 IT6～IT12，轴用 IT5～IT12，IT01～IT12 用于配合尺寸，IT13～IT18 用于非配合尺寸。在满足零件使用要求的条件下，应选用较低的公差等级，以降低加工成本。

表 10-7　标准公差数值（摘自 GB/T 1800.1—2020）

公称尺寸 /mm		标准公差等级																	
		IT1	IT2	IT3	IT4	IT5	IT6	IT7	IT8	IT9	IT10	IT11	IT12	IT13	IT14	IT15	IT16	IT17	IT18
大于	至	标准公差数值																	
		μm											mm						
—	3	0.8	1.2	2	3	4	6	10	14	25	40	60	0.10	0.14	0.25	0.40	0.60	1.0	1.4
3	6	1	1.5	2.5	4	5	8	12	18	30	48	75	0.12	0.18	0.30	0.48	0.75	1.2	1.8
6	10	1	1.5	2.5	4	6	9	15	22	36	58	90	0.15	0.22	0.36	0.58	0.90	1.5	2.2
10	18	1.2	2	3	5	8	11	18	27	43	70	110	0.18	0.27	0.43	0.70	1.10	1.8	2.7
18	30	1.5	2.5	4	6	9	13	21	33	52	84	130	0.21	0.33	0.52	0.84	1.30	2.1	3.3
30	50	1.5	2.5	4	7	11	16	25	39	62	100	160	0.25	0.39	0.62	1.00	1.60	2.5	3.9
50	80	2	3	5	8	13	19	30	46	74	120	190	0.30	0.46	0.74	1.20	1.90	3.0	4.6
80	120	2.5	4	6	10	15	22	35	54	87	140	220	0.35	0.54	0.87	1.40	2.20	3.5	5.4
120	180	3.5	5	8	12	18	25	40	63	100	160	250	0.40	0.63	1.00	1.60	2.50	4.0	6.3
180	250	4.5	7	10	14	20	29	46	72	115	185	290	0.46	0.72	1.15	1.85	2.90	4.6	7.2
250	315	6	8	12	16	23	32	52	81	130	210	320	0.52	0.81	1.30	2.10	3.20	5.2	8.1
315	400	7	9	13	18	25	36	57	89	140	230	360	0.57	0.89	1.40	2.30	3.60	5.7	8.9
400	500	8	10	15	20	27	40	63	97	155	250	400	0.63	0.97	1.55	2.50	4.00	6.3	9.7

注：1. 公称尺寸大于 500mm 的标准公差数值未列入；IT01 和 IT0 的标准公差数值未列入。

2. 公称尺寸小于或等于 1mm 时，无 IT14～IT18。

（10）基本偏差（fundamental deviation） 国家标准规定的，用来确定公差带相对于零线位置的上极限偏差或下极限偏差，一般是指靠近零线的那个极限偏差。

基本偏差代号，对孔用大写字母 A，B，…，ZC 表示，对轴用小写字母 a，b，…，zc 表示，各 28 个。

当公差带在零线上方时，基本偏差为下极限偏差；当公差带在零线下方时，基本偏差为上极限偏差，如图 10-30 所示，图中的公差带不封口，是因为公差带的 IT 级别未定。

10.6.2.3　配合

配合是指公称尺寸相同的、相互结合的孔和轴公差带之间的关系。

（1）配合种类 根据机器的设计要求、工艺要求和生产实际的需要，国家标准将配合分为三大类（图 10-31）。

① 间隙配合（clearance fit）：孔的公差带完全在轴的公差带之上，任取其中一对孔和轴相配合都具有间隙的配合（包括最小间隙为零的极限情况）。

② 过盈配合（interference fit）：孔的公差带完全在轴的公差带之下，任取其中一对孔和轴相配合都具有过盈的配合（包括最小过盈为零极限情况）。

③ 过渡配合（transition fit）：孔和轴的公差带相互交叠，任取其中一对孔和轴相配合，可能有间隙，也可能有过盈的配合。

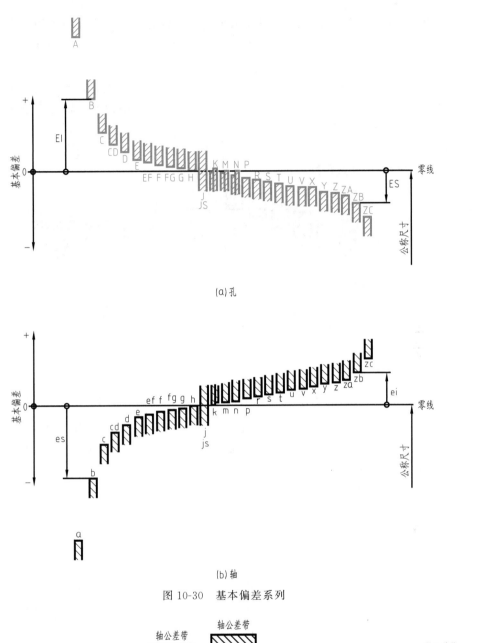

图 10-30 基本偏差系列

图 10-31 配合种类

（2）配合制 同一极限制的孔和轴组成的一种配合制度（fit system）。

在制造配合的零件时，如果孔和轴都可以任意变动，则情况变化极多，不便于零件的设计和制造。为此，国家标准规定了两种配合制度。

① 基孔制（hole-basis system）：基本偏差为一定的孔的公差带，与不同基本偏差的轴的公差带形成各种配合的一种制度，如图 10-32（a）所示，基孔制的孔为基准孔，其基本偏差为 H，下极限偏差为零。

② 基轴制（shaft-basis system）：基本偏差为一定的轴的公差带，与不同基本偏差的孔的公差带形成各种配合的一种制度，如图 10-32（b）所示，基轴制的轴为基准轴，其基本偏差为 h，上极限偏差为零。

基孔制（基轴制）配合中：基本偏差 A～H（a～h）用于间隙配合；基本偏差 J～ZC（j～zc）用于过渡配合和过盈配合。

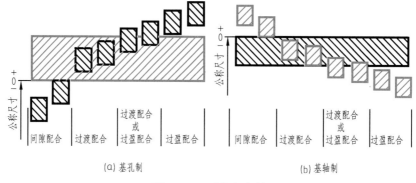

图 10-32　两种配合制

10.6.2.4　优先、常用配合

（1）配合选用　国家标准根据机械工业产品生产和使用的需要，考虑到刀具、量具规格的统一，规定了优先、常用配合，设计零件时，应尽量选用优先和常用配合。基孔制及基轴制的优先、常用配合见表 10-8 和表 10-9。

表 10-8　基孔制优先、常用配合

基准孔	轴																				
	a	b	c	d	e	f	g	h	js	k	m	n	p	r	s	t	u	v	x	y	z
	间隙配合								过渡配合			过盈配合									
H6						$\frac{H6}{f5}$	$\frac{H6}{g5}$	$\frac{H6}{h5}$	$\frac{H6}{js5}$	$\frac{H6}{k5}$	$\frac{H6}{m5}$	$\frac{H6}{n5}$	$\frac{H6}{p5}$	$\frac{H6}{r5}$	$\frac{H6}{s5}$	$\frac{H6}{t5}$					
H7						$\frac{H7}{f6}$	$\frac{H7}{g6}$	$\frac{H7}{h6}$	$\frac{H7}{js6}$	$\frac{H7}{k6}$	$\frac{H7}{m6}$	$\frac{H7}{n6}$	$\frac{H7}{p6}$	$\frac{H7}{r6}$	$\frac{H7}{s6}$	$\frac{H7}{t6}$	$\frac{H7}{u6}$	$\frac{H7}{v6}$	$\frac{H7}{x6}$	$\frac{H7}{y6}$	$\frac{H7}{z6}$
H8				$\frac{H8}{e7}$	$\frac{H8}{f7}$	$\frac{H8}{g7}$	$\frac{H8}{h7}$	$\frac{H8}{js7}$	$\frac{H8}{k7}$	$\frac{H8}{m7}$	$\frac{H8}{n7}$	$\frac{H8}{p7}$	$\frac{H8}{r7}$	$\frac{H8}{s7}$	$\frac{H8}{t7}$	$\frac{H8}{u7}$				
				$\frac{H8}{d8}$	$\frac{H8}{e8}$	$\frac{H8}{f8}$		$\frac{H8}{h8}$													
H9			$\frac{H9}{c9}$	$\frac{H9}{d9}$	$\frac{H9}{e9}$	$\frac{H9}{f9}$		$\frac{H9}{h9}$													
H10			$\frac{H10}{c10}$	$\frac{H10}{d10}$				$\frac{H10}{h10}$													
H11	$\frac{H11}{a11}$	$\frac{H11}{b11}$	$\frac{H11}{c11}$	$\frac{H11}{d11}$				$\frac{H11}{h11}$													
H12		$\frac{H12}{b12}$						$\frac{H12}{h12}$													

注：红色印刷的为优先配合。

表 10-9　基轴制优先、常用配合

基准轴	A	B	C	D	E	F	G	H	JS	K	M	N	P	R	S	T	U	V	X	Y	Z
						间隙配合					过渡配合				过盈配合						
h5						$\frac{F6}{h5}$	$\frac{G6}{h5}$	$\frac{H6}{h5}$	$\frac{JS6}{h5}$	$\frac{K6}{h5}$	$\frac{M6}{h5}$	$\frac{N6}{h5}$	$\frac{P6}{h5}$	$\frac{R6}{h5}$	$\frac{S6}{h5}$	$\frac{T6}{h5}$					
h6						$\frac{F7}{h6}$	$\frac{G7}{h6}$	$\frac{H7}{h6}$	$\frac{JS7}{h6}$	$\frac{K7}{h6}$	$\frac{M7}{h6}$	$\frac{N7}{h6}$	$\frac{P7}{h6}$	$\frac{R7}{h6}$	$\frac{S7}{h6}$	$\frac{T7}{h6}$	$\frac{U7}{h6}$				
h7					$\frac{E8}{h7}$	$\frac{F8}{h7}$		$\frac{H8}{h7}$	$\frac{JS8}{h7}$	$\frac{K8}{h7}$	$\frac{M8}{h7}$	$\frac{N8}{h7}$									
h8				$\frac{D8}{h8}$	$\frac{E8}{h8}$	$\frac{F8}{h8}$		$\frac{H8}{h8}$													
h9				$\frac{D9}{h9}$	$\frac{E9}{h9}$	$\frac{F9}{h9}$		$\frac{H9}{h9}$													
h10				$\frac{D10}{h10}$				$\frac{H10}{h10}$													
h11	$\frac{A11}{h11}$	$\frac{B11}{h11}$	$\frac{C11}{h11}$	$\frac{D11}{h11}$				$\frac{H11}{h11}$													
h12		$\frac{B12}{h12}$						$\frac{H12}{h12}$													

注：红色印刷的为优先配合。

（2）配合制的选用　一般情况下，优先采用基孔制，这样可以限制定制刀具、量具的规格数量。基轴制通常仅用于有明显经济效益的场合和结构设计要求不适合采用基孔制的情况。

（3）公差等级　为了降低加工工作量，提高工作效率，在保证使用要求的前提下，应该选用的公差为最大值。因加工孔较困难，一般在配合中选用孔比轴低一级的公差等级（如H8/f7），尤其是中小尺寸、中高精度，大尺寸的一般用相同等级。

10.6.2.5　极限与配合在图样上的标注和查表方法

（1）极限在零件图中的标注　在零件图中标注尺寸公差有三种形式（图 10-33）。

① 标注公差带代号。公差带代号由基本偏差代号及标准公差等级代号组成，注在公称尺寸的右边，代号字体与尺寸数字字体的字号相同。这种注法一般用于大批量生产的零件，可以由专用量具检验尺寸。

② 标注极限偏差。上极限偏差在公称尺寸的右上方，下极限偏差与公称尺寸注在同一水平线上，偏差数字的字体比尺寸数字字体小一号，小数点必须对齐，小数点后的位数也必须相同。当某一偏差为"零"时，用数字"0"标出，并与上极限偏差或下极限偏差的小数点前的个位数对齐。这种注法用于少量或单件生产。当上、下极限偏差值相同时，可以写在一起，在偏差数值和公称尺寸之间加"±"符号，偏差数值的字体与尺寸数字字体的字号相同。

③ 混合标注。偏差数值注在公差带代号之后的圆括号中，这种注法便于审图，故使用较多。

（2）配合代号在装配图中的标注　在装配图中，配合代号由两个相互结合的孔和轴的公

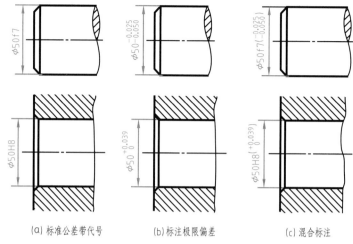

(a) 标准公差带代号   (b) 标注极限偏差   (c) 混合标注

图 10-33　零件图中的公差标注

差代号组成，用分数的形式注出，分子为孔的公差带代号，分母为轴的公差带代号（图 10-34）。

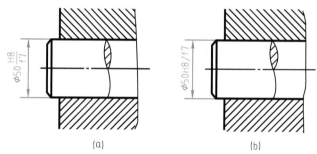

(a)   (b)

图 10-34　装配图中的公差标注

（3）查表方法　互相配合的孔和轴，按公称尺寸和公差带可通过查阅 GB/T 1800.2—2020 中所列的表格获得上、下极限偏差数值。

[例 10-1]　孔和轴的配合尺寸为 $\phi50\dfrac{H8}{f7}$，说明其配合类型和配合制，确定孔和轴的极限偏差值和公差值。

【分析】　孔的基本公差代号为 H，是基准孔，轴的基本偏差代号为 f，两者的配合为基孔制间隙配合，对照表 10-8 可知，属于优先配合。

【查表】　按照公称尺寸和公差带代号查附表 5-1 得 $\phi50H8$ 基准孔的上极限偏差 ES＝0.039，下极限偏差 EI＝0；查附表 5-2 得 $\phi50f7$ 配合轴的上极限偏差 es＝－0.025，下极限偏差 ei＝－0.050。

10.6.3　几何公差简介

10.6.3.1　基本概念

几何公差（geometrical tolerance）：加工后零件的实际形状和相对位置对理想形状和位置的变动量。

国家标准对几何公差规定了四类项目，分别是形状、方向、位置和跳动公差，表 10-10 列出了各种几何特征、符号及有无基准的情况。

表 10-10 几何特征、符号

公差类型	几何特征	符号	有无基准	公差类型	几何特征	符号	有无基准
形状公差	直线度	——	无	位置公差	位置度	⊕	有或无
	平面度	▱			同心度（用于中心点）	◎	有
	圆度	○			同轴度（用于轴线）	◎	
	圆柱度	⌀			对称度	═	
	线轮廓度	⌒			线轮廓度	⌒	
	面轮廓度	⌓			面轮廓度	⌓	
方向公差	平行度	∥	有	跳动公差	圆跳动	↗	有
	垂直度	⊥			全跳动	↗↗	
	倾斜度	∠					
	线轮廓度	⌒					
	面轮廓度	⌓					

10.6.3.2 几何公差的标注

(1) 公差框格 用公差框格标注几何公差时，几何公差符号、公差数值及基准符号要求注写在划分成两格或多格的矩形框格内，从左向右填写，如图 10-35 所示。图中 h 为尺寸字体高度。

第一格：几何特征符号，框格宽度等于高度。

第二格：公差值，以线性尺寸单位表示的量值。如公差带是圆形或圆柱形，公差值前应加注"ϕ"；如公差带为圆球形，公差值前应加注符号"$S\phi$"。

第三格及以后各格：基准要素或基准体系。

(2) 指引线 指引线连接被测要素和公差框格。指引线引自框格的任意一侧，终端带一箭头。

① 当公差涉及轮廓线或轮廓面时，箭头指向该要素的轮廓线或其延长线上［应与尺寸线明显错开，见图 10-36 中 (a)、(b)］；箭头也可指向引出线的水平线，引出线引自被测面［图 10-36 (c)］。

② 当公差涉及要素的中心线、中心面或中心点时，箭头应位于相应尺寸线的延长线上（图 10-37）。

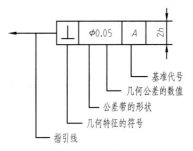

图 10-35 几何公差标注

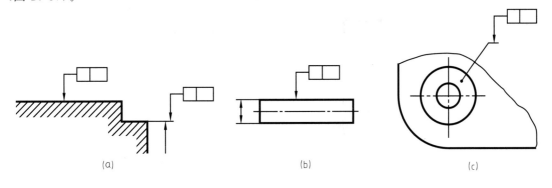

(a)　　　　　　　　(b)　　　　　　　　(c)

图 10-36 指引线注法（一）

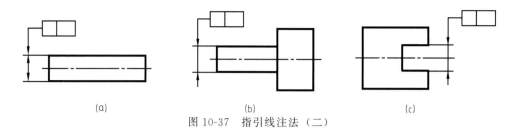

图 10-37 指引线注法（二）

（3）基准 与被测要素相关的基准用一个大写字母表示，字母标注在基准方格内，与一

图 10-38 基准

个涂黑的或空白的三角形相连以表示基准（图 10-38），表示基准的字母还应标注在公差框格内，涂黑的和空白的基准三角形含义相同。其位置有如下规定。

① 当基准要素是轮廓线或轮廓面时，基准三角形放置在要素的轮廓线或其延长线上 [与尺寸线明显错开，见图 10-39（a）]；基准三角形也可放置在该轮廓面引出线的水平线上 [图 10-39（b）]。

② 当基准是尺寸要素确定的轴线、中心平面和中心点时，基准三角形应放置在该尺寸线的延长线上 [图 10-40 中（a）、（b）]。如果没有足够的位置标注基准要素尺寸的两个尺寸箭头，则其中一个箭头可用基准三角形代替 [图 10-40 中（b）、（c）]。

③ 以单个要素作基准时，用一个大写字母表示 [图 10-41（a）]；以两个要素建立公共基准时，用中间加连字符的两个大写字母表示 [图 10-41（b）]；以两个或三个基准建立基准体系（即采用多基准）时，表示基准的大写字母按基准的优先顺序自左至右填写在框格内 [图 10-41（c）]。

图 10-39 基准注法（一）

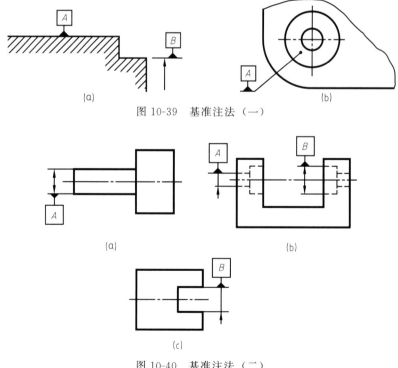

图 10-40 基准注法（二）

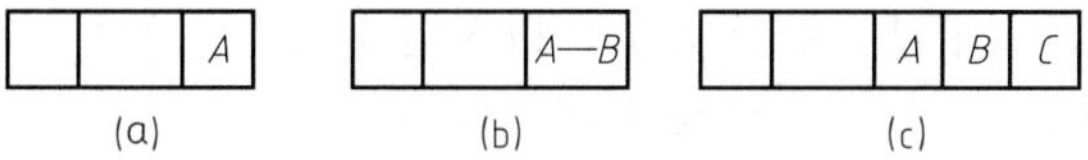

图 10-41　基准注法（三）

10.6.3.3　标注示例

图 10-42 为气门阀杆的几何公差标注，图中标注的各几何公差代号的含义说明列于表 10-11。

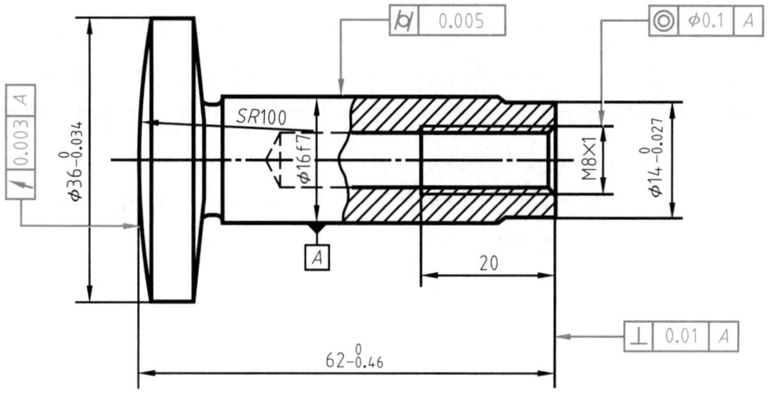

图 10-42　几何公差标注示例

表 10-11　几何公差标注示例说明

公　差　代　号	含　义　说　明
A	以 ϕ16f7 圆柱的轴线为基准
↗ | 0.003 | A	*SR*100 球面对基准 *A* 的圆跳动公差为 0.03mm
⌭ | 0.005	ϕ16f7 圆柱面的圆柱度公差为 0.005mm
◎ | ϕ0.1 | A	M8×1 螺孔的轴线对基准 *A* 的同轴度公差为 ϕ0.1mm
⊥ | 0.01 | A	零件右端面对基准 *A* 的垂直度公差为 0.01mm

10.7　读零件图

在进行零件设计、制造、检验时，不仅要有绘制零件图的能力，还必须有读零件图的能力。读零件图的目的是了解零件的名称、材料及用途，根据零件图想象出零件内外结构形状、功用以及各部分之间的相对位置及大小，弄清零件的全部尺寸、零件的制造方法和技术要求，据此采用合适的加工方法、加工工序以及测量和检验方法生产零件，在此基础上还可进一步研究零件结构的合理性，以便不断改进和创新。

10.7.1　读零件图的方法和步骤

（1）概括了解　由标题栏了解零件的名称、数量、比例、材料、重量等，并大致了解零件的用途和形状。

（2）表达方案分析　分析零件的表达方案，弄懂零件各部分的形状和结构。先找出主视图，然后看用多少个视图和用什么表达方法，以及各个视图间的关系，搞清楚表达方案的特点，为进一步看懂零件图打好基础。可按下列顺序进行分析：①确定主视图。②分析其他视图的相互位置和投影关系。③有剖视图、断面图的要找出剖切面的位置；有向视图、局部视图、斜视图的要找到投影部位的字母和表示投射方向的箭头。④看有无局部放大图和简化画法。

（3）形体分析、线面分析和结构分析　这是为了更好地搞清楚投影关系和便于综合想象出整个零件的形状，按如下顺序进行：①先看懂零件大致轮廓，用形体分析法将零件分为几个较大的独立部分。②对主体结构进行分析，逐个看懂。③对局部结构进行分析，逐个看懂。④对不便于进行形体分析的部分进行线面分析，搞清投影关系，读懂零件的结构形状。

（4）尺寸分析　找出零件的长、宽、高三个方向的尺寸基准，从基准出发分析图样上标注的各个尺寸，弄清零件的主要尺寸和总体尺寸。

（5）了解技术要求　联系零件的结构形状和尺寸，分析图样上用符号、代号表示的尺寸公差、几何公差、表面结构要求和用文字表示的其他技术要求。

（6）综合分析　通过以上各方面分析，对零件的作用、内外结构的形状、大小、功能和加工检验要求都有了较清楚的了解，最后归纳、总结，得出零件的整体结构。

10.7.2　读图举例

［例 10-2］　读图 10-43 所示的壳体零件图。

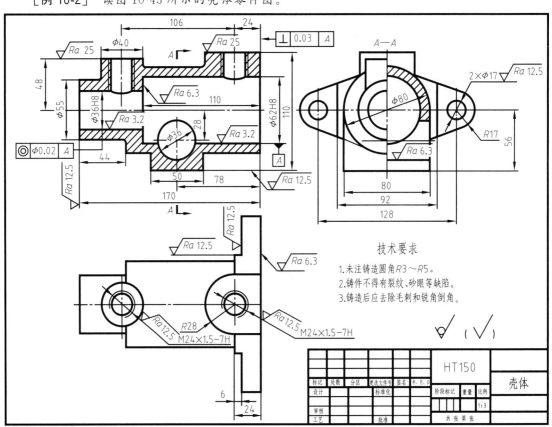

图 10-43　壳体零件图

【解】　（1）概括了解　从标题栏可知，零件为壳体，属箱体类零件，绘图比例为 1∶3，结合视图概略估计实物真实大小，材料为 HT150（灰铸铁），这个零件是铸造零件。

（2）表达方案分析 壳体零件较为复杂，用三个基本视图表达。主视图是全剖视图，主要表达零件的内部结构形状，由于零件的前后对称，剖切位置在对称平面上，且剖视图按投影关系配置，所以省略标注；俯视图采用基本视图，表达零件的外形，主要表达零件上部两凸台的形状；左视图采用半剖视图，剖切位置通过 $\phi36$ 孔的轴线，主要表达零件左、右两端的形状及轴线为正垂线的 $\phi36$ 孔和轴线为侧垂线的 $\phi62H8$ 孔相交的情况。

（3）进行形体分析、线面分析和结构分析 由形体分析可知：该壳体零件主体结构大致是回转体，在回转体的右侧连接安装板，零件上部有两凸台，一左一右，前后也有方形平台。

再看细部结构：中部是阶梯的空心圆柱，外圆直径分别为 $\phi55$、$\phi80$，内圆直径分别为 $\phi36H8$、$\phi62H8$。左上部凸台是一圆柱形，右上部凸台由半圆柱和四棱柱组成，两凸台均有 M24×1.5 的螺孔，且螺孔与中部的阶梯圆柱孔贯通；前后方形平台对称，平台前面正好与 $\phi80$ 圆柱面相切，平台长为 50，上面钻有的 $\phi36$ 的通孔；右侧是安装板，有两个 $\phi17$ 的安装孔。

（4）尺寸分析 零件长度方向的主要尺寸基准为右端面，由定位尺寸 24、106、78 分别确定其上各孔的位置；宽度方向的主要尺寸基准为零件前后的对称面；高度方向的主要尺寸基准为零件的底面，由定位尺寸 56、110 分别定位中部的阶梯空心圆柱和最高凸台（右边）的位置，再由空心圆柱的轴线作辅助基准，由尺寸 48、28 定位左边凸台和 $\phi36$ 孔的高度。零件总体长为 170、总宽为 162（17＋128＋17），总高为 110。通过分析定位和定形尺寸，可完全读懂壳体的形状和大小。

（5）了解技术要求 中部的阶梯空心圆柱内孔 $\phi36H8$、$\phi62H8$ 有尺寸公差要求，其上、下极限偏差数值可查表得到，孔的内表面与其他零件配合是基孔制。几何公差有：壳体零件的右端面对 $\phi62H8$ 孔的轴线垂直度公差为 0.03，$\phi36H8$ 孔的轴线对 $\phi62H8$ 孔的轴线同轴度公差为 0.02。零件的表面结构要求中，中部的阶梯空心圆柱内孔 $\phi36H8$、$\phi62H8$ 的要求最高，Ra 值为 $3.2\mu m$，其他加工面 Ra 值从 $6.3\mu m$ 到 $25\mu m$ 不等，其余未标注表面为不加工面。用文字叙述的技术要求有：对铸件毛坯的质量要求，未注铸造圆角尺寸等。

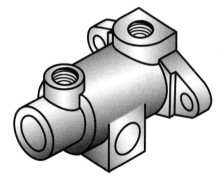

图 10-44 壳体立体图

（6）综合分析 把以上各项内容综合起来，可得出该零件结构特点是其内部有圆柱孔，前后对称，起容纳、支撑其他零件作用，内部有流体经过，有进、出流体的通道。该零件内孔的加工精度高，有尺寸公差和几何公差要求，并且孔的内表面和其他零件有配合要求，这样得到了零件的总体概念（图 10-44）。

10.8 零件测绘简介

在实际工作中，零件图的绘制一般有两种情况：一种是根据已有的机器零件，画出零件的工作图，通常在仿制机器或机器维修时进行；另一种是根据装配图，画出其全部零件的工作图，主要在设计新机器时进行。本节重点讨论前一种情况，后一种情况将在第 11 章装配图中介绍。

10.8.1 测绘零件草图的方法与步骤

零件测绘就是依据实际零件画出其图形，测量出尺寸和制定技术要求的过程。

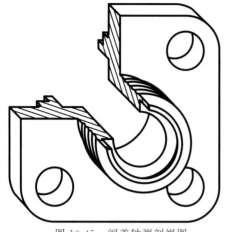

测绘（measuring and drawing）通常在现场进行，由于不便把绘图工具搬到现场，机器拆卸的时间也不能太长，所以一般先目测比例、徒手绘制零件草图，再根据草图整理画出零件工作图。因此，零件草图必须具备零件图的全部内容，而且要求图线清晰、比例恰当、投影关系正确、字体工整。下面以阀盖（图 10-45）为例，说明测绘步骤。

① 首先概括了解零件的名称、材料及用途，然后再仔细地观察零件在机器（部件）中的位置和所起的作用。

② 根据零件的特征，选择适当的表达方案，确定图幅、比例，画出标题栏。

图 10-45　阀盖轴测剖视图

③ 确定各视图位置，画出中心线、轴线、基准线，如图 10-46 所示。

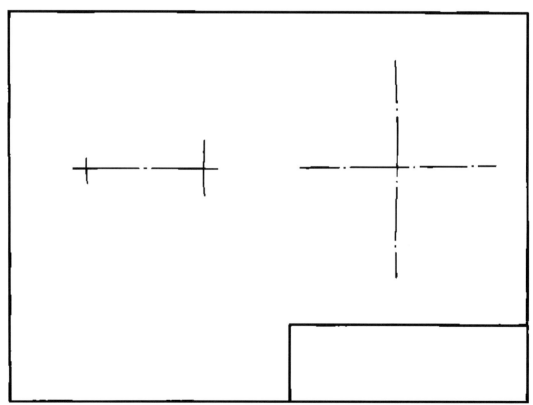

图 10-46　画图框、标题栏、轴线、基准线和中心线

④ 从主视图开始，先画各视图的主要轮廓线，然后画细部，画图时要符合投影关系，如图 10-47 所示。

⑤ 画剖面线并根据零件工作情况及加工情况，合理地选择尺寸基准，画出尺寸界线、尺寸线和箭头，如图 10-48 所示。

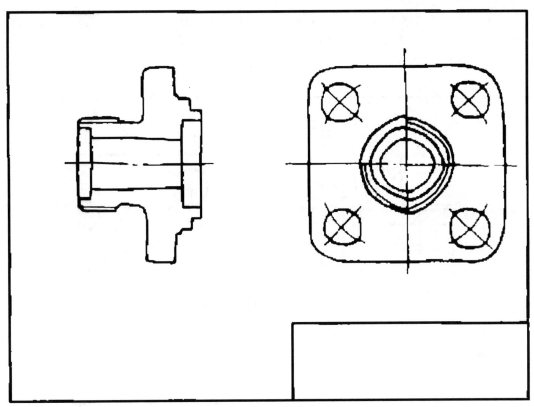

图 10-47 画零件各视图

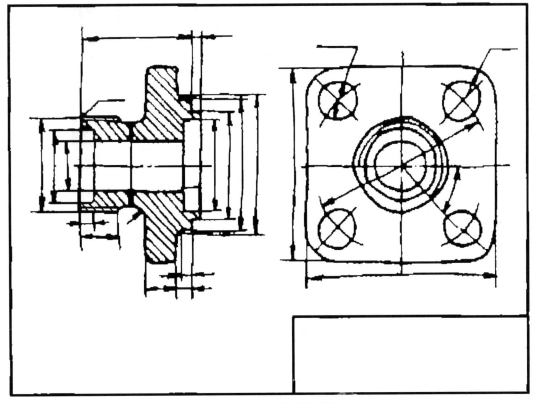

图 10-48 画剖面线并准备标注尺寸

⑥ 利用测量工具对零件进行测量，标注完整的尺寸，对配合要求的尺寸，应进行精确测量并查阅有关手册，拟订合理的极限与配合等级，标注表面结构要求，编写技术要求，填写标题栏，如图 10-49 所示。

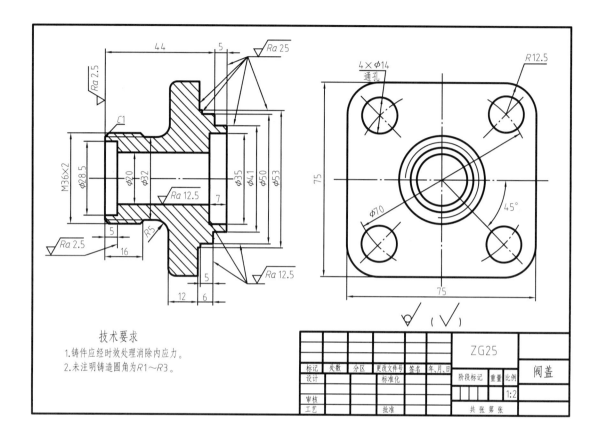

图 10-49　测量尺寸完成尺寸标注、标注表面结构要求、编写技术要求、填写标题栏

【注意】　① 测绘时应避免把砂眼、气孔、刀痕等零件缺陷及零件磨损、破损部分画出来。

② 零件的工艺结构如倒角、圆角、凸台、凹坑、退刀槽、越程槽等不能忽略，如为标准结构，应在测出尺寸并查表得出相应标准值后画出并按标准值标注尺寸。

③ 零件表面的截交线、相贯线，常因铸造缺陷而被歪曲，应弄清交线是怎样产生的，再用相应方法正确绘出。

④ 零件图相配合的基本尺寸必须一致，同时应精确测量，考虑零件的具体工作情况查阅手册，给予合适的尺寸偏差。

⑤ 零件上的自由尺寸，如测得为小数，应圆整成整数。

10.8.2　常用测量工具及测量方法

10.8.2.1　直线尺寸（长、宽、高）的测量

一般用直尺、游标卡尺直接测量，如图 10-50。

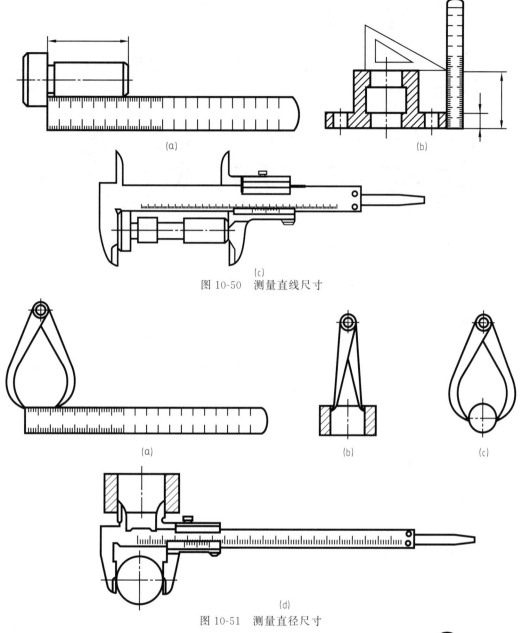

图 10-50　测量直线尺寸

图 10-51　测量直径尺寸

10.8.2.2　直径尺寸的测量

用内卡钳测量内径、外卡钳测量外径。测量时，要把内、外卡钳上下、前后移动，测得最大值为其直径尺寸，测量值要在直尺上读出。遇到精确的表面，可用游标卡尺测量，方法与用内外卡钳相同，如图 10-51 所示。

10.8.2.3　壁厚尺寸的测量

一般可用直尺直接测量，若不能直接测，可用外卡钳和直尺配合间接测得，如图 10-52 所示。

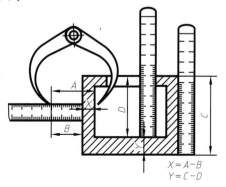

$$X = A - B$$
$$Y = C - D$$

图 10-52　测量壁厚

10.8.2.4 孔间中心距的测量

可用内、外卡钳或游标卡尺测量,如图 10-53。

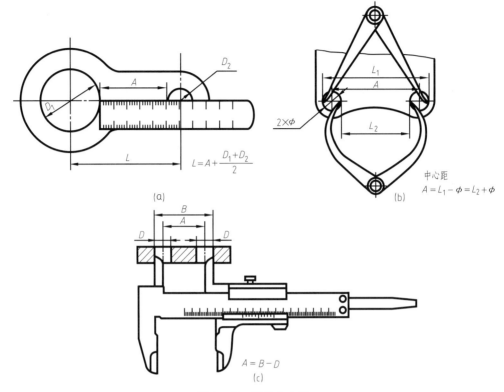

图 10-53 测量中心距

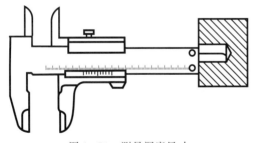

图 10-54 测量深度尺寸

10.8.2.5 深度尺寸的测量

可用直尺直接测,也可以用游标卡尺,如图 10-54。

10.8.2.6 螺纹尺寸的测量

测量外螺纹大径、内螺纹小径与测量圆柱(孔)直径的方法类似,如图 10-55(a)所示;测量螺距用螺纹规如图 10-55(b)所示;如无螺纹规,也可采用压痕法测量,如图 10-55(c)所示,先将螺纹部分在纸上压出痕迹,如为 n 条,再用直尺测量 n 条痕迹间的距离,如为 L,则螺距 $P = \dfrac{L}{n-1}$。

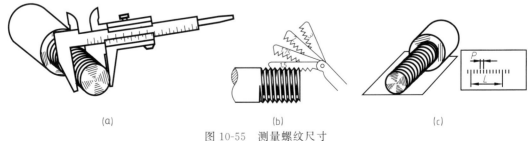

图 10-55 测量螺纹尺寸

第11章　　　　装配图

　　由若干零件按一定的装配要求和技术要求装配成机器或部件，表达这个机器或部件工作原理和装配关系的图样，称为装配图（assembly drawing）。

　　装配图分为总装配图和部件装配图。如汽车是一台完整的机器，而发动机、车身、变速箱、离合器等都是汽车的组成部件，表示整台汽车的图样叫总装配图，表达发动机、车身等组成部分的图样叫部件装配图。

11.1　装配图的作用和内容

11.1.1　装配图的作用

　　装配图是用于表达机器或部件的结构形状、各零件相对位置及连接装配关系、工作路线或工作原理、技术要求的图样，它反映出设计者的设计思想。

　　（1）设计　在设计过程中先要绘制装配图，然后从装配图中拆画出每个零件图。

　　（2）装配　在产品或部件的制造过程中，先根据零件图进行零件加工和检验，再按照装配图所制定的装配工艺规程将零件装配成机器或部件。装配图是生产准备、制定装配工艺流程的主要依据。

　　（3）调试和试验　要对照配图进行装配并对装配好的产品进行调试和试验，看是否合格。

　　（4）检修　出现故障时通常也需要通过装配图了解机器的内部结构进行故障分析和诊断。

　　所以装配图在设计、装配、调试、检修等各个环节中是不可缺少的技术文件。

11.1.2　装配图的内容

　　图 11-1 所示为由 16 种零件组成的铣刀头装配图，从中可见装配图的内容一般包括以下四个方面。

　　（1）一组视图　用来表示装配体（机器或部件）的工作原理、各零件之间的装配关系和主要零件的结构形状。如图 11-1 铣刀头装配图中的主视图采用全剖视图，左视图采用局部剖视图，反映铣刀头的工作原理和主要零件间的装配关系，同时表示出主要零件的外形。

　　（2）必要的尺寸　表示装配体（机器或部件）的性能规格尺寸和安装尺寸、外形尺寸、零件间配合尺寸以及设计时确定的其他重要尺寸。

　　（3）技术要求　用文字、符号等说明装配体的工作性能和在装配、安装、调试、检验、使用及维修时的有关指标和要求。

　　（4）标题栏、零件序号和明细栏　在标题栏中写明装配体名称、图号、绘图比例以及设计、制图、审核人的签名和日期等。组成装配体的每一个零件须编写序号，同时在明细栏按照序号说明各组成零件的名称、数量、材料、代号、单件和总计的重量、备注等，其中代号

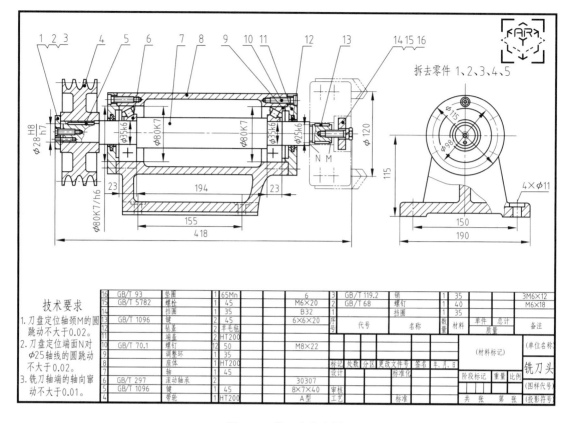

拆去零件 1、2、3、4、5

技术要求
1. 刀盘定位轴颈M的圆跳动不大于0.02。
2. 刀盘定位端面N对φ25轴线的圆跳动不大于0.02。
3. 铣刀轴端的轴向窜动不大于0.01。

16	GB/T 93	垫圈	1	65Mn		6	3	GB/T 119.2	销	1	35	3M6×12
15	GB/T 5782	螺栓	1	45		M6×20	2	GB/T 68	螺钉	1	40	M6×18
14		挡圈	1	35		B32	1		挡圈	1	35	
13	GB/T 1096	键	2	45		6×6×20	序号	代号	名称	数量	材料	备注
12		毡圈	2	羊毛毡							单件 总计	
11		端盖	1	HT200							质量	
10	GB/T 70.1	螺钉	12	50		M8×22					(材料标记)	(单位名称)
9		调整环	1	35								
8		座体	1	HT200								铣刀头
7		轴	1	45			标记 处数 分区 更改文件号 签名 年. 月. 日			设计	标准化	阶段标记 重量 比例
6	GB/T 297	滚动轴承	2			30307						(图样代号)
5	GB/T 1096	键	1	45		8×7×40	审核			标准		
4		带轮	1	HT200		A型	工艺					共 张 第 张 (投影符号)

图 11-1　铣刀头装配图

列内填写标准件的标准编号或非标准件的零件图图号。

11.2　装配图的视图表达方法

绘制装配图时，不但要正确运用装配图的各种表达方法，还要从有利于画图、便于读图出发，恰当地选择视图，将部件或机器的工作原理、各零件间的装配关系及主要零件的基本结构完整、清晰地表达出来。

11.2.1　装配图的规定画法

在装配图中，为了便于区分不同的零件，正确地表达出各零件之间的关系，在画法上有以下规定。

11.2.1.1　相邻零件的轮廓线画法

相邻两零件的接触表面和基本尺寸相同的两配合表面只画一条线，如图 11-2（a）中轴和孔的接

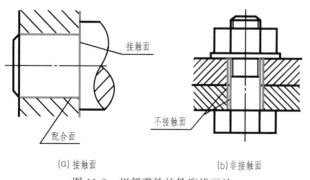

(a) 接触面　　　　　(b)非接触面
图 11-2　相邻零件的轮廓线画法

触线；而基本尺寸不同的非配合表面和不接触表面，如图 11-2（b）中孔和螺栓之间即使间隙很小，也必须画成两条线。

11.2.1.2 剖面线画法

为了区别不同零件，在装配图中，相邻两金属零件的剖面线倾斜方向应相反；当三个零件相邻时，其中两个零件的剖面线倾斜方向一致，间隔不同，或互相错开；当装配图中零件厚度小于或等于 2mm 时，允许将断面涂黑以代替剖面线，如图 11-3 所示。在各视图中，同一个零件的剖面线应保持同一方向且间隔一致。

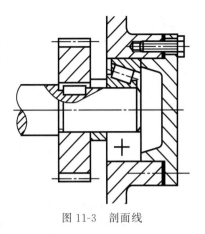

图 11-3 剖面线

11.2.2 装配图的特殊画法

11.2.2.1 拆卸画法

在视图上，如果有些零件在其他视图上已经表示清楚，而又遮住了需要表达的零件或某些重要结构时，则可假想将其拆去不画而画剩下部分的视图。如图 11-1 铣刀头装配图中的左视图即拆去带轮等五个零件，这种画法称为拆卸画法。这时常在图上加注"拆去零件×、×…"，以避免看图时产生误解。

11.2.2.2 沿结合面剖切画法

为了表示内部结构，可假想沿着某些零件的结合面剖开，如图 11-4（a）所示，转子油泵 A—A 剖视是沿泵盖与泵体的结合面进行剖切的，结合面上一般不画剖面线，而被剖切的零件必须画剖面线。

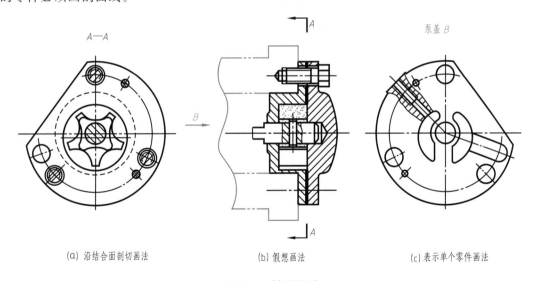

(a) 沿结合面剖切画法　　　　(b) 假想画法　　　　(c) 表示单个零件画法

图 11-4 转子油泵

11.2.2.3 单件画法

当某个零件的形状未表达清楚，或对理解装配关系有影响时，可另外单独画出该零件的某一视图。但必须在所画视图上方标注出该零件的视图名称，在相应的视图附近用箭头指明投射方向，并注写相同的字母，如图 11-4（c）所示转子油泵中 B 向视图。

11.2.2.4 夸大画法

对于一些薄片零件、细丝弹簧、小的间隙和小的锥度等，可不按其实际尺寸和比例作图，而适当地夸大画出。如图 11-3 中螺钉处的密封垫片。

11.2.2.5 假想画法

为了表达部件与其他相邻部件或零件的装配关系，可将其他相邻零件、部件的部分轮廓用细双点画线画出，如图11-4（b）所示，假想轮廓的剖面区域内不画剖面线。

为了表明运动零件的运动极限位置，可按其运动的一个极限位置绘制图形，再用细双点画线画出另一极限位置的图形，如图11-5中的手柄摆动位置。

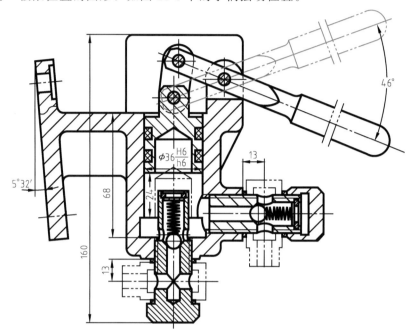

图 11-5   运动零件的极限位置

11.2.2.6 简化画法

① 在装配图的剖视图中，若剖切平面通过实心零件（如轴、杆等）和标准件（如螺栓、螺母、销、键等）的基本轴线时，这些零件按不剖绘制（如图11-3中的轴、键、螺钉等）；但当剖切平面垂直于这些零件的轴线剖切时，则需画出剖面线，如图11-4（a）中，由于剖切平面对螺钉是横向剖切，故应画剖面线；如果实心零件上有些结构和装配关系需要表达时，可采用局部剖，如图11-3中的键连接的画法。

② 装配图中零件上的一些工艺结构，如小圆角、倒角、退刀槽和砂轮越程槽等允许省略不画。

③ 对若干相同的零件组如螺栓、螺钉连接等，可以仅详细地画出一处或几处，其余只需用细点画线表示其中心位置，如图11-3中的螺钉，就只画出一个，另一个用中心线简化示意。

11.3   常见的装配结构

零件除了应根据设计要求确定其结构外，还要考虑加工和装配的合理性，否则会给装配工作带来困难，甚至不能满足设计要求。最常见的装配工艺结构如下。

① 两零件装配时，在同一方向上，一般只宜有一个接触面，如图11-6所示。这样，既可保证两零件接触良好，又方便加工。

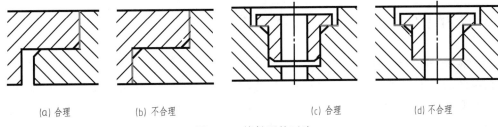

（a）合理　　　（b）不合理　　　　（c）合理　　　　（d）不合理

图 11-6　接触面的画法

② 两配合零件在轴肩或孔端面处应设计成退刀槽或倒角，否则既影响装配接触，又不易制造加工，退刀槽或倒角的具体尺寸可查相关标准确定。图 11-7（a）孔边倒角或倒圆，合理，图 11-7（b）不合理；图 11-7（c）轴根切槽，合理，图 11-7（d）不合理。

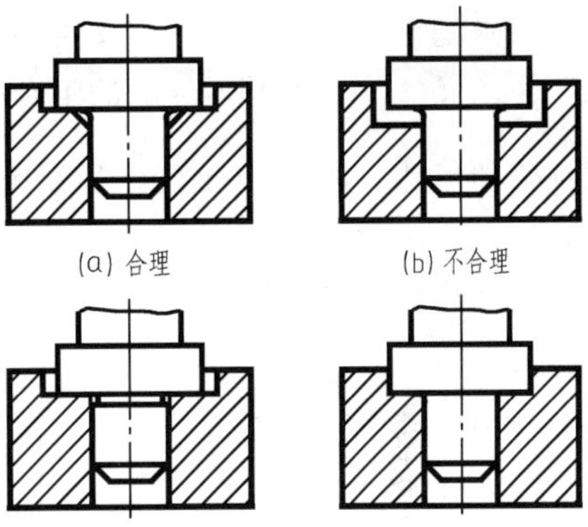

③ 考虑维修、安装、拆卸的方便，滚动轴承装在箱体轴承孔及轴上的情形，图 11-8（b）、（d）是合理的，若设计成图 11-8（a）、（c）那样，将无法拆卸。

在安排螺栓连接位置时，应考虑扳手的活动空间，图 11-9（a）中所留空间太小，扳手无法使用，图 11-9（b）是正确的结构形式。又如图 11-10 中（a）、（b）也是正确的结构形式。

如图 11-11 所示，应考虑螺钉放入时所需要的空间，图 11-11（a）中所留空间太小，螺钉无法放入，图 11-11（b）是正确的结构形式。

（a）合理　　　　　　　（b）不合理

（c）合理　　　　　　　（d）不合理

图 11-7　接触面转角处的结构

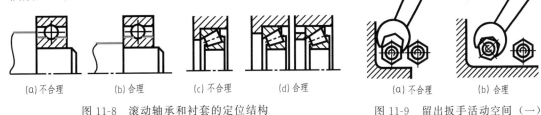

（a）不合理　　（b）合理　　（c）不合理　　（d）合理

图 11-8　滚动轴承和衬套的定位结构

（a）不合理　　　　　（b）合理

图 11-9　留出扳手活动空间（一）

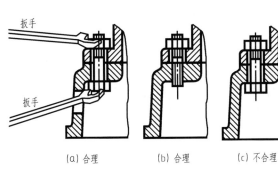

（a）合理　　　（b）合理　　　（c）不合理

图 11-10　留出扳手活动空间（二）

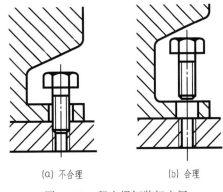

（a）不合理　　　　　　（b）合理

图 11-11　留出螺钉装卸空间

11.4　装配图的尺寸标注和技术要求

11.4.1　装配图的尺寸标注

装配图的作用与零件图不同，它不是制造零件的直接依据。因此，在装配图上不必把所有尺寸都标注出来，一般只标注某些与装配作用有关的必要尺寸，常标注的有以下几类。

（1）性能（规格）尺寸　表示装配体性能（规格）的尺寸，这些尺寸由设计确定，是设计和选用该机器或部件的依据。如图 11-1 与铣刀盘连接的轴的尺寸 $\phi25k6$。

（2）配合尺寸　表示装配体中各零件之间相互配合关系的尺寸，是保证装配体装配性能和质量的尺寸，主要有零件间的配合尺寸、零件间的重要相对位置尺寸和有些零件装配后需要加工的尺寸。如图 11-1 所示的端盖与座体的配合尺寸 $\phi80\dfrac{K7}{h6}$、带轮与轴的配合尺寸 $\phi28\dfrac{H8}{h7}$、滚动轴承与轴的配合尺寸 $\phi35k6$、滚动轴承与座体的配合尺寸 $\phi80K7$ 等。

（3）安装（接口）尺寸　这是将装配体安装到其他装配体或地基上所需的尺寸，它包括安装面的大小，安装孔的定形、定位尺寸，如图 11-1 所示的 150、155、$4\times\phi11$。

（4）外形尺寸　这是表示装配体外形的总体尺寸，即总的长、宽、高，它反映了装配体的大小，提供了装配体在包装、运输和安装过程中所占的空间尺寸。如图 11-1 铣刀头总长 418、总宽 190、总高 172.5（115＋115/2）。

（5）其他重要尺寸　这是在设计中确定，又不属于上述几类尺寸的一些重要尺寸，如运动零件的极限尺寸、主体零件的重要尺寸等。

上述五类尺寸之间并不是互相孤立无关的，实际上有的尺寸往往同时具有多种作用。此外，在一张装配图中，也并不一定需要注出上述全部尺寸，而是要根据具体要求和使用场合来确定。

11.4.2　装配图的技术要求

用文字或符号在装配图中说明对机器或部件的性能、装配、检验、使用等方面的要求和条件，这些统称为装配图中的技术要求。其中，性能要求指机器或部件的规格、参数、性能指标等；装配要求一般指装配方法和顺序、装配时的有关说明、应保证的精确度、密封性等要求；使用要求是对机器或部件的操作、维护和保养等有关要求。此外，还有对机器或部件的涂饰、包装、运输等方面的要求及对机器或部件的通用性、互换性的要求等。编制装配图的技术要求时，可参阅同类产品的图样，根据具体情况确定。技术要求中的文字注写应准确、简练，一般写在明细栏的上方或图纸下方空白处，如图 11-1。

11.5　装配图的零、部件序号和明细栏

为了便于做生产准备，便于零件查找和图样管理，应对装配图中的零、部件进行编号，并在标题栏上方列出零件的明细栏，填写零件的有关内容。

11.5.1　序号

11.5.1.1　基本要求

① 装配图中所有的零、部件均应编写序号。

② 一个部件可以只编写一个序号；同一装配图中相同的零、部件用一个序号，一般只标注一次；多次出现的相同的零、部件，必要时也可重复标注。

③ 零、部件的序号应与明细栏中的一致。

11.5.1.2 编注方法

① 零、部件的序号是由圆点、指引线、水平线或圆（均为细实线）及序号数字组成，数字写在水平线上或圆内，数字字号应比该图中尺寸数字大一号或二号，如图 11-12（a）所示。

② 若所指的部分不宜画圆点，如很薄的零件或涂黑的断面等，可在指引线的末端画一箭头，并指向该部分的轮廓，如图 11-12（b）所示。

③ 若指引线通过有剖面线的区域时，要尽量不与剖面线平行，必要时可画成折线，但只允许折一次，如图 11-12（c）所示。

④ 若是一组紧固件，以及装配关系清楚的零件组，可以采用公共指引线，如图 11-12（d）所示。

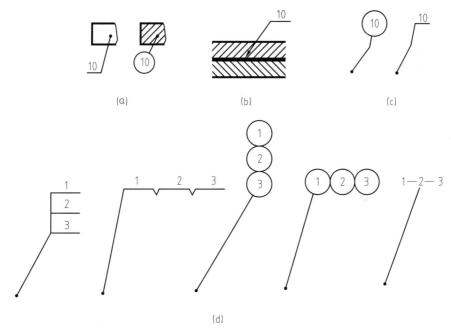

图 11-12 零、部件序号的编写方法

⑤ 图中序号应按水平或垂直方向排列整齐，并按顺时针或逆时针方向顺序编号，方便看图查找，如图 11-13 所示。

同一装配图中编注序号的形式应一致。

11.5.2 明细栏

明细栏是装配体全部零件或部件的详细目录，位于标题栏的上方，并和标题栏紧连在一起，如图 1-4 所示，其序号填写的顺序是由下而上，当位置不够时，可紧靠在标题栏的左边自下而上延续，见图 11-1。

若明细栏不能配置在标题栏上方，则作为装配图的续页按 A4 幅面单独给出，其顺序应是由上而下延伸，还可连续加页，但应在明细栏的下方配置标题栏。

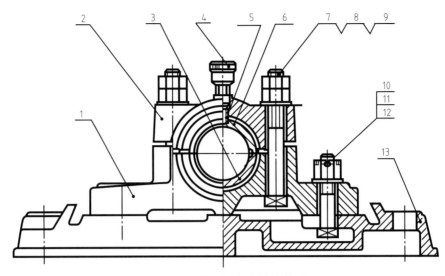

图 11-13　装配图中序号的排列

　　在明细栏中，要填写一般零件的序号、图号、名称、数量、材料等，齿轮等常用件还需填写齿数和模数等备注要求，标准件没有图号，但要填写标准号、规格和热处理要求等。

11.6　部件测绘和装配图的画法

11.6.1　部件测绘

　　生产实际中，维修机器或技术改造在没有现成技术资料的情况下，常需对现有机器或部件进行测绘，以获得相关资料。学习中，进行零部件测绘是实训和检验绘制机械图样基本能力的重要实践性环节。

11.6.1.1　了解和分析测绘对象

　　首先通过多种渠道全面了解和分析测绘部件用途、工作原理、结构特点、零件间的装配关系和连接方式等。

　　图 11-14 所示的球阀是管路中用来启闭及调节流体流量的部件，它由阀体等零件和一些标准件所组成。阀体内装有阀芯，阀芯内的凹槽与阀杆的扁头相接，当用扳手旋转阀杆并带动阀芯转动一定角度时即可改变阀体通孔与阀芯通孔的相对位置，从而起到启闭及调节管路内流体流量的作用。阀体和阀盖由螺纹连接。为了密封，在阀杆和阀体间装有密封环和压盖，并在阀芯两侧装有密封圈。球阀的装配干线有两条，一条为垂直方向，是扳手的动作传到阀芯的传动路线，由阀芯、阀杆和扳手等零件组成；另一条是沿阀孔水平轴线的方向，由阀体、阀芯和阀盖等零件组成。此外还有限制扳手转动角度的限位结构，经上述剖析后，对球阀的传动路线及作用有了清楚的了解。

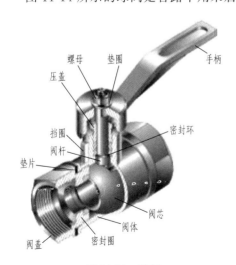

图 11-14　球阀

11.6.1.2　拆卸部件并画装配示意图

拆卸部件的目的是进一步了解部件的内部结构和工作原理等，为下一步的测绘做准备。但为便于拆卸后重装，并作为绘制装配图的参考，应先画出装配示意图。

装配示意图是用简图或符号画出机器或部件中各零件的大致轮廓，以表示其装配位置、装配关系和工作原理等。国家标准《机械制图　机构运动简图用图形符号》（GB/T 4460—2013）规定了一些基本符号和可用符号，一般情况采用基本符号，必要时允许使用可用符号，画图时可以参考使用，图 11-15 为球阀的装配示意图。

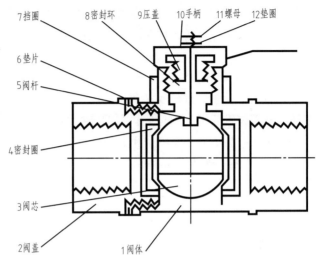

图 11-15　球阀的装配示意图

拆卸时应注意以下几点。

① 要周密制订拆卸顺序，划分部件的组成部分，以便按组成部分分类、分组列零件清单。

② 要合理选用拆卸工具和拆卸方法，按一定顺序拆卸，严防乱敲打、硬撬拉，避免损坏零件。

③ 对精度较高的配合，在不致影响画图和确定尺寸、技术要求的前提下，应尽量不拆或少拆，以免降低精度或损伤零件。

④ 拆下的零件应指定专人负责保管，并进行编号登记，列出零件序号、名称、类别、数量、材料等，如系标准件应及时测主要尺寸、查有关标准定标记并注明国标号。

⑤ 记下拆卸顺序，以便按相反顺序复装。

⑥ 拆卸中要认真研究每个零件的作用、结构特点及零件间装配关系或连接关系，正确判断配合性质、尺寸精度和加工要求。

11.6.1.3　测绘零件、画零件草图

测绘往往受时间及工作场地的限制，要先画出零件草图，然后根据零件草图画装配图。相关内容参见 10.8，这里不再重复。

11.6.2　装配图的画法

装配图表达的重点是部件的整体结构，特别要把部件所属零件的相对位置、连接方法、装配关系表达清楚，以便分析其传动路线、工作原理、操作方式等。

11.6.2.1　确定表达方案

通过前面的分析对所画机器或部件有了全面的了解，运用装配图的表达方法，选择一组恰当的视图，清楚地表达机器或部件的工作原理、零件间的装配关系和主要零件的结构形状。在确定表达方案时，首先要合理选择主视图，再选择其他视图。

（1）主视图的选择　机器或部件的放置位置应尽量与工作位置一致，尽可能反映机器或部件的结构特点、工作原理和装配关系，主视图通常采用剖视图以表达零件的主要装配干线。

如球阀选择图 11-15 装配示意图的放置位置和投射方向作主视图并采用全剖视图表达球阀的两条装配干线。

（2）其他视图　根据确定的主视图，选取能反映尚未表达清楚的其他装配关系、外形及局部结构的视图，并采用适当的剖视表达各零件的内在联系。根据机器或部件的结构特点，在选用各种方案时，应同时确定视图数量，以完整、清晰表达机器或部件的装配关系和全部结构为前提，尽量采用最少的视图。

球阀全剖视的主视图虽清楚地表达了两条主要装配干线，反映了球阀的工作原理，但球阀的外形结构及其他一些装配关系并未表达清楚。所以，还需俯视图和左视图，俯视图采用假想画法表达扳手零件的极限位置，左视图采用半剖视图表达阀体和阀盖的外形及阀杆和阀芯的连接关系。

11.6.2.2　画装配图

根据确定的视图数目、复杂程度、图形大小，确定绘图比例，并考虑标注尺寸、编注零件序号、书写技术要求、画标题栏和明细栏的位置，选定图幅并进行布局。以球阀装配图为例，画装配图时的主要步骤有以下几点。

① 布置视图，画出各视图的主要中心线、轴线、对称线及基准线等。在布局时，应间距适当，要留出标注尺寸、编写零件序号、注写技术要求、标题栏和明细栏的位置，如图11-16（a）所示。

② 画出各视图主要部分的底稿。一般遵循"先主后次、先大后小、先内后外、先定形后定位、先粗后细"等原则，通常先从主视图开始，几个视图按照投影关系同时配合进行。如图11-16（b）所示。

③ 画其他零件及各部分的细节，如图11-16（c）所示。

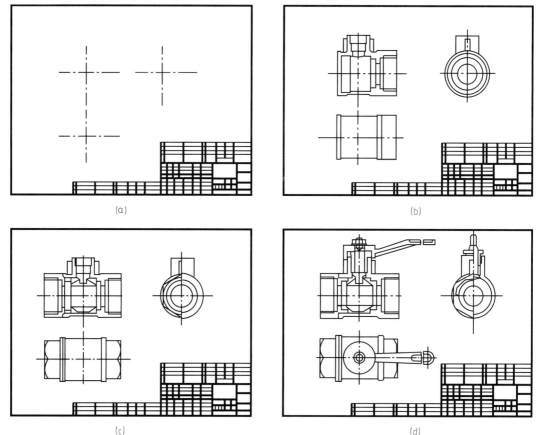

(a)　　　　　　　　　　　　　　　(b)

(c)　　　　　　　　　　　　　　　(d)

图 11-16

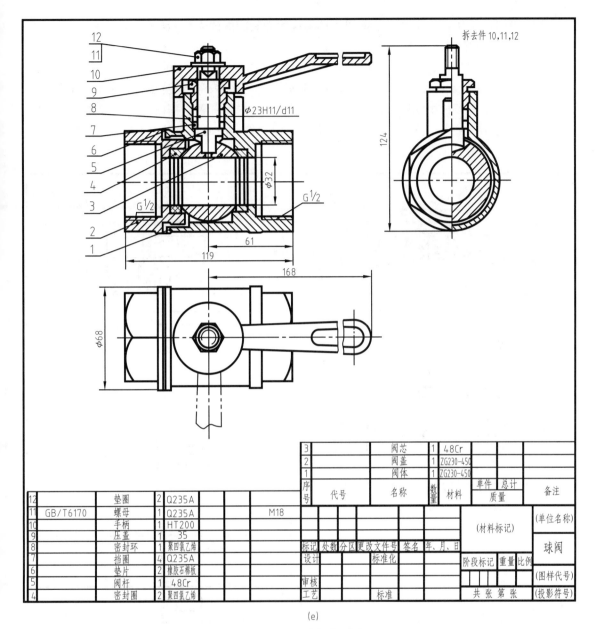

12		垫圈	2	Q235A				

图 11-16　画球阀装配图

④ 检查校核底稿后，加深图线，如图 11-16（d）所示。

⑤ 画剖面线并标注必要的尺寸，编注零件序号，填写明细栏和标题栏，填写技术要求等，最后复核全图并签名，完成装配图，如图 11-16（e）所示。

11.7　读装配图和由装配图拆画零件图

11.7.1　读装配图的方法和步骤

机器或部件的设计、制造、安装、调试、使用和维护的技术交流中，都需要阅读装配图。因此，对工程技术人员来说，具备较为熟练的阅读装配图的能力是很重要的。

现以图 11-17 所示机用虎钳装配图为例来说明看装配图的方法和步骤。

11.7.1.1　概括了解装配图的内容

① 从标题栏中可以了解装配体的名称、大致用途及比例等。

② 从零件序号及明细栏中，可以了解各组成零件的名称、数量及在装配体中的位置。

图 11-17 的标题栏中注明了该装配体是机用虎钳，它是一种供机械钳工进行基本操作的夹持工具，共有 11 种 13 个零件组成，其中 2 种标准件，图的比例为 2：1。对照零件序号和明细栏可找出零件的位置。

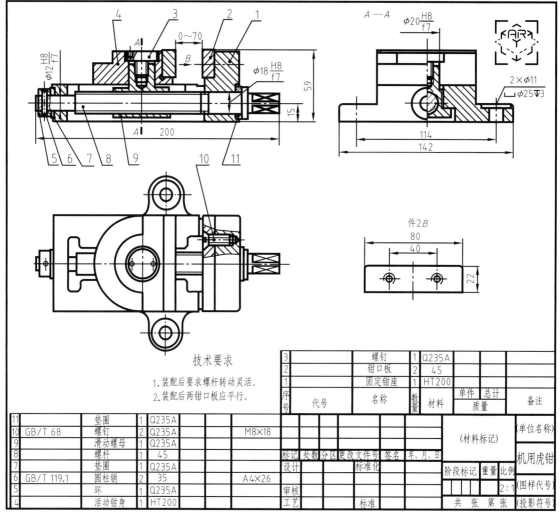

图 11-17　机用虎钳装配图

11.7.1.2　分析视图，了解各视图、剖视图、断面图等相互间的投影关系及表达意图

在装配图中，主视图从前后对称线剖开，采用全剖视图表达了机用虎钳的主要装配关系。俯视图是机用虎钳俯视方向的外形视图，为表达图 11-17 中钳口板 2 和固定钳座 1 之间的装配关系，采用了局部剖视。左视图沿活动钳身等零件的轴线剖开，因虎钳前后结构形状对称，故此视图采用了半剖的表达方法，进一步表达了固定钳座 1、活动钳身 4、滑动螺母 9、螺杆 8 等主要零件的装配关系，以及固定钳座的安装孔的形状。

11.7.1.3　分析工作原理及传动关系

（1）分析装配体的工作原理　一般应从传动关系入手，分析视图及参考说明书进行了解。例如机用虎钳：当扳手套在方形的螺杆右端扳动时，靠螺杆上的梯形螺纹的传动作用，带动滑动螺母 9 沿杆身左右移动，活动钳身 4 在滑动螺母的带动下，固定钳座 1 的上平面滑动，拉开钳口板 2 左端活动护口板和右端固定护口板之间的距离，放入要夹住的物件后，反向转动扳手，就可以夹紧物件，让钳工师傅对其进行表面修整等操作。

（2）分析零件间的装配关系及装配体的结构　这是读装配图进一步深入的阶段，需要把零件间的装配关系和装配体结构搞清楚。机用虎钳有三条装配线：一条是螺杆轴系统，它是由螺杆 8 装在固定钳座 1 上，右端靠垫圈 11，左端靠垫圈 7、环 5、圆柱销 6 实现轴向定位；二是滑动螺母 9 固定在活动钳身 4 上；三是钳口板 2 被螺钉 10 分别固定在活动钳身 4、固定钳座 1 上，左右各一个，形成装卡物件的活动钳口。

（3）对一些具体情况进行分析

① 连接和固定方式。零件在装配中的连接固定方式通常有螺栓连接、螺钉连接、销连接、键连接、铆接、焊接、过盈、台阶轴肩等。在机用虎钳中，螺杆是靠环加圆柱销固定；滑动螺母靠螺钉固定在活动钳身的阶梯孔内；钳口板也是靠螺钉固定的。

② 配合关系。凡是配合的零件，都要弄清配合制、配合种类、公差等级等，这可由图上所标注的极限与配合代号来判别。如螺杆两端和固定钳座的配合分别为 $\phi 12\dfrac{\text{H8}}{\text{f7}}$、$\phi 18\dfrac{\text{H8}}{\text{f7}}$，活动钳身与滑动螺母的配合为 $\phi 20\dfrac{\text{H8}}{\text{f7}}$ 等，它们都是基孔制优先间隙配合，都可以在相应的孔中转动。

③ 密封装置。泵、阀之类部件，为了防止液体或气体泄漏以及灰尘进入内部，或者是为了提供润滑通道，一般都有密封装置。

④ 装配体在结构设计上都应有利于各零件能按一定的顺序进行装拆。机用虎钳的拆卸顺序是：先拔出螺杆左端的圆柱销 6，松开环 5，取出垫圈 7，从右端抽出螺杆 8，再拧下螺钉 3，松开滑动螺母。对于两块护口板，可不必从钳座和活动钳身上取下。如果需要重新装配，可按拆卸的相反次序进行。

11.7.1.4　分析零件，看懂零件的结构形状

分析零件，首先要会正确地区分零件，区分的方法主要是依靠不同方向和不同间隔的剖面线，以及各视图之间的投影关系进行判别，分析时一般从主要零件开始，再看次要零件。

例如，看懂机用虎钳主要零件固定钳座 1 的结构形状。首先，从标注序号的主视图中找到件号 1，并确定该件的主视图范围，然后对照俯、左视图找投影关系，以及根据同一零件在各个视图中剖面线应相同这一原则来确定该件在俯视图和左视图中的投影，再从装配图中分离出来，想象出它的结构形状。根据主视图的剖面线可以确定钳座的主视图包括左右两部分，并且呈左低右高的台阶形状，中间仅两条线联系左右，中间可能是空的，再根据俯视图确定钳座为方形结构，前后可能有突出半圆形耳板，中间为倒"T"形空腔，最后对照左视图，确定前后耳板为固定虎钳用的螺栓孔，固定钳座中间为台阶状倒"T"形空腔，下宽上窄，想象出固定钳座的形状如图 11-18 所示。

11.7.1.5 分析尺寸和技术要求

两块护口板之间的尺寸 0～70 为规格尺寸；前面提到的 $\phi 12 \dfrac{H8}{f7}$、$\phi 18 \dfrac{H8}{f7}$、$\phi 20 \dfrac{H8}{f7}$ 为装配尺寸；$2 \times \phi 11$ 和 114 为安装尺寸；200、142、59 为总体尺寸。

11.7.1.6 总结归纳

逐个想象出每个零件后，可以综合想象出整个机用虎钳装配体的结构形状，图 11-19 为机用虎钳。

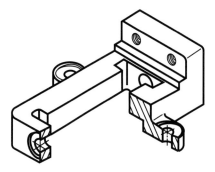

图 11-18 固定钳座轴测图

图 11-19 机用虎钳

以上所述是读装配图的一般方法和步骤，事实上有些步骤不能截然分开，而要交替进行。并且，读图总有一个具体的重点目的，在读图过程中应该围绕着这个重点去分析、研究，只要这个目的能够达到，那就可以灵活地解决问题。

11.7.2 由装配图拆画零件图

在设计过程中，先画装配图，然后再根据装配图画出零件图。所以，由装配图拆画零件图是设计工作的一个重要环节。

拆图前必须认真读懂装配图。一般情况下，主要零件的结构形状在装配图上已表达清楚，且主要零件的形状和尺寸还会影响其他零件，因此，可以从拆画主要零件开始。对于标准件，只需要确定其规定标记，可以不拆画零件图。

在拆画零件图的过程中，要注意处理好下列几个问题。

（1）对于视图的处理 装配图的视图选择方案，主要是从表达装配体的装配关系和整个工作原理来考虑的，而零件图的视图选择，则主要是从表达零件的结构形状这一特点来考虑，由于表达的出发点和主要要求不同，所以零件图不能简单地照搬装配图上对于该零件的视图数量和表达方法，而应该重新确定零件图的视图选择和表达方案。

（2）零件结构形状的处理 在装配图中对零件上某些局部结构可能表达不完全，而且对一些工艺标准结构还允许省略（如圆角、倒角、退刀槽、砂轮越程槽等），但在画零件图时均应补画清楚，不可省略。

（3）零件图上的尺寸处理 拆画零件时应按零件图的要求注全尺寸。

① 装配图已注的尺寸，在有关的零件图上应直接注出。对于配合尺寸，一般应注出偏差数值。

② 对于一些工艺结构，如圆角、倒角、退刀槽、砂轮越程槽、螺栓通孔等，应尽量选用标准结构，查有关标准尺寸标注。

③ 对于与标准件相连接的有关结构尺寸，如螺孔、销孔等的直径，要从相应的标准中

查取注入图中。

④ 有的零件的某些尺寸需要根据装配图所给的数据进行计算才能得到（如齿轮分度圆、齿顶圆直径等），应进行计算后注入图中。

⑤ 一般尺寸均按装配图的图形大小、图的比例，直接量取注出。

【注意】 配合零件的相关尺寸不可互相矛盾。

（4）对于零件图中技术要求等的处理 要根据零件在装配体中的作用和与其他零件的装配关系，以及工艺结构等要求，标注出该零件的表面粗糙度等方面的技术要求。

标题栏中零件的材料应和明细栏中的一致。

图 11-20 是根据图 11-17 所拆画的钳座零件图。

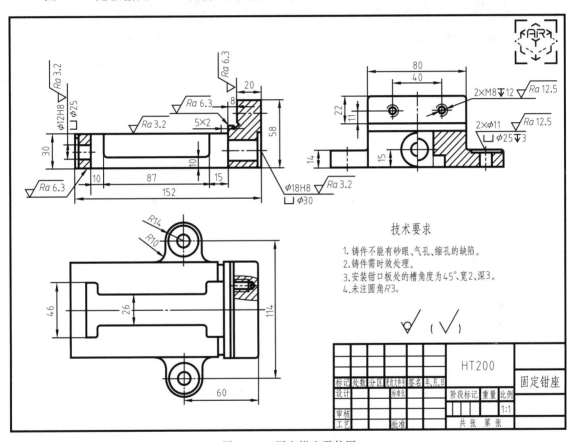

图 11-20 固定钳座零件图

11.7.3 读装配图举例

［例 11-1］ 读图 11-21 所示的齿轮油泵的装配图，拆画右端盖 8 的零件图。

【解】（1）概括了解 从图中明细栏和标题栏可知：该部件由 17 种零件装配而成，其中 7 种标准件，10 个非标准件。

（2）分析视图 齿轮油泵的装配图采用两个视图表达，主视图采用的是 $A—A$ 旋转全剖视和三处局部剖视，清楚地反映了各组成零件间的装配关系、连接关系和该部件的结构特征；左视图采用沿结合面剖切的 $B—B$ 半剖视和吸、压油口的局部剖视，它反映了齿轮油泵的工作原理、外形轮廓、齿轮的啮合情况以及齿轮与泵体的装配关系。齿轮油泵长、宽、高三个方向的外形尺寸分别是 118、85、93，由此可以知道这个齿轮油泵的体积并不大。

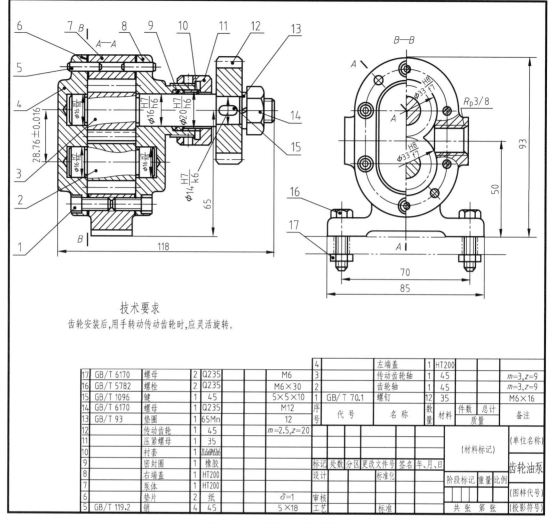

技术要求

齿轮安装后,用手转动传动齿轮时,应灵活旋转。

17	GB/T 6170	螺母	2	Q235			M6						4		左端盖	1	HT200		
16	GB/T 5782	螺栓	2	Q235			M6×30					3		传动齿轮轴	1	45		$m=3, z=9$
15	GB/T 1096	键	1	45			5×5×10					2		齿轮轴	1	45		$m=3, z=9$
14	GB/T 6170	螺母	1	Q235			M12				1		GB/T 70.1	螺钉	1	35		M6×16
13	GB/T 93	垫圈	1	65Mn			12		序号		代 号		名 称	数量	材料	件数 总计 质量		备注	
12		传动齿轮	1	45			$m=2.5, z=20$												
11		压紧螺母	1	35										(材料标记)					(单位名称)
10		衬套	1	ZCuSn10Pb5Zn5															
9		密封圈	1	橡胶					标记	处数	分区	更改文件号	签名	年、月、日					齿轮油泵
8		右端盖	1	HT200					设计			标准化							
7		泵体	1	HT200											阶段标记	重量	比例		(图样代号)
6		垫片	2	纸			$\delta=1$		审核										
5	GB/T 119.2	销	4	45			5×18		工艺			标准					共 张 第 张		(投影符号)

图 11-21　齿轮油泵装配图

（3）分析工作原理及传动关系　泵体 7 是齿轮油泵中的主要零件之一，它的内腔容纳一对啮合的齿轮。将齿轮轴 2 和传动齿轮轴 3 装入泵体 7 后，两侧用左端盖 4 和右端盖 8 支承这对齿轮轴的旋转运动。用销 5 将左、右端盖与泵体定位后，再用螺钉 1 将它们连接成整体。同时为了防止泵体与端盖的结合面及传动齿轮轴 3 伸出端漏油，在结合面处加了垫片6，伸出端加了密封圈 9、衬套 10，同时采用压紧螺母 11 增加压力，达到密封的作用。其中的传动齿轮 12 和齿轮轴 2、传动齿轮轴 3 是齿轮油泵中的运动零件。从左视图看，当传动齿轮 12 递时针方向转动时，通过键 15 将扭矩传递给传动齿轮轴 3，经过齿轮啮合带动齿轮轴 2 做顺时针方向转动。

如图 11-22 齿轮油泵工作原理图所示，当齿轮轴 2 和传动齿轮轴 3 的两齿轮在泵体 7 内做啮合运动时，啮合区内右边空间的压力降低而产生局部真空，油池内的油在大气压力作用下进入油泵低压区内的吸油口，随着齿轮的转动，齿槽中的油不断沿图中箭头方向被带至左边的压油口把油压出，送至机器中需要润滑的部分。

（4）分析尺寸和技术要求　齿轮轴和传动齿轮轴的中心距 28.76 ± 0.016 必须得到保证，

否则齿轮不能正确啮合，影响油泵的工作性能。

齿轮轴和传动齿轮轴的齿顶圆与泵体的内腔配合尺寸是 $\phi 33\dfrac{\text{H8}}{\text{f7}}$，属于基孔制优先间隙配合，这个配合非常重要，因为若间隙大了，漏油严重，油泵效率降低，达不到规定的流量与压力；若间隙小了甚至没有间隙，阻力增大，会产生很大的磨损。从图 11-21 中可看出还有三个配合尺寸，它们分别是：传动齿轮 12 与传动齿轮轴 3 之间的配合尺寸是 $\phi 14\dfrac{\text{H7}}{\text{k6}}$，属于基孔制优先过渡配合；齿轮轴 2 和传动齿轮轴 3 与端盖的支承孔的配合尺寸都是 $\phi 16\dfrac{\text{H7}}{\text{h6}}$，属于优先间隙配合；衬套与右端盖的配合尺寸是 $\phi 20\dfrac{\text{H7}}{\text{h6}}$。

传动齿轮轴 3 与安装底面高度 65 是油泵的重要安装尺寸。

吸油口与出油口螺纹 Rp3/8 是规格尺寸。

（5）分析零件，看懂零件的结构形状　齿轮油泵主要零件有泵体 7，左端盖 4、右端盖 8、传动齿轮 12，传动齿轮轴 3 和齿轮轴 2 等。确定右端盖的主视图、左视图范围，看到其上部有传动齿轮轴 3 穿过，有带外螺纹的凸缘，下部有齿轮轴 2 轴颈的支承孔；再由左视图可以看出，右端盖长圆外形以及上面分布着 6 六个沉孔和两个圆柱销孔。

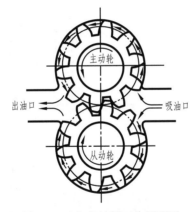

图 11-22　齿轮油泵工作原理图

（6）画零件图　从装配图中分离出属于右端盖的两个投影，一部分投影在主视图上被其他零件遮挡，根据此零件的作用及装配关系，可以补全所缺的轮廓线。然后进行分析，想象出它的结构形状（图 11-23）。画出零件图（图 11-24），其主视图与装配图中主视图位置对称，目的是减少左视图中的虚线，使图形更简洁、清晰。

（7）总结归纳　依照上述方法，逐个想象出每个零件结构（图 9-1）后综合想象出整个齿轮油泵结构形状，图 11-25 为齿轮油泵立体图。

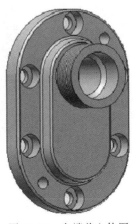

图 11-23　右端盖立体图

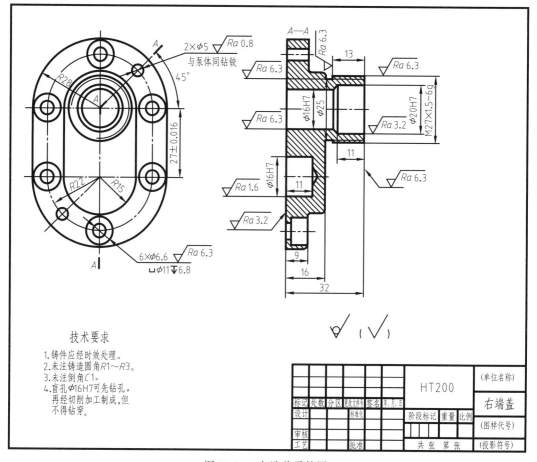

技术要求
1.铸件应经时效处理。
2.未注铸造圆角R1～R3。
3.未注倒角C1。
4.盲孔φ16H7可先钻孔,
　再经切削加工制成,但
　不得钻穿。

					HT200		(单位名称)
标记	处数	分区	更改文件号	签名 年、月、日			右端盖
设计				标准化	阶段标记	重量 比例	
审核							(图样代号)
工艺				批准		共 张 第 张	(投影符号)

图 11-24　右端盖零件图

图 11-25　齿轮油泵立体图

第12章　　　AutoCAD绘图基础

AutoCAD 软件是美国 Autodesk 公司开发的，由于它具有作图快捷、精确，便于管理、修改等特点，可以用于二维绘图和基本三维设计，是当前最流行的计算机绘图软件之一，设计人员借助其能够摆脱繁重的手工绘图，极大地提高工作效率，缩短设计周期，因此该软件已成为从事工程设计的专业技术人员的一项工具。

本章主要介绍使用 AutoCAD 2022 中文版绘制二维图形必须掌握的命令及操作方法。

12.1　AutoCAD 基础知识

12.1.1　启动程序

启动 AutoCAD 2022 的方式很多，通常采用以下方式。

（1）双击桌面上 AutoCAD 2022 快捷图标 A 。

（2）单击 Windows 任务栏上的"开始"→"程序"→"AutoCAD 2022-简体中文（Simplified Chinese）"→"AutoCAD 2022-简体中文（Simplified Chinese）"。

（3）双击一个已经存在的 CAD 文件。

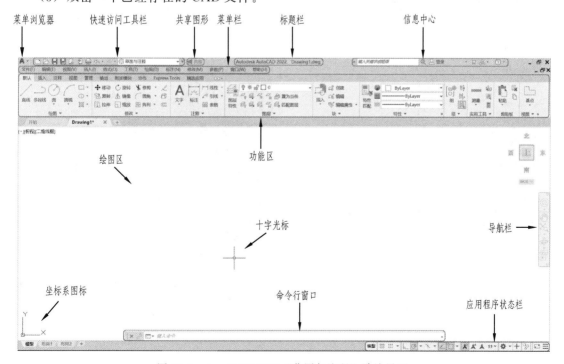

图 12-1　AutoCAD 2022 "草图与注释"默认界面

图 12-2　自定义快速访问工具栏

12.1.2　用户界面

AutoCAD 2022 提供了"草图与注释""三维基础"和"三维建模"三种工作空间界面，不同工作空间各有特点，操作略有不同，但绘图目的相同。其中"草图与注释"为默认的工作空间，其界面形式如图 12-1 所示。了解其上各部分名称、功能、操作方法十分必要。

（1）菜单浏览器　用户可以在其中查看最近使用过的文件，也可以通过程序提供的搜索引擎，搜索可用的命令。

（2）快速访问工具栏　用于存储经常访问的命令，默认情况下包含 9 个常用的工具，用户可以通过单击快速访问工具栏右侧的下拉箭头，在弹出的"自定义快速访问工具栏"（图 12-2）列表中进行添加、删除命令。

（3）共享图形　共享指向当前图形副本（包含其外部参照）的链接，以在 AutoCAD Web 应用程序中查看或编辑。

（4）标题栏　位于主界面最上面的中间位置，用于显示当前正在运行的 CAD 文件名等信息，AutoCAD 2022 默认的图形文件名称为 Drawing$N$.dwg（其中 N 是数字），单击标题栏最右端的按钮 – □ ×，可以最小化、最大化或关闭应用程序窗口。

（5）交互信息工具栏　位于标题栏的右侧，用户可在此访问许多与产品相关的信息源。

（6）菜单栏　在 AutoCAD 2022 默认界面为隐藏，可通过勾选"自定义快速访问工具栏"中的"显示菜单栏"打开。

图 12-3　带有子菜单及对话框的菜单命令

AutoCAD 2022 的菜单栏由"文件""编辑""视图""插入""格式""工具""绘图""标注""修改""参数""窗口""帮助""Express"13 个主菜单组成，单击主菜单项或输入"Alt"和菜单项中带下划线的字母（如"Alt＋M"），将打开对应的下拉菜单。下拉菜单包括了 AutoCAD 的绝大多数命令，具有以下特点。

① 菜单项带""符号，表示该菜单项还有下一级子菜单。如图 12-3 所示，单击"工作空间"后，弹出下一级菜单。

② 菜单项带按键组合，表示直接按组合键即可执行该菜单项命令，如图 12-3 中的"全屏显示"可以使用"Ctrl＋0"执行。

③ 菜单项带"…"符号，表示执行该菜单项命令后，将弹出一个对话框，如图 12-3 所示，单击"工作空间设置"命令后弹出"工作空间设置"对话框。

④ 菜单项带快捷键，表示按下快捷键即可启动该项命令，如输入字母"L"为启动"直线"命令。

⑤ 菜单项呈现灰色，表示该菜单项命令在当前状态下不可使用。

图 12-4　快捷菜单

AutoCAD 还提供了另外一种菜单即快捷菜单。当光标在屏幕上不同的位置或不同的进程中按右键，将弹出不同的快捷菜单，如图 12-4 所示。

（7）工具栏　一组按钮命令工具的集合称为工具栏。AutoCAD 2022 提供了几十种工具栏，默认为隐藏。选择菜单栏中的"工具"→"工具栏"→"AutoCAD"选中对应列表选项，调出所需要的工具栏，如图 12-5 所示。

图 12-6 为调出的"标准"工具栏，可以"浮动"显示在绘图区，也可以拖动到绘图区边界变为"固定"工具栏，可横放可竖放。操作时，单击工具栏图标按钮，即可执行对应的命令，只要将光标移动到某个按钮上停留片刻，该按钮对应的命令名就会显示以供用户参考。

（8）功能区　在默认情况下，功能区包括"默认""插入""注释""参数化""视图""管理""输出""附加模块""协作""Express Tools"和"精选应用"选项卡，每个选项卡都集成了相关的操作工具，方便用户使用。单击功能区选项右面的 按钮可控制功能的展开与收缩。

（9）绘图区　用户界面中间的空白区域为绘图区，图形的绘制与编辑的大部分工作都在这里完成，可以通过缩放、平移等命令或滚动鼠标来观察绘图区中的图形。

（10）十字光标　十字光标随鼠标的移动而移动，十字光标所在位置的坐标值，显示在状态栏左侧，它的功能是绘图、选择对象等。

（11）坐标系图标　它主要用来显示当前使用的坐标系及坐标的方向，可以在功能区点击"视图"选项卡的"UCS 图标"打开和关闭。

（12）命令行　命令行窗口是 AutoCAD 进行人机交互、输入命令和显示相关信息与提示的区域。点击命令行窗口左侧 ×，即在绘图区关闭命令行窗口，如需重新打开，选择菜单栏"工具"→"命令行"，或者按"Ctrl＋9"组合键。

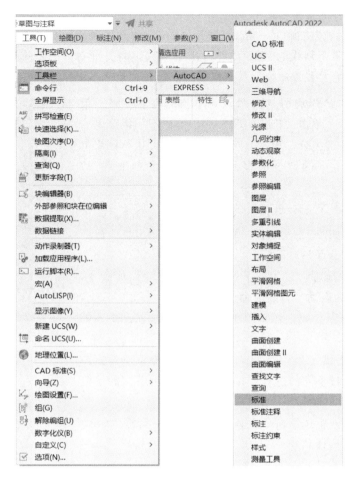

图 12-5　调出工具栏

图 12-6　"标准"工具栏

　　命令窗口是浮动窗口，把鼠标移动到命令窗口左侧，按住鼠标左键拖动鼠标，可以将其拖动到工作界面的任意位置，默认位置在绘图区下方。把鼠标移动到命令窗口边缘，鼠标光标变成双箭头，按住鼠标左键拖动鼠标，可以放大和缩小命令行窗口。

　　（13）应用程序状态栏　位于屏幕的最底端，反映当前绘图状态。默认状态下，Auto-CAD 不显示所有工具，单击状态栏最右侧的按钮 ≡，系统弹出"自定义"下拉菜单，单击下拉菜单中的某个命令会出现 ✔，表示此快捷按钮在状态栏中处于显示状态，再次单击即可取消显示。

　　打开所有状态栏按钮命令，如图 12-7 所示。单击部分状态栏开关按钮，显示为蓝色，状态打开，再点一次，状态关闭。

12.1.3　系统设置

　　如果对 AutoCAD 2022 默认的绘图系统不满意，用户可以执行菜单"工具"→"选项"命令或者在绘图区右击鼠标，在弹出的快捷菜单中选择"选项"命令，随后在弹出的"选项"对话框（图 12-8）中定制最符合自己使用习惯的 AutoCAD 系统。

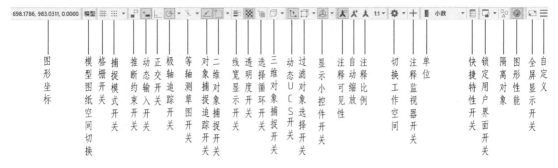

图 12-7　应用程序状态栏

图 12-8　"选项"对话框中的"显示"选项卡

　　"选项"对话框包含"文件""显示""打开和保存""打印和发布""系统""用户系统配置""绘图""三维建模""选择集"和"配置"共 10 个选项卡，下面主要介绍其中的两个选项卡。

　　（1）"显示"　该选项卡可用于设置"窗口元素""布局元素""显示精度""显示性能""十字光标大小""淡入度控制"等属性。

　　例如，在"窗口元素"中，通过勾选各选择框，用于设置是否在图形窗口显示滚动条、在工具栏中使用大按钮等；单击"颜色"按钮，在弹出的"图形窗口颜色"对话框（图 12-9）中可以设置图形窗口的颜色；单击"字体"按钮，在弹出的"命令行窗口字体"对话框（图 12-10）中可以设置 AutoCAD 图形窗口、文本窗口的字体样式和大小；另外还可以改变十字光标大小，改变系统的刷新时间。

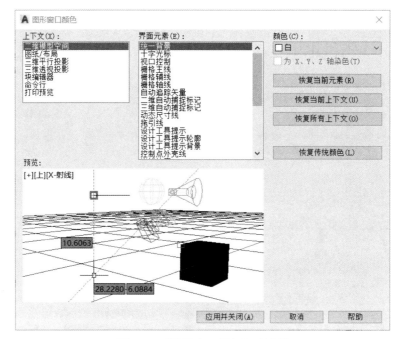

图 12-9 "图形窗口颜色"对话框

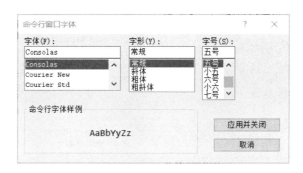

图 12-10 "命令行窗口字体"对话框

（2）"打开和保存" 该选项卡用于控制文件打开和保存的相关设置。如图 12-11 所示。

① 在"文件保存"→"另存为"下拉列表中选择文件存储类型，还可以将 AutoCAD 2022 的文件保存为低版本的文件。

② 在"文件安全措施"选项组中，可以设置自动保存文件的时间间隔。

③ 通过修改"文件打开"选项组中的"最近使用的文件数"，控制主菜单"文件"中文件显示数目（有效值范围为 0～9），便于快速访问最近使用过的文件。

12.1.4 命令的输入方式

AutoCAD 命令的输入方式有以下几种。

（1）命令行 在命令行输入命令名或快捷命令名（英文，不分大小写），并按回车键或空格键启动。

（2）Auto CAD 菜单 单击下拉菜单栏中相应的命令。

（3）工具栏 单击已打开的工具栏中对应的按钮。

（4）功能区 单击功能区中各面板的按钮。

图 12-11　"选项"对话框的"打开和保存"选项卡

（5）快捷菜单　在绘图区或命令行单击鼠标右键，可以在弹出的快捷菜单的"最近的输入"中，选择刚使用过的命令。

（6）重复命令　重复执行上一个命令，可以直接按回车或空格键，也可以单击鼠标右键，选择快捷菜单中的"重复××"命令。

（7）放弃命令　放弃上一次执行的命令，可以在命令行输入"U"或"UNDO"，或单击"快速访问"工具栏、"标准"工具栏上的 ⟵▾ 按钮。

（8）重做　恢复刚执行 U 或 UNDO 命令所放弃的操作，可以在命令行输入"REDO"或单击"快速访问"工具栏、"标准"工具栏上的 ⟶▾ 按钮。

（9）透明命令　可以在不中断其他命令的情况下执行的命令，SNAP、GRID、ZOOM、PAN 等是经常使用的透明命令。如在画图时，通过鼠标滑轮调整视图大小，相应的按钮（如"平移" 🖐 按钮）或在命令行输入的透明命令名前加单引号"'"进行操作，此时，透明命令的提示前有一个双折"⟫"，完成透明命令后，将继续执行原命令。

12.1.5　数据的输入

在 AutoCAD 的二维绘图中，点的位置通常使用直角坐标和极坐标两种表示方法。

（1）直角坐标表示法　用 X、Y 坐标值表示点的位置的方法，分为绝对直角坐标和相对直角坐标。

① 绝对直角坐标。绝对直角坐标是指相对于坐标原点的直角坐标数值，其命令行输入方式为：X，Y，如图 12-12（a）中的点 A，指定该点时，命令行应输入：18，26。

② 相对直角坐标。相对直角坐标是指后一个点相对于前一个点的直角坐标增量，其命令行输入方式为：@X，Y。如图 12-12（b）中的点 B，相对于点 A 的 $\Delta X = 44$、$\Delta Y = 35$，若 A 点已确定，需要指定 B 点时，命令行应输入：@44，35。

（2）极坐标表示法　用长度和角度表示点的位置的方法，分为绝对极坐标和相对极坐标。

① 绝对极坐标。点与坐标原点连线的长度为 ρ，该线与 X 轴正向夹角为 θ，该点的命令行输入方式为：$\rho<\theta$。如图 12-13（a）中的点 C，指定该点时，命令行应输入：$70<50$。

② 相对极坐标。是指后一个点与前一个点的连线长度为 ρ，该线与 X 轴正向夹角为 θ，该点的命令行输入方式为：$@\rho<\theta$。如图 12-13（b）中的点 D，$DC=50$、$\theta=30°$，需要指定 D 点时，命令行应输入：$@50<30$。

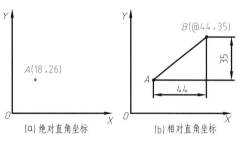

图 12-12　直角坐标输入法

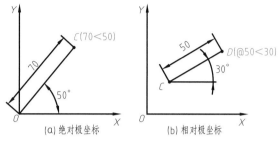

图 12-13　极坐标输入法

12.1.6　文件管理

12.1.6.1　新建文件

（1）运行方式

① 命令行：NEW 或 QNEW。

② 菜单："文件"→"新建"。

③ 工具栏：单击"快速访问""标准"工具栏上 ⬚ 按钮。

（2）操作过程　打开命令后弹出如图 12-14 所示"选择样板"对话框。在 AutoCAD 给出的样板文件名称列表框中，用户选择系统默认的样板文件或由用户自行创建的专用样板文件，再单击"打开"按钮。

图 12-14　"选择样板"对话框

12.1.6.2　打开文件

（1）运行方式

① 命令行：OPEN。

② 菜单："文件" → "打开"。

③ 工具栏：单击"快速访问""标准"工具栏上 按钮。

（2）操作过程　打开命令后弹出"选择文件"对话框，如图 12-15 所示。在"文件类型"列表框中可选 .dwg、.dws、.dxf 和 .dwt 等类型文件。默认情况下，打开的图形文件的格式为 .dwg。

图 12-15　"选择文件"对话框

12.1.6.3　保存文件

（1）运行方式

① 命令行：SAVE 或 QSAVE。

② 菜单："文件" → "保存"。

③ 工具栏：单击"快速访问""标准"工具栏 按钮。

（2）操作过程　若文件已命名，则 AutoCAD 以当前使用的文件名保存图形；若文件未命名，则弹出如图 12-16 所示"图形另存为"对话框，在"保存"下拉列表框中指定文件保存的路径；在"文件类型"下拉列表框中选择保存文件的格式或不同的版本；文件名用默认

图 12-16　"图形另存为"对话框

的 DrawingN. dwg 或者由用户自己输入，最后单击"保存"按钮。此过程相当于执行"文件"→"另存为"（SAVE AS）。

12.2　基本操作

12.2.1　绘图环境设置

设置绘图环境是 AutoCAD 绘图的第一步，包括图层、线型、图形单位等基本设置。

12.2.1.1　图层操作

图层相当于一张没有厚度的透明纸，每一层上可以设定不同的线型、线宽和颜色，在不同的层上可以绘制不同特性的对象，所有对象的重叠便构成一个完整的图形。

绘图过程中，根据常用线型种类或对象性质，分别建立相应图层，并赋予对应的线型、线宽及颜色，能够方便地控制对象的显示和编辑，提高绘图效率。

为便于识别，建议命名图层名称与该层设置的线型或使用性质相符。本章所建图层见表 12-1。

表 12-1　图层设置

图 层 名 称	线 型 名 称	线　　宽	颜　　色
粗实线	实线	0.5	白色
细实线	实线	0.25（默认）	绿色
细虚线	虚线	0.25（默认）	黄色
中心线	点画线	0.25（默认）	红色
双点画线	双点画线	0.25（默认）	洋红色
尺寸标注	实线	0.25（默认）	蓝色

（1）运行方式

① 命令行：LAYER（快捷命令 LA）。

② 菜单："格式"→"图层"。

③ 工具栏：单击"图层"工具栏上 按钮。

④ 功能区："默认"→"图层"中的"图层特性"按钮 或"视图"→"选项板"中的"图层特性"按钮 。

（2）操作过程　打开命令后弹出"图层特性管理器"对话框，此时，系统只有一个"0"图层，它的各种设置皆为默认值，如图 12-17 所示。在该对话框中可以进行如下操作。

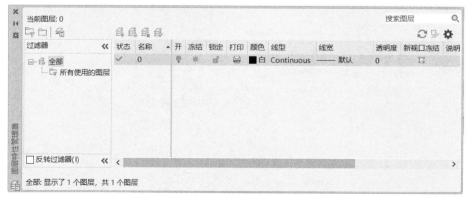

图 12-17　"图层特性管理器"对话框

① 新建图层。单击对话框中的 ⛥ 按钮，图层列表中出现一个名为"图层1"的新图层，随后连续单击该按钮或连续按回车键，可依次建立多个新图层，图12-18建立了6个图层。

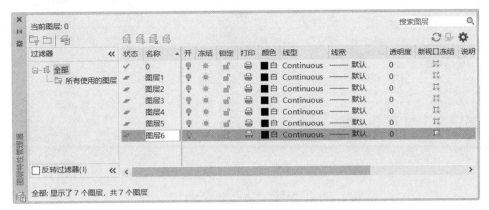

图12-18　建立图层过程

② 设置颜色。选择某个图层，单击颜色图标 ■白，调出如图12-19所示的"选择颜色"对话框，从中选择一种颜色，单击"确定"按钮，即将该颜色赋予指定图层。

③ 设置线型。选择一个图层，单击该图层的线型图标 Continuous ，打开"选择线型"对话框，在该对话框中，显示了已加载的所有线型，如图12-20所示。单击"加载"按钮，打开"加载或重载线型"对话框，如图12-21所示，从线型列表中选择所需线型，单击"确定"按钮，则所选线型被加载到"选择线型"对话框。

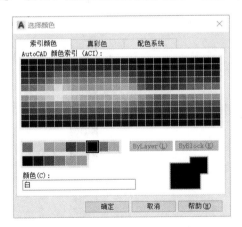

图12-19　"选择颜色"对话框

图12-20　"选择线型"对话框

④ 设置线宽。选择一个图层，单击该图层的线宽图标 —— 默认，打开"线宽"对话框（图12-22），在该对话框的列表中选择相应线宽，其中"默认"值相当于0.25mm。

按照表12-1设置各图层，结果如图12-23所示。单击"确定"按钮，系统返回绘图界面，单击图层显示的下拉箭头（图12-24），文档中所有图层以列表方式显示。

⑤ 图层的控制。AutoCAD中，只能在当前层上进行绘图。在"图层特性管理器"对话框的图层列表中，选择某一图层后，单击"当前图层" ⛥ 按钮，即可将该层设置为当前层。也可在功能区"图层"下拉列表或"图层"工具栏下拉列表中单击某一图层，该图层即被切

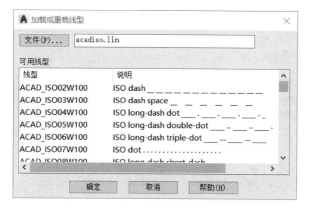

图 12-21 "加载或重载线型"对话框

图 12-22 "线宽"对话框

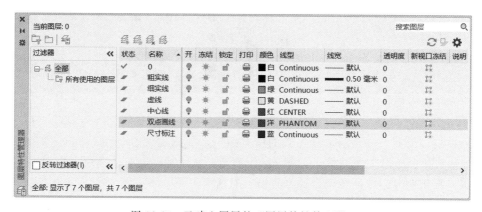

图 12-23 已建立图层的"图层特性管理器"

(a) 功能区面板中　　　　　　　　　　(b) 工具栏中

图 12-24 图层显示

图12-25 "特性"面板的设置

换为当前层。注意,为便于管理和修改,尽量将"对象"工具栏中的各项图层特性设置为"ByLayer"(随层),如图 12-25 所示。此时,在绘图窗口所绘的各种图形皆具有当前层的各种特性。

⑥ 打开/关闭图层。在"图层特性管理器"对话框的图层列表中,单击 🔆 按钮,即可控制图层的开或关。打开图层时,图层可见,并可被编辑或打印输出;关闭图层时,图层不可见,其上对象隐藏并且不可编辑或打印。

⑦ 冻结/解冻图层。在"图层特性管理器"对话框的图层列表中,单击 🔆 按钮,即可

将图层冻结或解冻。冻结的图层不可见，其上对象隐藏且不可编辑或打印，也不能被刷新。因此，为加快图形重生成的速度，可以将那些与编辑无关的图层冻结。当前层不能被冻结。

⑧ 锁定/解锁图层。在"图层特性管理器"对话框的图层列表中，单击 🔓 按钮，即可以将图层锁定或解锁，锁定图层时，该层上的对象可显示和打印，但不能被编辑，用于防止某图层上的图形被误修改。

⑨ 删除图层。在"图层特性管理器"对话框的图层列表中，选择某一图层后，单击"删除" 🗂 按钮。

图 12-26　不能删除图层的消息框

【注意】　0 层、定义点（Defpoints）层（若进行尺寸标注，系统自动添加）、当前层、依赖外部参照的图层及已被使用的层，都不能删除。若选中这些层，则弹出如图 12-26 所示的消息框。

12.2.1.2　设置图形单位

（1）运行方式

① 命令行：UNITS（快捷命令 UN）。

② 菜单："格式"→"单位"。

（2）操作过程　打开命令后弹出如图 12-27 所示的"图形单位"对话框，"长度"选项组主要用于设置长度单位的类型和精度；"角度"选项组主要用于控制角度单位的类型和精度。"顺时针"复选框是用来控制角度增量的正负方向的，默认值为不选中，即角度以逆时针方向为正。单击"方向"按钮，打开"方向控制"对话框，如图 12-28 所示，在该对话框选取"东、南、西、北"中的某个单选框，表示以该方向作为角度测量的基准 0°角。

图 12-27　"图形单位"对话框

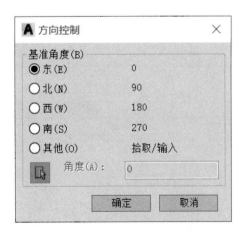

图 12-28　"方向控制"对话框

12.2.2　辅助操作

绘图时，用光标定点虽然方便快捷，但一般情况下不能确保图形的精度。AutoCAD 提供了如图 12-7 所示的各种辅助工具，可以保证光标定点的准确性及作图的高效性。本章主要介绍几种常用工具的设置与应用。

12.2.2.1 正交模式

打开正交模式后，系统将控制光标只能沿水平或垂直方向移动，可以通过如下方式开启或关闭该功能。

① 命令行：ORTHO。

② 状态栏：单击"正交"  按钮。

③ 快捷键：按 F8 键。

12.2.2.2 栅格与捕捉

栅格是显示在用户定义的图形界限内、由距离相等的点组成的点阵，相当于在图纸下放一张坐标纸，是绘图的参照，其本身不是图形的组成部分，不会被打印。栅格和捕捉配合使用，是提高绘图速度和精度的重要手段。

（1）设置

① 命令行：DSETTINGS（快捷命令 DS）。

② 菜单："工具"→"绘图设置"。

③ 状态栏：右键单击草状态栏上"栅格显示"或"捕捉模式"按钮，选择快捷菜单中的"设置"选项。

（2）打开命令后弹出如图 12-29 所示的"草图设置"对话框，在"捕捉和栅格"选项卡中设置相关参数。

图 12-29 "捕捉和栅格"选项卡

（3）选项说明

①"启用捕捉"复选框：控制是否开启捕捉模式，功能同 按钮或 F9 键。

②"捕捉间距"选项组：指定 X、Y 方向的捕捉间距，可以相同也可以不同。

③"极轴间距"：指定极轴捕捉的增量距离。

④"捕捉类型"选项组：绘制二维平面图形时，一般选择"矩形捕捉"；绘制等轴测图时，选择"等轴测捕捉"。

⑤"启用栅格"复选框：控制是否开启栅格显示，功能同 按钮或 F7 键。

⑥"栅格样式"选项组：有二维模型空间的栅格样式，块编辑器的栅格样式和图纸/布局的栅格样式。

⑦"栅格间距"选项组：指定栅格在 X、Y 方向上的间距。

⑧"栅格行为"选项组：有自适应栅格和显示超出界限的栅格。

也可以分别通过"捕捉"（SNAP）命令和"栅格"（GRID）命令进行操作。

12.2.2.3　极轴追踪

极轴追踪功能可以相对于前一点，沿预先指定角度的追踪方向获得所需的点。该功能启用时，按预先设置的角度增量显示一条无限延伸的辅助线（虚线），如图 12-30 所示。

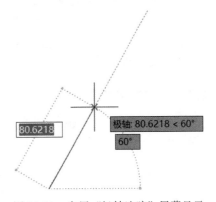

图 12-30　启用"极轴追踪"屏幕显示

（1）运行方式

① 菜单："工具"→"绘图设置"，单击"极轴追踪"选项卡。

② 状态栏：左键单击状态栏上 按钮右侧箭头，再用左键勾选追踪的角度，或者左键点击"正在追踪设置"。

（2）操作过程　打开命令后，弹出如图 12-31 所示的"草图设置"对话框，可以直接输入需要的增量角，也可以单击"增量角"右边的下拉箭头，从列表框内选择需要的数值。

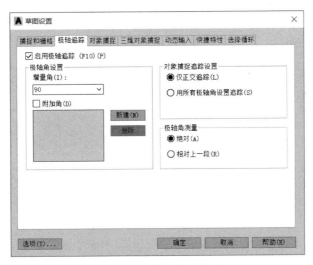

图 12-31　"极轴追踪"选项卡

12.2.2.4　对象捕捉

利用该功能，可以准确地捕捉到已有对象上的某些特殊点，如端点、圆心、交点等，从而精确地绘制图形。

不论何时提示输入点，都可以指定对象捕捉。默认情况下，当光标移到对象的对象捕捉位置时，将显示标记。

（1）运行方式

① 命令行：OSNAP（快捷命令 OS）。

② 菜单："工具"→"绘图设置"。

③ 工具栏：单击"对象捕捉"工具栏上 按钮。

④ 状态栏：左键单击状态栏上 按钮，打开与关闭对象捕捉，左键单击 按钮右侧箭头，再用左键勾选设置"对象捕捉"选项。

（2）操作过程　打开命令后弹出"对象捕捉"选项卡，如图 12-32 所示。根据所绘图形需要，在该选项卡中通过选择对象捕捉模式旁边的复选框进行设置，最常用的捕捉模式为：端点、中点、圆心、节点、象限点、交点、延长线。勾选"启用对象捕捉"。也可以在绘图过程中按住"Shift"键并单击鼠标右键，临时调出对象捕捉快捷菜单，如图 12-33 所示，从中选择所需要的捕捉模式。还可打开"对象捕捉"工具栏（图 12-34）选用。

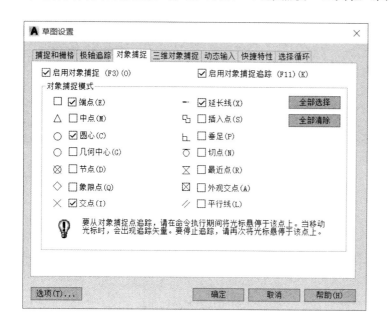

图 12-32 "对象捕捉"选项卡

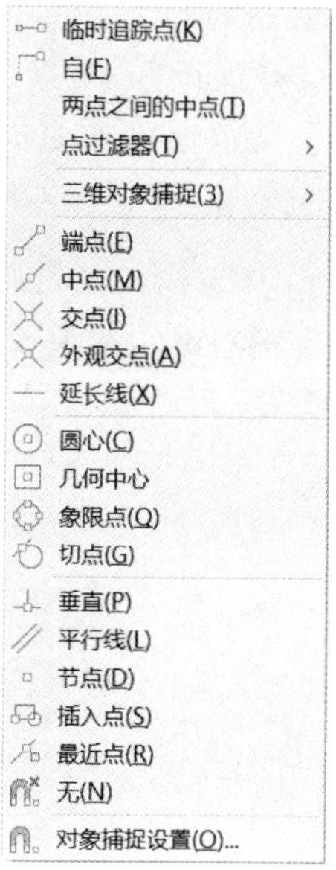

图 12-33 临时"对象捕捉"菜单

图 12-34 "对象捕捉"工具栏

【注意】　不要将所有的捕捉模式都打开，否则会给作图带来很大麻烦。

12.2.2.5 对象捕捉追踪

利用该功能可以相对于对象捕捉点，沿指定的追踪方向获得所需要的点。必须同时打开对象捕捉和对象捕捉追踪功能才能操作。打开对象捕捉追踪功能的方法有以下三种。

① 在"对象捕捉"选项卡中，选中"启用对象捕捉追踪"复选框，如图 12-32 所示。

② 状态栏：单击"对象追踪" 按钮。

③ 快捷键：按"F11"键。

使用对象捕捉追踪，已获取的点将显示一个小加号（＋），一次最多可以获取 7 个追踪点。获取点之后，在绘图路径上移动光标时，将显示相对于获取点的水平、垂直或极轴对齐路径。

12.2.3　对象的选择方式

对图形进行编辑、修改或查询时，命令行提示"选择对象："，光标也由"＋"字变成正方形拾取框"□"，此时可以在提示后输入一种选择方式。如果对各种选择方式不熟悉，可以在"选择对象："提示后直接输入问号"?"并按回车键，则系统出现如下提示：

＊无效选择＊

需要点或窗口（W）/上一个（L）/窗交（C）/框（BOX）/全部（ALL）/栏选（F）/圈围（WP）/圈交（CP）/编组（G）/添加（A）/删除（R）/多个（M）/前一个（P）/放弃（U）/自动（AU）/单个（SI）/子对象（SU）/对象（O）

本章主要介绍最常用的几种。

（1）点选方式　直接移动拾取框至被选对象上并单击左键，此时，被选择的对象亮度或颜色发生变化，可以连续多次选择多个对象，回车则结束选择。这是系统默认的选择方式。

（2）以窗口方式选择　在默认情况下，命令提示"选择对象："时，可以直接单击拾取两个角点，有以下两种方式。

① 窗口选择（左选）。即窗口设置从左向右。选择过程如图12-35（a）所示，单击鼠标左键作为窗口起点，向右移动鼠标，再次单击。所形成的选择窗口以实线显示，只有完全包含在窗口内的对象才被选中，因此图12-35（b）中 AD 和 DC 两直线被选中。

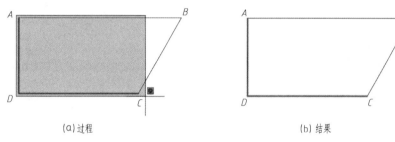

(a)过程　　　　　　　　　　　　(b)结果

图12-35　窗口选择

② 窗交选择（右选）。与窗口选择（左选）的选择方式类似，只是窗口设置方向相反，该窗口框线呈虚线显示，如图12-36（a）所示，与窗口相交的对象和窗口内的所有对象都在选中之列，结果如图12-36（b）所示。

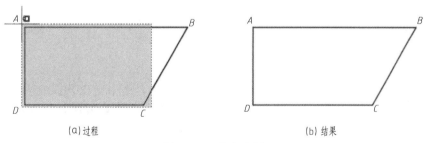

(a)过程　　　　　　　　　　　　(b)结果

图12-36　窗交选择

（3）全部方式　除了锁定、关闭或冻结图层上的目标不能被选择，该方式将选取当前窗口内的所有对象。当命令提示"选择对象："时，输入 ALL，回车。

12.2.4　视图缩放和视图平移

12.2.4.1　视图缩放

利用"缩放"ZOOM命令可以增大或减小图形对象的屏幕显示尺寸，但对象的真实尺寸并不改变。

（1）运行方式

① 命令行：ZOOM（快捷命令 Z）。

② 菜单："视图"→"缩放"→"缩放"子菜单（图 12-37）。

③ 工具栏："缩放"→ 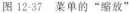 按钮。

④ 在绘图区右击鼠标，在弹出的快捷菜单（图 12-4）中选择"缩放"命令。

⑤ 导航栏：在绘图区右边的导航栏的缩放列表中选择各命令（如图 12-38）。

图 12-37　菜单的"缩放"

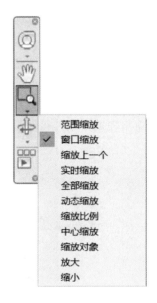

图 12-38　导航栏的"缩放"

（2）操作过程　打开命令后，命令行显示如下提示。

指定窗口的角点，输入比例因子（nX 或 nXP），或者

[全部（A）/中心（C）/动态（D）/范围（E）/上一个（P）/比例（S）/窗口（W）/对象（O）] <实时>：（选择相应的缩放类型）✓

较常用的方式如下。

① 全部（A）。将全部图形显示在屏幕上。此时如果各图形对象均没有超出由 LIMITS 命令设置的绘图范围，AutoCAD 在屏幕上显示该范围。如果有图形对象画在所设范围之外，则会扩大显示区域以将超出范围的部分也显示在屏幕上。

② 窗口（W）。该选项是系统用鼠标操作时的缺省方式。如图 12-39 所示，以确定窗口的边界，把窗口内的图形放大到整个视口范围。

③ 上一个（P）。将视口显示的内容恢复到前一次显示的图形，最多可恢复 10 个图形显示。

④ 比例（S）。以当前视口中心作为中心点，根据输入的比例大小显示图形。如果键入的数值是 n，则图形缩放为最原始图形的 n 倍；如果键入的数值是 nX，则图形缩放为视口中当前所显示图形的 n 倍；数值后加 XP 表示当前视口中所显示图形在图纸空间的缩放

比例。

⑤ 实时。执行缩放命令时，直接按回车键，即进入实时缩放状态。按住鼠标左键向上为放大图形显示，此时光标呈带"＋"放大镜 $\mathbf{Q}^{+}$；按住鼠标左键向下为缩小图形显示，此时光标呈带"－"放大镜 $\mathbf{Q}^{-}$。松开拾取键时缩放终止。

若要退出缩放，按回车键或"Esc"键，也可右击鼠标，选择"退出"选项。

实际使用中，可以直接滚动鼠标中键，实现图形的放大或缩小。

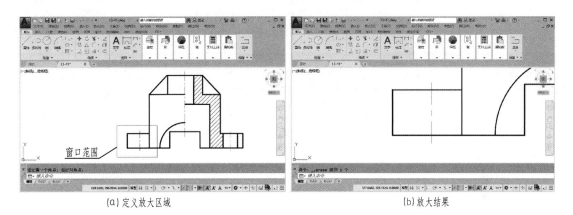

(a) 定义放大区域　　　　　　　　　　(b) 放大结果

图 12-39　窗口缩放

12.2.4.2　视图平移

"平移" PAN 命令是在不改变图形显示比例的情况下移动图形，效果等同于移动整个图纸，以便使图纸的特定部分显示在绘图窗口。执行命令后，图形相对于图纸的实际位置并不发生变化。

（1）运行方式

① 命令行：PAN（快捷命令 P）。

② 菜单："视图"→"平移"→"实时"。

③ 工具栏："标准"→ 按钮。

④ 导航栏：左键点击绘图区右边的导航栏上的 按钮。

（2）操作过程　打开命令后，屏幕上光标呈小手形状显示，按住鼠标左键并移动，使图形平移。退出操作同"实时缩放"。

实际使用中，通常按住鼠标中键并移动鼠标，可以实现平移图形的目的。

如果右击鼠标，AutoCAD 弹出快捷菜单也有"平移"命令。

12.3　基本绘图命令

绘制点、直线、圆和圆弧、椭圆、正多边形、多段线及样条曲线等基本图元的命令统称为基本绘图命令，任何复杂的图形都是由这些基本图元构成的，因此，熟练掌握这些绘图命令是学习 CAD 软件的基础。图 12-40 是"绘图"工具栏，各按钮的命令名、功能及对应的其他运行方式见表 12-2。

图 12-40　"绘图"工具栏

表 12-2　"绘图"工具栏各按钮简介

按钮	命令名	快捷命令名	菜单栏命令名	功能区命令名	功能
	LINE	L	"绘图"→"直线"	"默认"→"绘图"→"直线"	绘制直线
	XLINE	XL	"绘图"→"构造线"	"默认"→"绘图"→"构造线"	绘制构造线
	PLINE	PL	"绘图"→"多段线"	"默认"→"绘图"→"多段线"	绘制多段线
	POLYGON	POL	"绘图"→"多边形"	"默认"→"绘图"→"多边形"	绘制多边形
	RECTANG	REC	"绘图"→"矩形"	"默认"→"绘图"→"矩形"	绘制矩形
	ARC	A	"绘图"→"圆弧"	"默认"→"绘图"→"圆弧"	绘制圆弧
	CIRCLE	C	"绘图"→"圆"	"默认"→"绘图"→"圆"	绘制圆
	REVCLOUD		"绘图"→"修订云线"	"默认"→"绘图"→"矩形修订云线"/"多边形修订云线"/"徒手画修订云线"或"注释"→"标记"→"矩形修订云线"/"多边形修订云线"/"徒手画修订云线"	创建修订云线
	SPLINE	SPL	"绘图"→"样条曲线"	"默认"→"绘图"→"样条曲线拟合"或"样条曲线控制点"	绘制样条曲线
	ELLIPSE	EL	"绘图"→"椭圆"	"默认"→"绘图"→"圆心"/"轴,端点"	绘制椭圆
	ELLIPSE	EL	"绘图"→"椭圆"	"默认"→"绘图"→"椭圆弧"	绘制椭圆弧
	INSERT	I	"插入"→"块选项板"	"默认"→"块"→"插入"	插入块或特征文件
	BLOCK	B	"绘图"→"块"→"创建"	"默认"→"块"→"创建"	创建块
	POINT	PO	"绘图"→"点"	"默认"→"绘图"→"多点"	绘制点
	BHATCH 或 HATCH	BH 或 H	"绘图"→"图案填充…"	"默认"→"绘图"→"图案填充"	创建图案填充
	GRADIENT	GD	"绘图"→"渐变色"	"默认"→"绘图"→"渐变色"	创建渐变色填充
	REGION	REG	"绘图"→"面域"	"默认"→"绘图"→"面域"	创建面域
	TABLE	TB	"绘图"→"表格"	"默认"→"注释"→"表格"	绘制表格
	MTEXT	MT 或 T	"绘图"→"文字"→"多行文字"	"默认"→"注释"→"文字"	输入多行文字
	ADDSELECTED				添加选定对象

12.3.1　点

点与其他图形对象最大的不同就是其没有具体的形状，要使绘制的点对象能显示出来，须先通过"点样式"对话框进行设置再调用绘制点的命令。

12.3.1.1　设置点样式

（1）运行方式

① 命令行：DDPTYPE 或 PTYPE。

② 菜单："格式"→"点样式"。

③ 功能区："默认"→"实用工具"→"点样式"。

（2）操作过程　打开命令后弹出如图 12-41 所示的对话框，从中选择不同的点样式并设置点的大小。

12.3.1.2　绘制单点或多点

按表 12-2 中任一方式打开命令进行操作。实际绘图中，很少绘制单点或多点，设置点样式主要是为了等分对象。

12.3.1.3　定数等分

定数等分用于创建沿对象的长度或周长等间隔排列的点对象。

（1）运行方式

① 命令行：DIVIDE（快捷命令 DIV）。

② 菜单："绘图"→"点"→"定数等分"。

③ 功能区："默认"→"绘图"→"定数等分"。

（2）打开命令后，根据提示进行操作。

选择要定数等分的对象：（选择要进行等分的图形对象，如选择图 12-42 所示的圆或线）

输入线段数目或［块（B）］：6↙［结果如图 12-42 中（a）或（b）所示］

图 12-41　"点样式"对话框

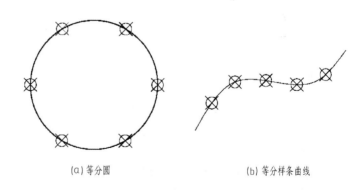

(a) 等分圆　　　　　　　　(b) 等分样条曲线

图 12-42　定数等分示例

12.3.1.4　定距等分

定距等分用于在指定的对象上按指定的长度绘制点或者插入块。

（1）运行方式

① 命令行：MEASURE（快捷命令 ME）。

② 菜单："绘图"→"点"→"定距等分"。

③ 功能区："默认"→"绘图"→"定距等分"。

（2）打开命令后，根据提示进行操作。

选择要定距等分的对象：［选择要进行等分的图形对象，如图 12-43（a）所示选择的直线］

指定线段长度或［块（B）］：20↙［结果如图 12-43（b）所示］

【注意】 开放线段的定距等分点从离选择对象的选择框最近的端点处开始。

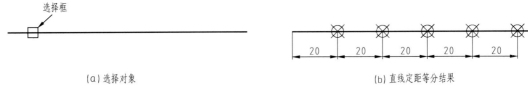

<table>
<tr><td>（a）选择对象</td><td>（b）直线定距等分结果</td></tr>
</table>

图 12-43 定距等分示例

12.3.2 直线

打开命令后，根据提示进行操作。下面以例题说明操作过程。

［**例 12-1**］ 绘制如图 12-44 所示的图形。

【操作】 ① 绘制三角形 *ABC*

命令：LINE↙

指定第一点：（光标在屏幕上拾取一点，该点作为多边形的起点 A）

指定下一点或［放弃（U）］：＜正交 开＞48↙（打开"正交"光标向左，输入 48，得到点 B）

指定下一点或［放弃（U）］：@15，30↙（输入相对直角坐标，得到点 C）

指定下一点或［闭合（C）/放弃（U）］：C↙（选择闭合，则多边形首尾相连）

② 绘制三角形 *DEF*

命令：↙（直接回车，则重复执行上一次命令）

LINE 指定第一点：选择"对象捕捉"工具条中的"捕捉自" 图标 _ from 基点：选择图 12-44 中 B 点＜偏移＞：@10，5（输入相对直角坐标，得到点 D）

指定下一点或［放弃（U）］：＜正交 开＞10↙（打开"正交"，光标向上，输入 10，得到点 E）

指定下一点或［放弃（U）］：15↙（光标向右，输入 15，得到点 F）

指定下一点或［闭合（C）/放弃（U）］：C↙（选择闭合，则三角形首尾相连）

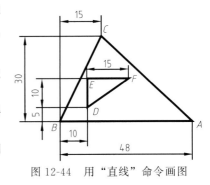

图 12-44 用"直线"命令画图

12.3.3 圆

（1）打开命令后，根据提示进行操作。

指定圆的圆心或［三点（3P）/两点（2P）/ 切点、切点、半径（T）］：（指定圆心或选择画圆的方式）

指定圆的半径或［直径（D）］＜默认值＞：（输入半径值或选择直径方式）

（2）选项说明

① 指定圆心、半径：该方式为系统默认的画圆方式，如图 12-45（a）所示。

② 指定圆心、直径：操作同上，在系统提示"指定圆的半径或［直径（D）］＜默认值＞："时输入"D"，再输入圆的直径，如图 12-45（b）所示。

③ "三点（3P）"：通过指定圆周上三点画圆，如图 12-45（c）所示。

④ "两点（2P）"：通过指定直径的两端点画圆，如图 12-45（d）所示。

⑤ "切点、切点、半径（T）"：通过指定两个相切对象及确定的半径画圆。如图 12-45

(e) 所示。

⑥"相切、相切、相切（A）"：通过指定与三个对象相切画圆，如图 12-45（f）所示。可以通过"绘图"→"圆"→"相切、相切、相切（A）"选用，也可以选择"三点（3P）"方式时，设置每一点都为切点。

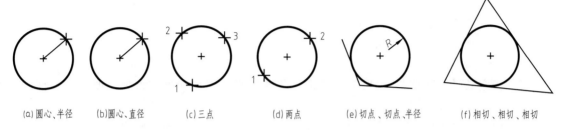

(a)圆心、半径　(b)圆心、直径　(c)三点　(d)两点　(e)切点、切点、半径　(f)相切、相切、相切

图 12-45　画圆的方式

12.3.4　圆弧

（1）打开命令后，根据提示进行操作。

圆弧创建方向：逆时针（按住"Ctrl"键可切换方向）

指定圆弧的起点或［圆心（C）］：（指定圆弧的起始点或选择画圆弧的方式）

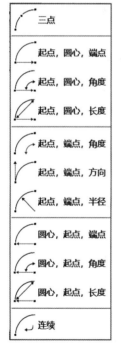

图 12-46　画圆弧的方式

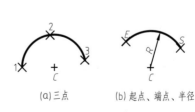

(a)三点　(b)起点、端点、半径

图 12-47　画圆弧示例

（2）说明

① 画圆弧共有 11 种方式，可以指定圆心、端点、起点、半径、角度、弦长和方向的各种组合形式，如图 12-46 所示。

② 默认画圆弧的方式为"三点"，通过三个指定点可以顺时针或逆时针画圆弧，如图 12-47（a）所示。

③ 如图 12-47（b）所示，通过起点、端点和半径的方式画圆弧常用来绘制相贯线。

【注意】 ① 角度是有方向的。角度为正时逆时针，角度为负时顺时针，默认情况下，以逆时针方向画圆弧，按住"Ctrl"键的同时拖动，以顺时针方向画圆弧。

② 弦长也有方向。弦长为正画劣弧（小于半圆的弧），弦长为负画优弧（大于半圆的弧）。

12.3.5 椭圆

（1）打开命令后，根据提示进行操作。

指定椭圆的轴端点或［圆弧（A）/中心点（C）］：（指定点或输入选项）

（2）选项说明

①"指定椭圆的轴端点"：根据椭圆第一条轴的两个端点和另一条半轴的长度画椭圆。如图 12-48（a）所示。

②"中心点（C）"：通过确定中心点再确定两条半轴长度来确定椭圆，如图 12-48（b）所示。

③"圆弧（A）"：创建一段椭圆弧。与操作"椭圆弧"命令相同，如图 12-48（c）所示。

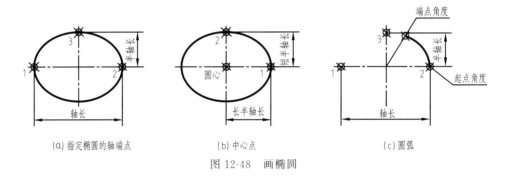

(a) 指定椭圆的轴端点　　　　(b) 中心点　　　　(c) 圆弧

图 12-48　画椭圆

12.3.6 矩形

（1）打开命令后，根据提示进行操作。

指定第一个角点或［倒角（C）/标高（E）/圆角（F）/厚度（T）/宽度（W）］：（指定矩形第一个顶点或输入选项）

指定另一个角点或［面积（A）/尺寸（D）/旋转（R）］：

（2）选项说明

①"第一个角点"：通过指定矩形的两个对角点确定矩形，如图 12-49（a）所示。

②"倒角（C）"：指定倒角距离，画带倒角的矩形，如图 12-49（b）所示。

③"标高（E）"：指定矩形的标高。

④"圆角（F）"：指定圆角半径，画带圆角的矩形，如图 12-49（c）所示。

⑤"厚度（T）"：指定矩形的厚度，即三维空间中 Z 轴方向的高度，画三维矩形，如图 12-49（d）所示。

⑥"宽度（W）"：为矩形指定相应的线宽，从而画出边框具有宽度的矩形，如图 12-49（e）所示。

⑦"面积（A）"：指定矩形的面积及长度或宽度来画矩形。

⑧"尺寸（D）"：使用长和宽来画矩形。

⑨"旋转（R）"：使所画的矩形旋转指定角度。

| (a)一般矩形 | (b)带倒角矩形 | (c)带圆角矩形 | (d)带厚度矩形 | (e)带宽度矩形 |

图 12-49　画矩形

12.3.7　多边形

（1）打开命令后，根据提示进行操作。

POLYGON 输入边的数目<4>：（输入正多边形的边数）

指定正多边形的中心点或［边（E）］：（指定正多边形的中心或边长画图）

输入选项［内接于圆（I）/外切于圆（C）］<I>：（选定画正多边形的方式）

指定圆的半径：（输入正多边形内接圆或外切圆的半径）

（2）选项说明

①"内接于圆（I）"：圆在多边形外，并与多边形端点相接，如图 12-50（a）所示。

②"外切于圆（C）"：圆在多边形内，并与多边形的边相切，如图 12-50（b）所示。

③"边（E）"：根据指定的边长绘制正多边形。边长可以是具体数值，也可以指定两点，如图 12-50（c）所示。

| (a)圆内接正多边形 | (b)圆外切正多边形 | (c)指定边长画正多边形 |

图 12-50　画正多边形

12.3.8　构造线

构造线没有起点和终点，两端能无限延伸，可放置在三维空间的任何地方，主要用于画辅助线和角平分线。

（1）打开命令后，根据提示进行操作。

指定点或［水平（H）/垂直（V）/角度（A）/二等分（B）/偏移（O）］：指定点或输入选项

（2）选项说明

①"指定点"：指定一个点以定义构造线的根，指定第二个点即构造线要经过的点，可以连续画多条构造线，但所有线都经过第一个指定点，如图 12-51（a）所示。

②"水平（H）""垂直（V）"：可分别画通过指定点的水平线、垂直线。

③"角度（A）"：可画给定角度的直线，角度可直接输入，也可从已知直线上拾取。

④"二等分（B）"：可画任意角度的角平分线。如图 12-51（b）所示画∠BAC 角平分线，使用"构造线"命令的"二等分（B）"选项，按提示依次拾取顶点 A 及角点 B、C。

⑤"偏移（O）"：该选项等同于"偏移"命令，可画平行线，如图 12-51（c）所示。

12.3.9　多段线

多段线是由几段直线或圆弧构成的连续线条，它是一个单独的图形对象。选择其中任意

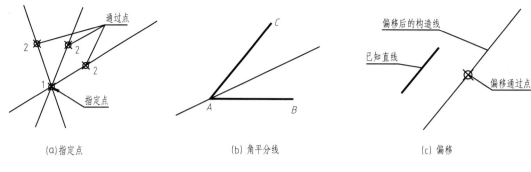

图 12-51　画构造线

一段直线或弧线即选择整个多段线。多段线可以设置不同的线宽，非常实用。

（1）打开命令后，根据提示进行操作。

指定起点：（指定多段线的起点）

当前线宽为 0.0000

指定下一个点或［圆弧（A）/半宽（H）/长度（L）/放弃（U）/宽度（W）］：（指定点或输入选项）

（2）选项说明

①"圆弧（A）"：可以利用多段线画圆弧。

②"半宽（H）"：指线的宽度。如果输入半宽的值为 10，则实际线宽为 20。

③"长度（L）"：指定本段多段线的长度，方向与上段多段线相同或沿上段圆弧的切线方向。

④"放弃（U）"：放弃刚执行的操作。

⑤"宽度（W）"：指定本段多段线的宽度值，可根据提示输入不同的起点宽度和终点宽度值以画一条宽度逐渐变化的多段线。

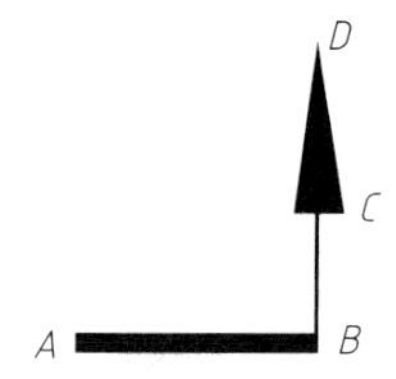

［例 12-2］　使用多段线绘制如图 12-52 所示的剖切符号。

【操作】　命令：PLINE✓

指定起点：（指定 A 点为多段线的起点）

当前线宽为 0.0000

指定下一个点或［圆弧（A）/半宽（H）/长度（L）/放弃（U）/宽度（W）］：W✓（选择"宽度"）

指定起点宽度<0.0000>：0.5✓（指定 A 点宽度为 0.5）

指定端点宽度<0.5000>：✓（端点与起点宽度相同）

指定下一个点或［圆弧（A）/半宽（H）/长度（L）/放弃（U）/宽度（W）］：（指定 B 点）

指定下一点或［圆弧（A）/闭合（C）/半宽（H）/长度（L）/放弃（U）/宽度（W）］：W✓（指定 BC 线段的起始宽度）

指定起点宽度<0.5000>：0✓（指定 B 点宽度为 0）

指定端点宽度<0.0000>：0✓（指定 C 点宽度为 0）

指定下一点或［圆弧（A）/闭合（C）/半宽（H）/长度（L）/放弃（U）/宽度（W）］：（指定 C 点）

指定下一点或［圆弧（A）/闭合（C）/半宽（H）/长度（L）/放弃（U）/宽度（W）］：W✓（指定 CD 线段的起始宽度）

指定起点宽度 <0.0000>：2✓（指定 C 点宽度为 2）

指定端点宽度 <2.0000>：0✓（指定 D 点宽度为 0）

指定下一点或［圆弧（A）/闭合（C）/半宽（H）/长度（L）/放弃（U）/宽度（W）］：（指定 D 点）

图 12-52　剖切符号

【注意】 ① 具有一定宽度的多段线可以设置为空心或实心。命令行输入 FILL 选 OFF（空心）或选 ON（实心）后使用 REGEN 命令重生成。

② 使用"分解"（EXPLODE）命令，可以将原来属于一个对象的多段线分解成多个单独对象，且不再有线宽信息。

12.3.10　样条曲线

样条曲线是通过或接近一系列给定点的光滑曲线。在 AutoCAD 中，其类型是非均匀关系基本样曲线（Non-Uniform Rational Basis Splines，NURBS），适于表达具有不规则变化曲率半径的曲线。工程图样中，一般用样条曲线画波浪线。

12.3.11　修订云线

修订云线是由连续圆弧组成的多段线。在查看或用红线圈阅图形时，可以使用修订云线功能亮显标记以提高工作效率，如图 12-53（a）所示。既可以从头开始创建修订云线，也可将对象（例如圆、椭圆、多段线或样条曲线）转换为修订云线，如图 12-53（b）所示。

（1）打开命令后，根据提示进行操作。

最小弧长：2　最大弧长：4　样式：普通　类型：徒手画（系统显示上次使用时的设置）

指定第一个点或［弧长（A）/对象（O）/矩形（R）/多边形（P）/徒手画（F）/样式（S）/修改（M）］＜对象＞：（指定点或输入选项）

（2）选项说明

① 弧长（A）：指定圆弧的大约长度。

② 对象（O）：指定要转换为修订云线的单个闭合对象。选择该选项操作后系统提示：

反转方向［是（Y）/否（N）］＜否＞：（若选择"是"选项，结果如图 12-53（c））。

③ 矩形（R）：指定对角点创建矩形修订云线。

④ 多边形（P）：指定三个以上顶点创建多边形修订云线。

⑤ 徒手画（F）：以徒手绘图的形式创建修订云线。

⑥ 样式（S）：选择修订云线的样式，默认为"普通（N）"选项。若选择"手绘（C）"，修订云线看起来像是用画笔绘制的。

⑦ 修改（M）：从现有修订云线添加或删除侧边。

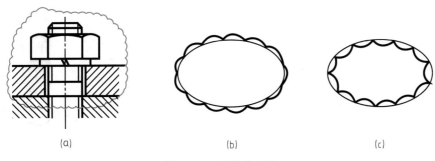

（a）　　　　　　　　（b）　　　　　　　　（c）

图 12-53　云线的应用

12.3.12　图案填充

图案填充是一种使用指定图案、颜色来充满指定区域的操作，常用于表达机械图中的剖面线、建筑图中的材料图例等。

（1）打开命令后，功能区如图 12-54 所示。

（2）选项说明

图 12-54　创建图案填充

①"边界"面板。"拾取点"按钮![拾取点]，是以任意拾取一点的方式自动确定填充区域的边界，操作和填充结果如图 12-55 所示。"选择边界对象"按钮![选择]是以选取对象的方式确定区域的边界，操作和填充结果如图 12-56 所示。"删除边界对象"![删除]按钮是从边界定义中删除之前添加的边界对象。

②"图案"面板。显示所有预定义和自定义的图案预览图像，绘制金属材料选 ANSI31，非金属材料选 ANSI37。

③"特性"面板。包含了图案填充类型、填充颜色、背景色和填充透明度等特性。机械工程图主要设置"角度"和"比例"。"角度"用于指定填充图案的角度（相对当前 UCS 坐标系的 X 轴）。"比例"用于放大或缩小预定义或自定义图案，初始比例为 1。

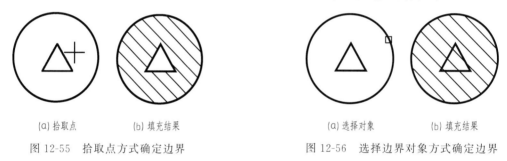

图 12-55　拾取点方式确定边界　　　图 12-56　选择边界对象方式确定边界

④"原点"面板。用来控制填充图案生成的起始位置，默认情况下，所有图案填充原点都对应于当前的 UCS 原点，如图 12-57（a）所示按默认原点填充的两区域；若要得到如图 12-57（b）所示的填充效果，则需要重新设定原点：单击选中两图的剖面符号，再单击"设定原点"按钮![设定原点]，选择已经填充的图形对象端点，结果左右两区域填充图形端点对齐。

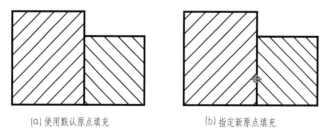

图 12-57　图案填充原点特性

⑤"选项"面板。点击"关联边界"按钮![关联]，用于创建关联图案填充，关联图案是指图案与边界相链接，当用户修改边界时，系统会根据边界的新位置自动更新填充图案，如

图 12-58 为是否关联图案填充的效果对比。点击"创建独立的图案填充"选项标签用于控制当指定了几个独立的闭合边界时，是创建单个图案填充对象，还是创建多个图案填充对象。如图 12-59（a）是选中"创建独立的图案填充"，同时对 2 个矩形区域填充剖面线，此时，两个区域内的剖面线相互独立，图 12-59（b）是未选"创建独立的图案填充"的结果。

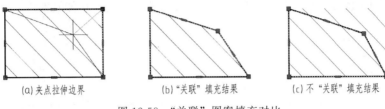

(a)夹点拉伸边界　　　　(b)"关联"填充结果　　　　(c)不"关联"填充结果

图 12-58　"关联"图案填充对比

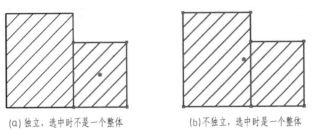

(a) 独立，选中时不是一个整体　　　　(b)不独立，选中时是一个整体

图 12-59　独立与不独立图案填充对比

【注意】　① 可以双击已填充的图案，打开"图案填充"快捷对话框进行相应修改，如图 12-60 所示。

图 12-60　"图案填充"快捷对话框

② 如果填充区域不是封闭的，将会弹出"边界定义错误"消息框［图 12-61（a）］，并在缺口处标记［图 12-61（b）］，则建议重新修改区域边界，或者采用选择对象方式进行图案填充，结果如图 12-61（c）所示。

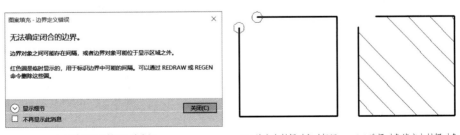

(a)"边界定义错误"消息框　　　　(b)填充未封闭对象时标记　　(c)选择对象填充未封闭对象

图 12-61　不封闭区域的图案填充

12.4 基本编辑命令

AutoCAD 具有强大的图形编辑功能，对正在绘制和已完成的图形都可进行修改，从而提高绘图效率。图 12-62 是"修改"工具栏，各按钮的命令名、功能及对应的其他运行方式见表 12-3。

图 12-62 "修改"工具栏

表 12-3 "修改"工具栏各按钮简介

按钮	命令名	快捷命令名	菜单栏命令名	功能区命令名	功 能
	ERASE	E	"修改"→"删除"	"默认"→"修改"→"删除"	删除对象
	COPY	CO 或 CP	"修改"→"复制"	"默认"→"修改"→"复制"	复制对象
	MIRROR	MI	"修改"→"镜像"	"默认"→"修改"→"镜像"	对称复制对象
	OFFSET	O	"修改"→"偏移"	"默认"→"修改"→"偏移"	创建同心圆、平行线和等距曲线
	ARRAY	AR	"修改"→"阵列"	"默认"→"修改"→"阵列"	矩形、路径或环形复制对象
	MOVE	M	"修改"→"移动"	"默认"→"修改"→"移动"	移动对象
	ROTATE	RO	"修改"→"旋转"	"默认"→"修改"→"旋转"	绕指定点旋转对象
	SCALE	SC	"修改"→"缩放"	"默认"→"修改"→"缩放"	放大或缩小对象
	STRETCH	S	"修改"→"拉伸"	"默认"→"修改"→"拉伸"	拉伸对象
	TRIM	TR	"修改"→"修剪"	"默认"→"修改"→"修剪"	以指定对象为边界修剪对象
	EXTEND	EX	"修改"→"延伸"	"默认"→"修改"→"延伸"	以指定对象为边界延伸对象
	BREAKATPOINT			"默认"→"修改"→"打断于点"	在一点打断选定的对象
	BREAK	BR	"修改"→"打断"	"默认"→"修改"→"打断"	在两点之间打断选定的对象
	JOIN	J	"修改"→"合并"	"默认"→"修改"→"合并"	将对象合并成一个对象

续表

按钮	命令名	快捷命令名	菜单栏命令名	功能区命令名	功　　能
	CHAMFER	CHA	"修改"→"倒角"	"默认"→"修改"→"倒角"	给对象加倒角
	FILLET	F	"修改"→"圆角"	"默认"→"修改"→"圆角"	给对象加圆角
	BLEND		"修改"→"光顺曲线"	"默认"→"修改"→"光顺曲线"	用光滑的曲线连接两直线或曲线的端点
	EXPLODE	X	"修改"→"分解"	"默认"→"修改"→"分解"	将复合对象分解

12.4.1　删除

按表 12-3 中任一方式打开命令后，根据提示选择要删除的对象，也可以输入一个选项，如输入 L 删除上一个绘制的对象；输入 P 删除上一个选择集，输入 ALL 删除所有对象。还可以用快速菜单操作，即选择要删除的对象，在绘图区单击鼠标右键，在弹出的快捷菜单中选择 "删除"。若误删了对象，可单击 "快速访问" 工具栏或 "标准" 工具栏中 "放弃" 按钮 来恢复已删除的图形。

12.4.2　复制

使用复制命令可连续绘制多个与所选源对象完全相同的新图形。

（1）打开命令后，根据提示进行操作。

选择对象：（用合适的方式选择欲复制的对象）

选择对象：↙（结束对象选择）

当前设置：　复制模式 ＝ 多个

指定基点或 ［位移（D)/模式（O)］＜位移＞：（指定基点或输入选项）

指定第二个点或 ［阵列（A)］＜使用第一个点作为位移＞：（指定第二点或输入选项）

（2）选项说明

①"位移（D)"：使用坐标指定相对距离和方向。

②"模式（O)"：控制命令是否自动重复。

③"阵列（A)"：指定在线性阵列中排列的副本数量，如图 12-63 所示，当选择阵列选项后，命令行提示如下。

指定第二个点或 ［阵列（A)］＜使用第一个点作为位移＞：A↙（选择阵列）

输入要进行阵列的项目数：3↙（输入阵列数目）

指定第二个点或 ［布满（F)］：25↙（输入两圆心沿鼠标指定方向的间距）

指定第二个点或 ［阵列（A)/退出（E)/放弃（U)］＜退出＞：↙（退出命令）

12.4.3　镜像

打开命令后，根据提示进行操作。

［例 12-3］　如图 12-64（a）所示，以 *AB* 为镜像线，作出镜像图形。

【操作】命令：MIRROR↙

选择对象：指定对角点：找到 3 个（矩形窗选方式选中 3 个对象）

选择对象：↙（结束对象选择）

指定镜像线的第一点：（拾取 *A* 点，打开 "对象捕捉" 模式）

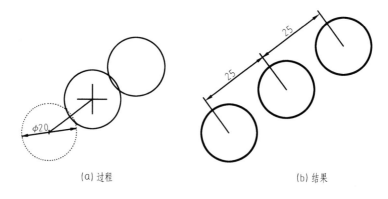

(a) 过程   (b) 结果

图 12-63　使用阵列选项复制对象

指定镜像线的第二点：(拾取 B 点)

要删除源对象吗？［是（Y）/否（N）］＜否＞：↙［默认不删除源对象，结果如图 12-64（b）所示，若输入 Y↙，结果如图 12-64（c）所示］

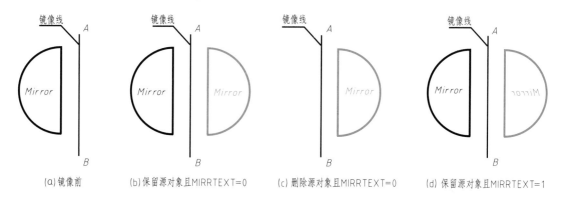

(a) 镜像前　　　(b) 保留源对象且MIRRTEXT＝0　　(c) 删除源对象且MIRRTEXT＝0　　(d) 保留源对象且MIRRTEXT＝1

图 12-64　镜像

【注意】　系统参数 MIRRTEXT 用于控制文字镜像时是否更改文字方向，MIRRTEXT＝1，文字翻转［图 12-64（d）］；MIRRTEXT＝0 文字方向不更改［图 12-64（b）和图 12-64（c）］。

12.4.4　偏移

（1）打开命令后，根据提示进行操作。

当前设置：删除源＝否　图层＝源　OFFSETGAPTYPE＝0

指定偏移距离或［通过（T）/删除（E）/图层（L）］＜通过＞：(输入偏移距离或选择其他方式)

选择要偏移的对象，或［退出（E）/放弃（U）］＜退出＞：(选择要偏移的对象)

指定要偏移的那一侧上的点，或［退出（E）/多个（M）/放弃（U）］＜退出＞：(在要偏移的那一侧任意拾取一点)

选择要偏移的对象，或［退出（E）/放弃（U）］＜退出＞：↙(结束命令)

（2）选项说明

①"指定偏移距离"：在距现有对象指定的距离处创建对象。图 12-65（a）拾取点在源对象内，图 12-65（b）拾取点在源对象外。

②"通过（T）"：创建通过指定点的对象，如图 12-65（c）所示。

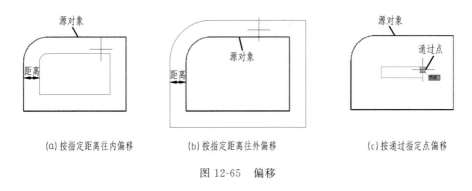

(a) 按指定距离往内偏移　　　(b) 按指定距离往外偏移　　　(c) 按通过指定点偏移

图 12-65　偏移

【注意】 ① 偏移命令一次只能偏移复制一个对象。多段线作为一个对象可以整体偏移复制。

② 在多段线中的圆弧如果无法偏移时，系统将忽略该圆弧，如图 12-65（c）所示。

12.4.5　阵列

打开命令后出现三种阵列方式。

（1）矩形阵列　选中 ⊞ 按钮，可对指定对象按行和列方式排列的矩形阵列。其操作步骤为：选择要排列的对象并按回车键，将显示默认的矩形阵列，如图 12-66（a）所示。阵列预览中，拖动夹点以调整间距以及行数和列数；也可以在如图 12-66（b）所示的功能区的"阵列创建"选项卡中进行调整。

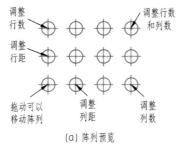

(a) 阵列预览

默认 插入 注释 参数化 视图 管理 输出 附加模块 协作 Express Tools 精选应用 阵列创建						
	列数: 4	行数: 3	级别: 1			
矩形	介于: 50	介于: 30	介于: 1	关联	基点	关闭阵列
	总计: 150	总计: 60	总计: 1			
类型	列	行	层级	特性		关闭

(b) "矩形阵列创建"选项卡

图 12-66　创建矩形阵列方式

（2）路径阵列　选中 ⌇ 按钮，可将指定对象沿指定路径均匀分布。其操作步骤为：选择要排列的对象［如图 12-67（a）中的圆］，按回车键并选择某个对象（直线、多段线、样条曲线、圆弧、圆或椭圆等）作为阵列的路径［如选择图 12-67（a）中的曲线］，图 12-67（b）为路径阵列预览，拖动方形基准夹点可以调整阵列行数［图 12-67（c）］，如果拖动三角形夹点，可以更改沿路径进行排列的项目间距及项目数量［图 12-67（d）］；同样可以在功能区的"阵列创建"选项卡［图 12-67（e）］中进行各种设置。沿路径阵列的方式有两种：定距等分和定数等分。

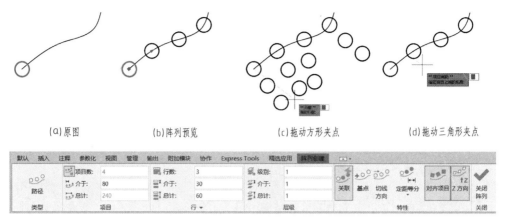

(a)原图　　　　(b)阵列预览　　　　(c)拖动方形夹点　　　　(d)拖动三角形夹点

(e)"路径阵列创建"选项卡

图 12-67　创建路径阵列方式

（3）环形阵列　选中 按钮，可将指定对象绕阵列中心等角度均匀分布。其操作步骤为：选择要排列的对象、指定中心点［图 12-68（a）中，选择矩形为对象并指定中心］，按回车键，将显示默认的预览阵列矩形［图 12-68（b）］。阵列预览中，拖动夹点以调整阵列半径、项目之间的角度及移动阵列；还可以在功能区的"阵列创建"选项卡［图 12-68（c）］中进行各种设置。选中"旋转项目"，复制时项目会随着环形阵列复制的角度同步旋转，反之不旋转。选中"方向"复制时的项目是逆时针复制，反之顺时针复制。

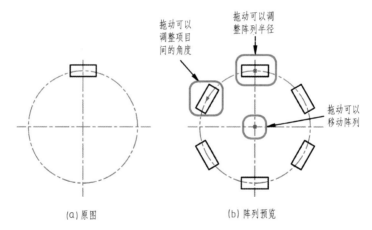

(a)原图　　　　　　(b)阵列预览

(c)"环形阵列创建"选项卡

图 12-68　创建环形阵列方式

【注意】　使用默认设置创建的阵列为一个整体，即创建了关联阵列，可同时编辑修改，也可以使用"分解"（EXPOLDE）命令进行分解，使之相互独立；也可以设置"关联"选项，创建不关联的阵列。

12.4.6　移动

打开命令后，根据提示进行操作。

选择对象：(选择要移动的对象，按回车键结束选择)

指定基点或 [位移 (D)] <位移>：(指定移动基点)

指定第二个点或 <使用第一个点作为位移>：(指定移动目标点)

12.4.7　旋转

(1) 打开命令后，根据提示进行操作。

UCS 当前的正角方向：　ANGDIR＝逆时针　ANGBASE＝0

选择对象：(选择要旋转的对象，按回车键结束选择)

指定基点：(指定旋转基点)

指定旋转角度，或 [复制 (C)/参照 (R)] <0>：(指定旋转角度或选择其他选项)

(2) 选项说明

①"指定旋转角度"：决定对象绕基点旋转的角度。角度为正值时逆时针旋转，角度为负值时顺时针旋转。

②"复制 (C)"：旋转并复制对象。

③"参照 (R)"：将对象从指定的角度旋转到新的绝对角度。

[例 12-4]　将图 12-69 (a) 编辑成图 12-69 (b) 所示图形。

【操作】　命令：ROTATE✓

UCS 当前的正角方向：　ANGDIR＝逆时针　ANGBASE＝0

选择对象：找到 6 个 (选择要旋转的对象)

选择对象：✓ (结束对象选择)

指定基点：(打开"对象捕捉"，拾取圆心 A)

指定旋转角度，或 [复制 (C)/参照 (R)] <0>：C✓ (选择"复制"选项)

旋转一组选定对象。

指定旋转角度，或 [复制 (C)/参照 (R)] <0>：R✓ (选择"参照"选项)

指定参照角 <0>：(拾取圆心 A) 指定第二点：(拾取圆心 B) (即 AB 线为参照角)

指定新角度或 [点 (P)] <0>：(拾取通过圆心 A 的 AC 线上的任一点 C，即 AC 线为旋转后的位置)

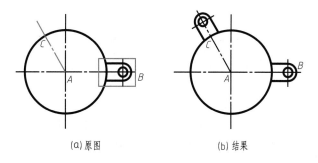

(a)原图　　　　　　　　　(b)结果

图 12-69　旋转

12.4.8　缩放

(1) 打开命令后，根据提示进行操作。

选择对象：(选择要缩放的对象)

指定基点：(指定缩放基点)

指定比例因子或 [复制 (C)/参照 (R)]：(输入缩放倍数或选择其他选项)

（2）选项说明

①"指定比例因子"：执行该默认项，即输入比例因子后回车，AutoCAD 将所选择对象根据该比例因子相对于基点缩放，0＜比例因子＜1 时缩小对象，比例因子＞1 时放大对象，还可以拖动光标使对象变大或变小。

②"复制（C）"：选择该选项可以在缩放对象的同时保留原对象。

③"参照（R）"：按参照长度和指定的新长度缩放所选对象。以系统自动计算出的参照长度与新长度的比值确定比例因子缩放对象。

12.4.9　拉伸

图 12-70 为拉伸命令使用过程。

命令：STRETCH↙

以交叉窗口或交叉多边形选择要拉伸的对象…

选择对象：指定对角点：（找到 3 个）［图 12-70（a）］

选择对象：↙（结束选择）

指定基点或［位移（D）］＜位移＞：［任取一点，如图 12-70（b）所示的光标位置］

指定第二个点或 ＜使用第一个点作为位移＞：［开启"正交"，光标右移，或输入拉伸距离，结果如图 12-70（c）所示］

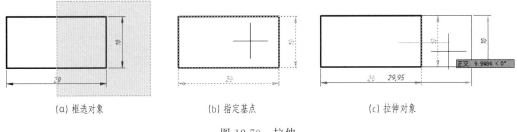

(a) 框选对象　　　　　　　　(b) 指定基点　　　　　　　　(c) 拉伸对象

图 12-70　拉伸

【注意】　①该命令只能通过交叉窗口或交叉多边形来选择对象，且仅移动位于交叉选择内的顶点和端点。

②圆不能被拉伸变形，只能被移动。

12.4.10　修剪

修剪有"快速"和"标准"两种模式，默认为"快速"模式。

（1）打开命令后，根据提示进行操作。

"快速"模式下：

当前设置：投影＝UCS，边＝无，模式＝快速

选择要修剪的对象，或按住"Shift"键选择要延伸的对象或［剪切边（T）/窗交（C）/模式（O）/投影（P）/删除（R）］：（选择被修剪的对象，所有对象都自动作为剪切边）

"标准"模式下：

当前设置：投影＝UCS，边＝无，模式＝标准

选择剪切边…

选择对象或［模式（O）］＜全部选择＞：（选择作为剪切边的对象或按回车键选择全部对象）

选择对象：↙（还可以继续选择对象，或者回车结束剪切边界对象的选择）

选择要修剪的对象，或按住"Shift"键选择要延伸的对象或［剪切边（T）/栏选（F）/窗交（C）/模式（O）/投影（P）/边（E）/删除（R）］：（选择对象或其他选项）

选择要修剪的对象，或按住"Shift"键选择要延伸的对象或［剪切边（T）/栏选（F）/窗交（C）/模式（O）/投影（P）/边（E）/删除（R）/放弃（U）］：↙（结束命令）

（2）选项说明

①"选择要修剪的对象，或按住"Shift"键选择要延伸的对象"：在该提示下选择被修剪对象，AutoCAD会以剪切边为边界，剪去鼠标选择的对象。如果被修剪对象没有与剪切边相交，在该提示下按住"Shift"键选择对应的对象，则会将其延伸到剪切边。

② 模式（O）：可以在二种模式之间切换。

③ 剪切边（T）：选择作为剪切边的对象。

④ "栏选（F）"：以栏选方式确定被修剪对象，如图12-71（b）所示。

⑤ "窗交（C）"：使与选择窗口边界相交的对象作为被修剪对象，如图12-71（c）所示。

⑥ "投影（P）"：确定执行修剪操作的空间。

⑦ "边（E）"：确定剪切边的隐含延伸模式，该选项下有两个选择，若选择"延伸（E）"，如果剪切边界与被修剪的对象不相交，系统会延伸剪切边至与对象相交，然后再修剪，如图12-71（d）所示；若选择"不延伸（N）"，系统只会修剪与剪切边相交的对象。

⑧ "删除（R）"：删除指定的对象。

⑨ "放弃（U）"：取消上一次的操作。

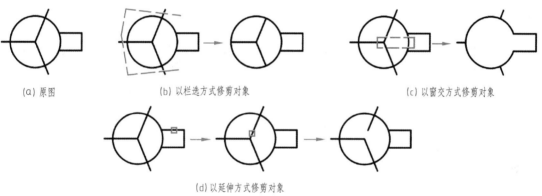

(a) 原图　　　　　　　　(b) 以栏选方式修剪对象　　　　　　　　(c) 以窗交方式修剪对象

(d) 以延伸方式修剪对象

图12-71　修剪

【注意】　操作时，命令两次提示对象选择，第一次选择的是修剪边界，第二次选择的是欲修剪对象。修剪边界同时又是欲修剪对象时，系统会自动判断边界；欲修剪对象可以与修剪边界相交，也可以不相交，选择结束按回车键。

12.4.11　延伸

延伸有"快速"和"标准"两种模式，默认为"快速"模式。

打开命令后，根据提示进行操作。

"快速"模式下：

当前设置：投影＝UCS，边＝无，模式＝快速

选择要延伸的对象，或按住"Shift"键选择要修剪的对象或［边界边（B）/窗交（C）/模式（O）/投影（P）］：（选择被延伸的对象，所有对象都自动作为延伸到的边界）

"标准"模式下：

当前设置：投影＝UCS，边＝无，模式＝标准

选择边界的边 …

选择对象或［模式（O）］＜全部选择＞：（选择指定边界）

选择对象：↙（结束对象选择）

选择要延伸的对象，或按住"Shift"键选择要修剪的对象或［边界边（B）/栏选（F）/窗交（C）/模式（O）/投影（P）/边（E）］：（选择要延伸的对象或其他选项）

选择要延伸的对象，或按住"Shift"键选择要修剪的对象或［栏选（F）/窗交（C）/投影（P）/边（E）/放弃（U）］：↙（结束命令）

【注意】 被延伸的对象与延伸边界如果没有延伸交点则该命令无效，闭式多段线也无法延伸。

12.4.12 打断

打开命令后，根据提示进行操作。

选择对象：选择要打断的对象

指定第二个打断点 或［第一点（F）］：［指定第二个打断点或输入"F"，光标指定第二点后，直线在两点之间断开（图12-72）

【注意】 ① 对圆进行打断操作后，第一个打断点和第二个打断点间逆时针圆弧被删除。

② 默认情况下，选择对象的点即为第一个打断点，若要选择其他断点时，可在命令提示"指定第二个打断点 或［第一点（F）］："下，输入"F"，然后从第一个点开始拾取两个打断点。

③ 若第二个打断点与第一个打断点重合，则图形对象一分为二，不删除任何部分，要求指定第二点时输入"@0，0"，也可使用"打断于点"命令。

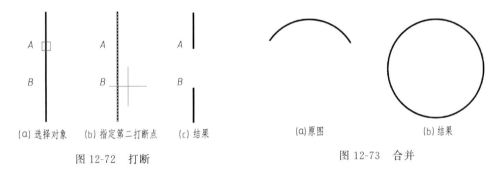

(a) 选择对象　　(b) 指定第二打断点　　(c) 结果　　　　　　　　(a) 原图　　　　　　　　(b) 结果

图 12-72　打断　　　　　　　　　　　　　　图 12-73　合并

12.4.13 合并

打开命令后，根据提示进行操作。

［例 12-5］ 将图 12-73 中的圆弧还原为完整的圆。

【操作】 命令：JOIN↙

选择源对象或要一次合并的多个对象：（选择圆弧）

选择要合并的对象：↙（结束选择）

选择圆弧，以合并到源或进行［闭合（L）］：L↙（选择"闭合"选项）

已将椭圆弧转换为椭圆。

【注意】 ① 对于源对象和要合并的对象，如果是直线，则必须共线；如果是圆弧，则必须位于同一假想的圆上；如果是椭圆弧，则必须位于同一椭圆上，两对象之间可以有间隙。如果是多段线或样条曲线，则对象之间不能有间隙，且必须位于与 UCS 的 XY 平面平行的同一平面上。

② 也可以使用 PEDIT 命令的"合并"选项来将一系列直线、圆弧和多段线合并为单个多段线。

12.4.14　倒角

（1）打开命令后，根据提示进行操作。

（"修剪"模式）当前倒角距离1＝0.0000，距离2＝0.0000

选择第一条直线或［放弃（U）/多段线（P）/距离（D）/角度（A）/修剪（T）/方式（E）/多个（M）］:（选择第一条线或其他选项）

选择第二条直线，或按住"Shift"键选择直线以应用角点或［距离（D）/角度（A）/方法（M）］:（选择第二条线或其他选项）

（2）选项说明

①"多段线（P）"：对多段线的每个顶点倒角，如图12-74（a）为多段线矩形，倒角时选择多段线选项，预览效果如图12-74（b）所示。如果多段线包含的线段过短以至于无法容纳倒角距离，则不对这些线段倒角。

②"距离（D）"：设定倒角至选定边端点的距离，如图12-74（c）所示。如果将两个距离均设定为零，CHAMFER将延伸或修剪两条直线，以使它们终止于同一点。

③"角度（A）"：用第一条直线的倒角距离和角度进行倒角处理［图12-74（d）］。

④"修剪（T）"：控制倒角时是否将选定的边修剪到倒角直线的端点，选择该选项后系统提示：

输入修剪模式选项［修剪（T）/不修剪（N）］＜修剪＞:［输入选项选择修剪模式，如图12-74中（e）、（f）所示］

⑤"方式（E）"：用于控制是使用距离还是角度来创建倒角。

⑥"多个（M）"：同时对多个对象进行倒角编辑，而不需要重新发布命令。

⑦"按住Shift键选择直线"：按住"Shift"键同时选择两直线，能使两直线快速相交，［图12-74（g）］，也能使相交的两直线快速剪去多余线条［图12-74（h）］。

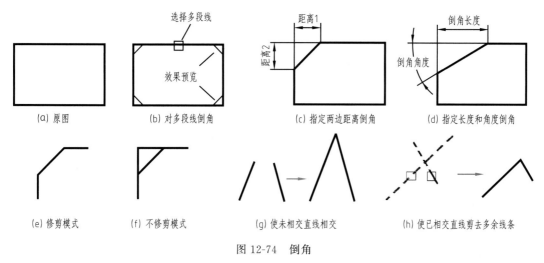

(a) 原图　　(b) 对多段线倒角　　(c) 指定两边距离倒角　　(d) 指定长度和角度倒角

(e) 修剪模式　　(f) 不修剪模式　　(g) 使未相交直线相交　　(h) 使已相交直线剪去多余线条

图12-74　倒角

12.4.15　圆角

打开命令后，根据提示进行操作。

当前设置：模式＝修剪，半径＝0.0000

选择第一个对象或［放弃（U）/多段线（P）/半径（R）/修剪（T）/多个（M）］: R↙（选择"半径"）

指定圆角半径＜0.0000＞: 20↙

选择第一个对象或［放弃（U）/多段线（P）/半径（R）/修剪（T）/多个（M）］:（选择第一条边）

选择第二个对象，或按住"Shift"键选择对象以应用角点或[半径（R）]：[选择第二条边，结果如图12-75（b）所示]

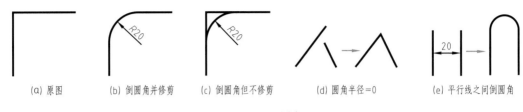

(a) 原图　　(b) 倒圆角并修剪　　(c) 倒圆角但不修剪　　(d) 圆角半径=0　　(e) 平行线之间倒圆角

图 12-75　圆角

【注意】　① 圆角命令中的多段线、修剪等、多个选项功能同倒角命令，如图 12-75 中（b）～（d）所示。

② 对两条平行直线倒圆角，则圆角半径设为平行直线距离的一半，如图 12-75（e）所示。

12.4.16　光顺曲线

打开命令后，根据提示进行操作。

连续性＝相切

选择第一个对象或[连续性（CON）]：（如图 12-76 所示，在直线上部 1 点选择对象）

选择第二个点：（如图 12-76 所示，在曲线左端附近 2 点选择对象，此时在 1、2 两端点附近生成样条曲线 a。（如果选择对象时选择框分别选择 3、4 位置附近，则生成样条曲线 b）

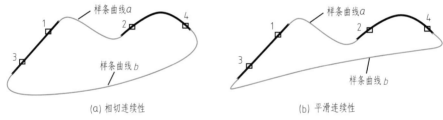

(a) 相切连续性　　　　　　　　(b) 平滑连续性

图 12-76　光顺曲线

【注意】　① 可以使用光顺曲线的对象包括直线、圆弧、椭圆弧、螺旋、开放的多段线和开放的样条曲线。

② 连续性选项包括相切和平滑两种类型，选择"相切"，则在选定对象的端点处具有相切连续性，效果如图 12-76（a）所示；选择"平滑"，则在选定对象的端点处具有曲率连续性，效果如图 12-76（b）所示。

12.4.17　分解

分解命令可将整体对象（如块、多段线、面域或尺寸标注等）分解成多个单一对象。

【注意】　带宽度的多段线被分解后无宽度信息。

12.5　文字

12.5.1　设置文字样式

文字样式是一组可随图形保存的文字设置的集合，这些设置包括字体、文字高度以及特殊效果等。为满足工程图的要求，在书写文本之前，应建立相应的文字样式。

（1）运行方式

① 命令行：STYLE（快捷命令 ST）或 DDSTYLE

② 菜单："格式"→"文字样式"

③ 工具栏：单击"样式"或"文字"工具栏中的 按钮

④ 功能区："默认"→"注释"中的"文字样式"按钮

（2）操作过程 以上操作弹出"文字样式"对话框，如图 12-77 所示，可以在其中创建、修改或设置命名文字样式。

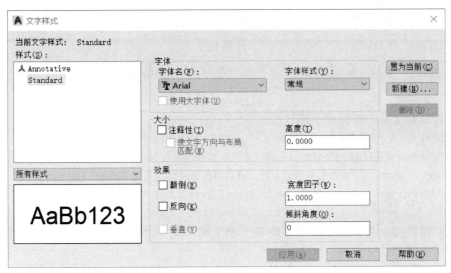

图 12-77 "文字样式"对话框

（3）选项说明

①"样式"列表框：显示图形中的样式列表，系统默认文字样式为 Standard。

②"字体"选项组：用于设置文字样式使用的字体名、字体格式等属性。当选择 True Type 字体时，"文字样式"显示"常规"样式；当选用 SHX 字体时，复选框"使用大字体"被激活，勾选后，"字体样式"框变为"大字体"框，其中只有 SHX 字体可供选择，如 chineset.shx 为繁体中文字体，gbcbig.shx 为简体中文字体。

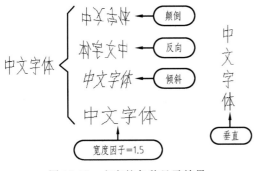

图 12-78 文字的各种显示效果

③"大小"选项组：用于设置文字的高度。若在"高度"栏中输入了非零值，则表示该字体样式以所输入的值作为固定字高，使用 TEXT 命令输入文字时，AutoCAD 不再提示输入字高；若将"高度"设为"0"，则表示该字体样式的文字高度可以变动。

④"效果"选项组：用于设置文字的显示效果，如图 12-78 所示。其中，文字倾斜角的输入值在−85 和 85 之间有效；True Type 字体的垂直定位不可用。

【注意】 ① 样式列表中 Standard 样式不允许重命名或被删除，只可以重新设置。如果要用不同于系统默认的字体样式，最好自己重新创建，不建议对默认样式修改使用。

② gbenor. shx 或 gbeitc. shx 搭配大字体 gbcbig. shx（简体中文），基本上能兼容机械设计中所有常见的字体和符号。gbenor. shx 和 gbeitc. shx 文件分别用于标注正体和斜体字母与数字。文字高度一般使用默认值 0，方便调节。

12.5.2　单行文字

使用"单行文字"命令可以创建一行或多行文字，其中，每行文字都是独立的对象，可对其进行移动、格式设置或其他修改。

（1）运行方式

① 命令行：DTEXT 或 TEXT（快捷命令 DT）。

② 菜单："绘图"→"文字"→"单行文字"。

③ 工具栏：单击"文字"工具栏中的 **A** 按钮。

④ 功能区："默认"→"注释"中的"单行文字"按钮 **A** 或"注释"→"文字"中的"单行文字"按钮 **A**。

（2）打开命令后，根据提示进行操作。

当前文字样式：　"Standard"　文字高度：　2.5000　注释性：　否　对正：　左

指定文字的起点或［对正（J）/样式（S）］:（在合适位置指定注写单行文字的起点）

指定高度＜2.5000＞:（输入文字的高度值，或利用极轴追踪确定文字高度）

指定文字的旋转角度＜0＞:（输入文本行绕对齐点旋转的角度值，或利用极轴追踪确定文字行旋转角度）。

此时，在屏幕上的"在位文字编辑器"中，输入文字，回车。可以继续输入第二行文字，连续两次回车结束命令。

12.5.3　多行文字

使用"多行文字"命令，可以在指定的矩形区域内，输入或粘贴其他文件中的文字以创建多行文本段落对象。该对象布满边界，可进行文字样式、字高、调整段落和行距、对齐等设置。使用该命令书写的多行文本是一个整体对象。

（1）运行方式

① 命令行：MTEXT（快捷命令 MT 或 T）。

② 菜单："绘图"→"文字"→"多行文字"。

③ 工具栏：单击"绘图"或"文字"工具栏中的 **A** 图标按钮。

④ 功能区："默认"→"注释"中的"多行文字"按钮 **A** 或"注释"→"文字"中的"多行文字"按钮 **A**。

（2）打开命令后，根据提示进行操作。

MTEXT 当前文字样式：　"Standard"　文字高度：　2.5　注释性：　否

指定第一角点:（在适当位置指定多行文字矩形边界的一个角点）

指定对角点或［高度（H）/对正（J）/行距（L）/旋转（R）/样式（S）/宽度（W）/栏（C）］:（在适当位置指定文本窗口的另一个角点，该点与第一角点构成了文本输入矩形边界）

此时弹出如图 12-79 所示的"文字编辑器"选项卡和文字输入框，可在其中进行文本输入、编辑及文本段落外观设置等操作。

12.5.4　特殊符号的输入

在 AutoCAD 中，工程上用的一些特殊符号不能通过标准键盘直接输入，可以通过以下方式输入。

图 12-79　"文字编辑器"选项卡和"文字输入框"

（1）使用键盘输入对应的控制代码或 Unicode 字符串　如表 12-4 所示，AutoCAD 提供了相应的控制代码或 Unicode 字符串输入这些特殊符号。在"输入文字："提示下，使用键盘输入对应的控制代码或字符串，所输入的这些控制代码或字符串会临时显示在屏幕上，当结束文本创建命令时，则出现相应的特殊符号。

表 12-4　常用控制代码及字符串

符　　号	控制代码	Unicode 字符串
度（°）	%%D	\U＋00B0
公差（±）	%%P	\U＋00B1
直径（Φ）	%%C	\U＋2205

（2）通过"文字编辑器"输入　在多行文字的"文字编辑器"选项卡（图 12-79）中单击"符号"按钮 @，在调出的"符号"列表（图 12-80）中选择需要的符号；另外单击"其他"选项，系统将打开 Windows 中的"字符映射表"（图 12-81），从中选择符号并分别单击"选择""复制"按钮，回到 CAD 的文本窗口后，使用"粘贴"命令将其添加到文本中。

图 12-80　"符号"列表

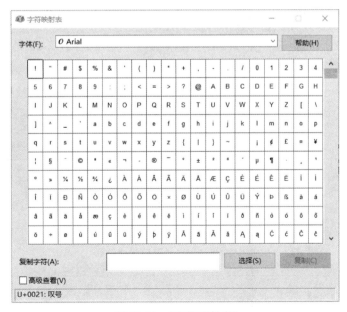

图 12-81　"字符映射表"

12.5.5　创建堆叠文字

通过输入特殊字符创建堆叠文字，可以满足图形中书写公差、分数的需要，见表 12-5。

表 12-5　定义堆叠的常用字符及堆叠实例

字符	堆叠作用	实例
斜杠"/"	以垂直方式堆叠文字,由水平线分隔	$1/5 \rightarrow \dfrac{1}{5}$
磅字符"#"	以对角形式堆叠文字,由对角线分隔	$1\#5 \rightarrow 1/5$
插入符"^"	创建公差形式堆叠,不用直线分隔	$1^5 \rightarrow 1_{5}$

12.5.6　编辑文字

对已存在的文字,可以进行更改内容、格式或特性(例如比例和对齐)的编辑。运行方式如下。

① 命令行:DDEDIT(快捷命令 ED)。

② 菜单:"修改"→"对象"→"文字"→"编辑"。

③ 工具栏:单击"文字"工具栏的"编辑"  按钮。

④ 双击所要编辑的文字内容。

⑤ 单击文字→按右键→选择快捷菜单中的"编辑"或"编辑多行文字"。

图 12-82　"特性"选项板编辑文字

⑥ 单击文字→按右键→选择快捷菜单中的"特性"→调出"特性"选项板(图 12-82)。另外可以使用"移动""旋转""删除"和"复制"等命令对文字进行修改。

12.6　尺寸标注

尺寸标注是工程图的重要组成部分,AutoCAD 包含了一套完整的尺寸标注命令和实用程序,可以轻松完成图纸中要求的尺寸标注。图 12-83 是"标注"工具栏,各按钮的命令名、功能及对应的其他运行方式见表 12-6。

图 12-83　"标注"工具栏

表 12-6　"标注"工具栏各按钮简介

按　钮	命令名	快捷命令名	菜单栏命令名	功能区命令名	功能
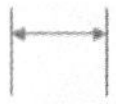	DIMLINEAR	DIMLIN	"标注"→"线性"	"默认"→"注释"→"线性"或"注释"→"标注"→"线性"	创建线性标注
	DIMALIGNED	DIMALI 或 DAL	"标注"→"对齐"	"默认"→"注释"→"对齐"或"注释"→"标注"→"已对齐"	创建对齐标注
	DIMARC		"标注"→"弧长"	"默认"→"注释"→"弧长"或"注释"→"标注"→"弧长"	创建弧长标注
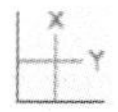	DIMORDINATE	DIMORD	"标注"→"坐标"	"默认"→"注释"→"坐标"或"注释"→"标注"→"坐标"	创建坐标标注

按　钮	命令名	快捷命令名	菜单栏命令名	功能区命令名	功能
	DIMRADIUS	DIMRAD	"标注"→"半径"	"默认"→"注释"→"半径"或"注释"→"标注"→"半径"	创建半径标注
	DIMJOGGED		"标注"→"折弯"	"默认"→"注释"→"折弯"或"注释"→"标注"→"已折弯"	创建折弯半径标注
	DIMDIAMETER	DIMDIA	"标注"→"直径"	"默认"→"注释"→"直径"或"注释"→"标注"→"直径"	创建直径标注
	DIMANGULAR	DIMANG 或 DAN	"标注"→"角度"	"默认"→"注释"→"角度"或"注释"→"标注"→"角度"	创建角度标注
	QDIM		"标注"→"快速标注"	"注释"→"标注"→"快速标注"	创建快速标注
	DIMBASELINE	DIMBASE	"标注"→"基线"	"注释"→"标注"→"基线"	创建基线标注
	DIMCONTINUE	DIMCONT	"标注"→"连续"	"注释"→"标注"→"连续"	创建连续标注
	DIMSPACE		"标注"→"标注间距"	"注释"→"标注"→"调整间距"	设置标注间距
	DIMBREAK		"标注"→"标注打断"	"注释"→"标注"→"打断"	创建打断标注
	TOLERANCE	TOL	"标注"→"公差"	"注释"→"标注"→"公差"	创建公差标注
	DIMCENTER		"标注"→"圆心标记"		标注圆心标记
	DIMINSPECT		"标注"→"检验"	"注释"→"标注"→"检验"	检验标注
	DIMJOGLINE		"标注"→"折弯线性"	"注释"→"标注,折弯标注"	创建折弯线性标注
	DIMEDIT	DED	"标注"→"编辑标注"		编辑标注
	DIMTEDIT	DIMTED	"标注"→"编辑标注文字"		编辑标注文字
	DIMSTYLE	DIMSTY	"标注"→"更新"	"注释"→"标注"→"更新"	更新标注样式
ISO-25				"默认"→"注释"→"标注样式"或"注释"→"标注"→"标注样式"	切换当前标注样式
	DIMSTYLE 或 DDIM	D	"标注"→"标注样式"或"格式"→"标注样式"	"默认"→"注释"→"标注样式"	设置标注样式

12.6.1　尺寸标注样式设置

第 1 章已介绍尺寸标注的基本规则和方法，图 12-84 为使用系统默认标注样式直接标注尺寸的效果，显然，图中所标尺寸不合我国机械制图规范，应修改标注样式中的对应参数以满足使用要求。

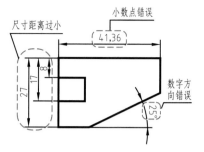

图 12-84　使用默认标注样式的标注效果

12.6.1.1　修改基础标注样式

修改或设置尺寸标注样式，必须调出"标注样式管理器"。

（1）打开命令后弹出如图 12-85 所示的"标注样式管理器"对话框，单击"修改"按钮，打开"修改标注样式"对话框，出现"线""符号和箭头""文字""调整""主单位""换算单位"和"公差"等 7 个选项卡，如图 12-86 所示。

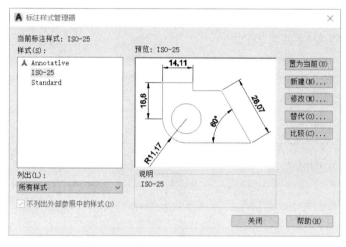

图 12-85　"标注样式管理器"对话框

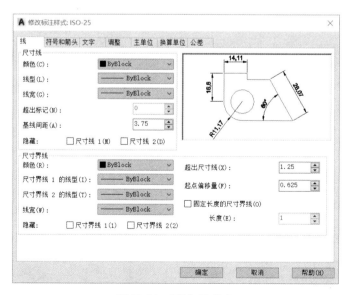

图 12-86　"线"选项卡

（2）选项说明

①"线"选项卡：用于设置尺寸线、尺寸界线的格式、位置等特性。

a. "尺寸线"选项组。用于设置尺寸线的颜色、线宽、超出标记、基线间距以及是否隐藏尺寸线等属性。

b. "尺寸界线"选项组。用于设置尺寸界线的颜色、线宽、尺寸界线超出尺寸线的距离、起点偏移量以及是否隐藏尺寸界线等属性。

②"符号和箭头"选项卡：用于设置箭头、圆心标记、弧长符号、折弯标注形式等特性（图 12-87）。

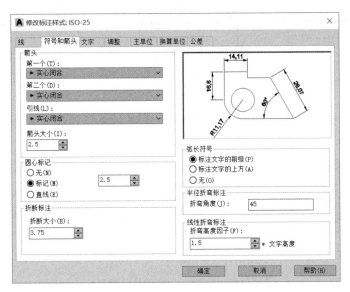

图 12-87　"符号和箭头"选项卡

③"文字"选项卡：用于设置标注文字的外观、位置、对齐方式等特性，如图 12-88 所示。

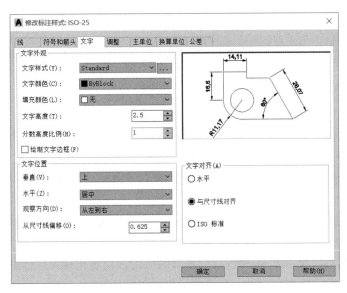

图 12-88　"文字"选项卡

其中文字对齐方式有三种："水平"使标注文字水平放置，如图 12-89（a）所示；"与尺寸线对齐"使标注文字沿尺寸线方向放置，如图 12-89（b）所示；"ISO 标准"使标注文字按 ISO 标准放置，即标注文字在尺寸界线内时沿尺寸线方向放置，在尺寸界线外时水平放置，如图 12-89（c）所示。

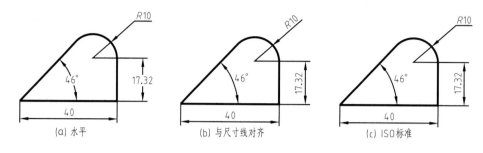

图 12-89　文字对齐方式

④"调整"选项卡：用于设置尺寸标注文字、箭头的放置位置，是否添加引线，以及全局比例因子等特性，如图 12-90 所示。

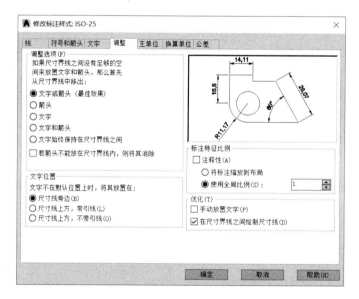

图 12-90　"调整"选项卡

⑤"主单位"选项卡：用于设置主标注单位的格式和精度，并设定标注文字的前缀和后缀，如图 12-91 所示。一般将"小数分隔符"从"逗点"样式改为"句点"。

【注意】 "前缀"和"后缀"选项应慎用，因为使用该选项将给所有尺寸都加上前缀和后缀。

⑥"换算单位"选项卡：用于设置是否显示换算单位及对换算单位进行相应设置，如图 12-92 所示。若需要同时显示公制与英制对应的尺寸标注时，可以勾选"显示换算单位"，其中"换算单位倍数"乘以测量值即为换算后的值，该值将出现在主单位后的 [ ] 内，标注效果如图 12-93 所示。本选项卡一般不作设置。

⑦"公差"选项卡：用于设置尺寸公差的样式和尺寸偏差值，如图 12-94 所示。

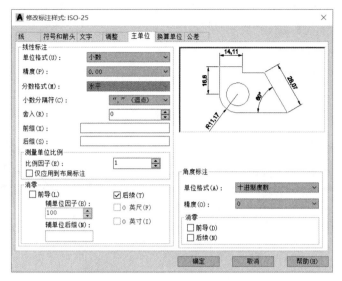

图 12-91　"主单位"选项卡

图 12-92　"换算单位"选项卡

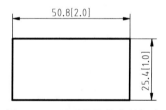

图 12-93　显示换算单位的标注

【注意】　系统自动在上偏差前加"＋"号，在下偏差前加"－"号。如果上偏差是负值或下偏差是正值，则需要在输入的偏差值前加"－"号。

12.6.1.2　创建新的标注样式

工程图中通常需要标注线性、直径、半径、角度等尺寸，如图 12-95 所示。AutoCAD可以在一个基础标注样式下，根据不同标注类型建立对应的标注子样式，便于分别设置，以满足国家标准规定的标注形式，过程如下。

（1）创建"角度"子样式　在"标注样式管理器"对话框中，单击"新建"按钮，弹出"创建新标注样式"对话框，选择"基础样式"为"ISO-25"，单击"用于"下拉列表，选择"角度标注"；然后单击"继续"按钮，在弹出的"新建标注样式"对话框中，打开"文字"选项卡，设置"文字对齐"方式为"水平"，操作过程如图 12-96 所示。

图 12-94 "公差"选项卡

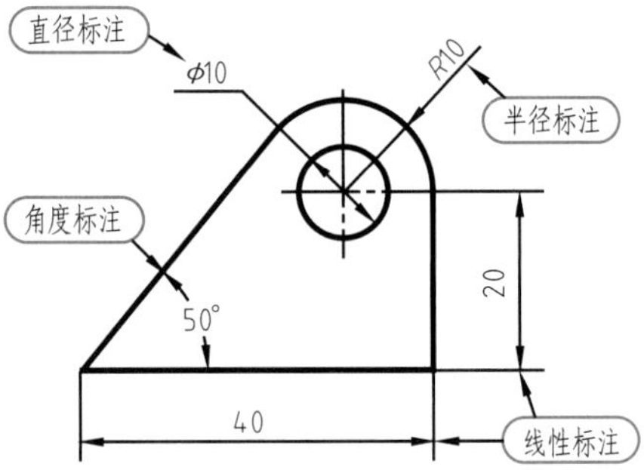

图 12-95 尺寸标注常用类型

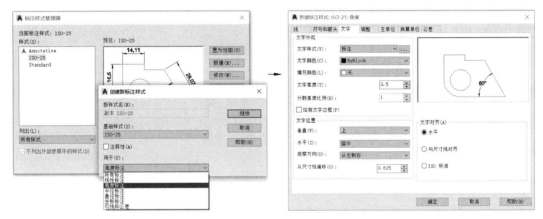

图 12-96 创建新标注样式的过程

单击"确定"按钮，返回"标注样式管理器"对话框，此时"标注样式管理器"的"样式"列表中出现了"角度"子样式。

（2）分别创建"线性""直径""半径"子样式 重复以上步骤，分别建立"线性""直径""半径"等标注式样。各选项卡默认基础样式"ISO-25"的参数设置，结果显示如图 12-97 所示。

12.6.1.3 修改标注样式名称

系统默认的样式名称为"ISO-25"，为在调用图形时，防止同名的尺寸样式相互替代，通常对已做设置的基础样式重新命名（图 12-98 中新样式名为"机械图"）。

12.6.2 常用的尺寸标注

12.6.2.1 线性标注

（1）打开命令后，根据提示进行操作。

指定第一个尺寸界线原点或 <选择对象>：（拾取线段上一点，确定第一条尺寸界线位置）

指定第二条尺寸界线原点：（拾取线段另一端点，确定第二条尺寸界线位置）

指定尺寸线位置或

[多行文字（M）/文字（T）/角度（A）/水平（H）/垂直（V）/旋转（R）]：（移动光标指定尺寸线位置）

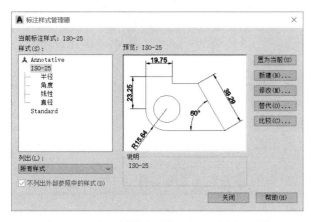 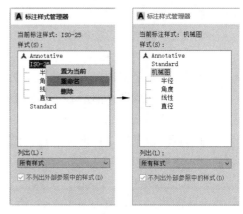

图 12-97 建立新样式后的"标注样式管理器" 图 12-98 修改样式名称

（2）选项说明

①"多行文字（M）"：选择该选项，将显示"在位文字编辑器"，可用它来编辑标注文字，如添加前缀、后缀或改变测量值等。

②"文字（T）"：选择该选项，可以在命令提示下自定义标注文字。

③"角度（A）"：选择该选项，可以指定尺寸文字的倾斜角度，标出倾斜的尺寸文字。

④"水平（H）"和"垂直（V）"：选择该选项，只能创建水平或垂直标注。

⑤"旋转（R）"：选择该选项，可按指定角度旋转标注尺寸。

图 12-99 为标注示例。

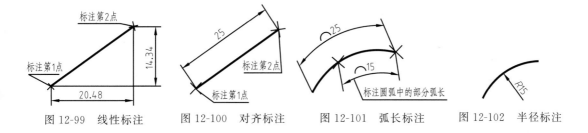

图 12-99 线性标注　图 12-100 对齐标注　图 12-101 弧长标注　图 12-102 半径标注

12.6.2.2 对齐标注

打开命令后，其操作过程与"线性标注"基本相同。示例见图 12-100。

12.6.2.3 弧长标注

打开命令后，根据提示进行操作。

选择弧线段或多段线圆弧段：（选择需要标注的圆弧）

指定弧长标注位置或［多行文字（M）/文字（T）/角度（A）/部分（P）/］：（移动光标指定尺寸线位置）

图 12-101 是标注示例。

12.6.2.4 半径标注

打开命令后，根据提示进行操作。

选择圆弧或圆：（选择需要标注的圆弧或圆）

标注文字＝15　（系统提示测量值）

指定尺寸线位置或［多行文字（M）/文字（T）/角度（A）］：（移动光标指定尺寸线位置）

图 12-102 为标注示例，其中符号 R 是自动添加的。

12.6.2.5 直径标注

其操作过程与"半径标注"完全相同。

12.6.2.6 折弯半径标注

操作与"半径标注"方法基本相同，但需要指定一个位置代替圆或圆弧的圆心，如图 12-103。

图 12-103 折弯半径标注

12.6.2.7 角度标注

（1）打开命令后，根据提示进行操作。

（2）选项说明

① 选择圆弧时，可以标注圆弧的中心角。所选圆弧的圆心是角度的顶点，圆弧端点为尺寸界线的原点，如图 12-104（a）所示。

② 选择圆时，可以标注圆上某段圆弧的中心角。所选圆的圆心是角度的顶点，选择点 [图 12-104（b）中的点 1] 作为第一条尺寸界线的原点，第二个点（无须位于圆上）是第二条尺寸界线的起点，如图 12-104（b）所示。

③ 选择直线时，可以标注两直线的夹角，如图 12-104（c）所示。

④ 指定顶点时，即指定三点标注角度，如图 12-104（d）所示。

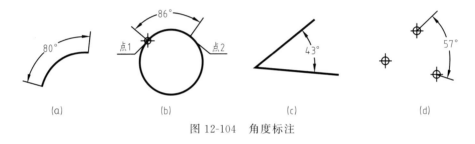

图 12-104 角度标注

12.6.2.8 坐标标注

（1）在使用"坐标"标注之前，通常先建立用户坐标（UCS），指定新的原点（即基准点）。

命令：UCS↙

当前 UCS 名称：＊世界＊

指定 UCS 的原点或 [面（F）/命名（NA）/对象（OB）/上一个（P）/视图（V）/世界（W）/X/Y/Z/Z 轴（ZA）]＜世界＞：[指定点作为新的坐标原点，如指定图 12-105（a）中的左下角]

指定 X 轴上的点或＜接受＞：↙ [表示接受，结果如图 12-105（a）所示，建立了新的坐标系]

然后按照表 12-6 中的任一方式打开坐标标注命令，根据提示操作。

指定点坐标：（拾取要标注坐标的点）

指定引线端点或 [X 基准（X）/Y 基准（Y）/多行文字（M）/文字（T）/角度（A）]：

（2）选项说明

① "指定引线端点"：指定另外一点，由这两点之间的坐标差确定标注的是 X 坐标还是 Y 坐标。若 Y 坐标的坐标差较大，就标注 X 坐标，否则就标注 Y 坐标。

② "X 基准（X）"：指定生成该点的 X 坐标。

③ "Y 基准（Y）"：指定生成该点的 Y 坐标。

标注结果如图 12-105（b）所示。

12.6.2.9 基线标注

在创建基线标注之前，必须已经创建了可以作为基准尺寸的线性、对齐或角度标注。

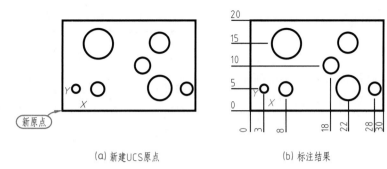

(a) 新建UCS原点   (b) 标注结果

图 12-105　坐标标注

打开命令后，根据提示进行操作。

指定第二个尺寸界线原点或［选择（S）/放弃（U）］＜选择＞:S↙

选择基准标注:［选择图 12-106（a）中大小为 7 的线性尺寸作为基准标注，则第一个尺寸界线默认为基线。］

指定第二个尺寸界线原点或［选择（S）/放弃（U）］＜选择＞:［选择图 12-106（a）中 B 点］

标注文字＝12

指定第二个尺寸界线原点或［选择（S）/放弃（U）］＜选择＞:［选择图 12-106（a）中 C 点］

标注文字＝20

对齐及角度为基准尺寸的标注过程同上，其结果如图 12-106（b）、图 12-106（c）所示。

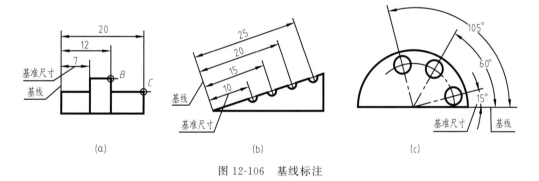

(a)   (b)   (c)

图 12-106　基线标注

12.6.2.10　连续标注

在创建连续标注之前，必须已经创建了线性、对齐或角度标注。如果当前任务中未创建任何标注，将提示用户选择相应尺寸，以用作连续标注的基准。

操作过程与"基线标注"相同，只是选择基准时，应选择已标注对象的第二个尺寸界线，如图 12-107 所示。

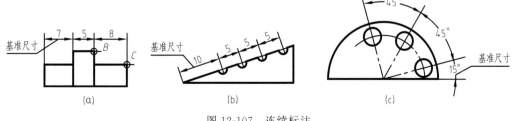

(a)   (b)   (c)

图 12-107　连续标注

12.6.2.11　快速标注

"快速标注"命令的优点是选择一次可完成多个标注，当为一系列圆或圆弧创建标注时，此命令特别有用，如图 12-108 所示。

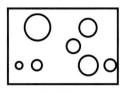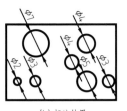

(a) 原图　　　　　　(b) 标注结果

图 12-108　快速标注图中的多个直径

打开命令后，根据提示进行操作。

选择要标注的几何图形：(选择要标注的几何对象)

选择要标注的几何图形：✓ (结束对象选择)

指定尺寸线位置或〔连续 (C)/并列 (S)/基线 (B)/坐标 (O)/半径 (R)/直径 (D)/基准点 (P)/编辑 (E)/设置 (T)〕＜连续＞：(指定尺寸位置或输入选项)

12.6.2.12　等距标注

打开命令后，根据提示进行操作。

选择基准标注：〔选择作为基准的标注，如图 12-109 (a)，选择尺寸"7"〕

选择要产生间距的标注：〔选择要与基准标注均匀隔开的标注，如图 12-109 (a)，选另两个尺寸〕

选择要产生间距的标注：✓ (结束对象选择)

输入值或〔自动 (A)〕＜自动＞：5〔指定间距，结果如图 12-109 (b) 所示〕

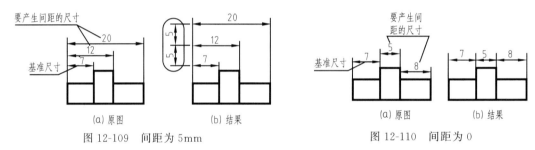

图 12-109　间距为 5mm　　　　　　图 12-110　间距为 0

图 12-110 (a) 中尺寸没有对齐，输入的间距值为 0，则尺寸线相互对齐，效果如图 12-110 (b)。

12.6.2.13　圆心标记

打开命令后，按提示进行操作。

选择圆弧或圆：(选择要作标记的圆或圆弧)

也可以通过"标注样式管理器"中的"符号和箭头"选项卡设定圆心标记组件的默认大小，还可以通过 DIMCEN 系统变量进行设置。

12.6.2.14　几何公差标注

第 10 章已按最新标准 GB/T 1182—2018 介绍了几何公差，AutoCAD 仍用之前标准称为形位公差，可使用"公差"TOLERANCE 或"快速引线"QLEADER 创建的形位公差标注。

(1) 使用"公差"TOLERANCE 标注　此命令仅能标注不带引线的形位公差，引线需另行添加。

① 打开命令后，如图 12-111 所示"形位公差"对话框，可以对形位公差进行设置。

② 选项说明

a. 单击"符号"下面的黑框，打开如图 12-112 所示的"特征符号"列表框，可以从中选择需要的公差符号。

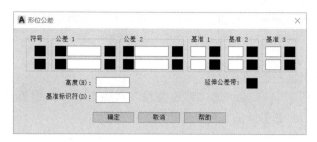

图 12-111　"形位公差"对话框

b. 单击"公差 1"或"公差 2"白色文本框左侧黑框，将插入一个直径符号；白色文本框用于输入具体的公差值；单击其右侧的黑框，打开如图 12-113 所示的"附加符号"列表框，可为公差选择包容条件符号。

图 12-112　"特征符号"列表框

图 12-113　"附加符号"列表框

c. "基准 1""基准 2"和"基准 3"：可以在白色方框中输入一个基准代号，单击其右侧黑框，打开"附加符号"列表框，为基准选择包容条件符号。

d. "高度"文本框：用于创建特征控制框中的投影公差零值。

e. "延伸公差带"：单击该黑框，可在"高度"文本框所输数值的后面插入延伸公差带符号。

f. "基准标识符"：用于创建由参照字母组成的基准标识符号。

（2）使用"快速引线"QLEADER（快捷命令 LE）标注　此命令可以标注带引线的形位公差，建议使用该命令。

打开命令后，根据提示操作。

指定第一个引线点或［设置（S）］＜设置＞：✓（对引线进行设置）

以上操作弹出"引线设置"对话框，分别单击"注释"和"引线和箭头"选项卡进行相应设置，如图 12-114 所示。

(a)"注释"选项卡

(b)"引线和箭头"选项卡

图 12-114　"引线设置"对话框

设置完成后，单击"确定"按钮返回绘图区域，继续按提示操作。

指定第一个引线点或［设置（S）］＜设置＞：（指定引线的第一点位置）

指定下一点：（指定引线的第二点）

指定下一点：（指定引线的第三点或回车）

此时系统弹出如图 12-111 所示的"形位公差"对话框，在其中填写相应内容即可一次标注出如图 10-35 所示的带引线的几何公差。

12.6.3　尺寸公差标注

工程上，零件图中的重要尺寸常常需要标注尺寸公差，如图 12-115 所示。可以通过"标注样式管理器"中"公差"选项卡的设置进行标注。AutoCAD 还提供了多种尺寸公差的标注方法。

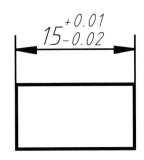

图 12-115　尺寸公差标注　　　　　图 12-116　使用多行文字输入上、下偏差值

12.6.3.1　使用多行文字的堆叠功能

操作方法有两种。

（1）标注过程中，从尺寸标注提示中选择多行文字（M），在测量值后输入上、下偏差并插入符号"^"，回车，如图 12-116 所示。

（2）使用"编辑标注"DIMEDIT 命令，选择"新建（N）"选项进行操作。

12.6.3.2　使用"特性"选项板

在"特性"选项板的"公差"选项中进行相应设置，可以对已经标注的尺寸添加或修改尺寸公差标注，其操作过程如下。

（1）打开"特性"选项板，选中图中需标注公差的尺寸［如图 12-117（a）中的尺寸"15"］，按鼠标右键，在弹出的快捷菜单中，单击"特性"，如图 12-117（b）所示。

（2）设置公差，在弹出的"特性"选项板中，找到"公差"选项，作如下设置："公差对齐"选择"小数分隔符"，"显示公差"选择"极限偏差"，"公差上偏差"输入 0.01，"公差下偏差"输入 0.02，"水平放置公差"选择"下"，"公差精度"选择"0.00"，"公差文字高度"输入"0.7"，如图 12-117（b）所示。

（3）按"Esc"键或按住右键，图中被选中对象的"夹点"消失，显示尺寸标注了公差，如图 12-117（c）所示。

12.6.4　尺寸标注的编辑

AutoCAD 允许对已经创建好的尺寸标注进行修改以满足标注要求，修改内容包括：尺寸文字的内容和位置、尺寸界线的方向、尺寸线的位置以及翻转箭头等。

12.6.4.1　编辑标注

使用"编辑标注"DIMEDIT 命令可以修改标注文字和尺寸界线。

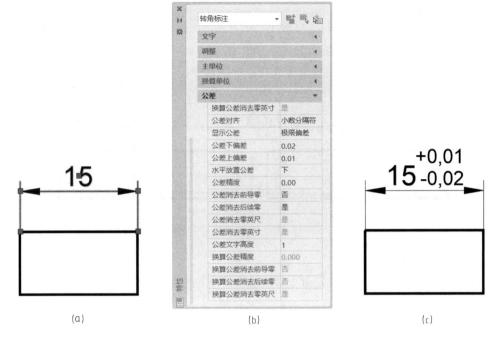

图 12-117 使用"特性"选项板标注尺寸公差

（1）打开命令后根据提示操作。

输入标注编辑类型［默认（H）/新建（N）/旋转（R）/倾斜（O）]＜默认＞：（输入编辑选项）

（2）选项说明

①"默认（H）"：将选定的标注文字移回到由标注样式指定的默认位置和旋转角，如图 12-118（b）所示。

②"新建（N）"：选择该选项，系统打开"文字格式"编辑器，可以编辑标注文字内容。图 12-118（c）为在标注文字前添加了前缀"ϕ"。

③"旋转（R）"：可将选定的标注对象文字按指定角度旋转。操作时先设置角度值，然后选择尺寸对象，如图 12-118（d）所示。

④"倾斜（O）"：然后选择一个或多个标注对象，最后输入尺寸界线倾斜角度（尺寸界线相对于 X 轴正方向的角度），如图 12-118（e）所示。

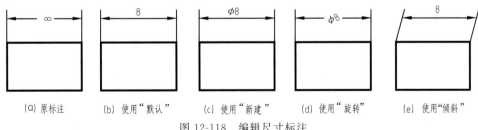

图 12-118 编辑尺寸标注

12.6.4.2 编辑标注文字

使用"编辑标注文字"DIMTEDIT 命令可以移动和旋转标注文字并重新定位尺寸线。

（1）打开命令后，根据提示进行操作。

选择标注：（选择需要编辑的标注对象）

为标注文字指定新位置或［左对齐（L）/右对齐（R）/居中（C）/默认（H）/角度（A）]：（选择相应的选项）

（2）选项说明

①"左对齐（L）""右对齐（R）"和"居中（C）"：将标注文字左移、右移和放置在尺寸线的中间，如图 12-119（a）、图 12-119（b）、图 12-119（c）所示。

②"默认（H）"：将标注文字的位置放在系统默认的位置上。

③"角度（A）"：将标注文字旋转给定角度，如图 12-119（d）所示。

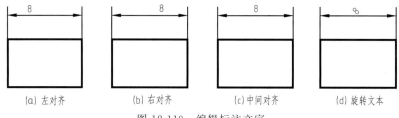

图 12-119　编辑标注文字

12.6.4.3　标注更新

使用"标注更新"DIMSTYLE 命令可以将图形中已标注的尺寸的标注样式更新为当前尺寸标注样式。

打开命令后根据提示进行操作。

当前标注样式：机械图　注释性：否

输入标注样式选项

［注释性（AN）/保存（S）/恢复（R）/状态（ST）/变量（V）/应用（A）/?］＜恢复＞：APPLY

选择对象：（选择需要更新的标注对象）

选择对象：（再选择其他需要更新的标注对象，或回车结束命令，所选标注对象按当前标注样式重新显示）

12.7　图块与属性

图块是图形对象的集合，通常将需要反复绘制的图形制作成图块并储存，还可将图块赋予属性，在需要时直接插入图中，可以避免大量的重复工作，不仅提高了绘图效率，还因图块自身所占空间小而节省储存空间。

组成图块的对象是一个整体，选中图块中任意一个图形对象即可选中整个图块对象。可以使用"分解"命令将其变成若干独立对象，也可以对其编辑修改。

12.7.1　图块的创建与编辑

AutoCAD 中的图块可以通过"块定义"和"写块"创建。

12.7.1.1　块定义

使用"创建块"BLOCK 命令可以将已绘制的对象创建为块，也称为内部块，保存在当前图形中，并通过块插入命令被引用。

（1）按表 12-2 中的任一方式打开命令后，弹出如图 12-120（b）所示的"块定义"对话框。

（2）选项说明

①"名称"：在该文本框中输入要创建图块的名称。

②"基点"选项组：指定块的插入基点，默认值是（0，0，0）。该点是图块插入过程中旋转或移动的参照点。可以通过输入坐标来确定基点，也可以单击"拾取点"按钮暂时关闭对话框返回到图形中拾取插入基点。

③"对象"选项组：指定新块中要包含的对象，以及创建块之后如何处理这些对象。

④"方式"选项组：指定块的性质。通常勾选"允许分解"，将来可以使用"分解"命令，否则块无法分解。

12.7.1.2　写块

使用 WBLOCK 命令制作的图块能够以外部文件的形式写入磁盘，该图块可以插到其他 CAD 图形中，也称外部块。

（1）运行方式

命令行：WBLOCK 或 W

打开命令后弹出如图 12-121 所示"写块"对话框，在其中可以指定图块的插入点、名称及保存路径。

（2）选项说明

①"源"选项组：用于指定要写入图形文件的图块或图形对象。其中，选中"块"可以将当前图形中已创建的图块保存为外部块；选中"整个图形"可以将当前的整个图形进行写块存储；选中"对象"可以选择当前图形中的部分对象进行存储保存。

②"目标"选项组：用于设置外部块保存的文件名、路径和插入单位。

[例 12-6]　绘制如图 12-120（a）所示图形，使用 BLOCK 命令将其制作成图块，块名为"螺母-俯"，再用 WBLOCK 命令以相同块名存储到 D 盘根目录下。

【操作】（1）绘制图形（过程略）。

（2）使用 BLOCK 命令，制作图块。

① 命令行输入 BLOCK 或 B，回车，弹出如图 12-120（b）所示"块定义"对话框，在"名称"列表框内填写"螺母-俯"。

(a) 原图　　　　　　　　　　(b) 填写内容的"块定义"对话框

图 12-120　创建图块过程

② 单击"拾取点"按钮，返回绘图界面，拾取圆心点为块插入点。

③ 单击"选择对象"按钮，选择已经绘制的图形，回车，返回对话框；选择"转换为块"单选框。

④ 单击"允许分解"复选框，并按"确定"按钮，结束命令。

结果与原图相同，但已变成一个整体。

（3）使用 WBLOCK 命令制作外部块。

① 命令行输入 WBLOCK 或 W，回车，系统打开如图 12-121 所示的"写块"对话框，在"源"选项组中点选"块"选项钮，单击右侧下拉列表框，从中选择"螺母-俯"图块。

② 单击"文件名和路径"右侧的 ⋯ 按钮，打开"浏览图形文件"对话框，选择 D 盘，按"保存"按钮，在"文件名和路径"下出现存储路径及文件名称。单击"确定"按钮，结束命令。

12.7.1.3 插入块

使用"插入块"INSERT 命令将已定义的图块插入到当前图形中。在插入的同时还可以改变所插入图形的比例与旋转角度。插入到图形中的块称为块参照。

（1）按任一方式打开命令后，弹出"块"选项板，选择其中一张卡片，找出所需图块，如图 12-122 所示。

图 12-121 "写块"对话框

图 12-122 "块"选项板

（2）选项说明

① "插入点"：用于指定块的插入点位置。插入图块时该点与图块的基点重合。

② "比例"：用于设置块插入时的缩放比例。在 X、Y、Z 轴方向上可以采用相同的比例，也

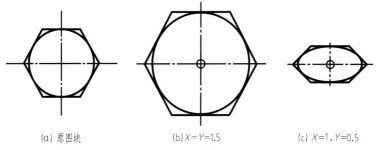

(a) 原图块　　　　　(b) $X=Y=1.5$　　　　　(c) $X=1$、$Y=0.5$

图 12-123 不同比例系数插入块的效果

可以采用不同的比例，如图 12-123 所示。另外，插入的比例还
可以是负数，其效果等同于镜像，如图 12-124 所示。

③"旋转"：指定块插入时的旋转角度。

④"重复放置"：若勾选此复选框，可以反复插入块。

⑤"分解"：若勾选该复选框，则在插入图块的同时将
块进行分解。

(a) 原图块　　(b) X=−1、Y=1

图 12-124　比例系数为负值
插入块的效果

12.7.1.4　编辑图块

如果要对已插入到当前图形中的块进行修改，使用"块编辑器"是最快捷的方式。

(1) 运行方式

① 命令行：BEDIT（快捷命令 BE）。

② 菜单："工具"→"块编辑器"。

③ 工具栏：单击"标准"工具栏中的 按钮。

④ 功能区："插入"→"块定义"中的"块编辑器"按钮 。

⑤ 快捷方式：双击图块。

(2) 以上操作弹出"编辑块定义"对话框，如图 12-125（a）所示，在该对话框中选择
要编辑的图块（如选择"螺母-俯"），单击"确定"按钮后，弹出"块编辑器"窗口，

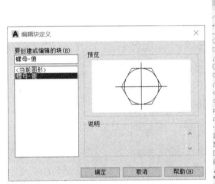

(a) "编辑块定义"对话框

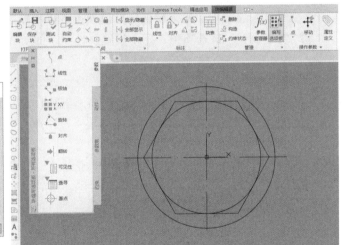

(b) "块编辑器"窗口

(c) "未保存更改"对话框

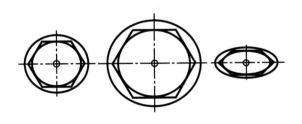

(d) 添加图形元素后的块

图 12-125　图块编辑过程

［图 12-125（b）］，在该窗口可以编辑构成块的图形对象。如将"螺母-俯"的图形添加一个垫片，此时，在"块编辑器"绘图窗口绘制，并单击"关闭块编辑器"按钮，出现"未保存更改"警示［图 12-125（c）］，选择"将更新保存到螺母-俯"，结果图中所插入的"螺母-俯"图块都发生了变化，如图 12-125（d）所示。

12.7.2　属性块的创建和编辑

属性是从属于块的非图形信息，可以是常量也可以是变量，它是图块的组成部分，带有属性的块称为属性块。

（1）属性块中的属性使用"定义属性"（ATTDEF）命令定义，运行方式有如下几种。

① 命令行：ATTDEF 或 DDATTDEF（快捷命令 ATT）。

② 菜单："绘图"→"块"→"定义属性"。

③ 功能区："插入"→"块定义"中的"定义属性"按钮 。

以上操作弹出"属性定义"对话框，如图 12-126 所示。

（2）选项说明

①"模式"选项组：用于设置属性的模式，一般默认。

②"属性"选项组：用于设置属性数据。

a."标记"文本框。输入属性标记，系统自动将小写字母转换为大写字母。

b."提示"文本框。输入插入包含该属性定义的块时系统在命令行中将显示的提示内容；如果不输入提示，属性标记将用作提示。

c."默认"文本框。输入默认属性值，也可以不输入。

③"文字设置"区选项组：用于设置属性文字的对齐方式、样式、高度、注释性和旋转角度。

④"插入点"选项组：用于指定属性位置。通常选择"在屏幕上指定"复选框。

⑤"在上一个属性定义下对齐"复选框：勾选此复选框可以将属性标记直接置于之前定义的属性的下面。如果之前没有创建属性定义，则此选项不可用。

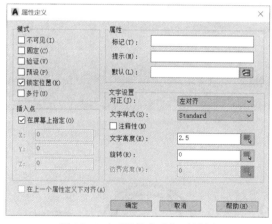

图 12-126　"属性定义"对话框

12.7.3　制作常用图块

根据工程图的类别，将需要反复使用的图形制成图块保存起来，可以提高绘图效率。建议将常用图块保存在一个指定文件夹中，日积月累，建立自己的图库。

前已述及，零件表面结构常用评定参数为 R 参数，称为粗糙度，它在零件图上经常使用，且参数根据加工要求变化，所以最好做成属性块。

我们以字高 $h=1\text{mm}$ 制作为单位属性块。实际画图时，由于输出比例不同，模型空间中尺寸标注的实际字高也不同，将粗糙度符号制成单位属性块，标注时，图中尺寸标注的实际字高就是单位属性块的插入比例，这样使得图中粗糙度符号满足制图标准。其制作步骤如下。

（1）绘制粗糙度符号图形，当字高 $h=1\text{mm}$ 时，$H_1=1.4\text{mm}$，$H_2=3\text{mm}$ 按图 10-26

302

及表 10-4 所示的形状和尺寸关系绘制图形，结果如图 12-127（a）所示。

（2）定义属性，粗糙度中的代号包括 Ra、Rz、Rp，即代号是经常变化的，参数也是变化的。因此应将代号及参数使用"定义属性"命令赋予属性，其设置如图 12-127（b）中所圈内容。将使用频率较高的 $Ra3.2$ 作为默认值，文字高度为"1"、文字对正为"左对齐"。单击"确定"按钮返回 CAD 界面，指定属性插入点，结果如图 12-127（c）所示。

（3）使用 WBLOCK 命令，以图形的最下角点为插入点、"粗糙度"为文件名或块名，完成粗糙度单位属性块的制作（该图块储存路径及文件名为 D：\ 我的图库 \ 粗糙度），结果如图 12-127（d）所示。

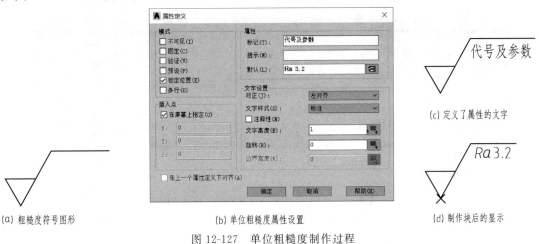

(a) 粗糙度符号图形　　(b) 单位粗糙度属性设置　　(c) 定义了属性的文字

(d) 制作块后的显示

图 12-127　单位粗糙度制作过程

12.8　图形打印

AutoCAD 提供了完善的图形打印功能，用户可以直接在"模型"中打印单一视口视图，也可以从"布局"中用不同比例在一张图纸上打印图形的多视口视图。通常草图的打印采用前一种方法，而正式图纸都应在图纸空间的布局中输出打印。

12.8.1　模型与布局释义

"模型"空间是 AutoCAD 图形处理的主要环境，带有三维的可用坐标系，能创建和编辑二维、三维的对象，是没有界限的坐标空间。在模型空间，无论实体大小，都应采用 1∶1 比例绘图，这样便于发现尺寸设置不合理处，满足图形的直接装配关系，避免出现烦琐的比例缩小和放大的计算。

"布局"空间是一种用于打印的特殊工具。它模拟一张打印纸，可在其上创建并放置视口对象，还可添加标题栏或其他几何图形。也可以创建多个布局以显示不同视图，每个布局可以包含不同的打印比例和图纸尺寸。布局显示的图形与打印出的图形完全相同。

12.8.2　模型与布局的切换

模型与布局通过以下方式切换。

① 选项卡：单击 AutoCAD 绘图区域底部的"模型""布局"选项卡，如图 12-128 所示。

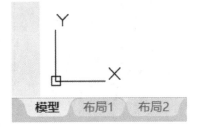

图 12-128　"模型""布局"选项卡

② 命令行：TILEMODE（快捷命令 TM 或 TI）。

当 TILEMODE＝1 时，切换到模型空间；当 TILEMODE＝0 时，切换到图纸空间。

前面操作都是在模型空间进行的，当切换至图纸空间时，默认的图形界面如图 12-129 所示，其中：白色区域相当于一张空白图纸，虚线是缺省的可打印区域的边界线，实线窗口为自动形成的浮动视口。

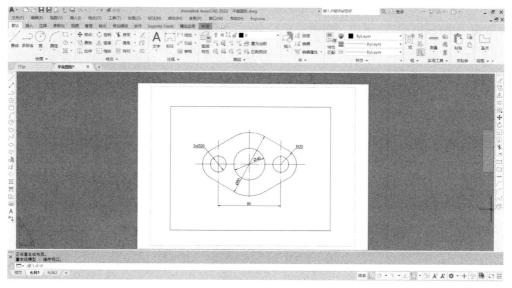

图 12-129 "布局"空间的图形界面

12.8.3 布局中的模型空间与图纸空间

在"布局"中，若图形处于"图纸空间"，系统坐标标识显示为三角形，见图 12-129 左下角，此时无法编辑或选择在模型环境中所绘制的对象；若图形处于"模型空间"，系统坐标标识则显示为通常的二维坐标形式，此时，图中浮动视口边界线变粗、颜色变深，如图 12-130 所示，即视口被激活，视口内图形能被编辑。

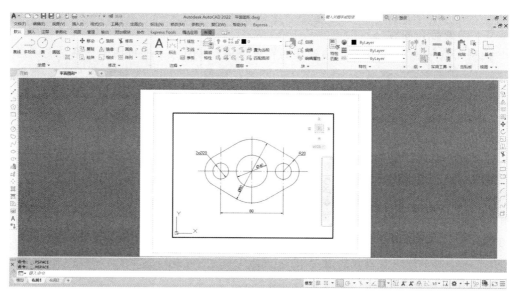

图 12-130 "布局"中处于"模型空间"的图形显示

布局中的"模型空间"与"图纸空间"通过以下途径切换。

① 状态栏：单击"模型或图纸空间"的 模型 按钮。

② 命令行：MSPACE（快捷命令 MS）（模型空间）或 PSPACE（快捷命令 PS）（图纸空间）。

12.8.4　打印图形

12.8.4.1　页面设置

页面设置是打印图纸前对页面进行的外观属性设置。

（1）运行方式

① 命令行：PAGESETUP。

② 菜单："文件"→"页面设置管理器"。

③ 工具栏：单击"布局"工具栏的"页面设置管理器" 按钮。

④ 功能区："输出"→"打印"→"页面设置管理器"。

⑤ 快捷菜单：在"模型""布局"选项卡上单击右键，选择"页面设置管理器"。

（2）打开命令后弹出"页面设置管理器"对话框（图 12-131），单击"修改"按钮，弹出如图 12-132 所示"页面设置"对话框，在该对话框中可进行图纸尺寸、打印机属性、打印范围、打印比例等等各项设置，这里仅介绍设置打印范围和打印比例。

图 12-131　"页面设置管理器"对话框

① 设置打印区域

在"打印范围"下，单击下拉列表，从中选择当前图形的打印区域。列表中各参数项的含义如下。

a. 窗口：选择此项可以打印指定的图形的任何部分，这是在模型空间打印图形最常用的方法。

b. 范围：选择此项将打印当前作图空间内所有图形实体。

c. 图形界限：选择此项将按 LIMITS 命令所建立的图形界限打印。

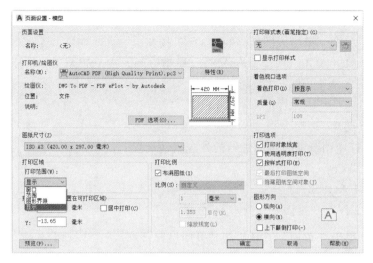

图 12-132　"页面设置"对话框

　　d. 显示：选择此项将打印视窗内显示的图形。

　　② 设置打印比例

　　审阅草图时，一般不需要精确的比例，在"打印比例"选项中，应选择"布满图纸"。若要设置精确的比例，则应先取消选中"布满图纸"复选框。

12.8.4.2　打印图形

　　(1) 运行方式

　　① 命令行：PLOT。

　　② 菜单："文件"→"打印"。

　　③ 工具栏：单击"快速访问""标准"工具栏上 按钮。

　　④ 功能区："输出"→"打印"→"打印"。

　　(2) 打开命令后弹出"打印"对话框，如图 12-133 所示，在此可以进行打印的各项设置。

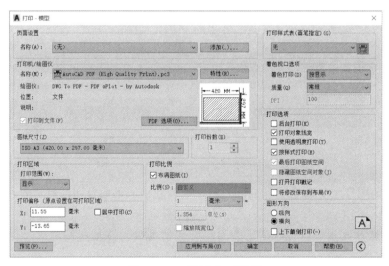

图 12-133　"打印"对话框

　　以上是在模型空间打印的过程。打印布局图的设置和执行与此类似。

第13章　　　其他工程图

根据各行业要求，工程图的表达内容与方式有所不同，本章介绍展开图、焊接图及化工类工程图。

13.1　展开图

在工业生产中，有些零部件或设备是由板材制成的，如容器、管道、船体、防护罩和接头等，制作时需将其表面的真实形状和大小按次序画在金属板上，然后下料弯曲成形，再用焊接或铆接制成。这种将立体表面按实际形状和大小依次连续地摊平画在同一平面上的过程称为立体的表面展开，所得图形称为展开图（expanded view）。

立体表面分为可展和不可展两类，表面是平面以及相邻两素线平行或相交的直线面（如柱面、锥面）是可展的，其他曲面（如球面、环面、螺旋面）是不可展的，不可展曲面可用近似展开法。

绘制展开图就是要获得立体表面的实形，实际生产中有两种方法：图解法和计算法，由于图解法较简单、直观，大都能满足生产要求，因此应用广泛。本章介绍图解法画可展表面的展开图。

13.1.1　平面立体的表面展开

平面立体的表面都是多边形，因此其展开图的画法可归结为求出这些多边形的实形，并将它们依次连续地画在一个平面上。

13.1.1.1　棱柱管表面的展开

棱柱的各条棱线相互平行，如果从某棱线处断开，然后将棱面沿着与棱线垂直的方向打开并依次摊平在一个平面内，就得到了棱柱的展开图。

作图时应当求出各条棱线之间的距离及棱线各自实长，并且展开后各棱线仍然保持互相平行的关系。

图 13-1（a）是斜口直三棱柱管的两面投影。从图中可以看出，斜切后的三个棱面都是直角梯形，只要求出各面的实形，就能画出其展开图，如图 13-1（b）所示。

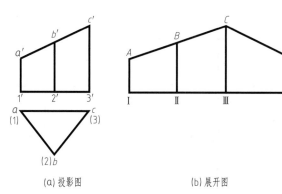

(a) 投影图　　　　　　(b) 展开图

图 13-1　斜口直三棱柱管的展开

【作图】（1）按各底边的实长展成一条直线ⅠⅡⅢⅠ。

（2）过各个点作直线的垂线，并在垂线上量取各棱线的实长Ⅰ$A=1'a'$、Ⅱ$B=2'b'$、Ⅲ$C=3'c'$。

（3）依次连接 A、B、C、A，就是斜口直三棱柱管的展开图。

13.1.1.2　棱锥管表面的展开

图 13-2 是矩形渐缩管。棱线延长后交于一点 S，形成四棱锥，可见此渐缩管是一四棱台，其上顶和下底的水平投影反映实形，前后和左右棱面均相同。四条棱线等长，在图中是一般位置直线，只要求出棱线的实长，便可求出棱锥各面的实形，实现棱台的展开。

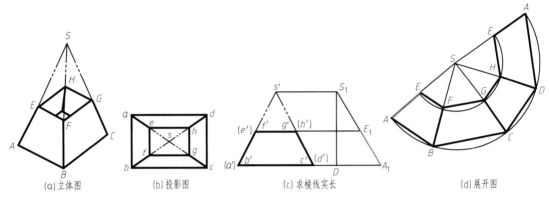

(a)立体图　　(b)投影图　　(c)求棱线实长　　(d)展开图

图 13-2　棱锥管表面的展开

【作图】　(1)用直角三角形法求棱线的实长。做直角三角形，一条直角边 S_1D，另一条直角边 DA_1（$=sa$），则斜边 S_1A_1 就是棱线的实长，由 e' 作平行于 DA_1 的线交 S_1A_1 于 E_1，则 E_1A_1 即为渐缩管的棱线长。

(2)以棱线和底边的实长依次作出三角形 SAB、SBC、SCD、SDA，得四棱锥的展开图，再在棱锥各棱线上截取棱台棱线的实长，得 E、F、G、H 各点，依次连接即得渐缩管的展开图。

13.1.1.3　方管接头的展开

如图 13-3 所示，方管接头不是四棱台，要展开它，就是展开两对对称的梯形面，要展开梯形面就必须把梯形分成两个三角形，分别求出棱线和对角线的实长 [图 13-3 (b)]，依次拼画三角形实形，即完成方管接头的展开图 [图 13-3 (c)]。

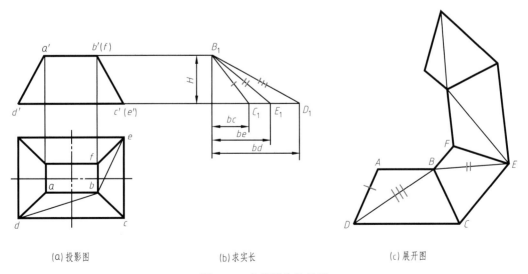

(a)投影图　　　　　(b)求实长　　　　　(c)展开图

图 13-3　方管接头的展开

13.1.2 可展曲面的展开

13.1.2.1 圆管表面的展开

如图 13-4 所示，圆管展开是一个高为 H，长为 πD 的矩形。

13.1.2.2 斜口圆管的展开

图 13-5 为一被斜截的圆管，称斜口圆管，与圆管不同，它在圆柱面上各素线之长不等，但由于轴线为铅垂线，各条素线在主视图中均反映实长，因此，可利用各素线实长画展开图，步骤如下。

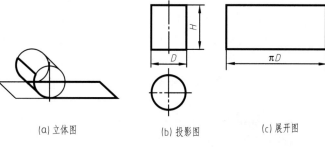

(a) 立体图　　　(b) 投影图　　　(c) 展开图

图 13-4　圆管表面的展开

① 把底圆分成若干等份，如 12 等份，并做出相应素线的正面投影 $a'1'$、$b'2'$、$c'3'$、…。

② 把底圆展开成一直线，把线长 πD 分成 12 等份，得分点Ⅰ、Ⅱ、Ⅲ、…，如果准确度要求不高，可用弦长代替弧长，即 12＝ⅠⅡ、23＝ⅡⅢ、…。

③ 分别过Ⅰ、Ⅱ、Ⅲ、…各点作底线的垂线，在垂线上量取对应素线的实长，得端点 A、B、C、…。

④ 光滑地连接 A、B、C、…端点，即得斜口圆管的展开图。

可以看出，底边等分点数越多，作图结果越精确。

13.1.2.3 斜口正圆锥管的展开

由于锥管制件与棱锥件相似，前者所有素线汇交于锥顶，后者棱线汇交于锥顶，展开方法相同，即在锥面上作一系列呈放射状的素线，将锥面分成若干三角形，求出实形。

图 13-6 为一被斜截的正圆锥管，称为斜口正圆锥管，其展开图的作图步骤如下。

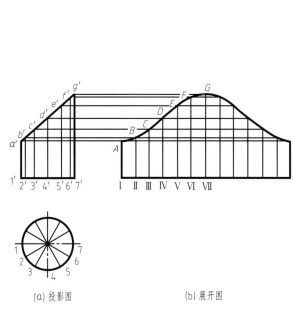

(a) 投影图　　　　　(b) 展开图

图 13-5　斜口圆管的展开

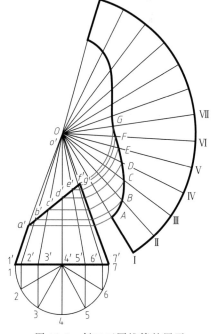

图 13-6　斜口正圆锥管的展开

（1）先将斜口的正圆锥管还原成正圆锥，再把正圆锥展开成一个扇形，扇形的顶点 O，半径等于锥的素线长，弧长等于 πD，其中 D 为圆锥锥底直径。若准确度要求不高，可把锥底弧长分成 12 等份，用弦长代替弧长，即 12＝ Ⅰ Ⅱ、23＝ Ⅱ Ⅲ、…。

（2）素线只有 OⅠ 和 OⅦ 是正平线，其正面投影反映实长，其他素线 OⅡ、OⅢ、…的投影都不反映实长。各段实长的求法：应用直线上一点分割线段成定比的投影规律，过 b'、c'、…作平行于底圆的水平线与 $o'7'$ 相交，这些交点与 o' 的距离即为斜口上各点至锥顶的素线实长，把它们分别量到展开图中对应的素线上，得出 A、B、C、…各点。

（3）光滑地连接各点，即可得到斜口正圆锥管的展开图。

13.1.2.4 异径三通管的展开

图 13-7（a）所示的异径三通管，由不同直径的圆管垂直相交而成，图 13-7（b）给出了正面投影和侧面投影，为了简化作图，往往用分别画在正面投影和侧面投影上的半个圆管来代替小圆管的水平投影圆。作展开图时，必须先在视图上准确地画出两圆管的相贯线，然后分别作出大、小圆管的展开图，步骤如下。

（1）作相贯线　将小圆管的一半分成六等份，准确地画出相贯线的投影。

（2）小圆管的展开　与前述斜口圆管的展开类似如图 13-7（c）所示。

（3）大圆管的展开　先将完整大圆管展开成一个矩形，此处只取了中间一段，然后将弧 $a''d''$ 展开成直线 A_0D_0，即 $A_0B_0=\overset{\frown}{a''b''}$、$B_0C_0=\overset{\frown}{b''c''}$、$C_0D_0=\overset{\frown}{c''d''}$，过 A_0、B_0、C_0、D_0 各点作水平

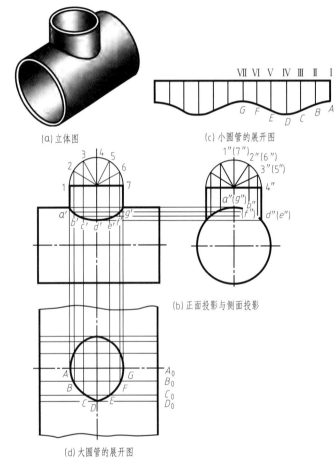

(a)立体图　　(c)小圆管的展开图

(b)正面投影与侧面投影

(d)大圆管的展开图

图 13-7　异径三通管的展开

线，与过正面投影 a'、b'、c'、d' 点所作的垂直线相交，得交点 A、B、C、D。连接这些点，即得到相贯线在大圆柱展开图上的图形，如图 13-7（d）所示。

13.1.2.5 方圆变形接管的展开

图 13-8 所示方圆变形接管，此管接头上端是圆，下端是方形口，也叫"天圆地方"，它由四个等腰三角形和四部分斜圆锥组成，展开它就是连续展开三角形和锥面。

【作图】（1）在水平投影上把圆分成 12 等份，得到 1、2、3、4、…，并求出各点对应的正面投影 $1'$、$2'$、$3'$、$4'$、…。

（2）分别连线水平投影 $a1$、$a2$、$a3$、$a4$、…和正面投影 $a'1'$、$a'2'$、$a'3'$、$a'4'$、…，

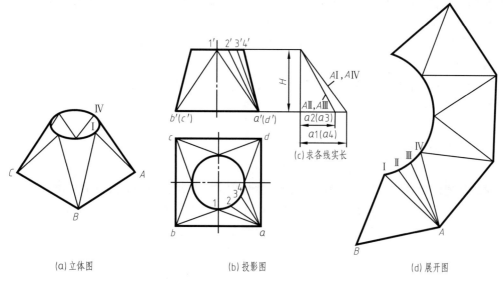

(a)立体图   (b)投影图   (d)展开图

图 13-8   方圆变形接管的展开

即把接管表面分成了四部分，每一部分由 1 个等腰三角形和 3 个小三角形组成。

（3）用直角三角形法求 AⅠ、AⅡ、AⅢ、AⅣ 各边的实长，由于图形对称，其余各边的实长即可同时确定。

（4）从 BⅠ 开始，并以此为接缝，逆时针依次展开三角形和锥面。

13.1.2.6   等径直角弯管的展开

等径直角弯管是用来连接垂直相交的两个圆管的，管口是直径相等的圆，理论上应该是 1/4 圆环面，但圆环面是不可展曲面，制造也不方便，所以工程上常近似地采用多节斜口圆管拼接来代替。图 13-9（a）为四节斜口圆管拼接而成的直角弯管，中间两节是两面倾斜的全节，两端两节是一面倾斜的半节，弯管的弯曲半径为 R，管口直径为 D。

【作图】（1）画出截切圆管成四节的正面投影图 ［图 13-9（b）］。

① 过任一点 O 作互相垂直的两条线，以 O 为圆心，R 为半径，在两线间画圆弧。

② 分别以 $(R-D/2)$ 和 $(R+D/2)$ 为半径画内、外两圆弧。

③ 整个弯管由两个全节、两个半节即六个半节组成，半节的中

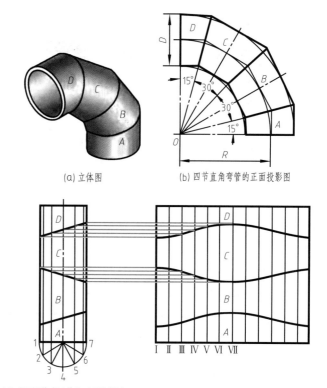

(a) 立体图   (b) 四节直角弯管的正面投影图

(c) 截切圆管成四节的正面投影图   (d) 展开图

图 13-9   等径直角弯管的展开

心角为 15°（＝90°/6）。按 15°把直角分成六等份，画出全节的对称线和各节的分界线。

④ 作出外切于各节圆弧的切线，即完成了正面投影。

（2）把 B、D 二节分别绕其轴线旋转 180°，四节斜口圆管拼成了一个正圆柱管，如图 13-9（c）所示。

（3）按照斜圆管的展开方法，将四节斜管逐一展开，再拼接成等径直角弯管的展开图，如图 13-9（d）所示。

13.2　焊接图

焊接是通过加热或加压，或两者并用，并且用或不用填充材料，使工件达到结合的一种方法。焊接是一种不可拆连接，具有工艺简单、连接可靠、密封性能好、节省金属、劳动强度低等优点，广泛应用于机械、化工、造船、建筑、电子等工业部门。

焊接图（welding drawing）是供焊接加工所用的图样，它除了将焊接件的结构表达清楚外，还必须将焊缝（weld seam）的位置、接头形式及其尺寸等有关内容表示清楚。

13.2.1　焊缝的形式及画法

13.2.1.1　焊接接头及焊缝的形式

两金属焊件在焊接时的相对位置，有对接、搭接、T 形接和角接四种形式，叫作焊接接头形式，如图 13-10 所示。

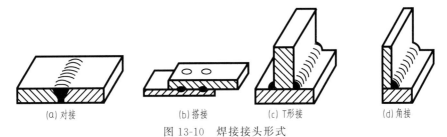

(a)对接　　(b)搭接　　(c)T形接　　(d)角接

图 13-10　焊接接头形式

焊接后，两焊接件接头缝隙熔接处，叫作焊缝。常见的焊缝形式有对接焊缝［图 13-10（a）］、点焊缝［图 13-10（b）］和角焊缝［图 13-10 中（c）、（d）］等。

13.2.1.2　焊缝的画法

绘制焊缝时，可用视图、剖视图、断面图表示，也可用轴测图示意地表示。

（1）焊缝画法如图 13-11 和图 13-12 所示，表示焊缝的一系列细实线段允许示意绘制，也允许采用加粗线（$2d \sim 3d$）表示焊缝，如图 13-13 所示。但在同一图样中，只允许采用一种画法。

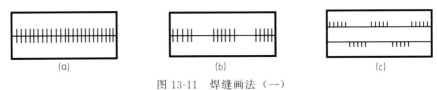

(a)　　　　(b)　　　　(c)

图 13-11　焊缝画法（一）

（2）在表示焊缝端面的视图中，通常用粗实线绘制焊缝的轮廓。必要时，可用细实线画出焊接前的坡口形状等，如图 13-14（a）。

（3）在剖视图或断面图上，焊缝的金属熔焊区通常应涂黑表示，见图 13-14（b）。若同时需要表示坡口等的形状时，熔焊区部分亦可按上条规定绘制，见图 13-14（c）。

（4）在轴测图示意地表示焊缝的画法，见图 13-15。

（5）必要时，可将焊缝部位用局部放大图表示并标注尺寸，见图 13-16。

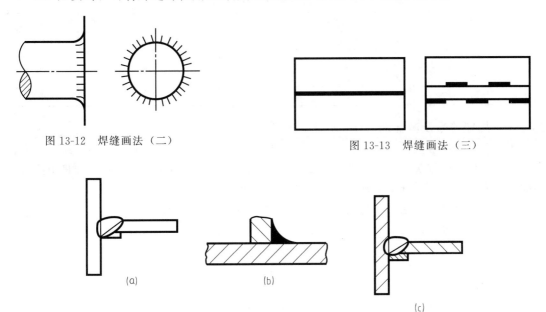

图 13-12 焊缝画法（二）

图 13-13 焊缝画法（三）

图 13-14 焊缝画法（四）

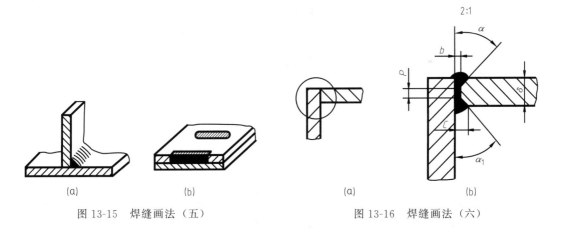

图 13-15 焊缝画法（五）

图 13-16 焊缝画法（六）

13.2.2 焊接方法及代号

一般根据热源的性质、形成接头的状态及是否采用加压，将焊接方法分为以下几类。

（1）熔化焊 熔化焊是将焊件接头加热至熔化状态，不加压力完成焊接的方法。包括气焊、电弧焊、渣焊、激光焊、电子束焊、等离子弧焊、堆焊和铝热焊等。

（2）压焊 压焊是通过对焊件施加压力（加热或不加热）来完成焊接的方法。包括爆炸焊、冷压焊、摩擦焊、超声波焊、高频焊和电阻焊等。

（3）钎焊 钎焊是采用比母材熔点低的金属材料作钎料，在加热温度高于钎料低于母材熔点的情况下，采用液态钎料润湿母材，填充接头间隙，并与母材相互扩散实现连接焊件的方法。它包括硬钎焊和软钎焊等。

焊接方法可用文字在技术要求中说明，也可以用数字代号标注。

常用的焊接方法及代号见表 13-1。

表 13-1　常用的焊接方法及代号

焊 接 方 法	数 字 代 号	焊 接 方 法	数 字 代 号
焊条电弧焊	111	电子束焊	51
埋弧焊	12	激光焊	52
点焊	21	电渣焊	72
气焊	3	硬钎焊	91

13.2.3　焊缝符号及其标注方法

图样上焊缝一般应采用焊缝符号表示。完整的焊缝符号包括基本符号、指引线、补充符号、尺寸符号及数据等。为了简化，在图样上标注焊缝时通常只采用基本符号和指引线，其他内容一般在有关的文件中（如焊接工艺规程等）明确。

（1）基本符号　基本符号表示焊缝横断面形状的基本形式和特征，它的形状近似于焊缝横断面的形状。常用焊缝的基本符号见表 13-2。

表 13-2　常用焊缝的基本符号（按 GB/T 12212—2012）

名　称	示　意　图	基　本　符　号
卷边焊缝（卷边完全熔化）		八
I 形焊缝		‖
V 形焊缝		∨
单边 V 形焊缝		∨
带钝边 V 形焊缝		Y
带钝边单边 V 形焊缝		Y
带钝边 U 形焊缝		Y
带钝边 J 形焊缝		Ρ
封底焊缝		⌒

续表

名　称	示 意 图	基 本 符 号
角焊缝		 ◁
塞焊缝或槽焊缝		 ⊓
点焊缝		 ○

（2）基本符号的组合　标注双面焊焊缝和接头时，基本符号可以组合使用，如表13-3所示。

表 13-3　基本符号的组合

名　称	示 意 图	符　号
双面 V 形焊缝（X 焊缝）		 X
双面单 V 形焊缝（K 焊缝）	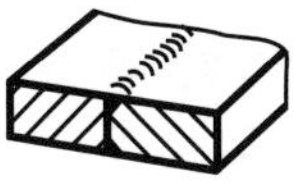	 K
带钝边的双面 V 形焊缝		 Ⅹ
带钝边的双面单 V 形焊缝	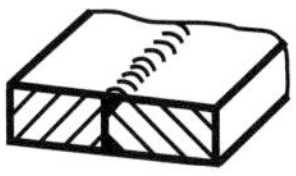	K
双面 U 形焊缝		 Ⅹ

（3）补充符号　补充符号（表13-4）用来补充说明有关焊缝或接头的某些特征（诸如表面形状、衬垫、焊缝分布、施焊地点等）。

表 13-4　补充符号

名　称	符　号	说　明
平面	──	焊缝表面通常经过加工后平整
凹面	 ⌣	焊缝表面凹陷
凸面	 ⌒	焊缝表面凸起
圆滑过渡	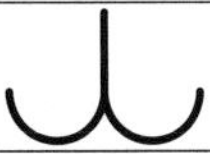	焊趾处过渡圆滑
永久衬垫	 M	衬垫永久保留
临时衬垫	 MR	衬垫在焊接完成后拆除

续表

名　称	符　号	说　明
三面焊缝	⊏	三面带有焊缝
周围焊缝	○	沿着工件周边施焊的焊缝 标注位置为基准线与箭头线的交点处
现场焊缝	◤	在现场焊接的焊缝
尾部	＜	可以表示所需的信息

（4）指引线　指引线由箭头线和基准线（实线和虚线）组成，见图 13-17。

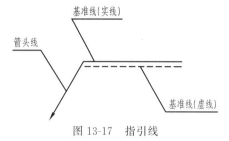

基准线（实线）

箭头线

基准线（虚线）

图 13-17　指引线

箭头线是带箭头的细实线，它将整个符号指到图样的有关焊缝处。

基准线一般应与图样的底边平行，必要时也可与底边垂直，实线和虚线的位置可根据需要互换。

（5）基本符号与基准线的相对位置

① 基本符号在实线侧时，表示焊缝在箭头侧，如图 13-18（a）所示。

② 基本符号在虚线侧时，表示焊缝在非箭头侧，如图 13-18（b）所示。

③ 对称焊缝允许省略虚线，如图 13-18（c）所示。

④ 在明确焊缝分布位置的情况下，有些双面焊缝也可省略虚线，如图 13-18（d）所示。

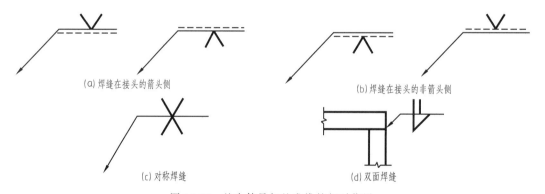

(a) 焊缝在接头的箭头侧　　(b) 焊缝在接头的非箭头侧　　(c) 对称焊缝　　(d) 双面焊缝

图 13-18　基本符号与基准线的相对位置

（6）尺寸符号及标注　尺寸符号是表示焊接坡口和焊缝尺寸的符号，必要时标注，尺寸符号见表 13-5。

（7）焊缝尺寸的标注方法见图 13-19。

① 横向尺寸标注在基本符号的左侧。

② 纵向尺寸标注在基本符号的右侧。

③ 坡口角度、坡口面角度、根部间隙标注在基本符号的上侧或下侧。

④ 相同焊缝数量标注在尾部。

⑤ 当尺寸较多不易分辨时，可在尺寸数据前标注相应的尺寸符号。

当箭头线方向改变时，上述规则不变。

表 13-5　尺寸符号

符号	名　　称	示　意　图	符号	名　　称	示　意　图
δ	工件厚度		c	焊缝宽度	
α	坡口角度		K	焊脚尺寸	
β	坡口面角度		d	点焊:熔核直径 塞焊:孔径	
b	根部间隙		n	焊缝段数	
p	钝边		l	焊缝长度	
R	根部半径		e	焊缝间距	
H	坡口深度		N	相同焊缝数量	
S	焊缝有效厚度		h	余高	

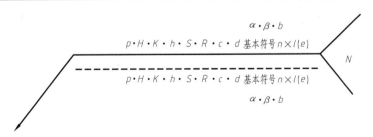

图 13-19　焊缝尺寸的标注

　　确定焊缝位置的尺寸不在焊缝符号中标注，应将其标注在图样上。在基本符号的右侧无任何尺寸标注又无其他说明时，意味着焊缝在工件的整个长度方向上是连续的。在基本符号的左侧无任何尺寸标注又无其他说明时，意味着对接焊缝应完全焊透。塞焊缝、槽焊缝带有斜边时，应标注其底部的尺寸。

　　（8）常见焊缝的标注如表 13-6 所示。

表 13-6　常见焊缝的标注

接头形式	焊缝形式	标注示例	说　　明
对接接头	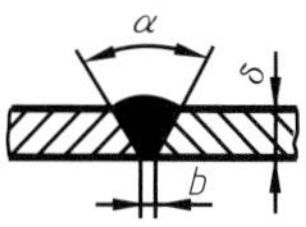	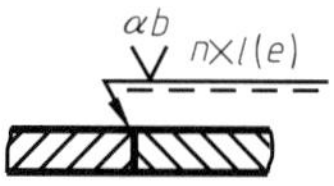	V 形焊缝,坡口角度为 α,根部间隙为 b,有 n 条焊缝,焊缝长度为 l,焊缝间距为 e
	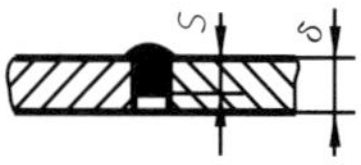		I 形焊缝,焊缝的有效厚度为 S
T 形接头	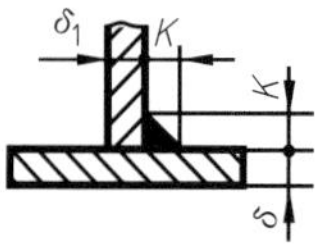	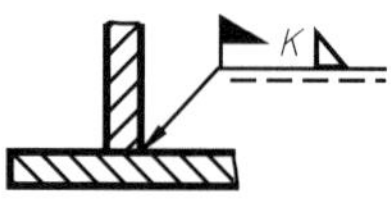	在现场装配时焊接,单面角焊缝,焊角高度为 K
	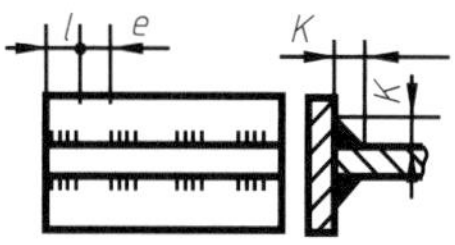	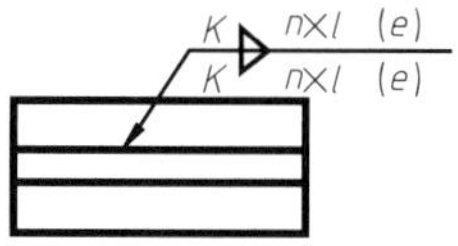	有 n 条双面断续链状角焊缝,l 为焊缝的长度,e 为焊缝的间距,焊角高度为 K
	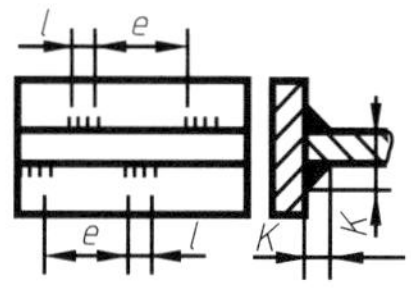	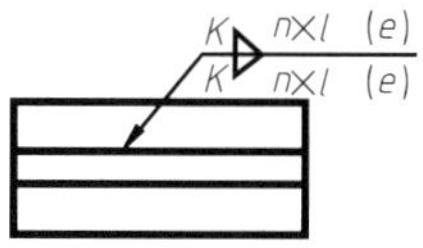	有 n 条交错断续角焊缝,l 为焊缝长度,e 为焊缝的间距,焊角高度为 K
	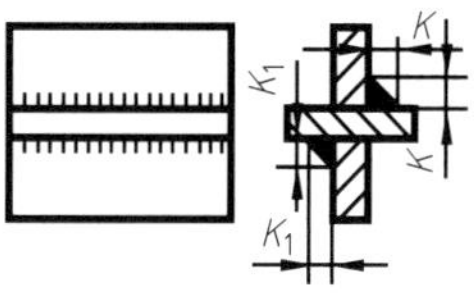	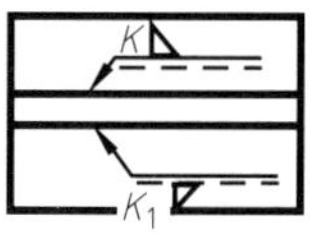	有对角的单面角焊接,焊角高度为 K 和 K_1
角接接头	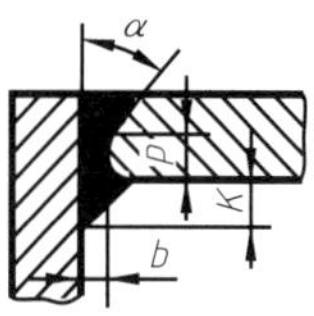	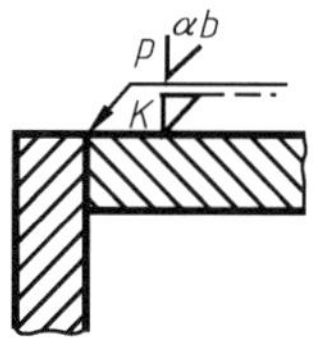	表示双面焊接,上面为单边 V 形焊缝,下面为角焊缝
搭接接头	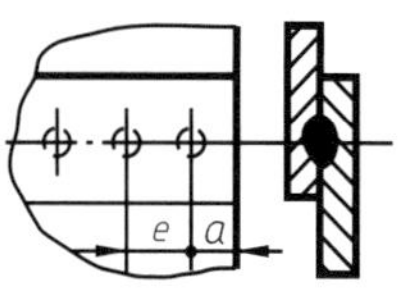	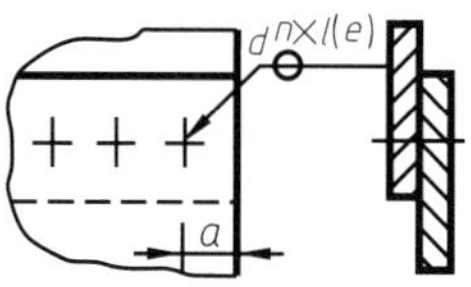	点焊,熔核直径为 d,共 n 个焊点,焊点间距为 e,a 表示焊点至板边的间距

13.2.4　焊接图示例

图 13-20 为一弯头焊接图,弯头由法兰盘、弯管和底盘组成,它们之间的连接都采用环绕弯管施焊。法兰盘与弯管之间为单面角焊缝,焊脚高 6mm 和 4mm,其中一处焊缝表面凹陷;弯管和底盘之间为有效焊缝厚度 2mm 的 I 形对接焊缝,采用焊条电弧焊。

焊接图采用的表达方法与零件图相同,也需要标注完整的尺寸,与零件图不同之处是各构件的剖面线的方向应相反,还需要对各构件进行编号及填写明细栏,这一点与装配图相同,但不同的是装配图表达的是零部件之间的装配关系,而焊接图表达的仅是一个零件(焊接件)。图 13-20 所示的结构较简单,所以以各个零件的规格大小可直接标注在视图上,或注写在明细栏内;若结构复杂,还需另外绘制各件的零件图。

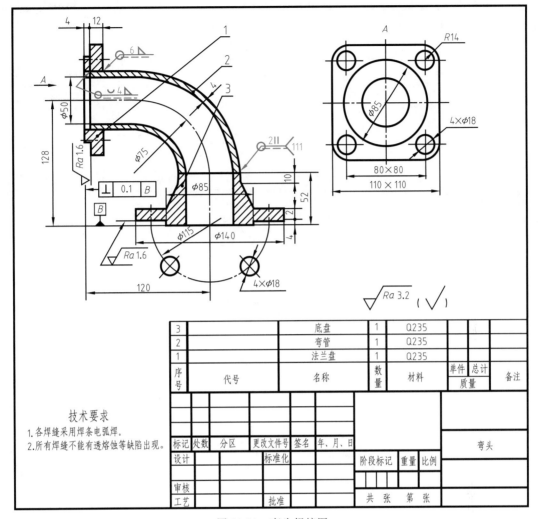

图13-20 弯头焊接图

13.3 化工制图简介

化工类工程图主要有：总图运输、化工工艺、化工设备、建筑结构、自动控制、采暖通风、给排水及供电等。其中，总图运输图为全厂总平面图或某区域位置图；化工工艺图可以是带控制点的工艺流程图（process drawing）、物料流程图、设备图（equipment drawing）、管道布置图等；化工设备图为设备的装配图、零件图等；建筑结构图为工程涉及的建筑平面、立面和剖面图，梁、柱等结构图；自动控制含有电气接线图、仪表布置图等；采暖通风有空调、供暖系统图；给排水有供水平衡图、管道总布置图等；供电含有高、低压供电系统图、供电平面图及接线图等。本节着重介绍化工工艺流程图、设备图和管道布置图的主要内容和绘图规定。

13.3.1 工艺流程图

化工工艺流程图是用来表示化工生产工艺流程的设计文件，按照工艺流程的顺序，将设备、机器和管线等绘制在一个平面上，图中所涉及的设备、机器和管道等用规定的示意图表示，并用文字、字母和数字标注设备的名称和位号，表 13-7、表 13-8 给出了部分设备、机器和管线的表达图例。

表 13-7 设备、机器图例

类别	代号	图 例
塔	T	填料塔　板式塔　喷洒塔
工业炉	F	箱式炉　圆筒炉　圆筒炉
换热器	E	换热器(简图)　固定管板式列管换热器　U型管式换热器 浮头式列管换热器　套管式换热器　釜式换热器 板式换热器　螺旋板式换热器　翅片管换热器 蛇管式(盘管式)换热器　喷淋式冷却器　刮板式薄膜蒸发器

类别	代号	图 例
容器	V	圆顶锥底容器　蝶形封头容器　平顶容器　干式气柜 湿式气柜　球罐　卧式容器　卧式容器 填料除沫分离器　丝网除沫分离器　旋风分离器
泵	P	离心泵　水环式真空泵　旋转泵 齿轮泵 螺杆泵　螺杆泵　隔膜泵 液下泵　喷射泵　旋涡泵

类别	代号	图 例
压缩机	C	 鼓风机　　　　　旋转式压缩机　　　　　离心式压缩机 (a)卧式　(b)立式 往复式压缩机　　二段往复式压缩机(L型)　　四段往复式压缩机
起重运输机械	L	 手拉葫芦(带小车)　　单梁起重机(手动)　　电动葫芦 单梁起重机(电动)　　旋转式起重机 悬臂式起重机　　吊钩桥式起重机 带式输送机　　　刮板输送机

续表

类别	代号	图　　例
动力机	M E S D	Ⓜ 电动机　　　Ⓔ 内燃机、燃气机　　　Ⓢ 汽轮机　　　Ⓓ 其他动力机 离心式膨胀机、透平机　　　　　活塞式膨胀机

表 13-8　管线、阀门图例

名　　称	图　　例	备　　注
主物料管道	▬▬▬▬	粗实线
次要物料管道,辅助物料管道	————	中粗线
引线、设备、管件、阀门、仪表图形符号和仪表管线等	————	细实线
原有管道(原有设备轮廓线)	—··—··—	管线宽度与其相接的新管线宽度相同
地下管道(埋地或地下管沟)	━━ ━━ ━━	
蒸汽伴热管道	═══════	
电伴热管道	═──═──═	
夹套管		夹套管只表示一段
管道绝热层		绝热层只表示一段
翅片管	‖‖‖‖‖‖‖	
柔性管	∿∿∿∿∿	
管道相接		
管道交叉(不相连)		
地面	/////////	仅用于绘制地下,半地下设备
管道等级管道编号分界	××××　××××××××	×××× 表示管道编号或管道等级代号
责任范围分界线	××　×× ××｜××	WE 随设备成套供应 B. B 买方负责；B. V 制造厂负责 B. S 卖方负责；B. I 仪表专业负责
绝热层分界线	X　　X	绝热层分界线的标识字母"X"与绝热层功能类型代号相同
伴管分界线	X　X　X	伴管分界线的标识字母"X"与伴管的功能类型代号相同

续表

名　称	图　例	备　注
流向箭头		
坡度	$i =$	
进、出装置或主项的管道或仪表信号线的图纸接续标志,相应图纸编号填在空心箭头内	进 40 3 / 出 3 40 6	尺寸单位:mm 在空心箭头上方注明来或去的设备位号或管道号或仪表位号
同一装置或主项内的管道或仪表信号线的图纸接续标志,相应图纸编号的序号填在空心箭头内	进 10 3 / 出 5 3 10	尺寸单位:mm 在空心箭头附件注明来或去的设备位号或管道号或仪表位号
修改标记符号	△1	三角形内的"1"表示为第一次修改
修改范围符号		云线用细实线表示
取样、特殊管(阀)件的编号框	Ⓐ Ⓢⓥ Ⓢⓟ	A:取样;SV:特殊阀门; SP:特殊管件;圆直径:10mm
闸阀		
截止阀		
节流阀		
球阀		圆直径:4mm
旋塞阀		圆黑点直径:2mm
隔膜阀		
角式截止阀		
角式节流阀		
角式球阀		
三通截止阀		

续表

名　称	图　例	备　注
三通球阀		
三通旋塞阀		
四通截止阀		
四通球阀		
四通旋塞阀		
止回阀		
柱塞阀		
蝶阀		
减压阀		
角式弹簧安全阀		阀出口管为水平方向
角式重锤安全阀		阀出口管为水平方向
直流截止阀		
疏水阀		
插板阀		
底阀		
针形阀		
呼吸阀		
带阻火器呼吸阀		
阻火器		
视镜、视钟		
消声器		在管道中
消声器		放大气

续表

名　称	图　例	备　注
爆破片		真空式　压力式
限流孔板	（多板）　　（单板）	圆直径：10mm
喷射器		
文氏管		
Y型过滤器		
锥型过滤器		方框 5mm×5mm
T型过滤器		方框 5mm×5mm
罐式（篮式）过滤器		方框 5mm×5mm
管道混合器		
膨胀节		
喷淋管		
焊接连接		仅用于表示设备管口与管道为焊接连接
螺纹管帽		
法兰连接		
软管接头		
管端盲板		
管端法兰（盖）		
阀端法兰（盖）		
管帽		
阀端丝堵		
管端丝堵		
同心异径管		
偏心异径管	（底平）　　（顶平）	

续表

名　称	图　例	备　注
圆形盲板	(正常开启)　　(正常关闭)	
8 字盲板	(正常关闭)　　(正常开启)	
放空管（帽）	(帽)　　(管)	
漏斗	(敞口)　　(封闭)	
鹤管		
安全淋浴器		
洗眼器		
安全喷淋洗眼器		
	C.S.O	未经批准,不得关闭(加锁或铅封)
	C.S.C	未经批准,不得开启(加锁或铅封)

　　图 13-21 是由换热器和吸收塔组成的部分工艺系统，其设备位号一般需要在两处标注。一是标注在图的上方或下方，要求排列整齐，正对设备，在位号线的下方标注设备名称；二是在设备内或其近旁仅标注位号，不注名称。

13.3.2　设备图

　　化工设备图是表达化工设备的结构、形状、大小、性能和制造、安装等技术要求的工程图样，在化工设备图中不仅要遵守《技术制图》《机械制图》的有关国家标准，还要依据化工设备的特殊性，严格遵守其特有的规定，满足相关要求。

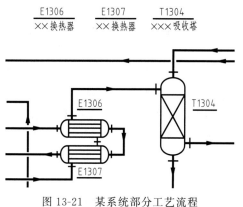

图 13-21　某系统部分工艺流程

化工设备图包含装配图和零部件图。其中，化工设备装配图是表示化工设备的结构组成和特性的图样，除与机械装配图有相同的要求与内容，如一组视图、必要的尺寸、技术要求、明细栏和标题栏外，还要增加相应的设计数据表、管口表、修改栏等。它表达设备主要组成部分的结构特性、连接和装配方式，在装配图中主要标注外形尺寸、特征尺寸、安装尺寸和连接尺寸等。化工设备部件图是表示设备中部件的结构、尺寸及其零件间的连接方式和必要的技术要求、技术特性等内容的图样。零件图则为零件的形状、尺寸、加工、检验等技术要求的图样。图 13-22 为一立式换热器的装配图。

13.3.3 管道布置图

化工管道布置图也称管道安装图或配管图，主要用来表示系统装置内管道和管件、阀、仪表控制点的空间位置、尺寸和规格，以及与有关机器、设备的连接关系，是管道安装、施工的重要依据。

13.3.3.1 图面表示

（1）管道布置图应按设备布置图或按分区索引图所划分的区域（以小区为基本单位）绘制。在厂房进行分区时，其边界线按照建筑物外墙或内部分隔墙用轴线与轴线编号标注。

（2）在每张管道布置图标题栏上方用缩小的并加阴影线的索引图表示本图所在装置区的位置。

（3）管道布置图一般只绘平面图。当平面图中局部表示不够清楚时，可绘制剖视图或轴测图。此剖视图或轴测图可画在管道平面布置图边界线以外的空白处或画在单独的图纸上，剖视图要按比例画，可根据需要标注尺寸，剖视符号规定用 $A—A$、$B—B$、…大写英文字母表示，在同一小区内符号不得重复，平面图上要表示所剖截面的剖切位置、方向及编号，剖视图上剖面范围内建（构）筑物用细实线绘制，对管道安装无影响的背景可以不画。

（4）多层建筑、构物的管道布置平面图应按层次绘制，各层（包括技术夹层）管道布置平面图应将吊顶或楼板以下的建筑物、设备、管道等全部画出。如在同一张图上绘制几层平面图时，应从最低层起，在图纸上由下至上或由左至右依次排列，并于各平面图下方注明"$\dfrac{X \text{层}}{▼ \pm 0.00}$"或"$\dfrac{X \text{层}}{▼ ××.××}$"，当一张图纸上只绘制一层平面图时，可将其标高注在标题栏中。

（5）有操作台部分如表示不清楚时，可以画操作台下面的管道，操作台上面的管道，另外绘制平面图或局部平面图。

13.3.3.2 管道布置图内容

（1）一组视图——按正投影原理，用一组平、立面视图表示建构筑物的基本结构、设备图形、管道、管件、阀门、仪表控制点等的安装布置情况。

（2）尺寸与标注——注出与管道布置有关的定位尺寸、建筑物定位轴线编号、设备位号、管道组合号等。

标注地面、楼面、平台面、吊车的标高。

对管廊应标注柱距尺寸（或坐标）及各层的顶面标高。

（3）标题栏——注出图名、图号、比例、设计阶段及签名。

图 13-23 为某系统管线布置局部图示。

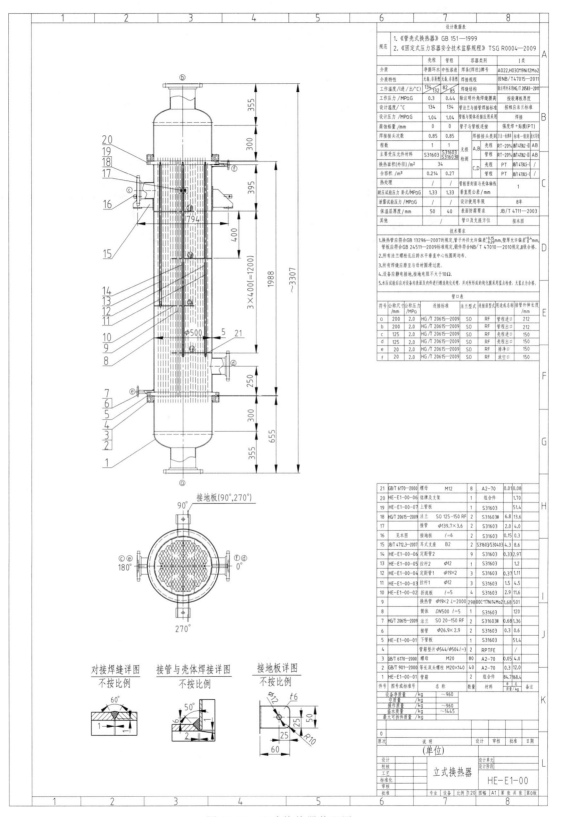

图 13-22　立式换热器装配图

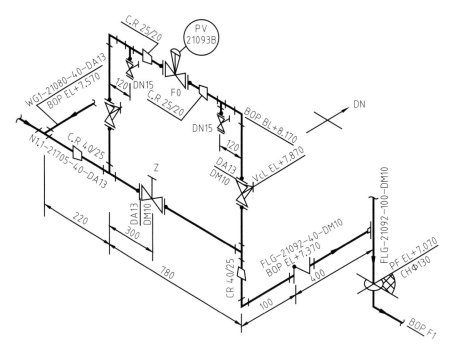

图 13-23　管线布置局部图示

第14章　　　国外机械图样简介

在经济全球化进程不断加快的今天，我国与国外的技术交流也日益增强。为了适应这样的发展，工程技术人员有必要了解不同国家机械图样的画法和尺寸标注等内容，这里简单介绍第三角画法及具有代表性的美国和日本的机械图样。

14.1　第三角画法

14.1.1　第三角画法的形成

第2章已介绍由三个互相垂直的投影面构成的三投影面体系将空间分为八个分角（quadrant）。我国采用将物体放在第一分角的第一角画法（first angle projection），而不少国家采用第三角画法（third angle projection）。

如图14-1所示，将物体置于第三分角内，即投影面处于观察者与物体之间，从前向后观察物体，在 V 面上所得的视图称为前视图；从上向下观察物体，在 H 面上得到的视图称为顶视图；从右向左观察物体，在 W 面所得的视图称为右视图。此法称为第三角画法。

与第一角画法投影展开方式一样，令 V 面不动，将 H 面、W 面按图14-2所示方向展开到与 V 面共面，得到三个视图，如图14-3所示。它们之间也具有正投影的规律，前、顶视图长对正；前、右视图高平齐；顶、右视图宽相等。

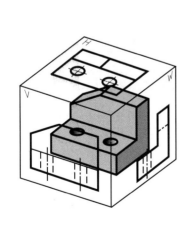

图 14-1　第三分角投影

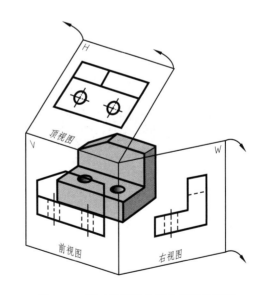

图 14-2　第三角画法中基本视图的展开

14.1.2　第三角画法与第一角画法的比较

第一角画法是把物体放在观察者与投影面之间，从投射方向看是：观察者→物体→投影

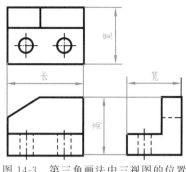

图 14-3 第三角画法中三视图的位置

面；而第三角画法是把投影面（视为透明的玻璃）放在观察者与物体之间，从投射方向看是：观察者→投影面→物体。图 14-4 是同一物体采用第三角画法和第一角画法所得到的三视图，从中可以看出两种画法的区别在于：视图的名称和位置关系不同，反映物体的部分有所不同。

14.1.3 两种投影法的识别符号

国家标准规定，必要时（如按合同规定等），允许使用第三角画法。

若采用第一角画法，必要时才在图样中画出第一角画法的投影识别符号；而采用第三角画法时，必须在图样中画出第三角画法的投影识别符号，图 14-5 是 GB/T 14692—2008 中规定的识别符号，其中 h 为图中尺寸字体高度，d 为图中粗实线宽度，$H = 2h$。

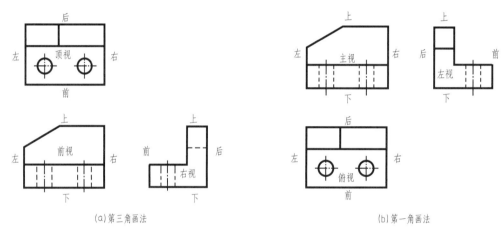

(a)第三角画法   (b)第一角画法

图 14-4 第三角画法与第一角画法视图的比较

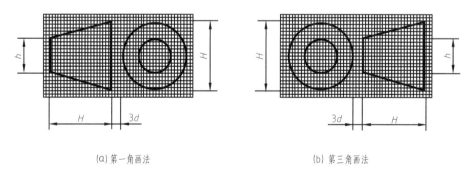

(a)第一角画法   (b)第三角画法

图 14-5 两种画法的识别符号

14.2 美国机械图样

14.2.1 图样表达

（1）美国标准（ANSI）规定采用第三角画法，基本视图及其配置与我国的国家标准（下面均以 GB 表示）一致，如图 14-6、图 14-7 所示，指明投射方向的箭头比 GB 粗短（图 14-8）。

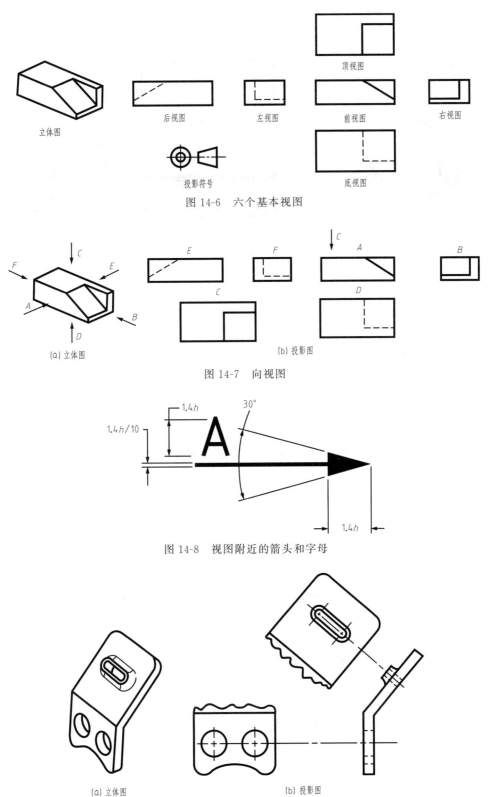

图 14-6　六个基本视图

图 14-7　向视图

图 14-8　视图附近的箭头和字母

图 14-9　斜视图和局部视图

（2）斜视图、局部视图的画法和 GB 一样，但需将其中心线与主要图形的中心线画成相连的形式且波浪线是粗线，斜视图也可旋转配置，如图 14-9、图 14-10 和图 14-11 所示，符号见图 14-12。

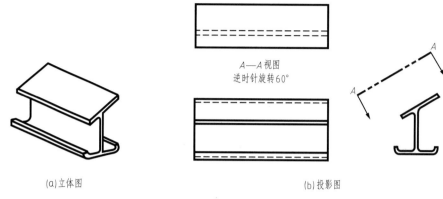

(a)立体图　　　　　　　　　　　　　　　　　(b)投影图

图 14-10　旋转配置的斜视图（一）

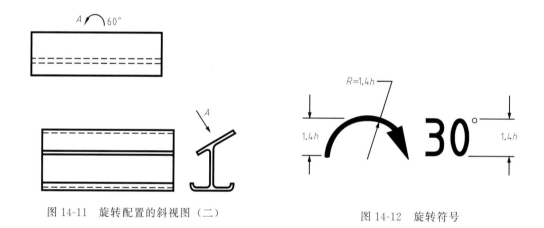

图 14-11　旋转配置的斜视图（二）　　　　　　　　　图 14-12　旋转符号

（3）剖视图种类、画法、标注及省略原则和 GB 相同，不同的是剖切符号采用粗双点画线或粗虚线，在剖切符号的两端画出箭头表示投射方向，并在起讫位置注上大写字母，同时在剖视图的下方作相应的标注；另外，局部剖中用作分界的波浪线是粗线，如图 14-13～图 14-19 所示。

（4）移出断面和重合断面均用粗实线绘制，如图 14-20、图 14-21 所示。

（5）局部放大图中用两端带箭头的细双点画线，画成大半圆来圈出被放大部位，且符号和比例标注在放大图下方，如图 14-22 所示。

（6）对于较长的零件，可采用断开画法，断开线均是粗线，如图 14-23 所示。

（7）相邻结构用细双点画线绘制且断开处的波浪线仍是细双点画线，如图 14-24 所示。

（8）对称图形可以画一半，但中心线两端的两平行线是粗实线，如图 14-25 所示。

（9）中心线相交在点处，其他各种图线相交、重合的画法见图 14-25 和图 14-26。

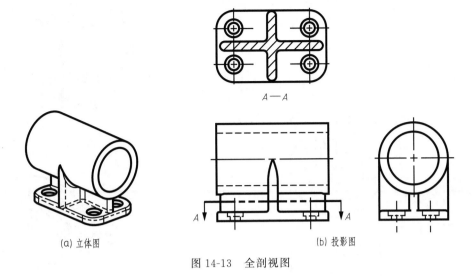

$A—A$

(a) 立体图　　　　　　　(b) 投影图

图 14-13　全剖视图

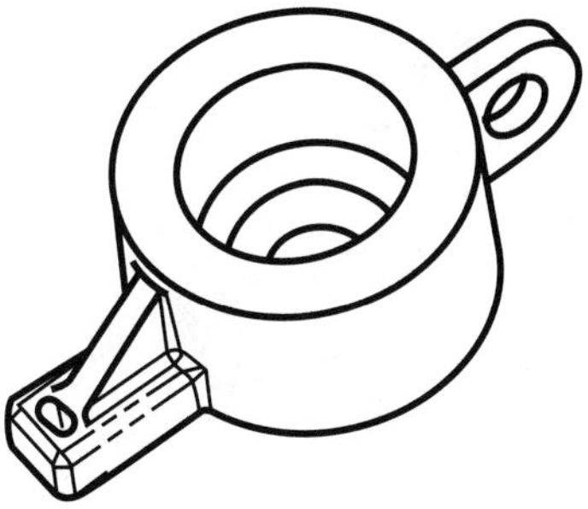

(a) 立体图 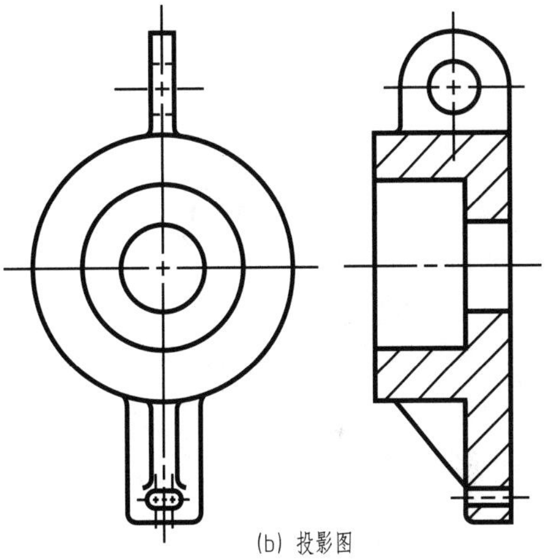　　　　　　　(b) 投影图

图 14-14　薄壁结构按不剖处理

图 14-15　半剖视图

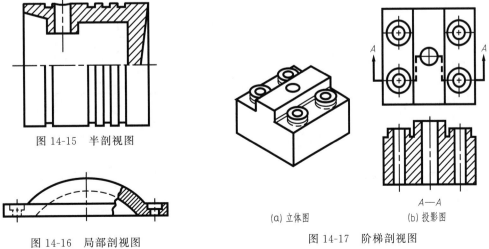

图 14-16　局部剖视图

$A—A$

(a) 立体图　　(b) 投影图

图 14-17　阶梯剖视图

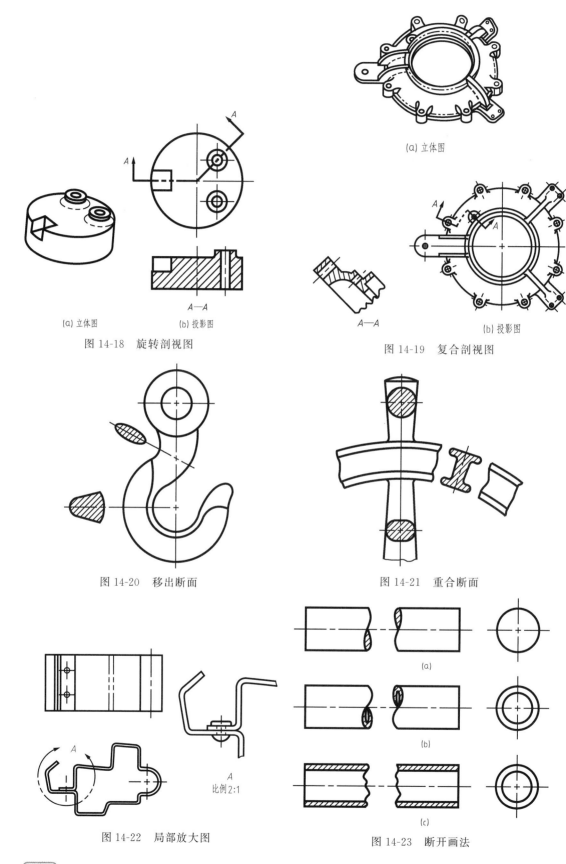

(a) 立体图

(a) 立体图　　　(b) 投影图

图 14-18　旋转剖视图

图 14-19　复合剖视图

图 14-20　移出断面

图 14-21　重合断面

比例2:1

图 14-22　局部放大图

图 14-23　断开画法

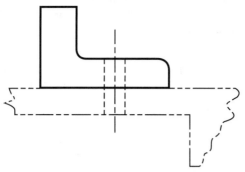

图 14-24　相邻结构的画法

（10）装配图中，相邻两零件的剖面线方向相反，当三个零件相邻时，其中一个零件的剖面线方向与水平线成60°，如图 14-27 所示。

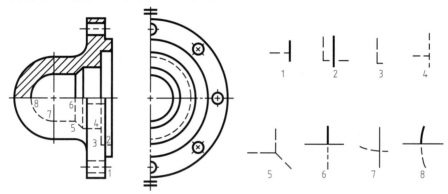

图 14-25　对称图形及相交图线的画法

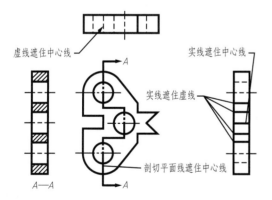

图 14-26　重合图线的画法

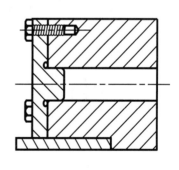

图 14-27　剖面线方向

14.2.2　尺寸注法

（1）尺寸界线与轮廓线之间要稍留空隙；尺寸线互相平行且第一条尺寸线距轮廓线不小于 10mm，其他各条尺寸线之间距离不小于 6mm，如图 14-28。

（2）为清楚标注几个平行尺寸，可将尺寸数字错开排列，如图 14-29。

（3）尺寸数字均水平书写，如图 14-30。

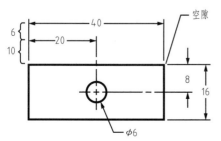

图 14-28　尺寸线、尺寸界线与轮廓线的距离

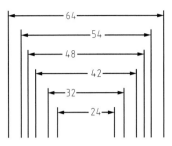

图 14-29　平行尺寸的尺寸数字错开排列

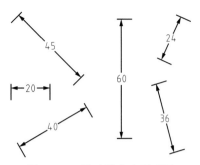

图 14-30　尺寸数字水平书写

（4）直径、半径、均布圆及角度的标注方法和 GB 基本一致，如图 14-31～图 14-33 所示。

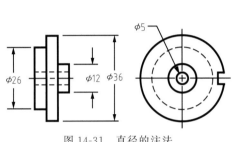

图 14-31　直径的注法

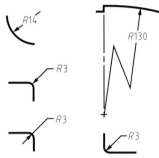

图 14-32　半径的注法

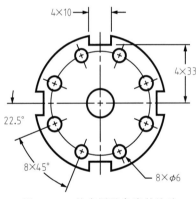

图 14-33　均布圆及角度的注法

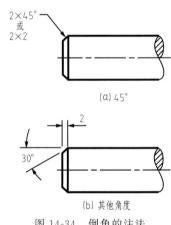

图 14-34　倒角的注法

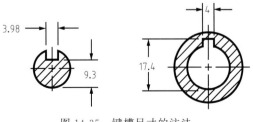

图 14-35　键槽尺寸的注法

（5）当倒角为 45°时，标注方法见图 14-34（a），当倒角为其他角度时，标注方法见图 14-34（b）。

（6）键槽、钻孔、沉孔等尺寸的注法见图 14-35～图 14-37。

（7）长圆形的尺寸有三种注法，见图 14-38。

14.2.3　螺纹画法

（1）如图 14-39 所示，内、外螺纹分别都有详细画法、示意画法、简化画法三种方法。

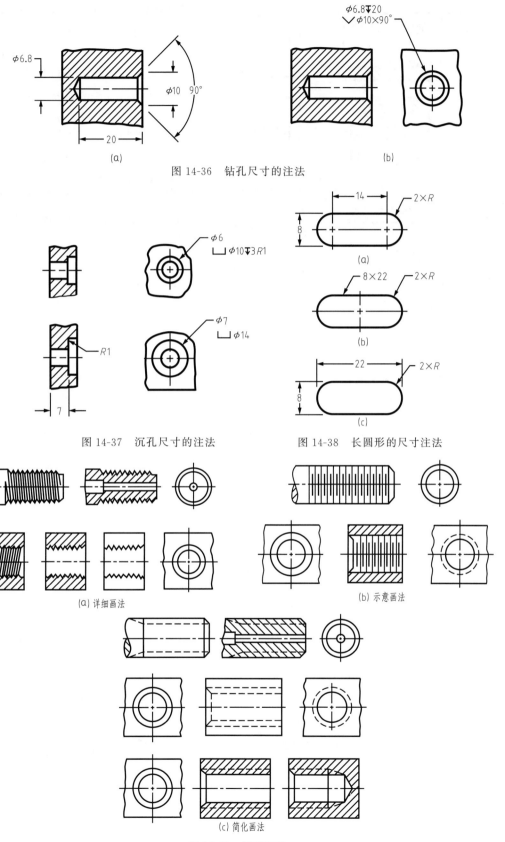

图 14-36 钻孔尺寸的注法

图 14-37 沉孔尺寸的注法

图 14-38 长圆形的尺寸注法

(a) 详细画法

(b) 示意画法

(c) 简化画法

图 14-39 螺纹画法

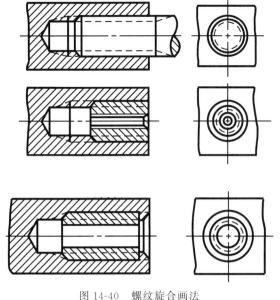

图 14-40　螺纹旋合画法

【注意】　简化画法基本同 GB 的规定画法，只是要将平行于轴线投影面上的细实线改成细虚线；垂直于轴线投影面上的 3/4 圈细实线圆改成完整的细虚线圆，当其与倒角圆接近影响图面清晰时省略不画（ANSI 不省略倒角圆）。

（2）内外螺纹旋合画法，见图 14-40；前面图 14-27 上的螺纹旋合是示意画法。

14.2.4　齿轮画法

齿轮画法见图 14-41，在垂直于轴线的投影中，齿顶圆和齿根圆均以细双点画线绘制；在平行于轴线的投影中，齿根圆用细虚线绘制，其他图线以及平行于轴线的剖视图都与 GB 的规定画法一致；另外垂直于轴线的投影可以画成剖视图，必要时，还画出轮齿形状。

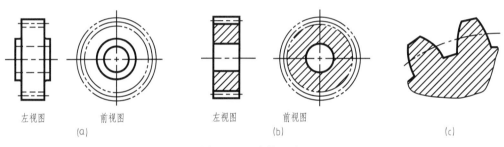

左视图　　前视图　　左视图　　前视图
(a)　　　　　　　(b)　　　　　　(c)

图 14-41　齿轮画法

14.3　日本机械图样

14.3.1　图样画法

（1）视图　日本标准（JIS）中有第一角画法和第三角画法，但使用较多的是第三角画法。

除六个基本视图外，还有局部视图（图 14-42）、辅助视图（图 14-43）、旋转视图［图 14-44（a）不保留旋转线、图 14-44（b）保留旋转线］。

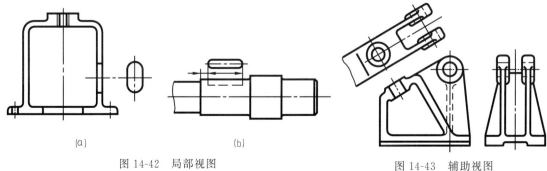

(a)　　　　　(b)

图 14-42　局部视图　　　　　图 14-43　辅助视图

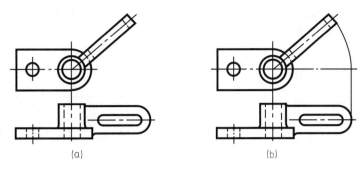

图 14-44　旋转视图

（2）剖视图　剖视图分为全剖（图 14-45）、半剖（图 14-46）、局部剖（图 14-47）、复合剖（有旋转、阶梯及组合剖切）（图 14-48）。

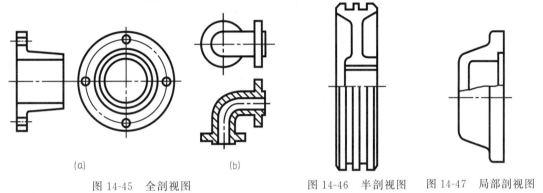

图 14-45　全剖视图　　　　图 14-46　半剖视图　　图 14-47　局部剖视图

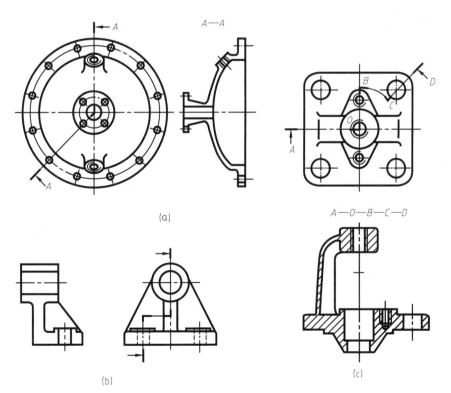

图 14-48　复合剖视图

（3）断面图　断面图分为移出断面（图 14-49）、重合断面（图 14-50）。移出断面可画在视图的中断处、也可配置在剖切线的延长线上或视图的轴线上。

在剖视图、断面图中剖面线常省略不画。

（4）局部放大图见图 14-51。

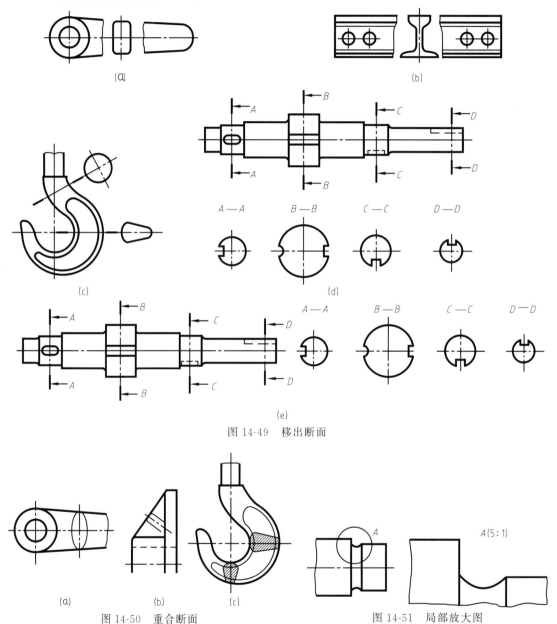

图 14-49　移出断面

图 14-50　重合断面

图 14-51　局部放大图

（5）对称图形可以画一半，方法同 GB，也可省略对称符号，方法是多画一点，如图 14-52 所示。

（6）较长零件的断开画法和平面的简化表示法均与 GB 相同，如图 14-53、图 14-54 所示。

14.3.2　尺寸注法

（1）线性尺寸标注基本同 GB，如图 14-55 所示。

（2）角度尺寸标注如图 14-56，尺寸数字注写有两种方式。

（3）没有足够位置画箭头或注写尺寸数字时，可采用图 14-57 和图 14-58 所示的方法。

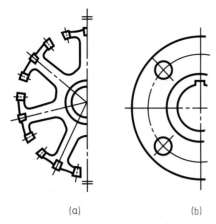

(a) (b)

图 14-52 对称图形的画法

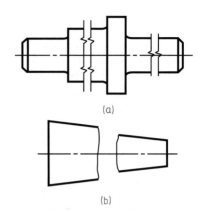

图 14-53 断开画法

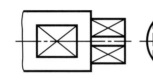

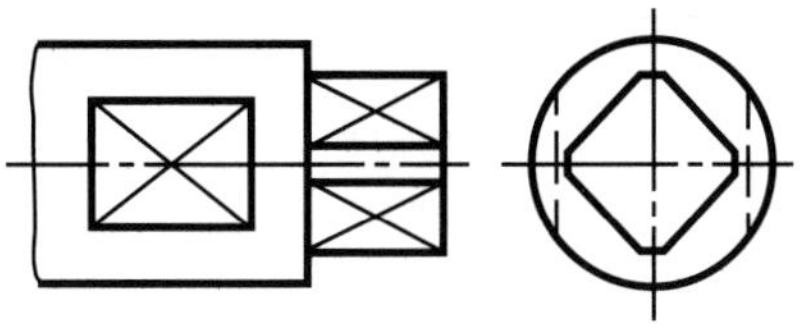

图 14-54 平面的简化表示法

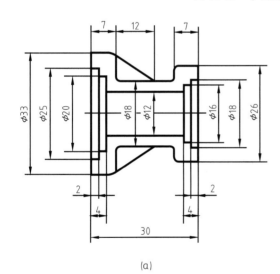

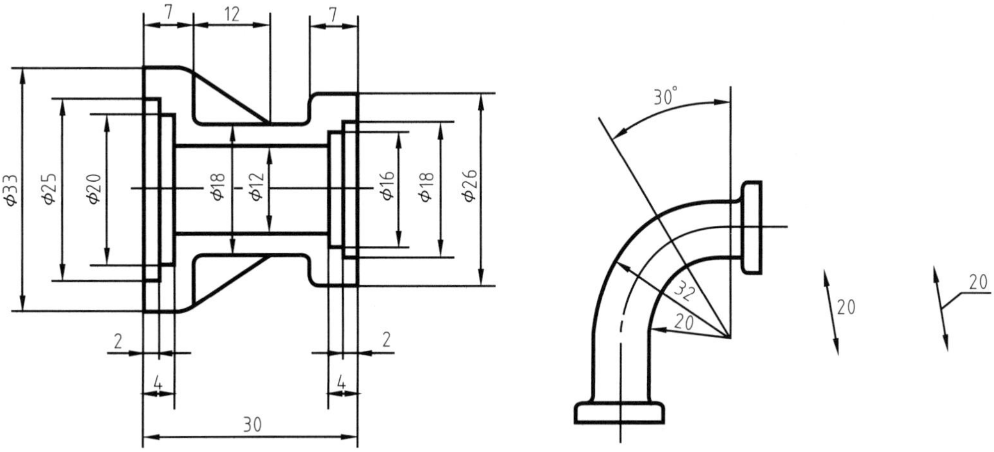

(a)

(b)

图 14-55 线性尺寸的注法

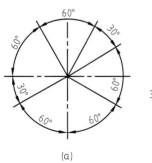

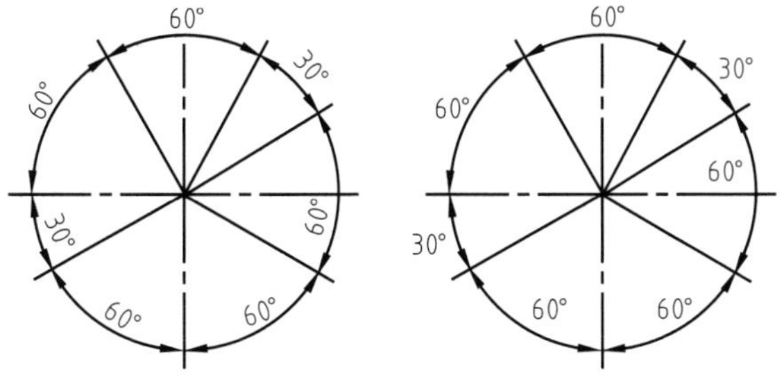

(a) (b)

图 14-56 角度尺寸的注法

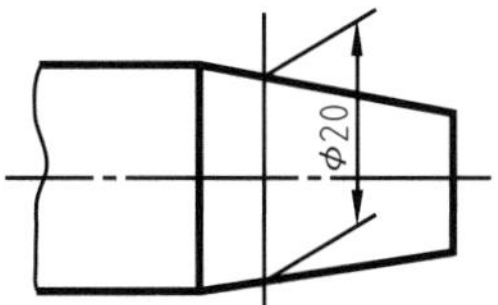

图 14-57 尺寸界线与尺寸线倾斜

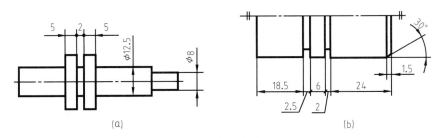

图 14-58 小尺寸的注法

（4）为节省位置，还可以将同一基准标出的尺寸以累进的形式标注，如图 14-59 所示。

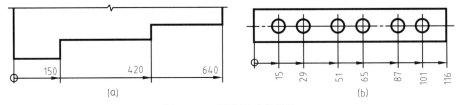

图 14-59 累进尺寸的注法

（5）倒角标注如图 14-60 所示。

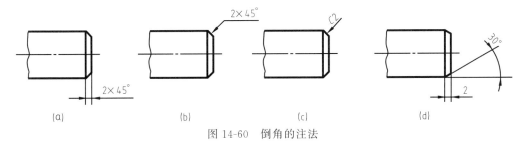

图 14-60 倒角的注法

（6）均布孔的标注见图 14-61。

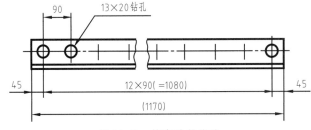

图 14-61 均布孔的注法

（7）相同结构的尺寸只注写一次，且在未注尺寸处加说明，如图 14-62 所示。

14.3.3 螺纹画法

螺纹画法与 GB 相同，外螺纹画法见图 14-63，内螺纹画法见图 14-64，内外螺纹旋合画法见图 14-65。

14.3.4 齿轮画法

齿轮画法基本同 GB 的规定画法，只是在剖视图中一般不画剖面线，见图 14-66；齿轮啮合时，在平行于轴线的外形图中，表示分度线的细点画线可以省略，用三条细实线表示斜齿和人字齿，还可用三条直线表示直齿，如图 14-67 所示。

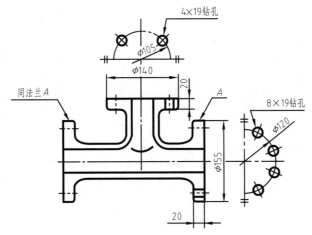

图 14-62 相同结构的尺寸注法

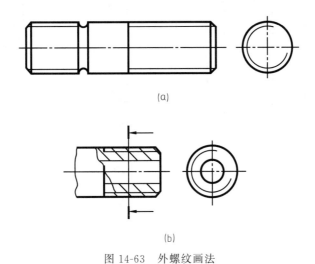

图 14-63 外螺纹画法

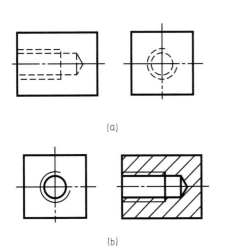

图 14-64 内螺纹画法

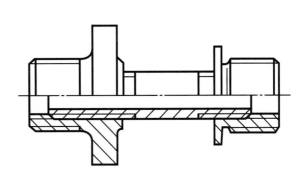

图 14-65 内外螺纹旋合画法

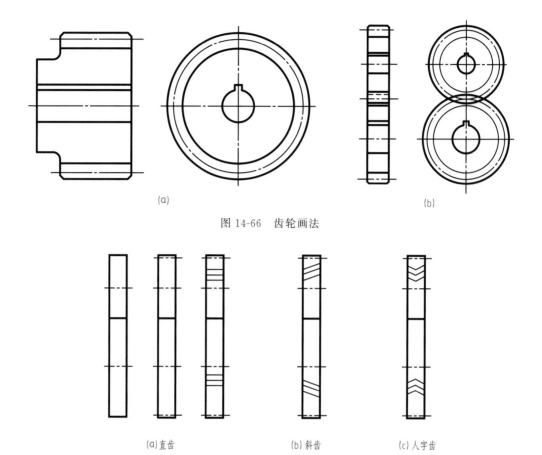

(a)

(b)

图 14-66　齿轮画法

(a)直齿　　　　　　(b)斜齿　　　　　　(c)人字齿

图 14-67　齿轮啮合的外形图

附录 1　螺纹

1. 普通螺纹（摘自 GB/T 193—2003、GB/T 196—2003）

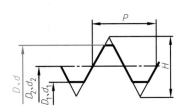

$$D_2 = D - 2 \times \frac{3}{8}H = D - 0.6495P;$$

$$d_2 = d - 2 \times \frac{3}{8}H = d - 0.6495P;$$

$$D_1 = D - 2 \times \frac{5}{8}H = D - 1.0825P;$$

$$d_1 = d - 2 \times \frac{5}{8}H = d - 1.0825P;$$

其中：$H = \dfrac{\sqrt{3}}{2}P = 0.866025404P$。

标记示例

公称直径为 8mm、螺距为 1mm 的右旋细牙普通螺纹：

M8×1

附表 1-1　普通螺纹　　　　　　　　　　　　单位：mm

公称直径 D、d 第一系列	第二系列	螺距 P 粗牙	细牙	中径 D_2、d_2	小径 D_1、d_1
3		0.5	0.35	2.675 2.773	2.459 2.621
	3.5	0.6		3.110 3.273	2.850 3.121
4		0.7	0.5	3.545 3.675	3.242 3.459
	4.5	0.75		4.013 4.175	3.688 3.959
5		0.8		4.480 4.675	4.134 4.459
6		1	0.75	5.350 5.513	4.917 5.188
	7	1	0.75	6.350 6.513	5.917 6.188
8		1.25	1,0.75	7.188 7.350 7.513	6.647 6.917 7.188
10		1.5	1.25,1,0.75	9.026 9.188 9.350 9.513	8.376 8.647 8.917 9.188
12		1.75	1.25,1	10.863 11.026 11.188 11.350	10.106 10.376 10.647 10.917
	14	2	1.5,1.25,1	12.701 13.026 13.188 13.350	11.835 12.376 12.647 12.917
16		2	1.5,1	14.701 15.026 15.350	13.835 14.376 14.917
	18	2.5	2,1.5,1	16.376 16.701 17.026 17.350	15.294 15.835 16.376 16.917
20		2.5		18.376 18.701 19.026 19.350	17.294 17.835 18.376 18.917

续表

公称直径 D、d		螺距 P		中径 D_2、d_2	小径 D_1、d_1	公称直径 D、d		螺距 P		中径 D_2、d_2	小径 D_1、d_1
第一系列	第二系列	粗牙	细牙			第一系列	第二系列	粗牙	细牙		
	22	2.5		20.376 20.701 21.026 21.350	19.294 19.835 20.376 20.917		39	4	3,2,1.5	36.402 37.051 37.701 38.026	34.670 35.752 36.835 37.376
24		3	2,1.5,1	22.051 22.701 23.026 23.350	20.752 21.835 22.376 22.917	42		4.5	4,3,2,1.5	39.077 39.402 40.051 40.701 41.026	37.129 37.670 38.752 39.835 40.376
	27	3		25.051 25.701 26.026 26.350	23.752 24.835 25.376 25.917		45	4.5	4,3,2,1.5	42.077 42.402 43.051 43.701 44.026	40.129 40.670 41.752 42.835 43.376
30		3.5	(3),2,1.5,1	27.727 28.051 28.701 29.026 29.350	26.211 26.752 27.835 28.376 28.917	48		5	4,3,2,1.5	44.752 45.402 46.051 46.701 47.026	42.587 43.670 44.752 45.835 46.376
	33	3.5	(3),2,1.5	30.727 31.051 31.701 32.026	29.211 29.752 30.835 31.376	52		5	4,3,2,1.5	48.752 49.402 50.051 50.701 51.026	46.587 47.670 48.752 49.835 50.376
36		4	3,2,1.5	33.402 34.051 34.701 35.026	31.670 32.752 33.835 34.376						

注：1. 优先选用第一系列直径，其次选择第二系列直径，尽可能避免选用括号内的螺距。

2. 公称直径为 1～2.5mm 和 55～300mm 的部分未列入；第三系列全部未列入。

3. M14×1.25 仅用于发动机的火花塞。

2. 管螺纹（GB/T 7306.1—2000、GB/T 7306.2—2000、GB/T 7307—2001）

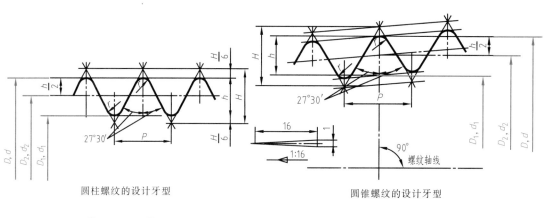

圆柱螺纹的设计牙型

$H = 0.960491P$

$h = 0.640327P$

$r = 0.137329P$

圆锥螺纹的设计牙型

$H = 0.960237P$

$h = 0.640327P$

$r = 0.137278P$

标 记 示 例

GB/T 7306.1	GB/T 7306.2	GB/T 7307
尺寸代号为 3/4 的右旋圆柱内螺纹：	尺寸代号为 3/4 的右旋圆锥内螺纹：	尺寸代号为 2 的右旋圆柱内螺纹：
$R_{\rm p}3/4$	$R_{\rm c}3/4$	G2
尺寸代号为 3 的右旋圆锥外螺纹：	尺寸代号为 3 的右旋圆锥外螺纹：	尺寸代号为 3 的 A 级右旋圆柱外螺纹：
$R_1 3$	$R_2 3$	G3A
尺寸代号为 3/4 的左旋圆柱内螺纹：	尺寸代号为 3/4 的左旋圆锥内螺纹：	尺寸代号为 2 的左旋圆柱内螺纹：
$R_{\rm p}3/4{\rm LH}$	$R_{\rm c}3/4{\rm LH}$	G2LH
		尺寸代号为 4 的 B 级左旋圆柱外螺纹：
		G4B-LH

附表 1-2　管螺纹

尺寸代号	每 25.4mm 内所包含的牙数 n	螺距 P /mm	牙高 h /mm	基本直径/mm			外螺纹的有效螺纹不小于 /mm
				大径 $d=D$	中径 $d_2=D_2$	小径 $d_1=D_1$	
1/16	28	0.907	0.581	7.723	7.142	6.561	6.5
1/8				9.728	9.147	8.566	6.5
1/4	19	1.337	0.856	13.157	12.301	11.445	9.7
3/8				16.662	15.806	14.950	10.1
1/2	14	1.814	1.162	20.955	19.793	18.631	13.2
5/8				22.911	21.749	20.587	—
3/4				26.441	25.279	24.117	14.5
7/8				30.201	29.039	27.877	—
1	11	2.309	1.479	33.249	31.770	30.291	16.8
1 1/8				37.897	36.418	34.939	—
1 1/4				41.910	40.431	38.952	19.1
1 1/2				47.803	46.324	44.845	19.1
1 3/4				53.746	53.267	50.788	—
2				59.614	58.135	56.656	23.4
2 1/4				65.710	64.231	62.752	—
2 1/2				75.184	73.705	72.226	26.7
2 3/4				81.534	80.055	78.576	—
3				87.884	86.405	84.926	29.8
3 1/2				100.330	98.851	97.372	—
4				113.030	111.551	110.072	35.8
4 1/2				125.730	124.251	122.772	—
5				138.430	136.951	135.472	40.1
5 1/2				151.130	149.651	148.172	—
6				163.830	162.351	160.872	40.1

注：1. 红色印刷的为仅有非密封的管螺纹。

　　2. "外螺纹的有效螺纹不小于"为密封管螺纹的参数。

3. 梯形螺纹（摘自 GB/T 5796.2—2022、GB/T 5796.3—2022）

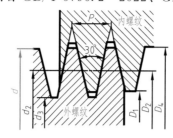

标记示例

公称直径为 40mm、导程为 14mm、螺距为 7mm 的左旋双线梯形螺纹：

Tr40×14P7-LH

附表 1-3　梯形螺纹　　　　　　　　　　　　　　　单位：mm

公称直径 d		螺距	中径	大径	小径		公称直径 d		螺距	中径	大径	小径	
第一系列	第二系列	P	$d_2=D_2$	D_4	d_3	D_1	第一系列	第二系列	P	$d_2=D_2$	D_4	d_3	D_1
8		1.5	7.25	8.30	6.20	6.50		26	3	24.50	26.50	22.50	23.00
	9	1.5	8.25	9.30	7.20	7.50			5	23.50		21.00	21.00
		2	8.00	9.50	6.50	7.00			8	22.00	27.00	17.00	18.00
10		1.5	9.25	10.30	8.20	8.50	28		3	26.50	28.50	24.50	25.00
		2	9.00	10.50	7.50	8.00			5	25.50		22.50	23.00
	11	2	10.00	11.50	8.50	9.00			8	24.00	29.00	19.00	20.00
		3	9.50		7.50	8.00		30	3	28.50	30.50	26.50	29.00
12		2	11.00	12.50	9.50	10.00			6	27.00	31.00	23.00	24.00
		3	10.50		8.50	9.00			10	25.00		19.00	20.00
	14	2	13.00	14.50	11.50	12.00	32		3	30.50	32.50	28.50	29.00
		3	12.50		10.50	11.00			6	29.00	33.00	25.00	26.00
16		2	15.00	16.50	13.50	14.00			10	27.00		21.00	22.00
		4	14.00		11.50	12.00		34	3	32.50	34.50	30.50	31.00
	18	2	17.00	18.50	15.50	16.00			6	31.00	35.00	27.00	28.00
		4	16.00		13.50	14.00			10	29.00		23.00	24.00
20		2	19.00	20.50	17.50	18.00	36		3	34.50	36.50	32.50	33.00
		4	18.00		15.50	16.00			6	33.00	37.00	29.00	30.00
	22	3	20.50	22.50	18.50	19.00			10	31.00		25.00	26.00
		5	19.50		16.50	17.00		38	3	36.50	38.50	34.50	35.00
		8	18.00	23.00	13.00	14.00			7	34.50	39.00	30.50	31.00
24		3	22.50	24.50	20.50	21.00			10	33.00		27.00	28.00
		5	21.50		18.50	19.00	40		3	38.50	40.50	36.50	37.00
		8	20.00	25.00	15.00	16.00			7	36.50	41.00	32.00	33.00
									10	35.00		29.00	30.00

注：1. 优先选用第一系列直径，其次选用第二系列直径；新产品设计中，不应选用第三系列直径。

2. 公称直径为 42～300mm 的部分未列入；第三系列全部未列入。

3. 优先选用红色的螺距。

附录 2　常用标准件

1. 螺栓

（1）六角头螺栓（摘自 GB/T 5782—2016）

（2）六角头螺栓　细牙（摘自 GB/T 5785—2016）

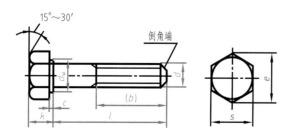

标记示例

螺纹规格为 M12、公称长度 $l=80$mm、性能等级为 8.8 级、表面不经处理、产品等级为 A 级的六角头螺栓：

螺栓 GB/T 5782 M12×80

螺纹规格为 M12×1.5、公称长度 $l=80$mm、细牙螺纹、性能等级为 8.8 级、表面不经处理、产品等级为 A 级的六角头螺栓：

螺栓 GB/T 5785 M12×1.5×80

(3) 六角头螺栓　全螺纹（摘自 GB/T 5783—2016）

(4) 六角头螺栓　细牙　全螺纹（摘自 GB/T 5786—2016）

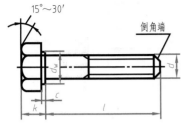

标记示例

螺纹规格为 M12、公称长度 $l=80$mm、全螺纹、性能等级为 8.8 级、表面不经处理、产品等级为 A 级的六角头螺栓：

螺栓 GB/T 5783 M12×80

螺纹规格为 M12×1.5、公称长度 $l=80$mm、细牙螺纹、全螺纹、性能等级为 8.8 级、表面不经处理、产品等级为 A 级的六角头螺栓：

螺栓 GB/T 5786 M12×1.5×80

附表 2-1　螺栓　　　　　　　　　　　　　　　　单位：mm

螺纹规格	d	M4	M5	M6	M8	M10	M12	M16	M20	M24	M30	M36	M42	M48
	$d×P$	—	—	—	M8×1	M10×1	M12×1.5	M16×1.5	M20×1.5	M24×2	M30×2	M36×3	M42×3	M48×3
$b_{参考}$	$l≤125$	14	16	18	22	26	30	38	46	54	66	—	—	—
	$125<l≤200$	20	22	24	28	32	36	44	52	60	72	84	96	108
	$l>200$	33	35	37	41	45	49	57	65	73	85	97	109	121
c_{max}		0.4	0.5		0.6					0.8			1	
$k_{公称}$		2.8	3.5	4.0	5.3	6.4	7.5	10	12.5	15	18.7	22.5	26	30
s_{max}		7	8	10	13	16	18	24	30	36	46	55	65	75
e_{min}	A	7.66	8.79	11.05	14.38	17.77	20.03	26.75	33.53	39.98	—	—	—	—
	B	7.50	8.63	10.89	14.20	17.59	19.85	26.17	32.95	39.55	50.85	60.79	71.30	82.60
$d_{w\ min}$	A	5.88	6.88	8.88	11.63	14.63	16.63	22.49	28.19	33.61	—	—	—	—
	B	5.74	6.74	8.74	11.47	14.47	16.47	22.00	27.70	33.25	42.75	51.11	59.95	69.45
$l_{范围}$	GB/T 5782	25~40	25~50	30~60	40~80	45~100	50~120	65~160	80~200	90~240	110~300	140~360	160~440	180~480
	GB/T 5785	—	—	—						100~240	120~300			200~480
	GB/T 5783	8~40	10~50	12~60	16~80	20~100	25~120	30~150	40~150	50~150	60~200	70~200	80~200	100~200
	GB/T 5786	—	—	—				35~160		40~200			90~420	100~480
$l_{系列}$	GB/T 5782	25,30,35,40,45,50,55,65,70,80,90,100,110,120,130,140,160,180,200,220,240,260,280,300,320,340,360,380,400,420,440,460,480,500												
	GB/T 5785	40,45,50,55,60,65,70,80,90,100,110,120,130,140,150,160,180,200,220,240,260,280,300,320,340,360,380,400,420,440,460,480												
	GB/T 5783	8,10,12,16,20,25,30,35,40,45,50,55,60,65,70,80,90,100,110,120,130,140,150,160,180,200												
	GB/T 5786	16,20,25,30,35,40,45,50,55,60,65,70,80,90,100,110,120,130,140,150,160,180,200,220,240,260,280,300,320,340,360,380,400,420,440,460,480												

注：1. P 为螺距。

2. A 级用于 $d≤24$mm 和 $l≤10d$ 或 $≤150$mm（按较小值）的螺栓；B 级用于 $d>24$mm 或 $l>10d$ 或 >150mm（按较小值）的螺栓。

3. 本表仅列出部分优选的螺纹规格。

2. 螺柱

(1) 双头螺柱　$b_m=1d$（摘自 GB/T 897—1988）

(2) 双头螺柱　$b_m=1.25d$（摘自 GB/T 898—1988）

(3) 双头螺柱　$b_m=1.5d$（摘自 GB/T 899—1988）

(4) 双头螺柱　$b_m=2d$（摘自 GB/T 900—1988）

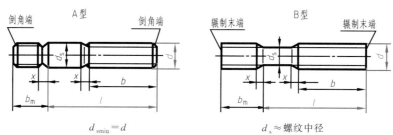

$$d_{smin}=d \qquad\qquad d_s \approx 螺纹中径$$

标 记 示 例

两端均为粗牙普通螺纹，$d=10\text{mm}$、$l=50\text{mm}$、性能等级为 4.8 级、不经表面处理、B 型、$b_m=1d$ 的双头螺柱：

螺柱 GB/T 897 M10×50

旋入机体一端为粗牙普通螺纹，旋螺母端为螺距 $P=1$ 的细牙普通螺纹，$d=10\text{mm}$、$l=50\text{mm}$、性能等级为 4.8 级、不经表面处理、A 型、$b_m=2d$ 的双头螺柱：

螺柱 GB/T 900 AM10-10×1×50

附表 2-2 螺柱 单位：mm

螺纹规格 d	b_m				d_s		X_{max}	b	$l_{范围}$
	GB/T 897	GB/T 898	GB/T 899	GB/T 900	max	min			
M5	5	6	8	10	5	4.7		10	16～(22)
								16	25～50
M6	6	8	10	12	6	5.7		10	20、(22)
								14	25、(28)、30
								18	(32)～(75)
M8	8	10	12	16	8	7.64		12	20、(22)
								16	25、(28)、30
								22	(32)～90
M10	10	12	15	20	10	9.64		14	25、(28)
								16	30、(38)
								26	40～120
								32	130
M12	12	15	18	24	12	11.57		16	25～30
								20	(32)～40
								30	45～120
								36	130～180
(M14)	14	18	21	28	14	13.57		18	30、(32)、35
								25	(38)、40、45
								34	50～120
								40	120～180
M16	16	20	24	32	16	15.57		20	30～(38)
								30	40～(55)
								38	60～120
								44	120～200
(M18)	18	22	27	36	18	17.57	2.5P	22	35～40
								35	45～60
								42	(65)～120
								48	130～200
M20	20	25	30	40	20	19.48		25	35～40
								35	45～(65)
								46	70～120
								52	130～200
(M22)	22	28	33	44	22	21.48		30	40、45
								40	50～70
								50	(75)～120
								56	130～200
M24	24	30	36	48	24	23.48		30	45、50
								45	(55)～(75)
								54	80～120
								60	130～200
(M27)	27	35	40	54	27	26.48		35	50～60
								50	(65)～(85)
								60	90～120
								66	130～200
M30	30	38	45	60	30	29.48		40	60、(65)
								50	70～90
								66	(95)～120
								72	130～200
								85	210～250

| 螺纹规格 | b_m | | | | d_s | | X_{max} | b | $l_{范围}$ |
d	GB/T 897	GB/T 898	GB/T 899	GB/T 900	max	min			
(M33)	33	41	49	66	33	32.38		45	(65)～70
								60	(75)～(95)
								72	100～120
								78	130～200
								91	210～300
M36	36	45	54	72	36	35.38		45	(65)～(75)
								60	80～110
								78	120
								84	130～200
								97	210～300
(M39)	39	49	58	78	39	38.38	2.5P	50	70～80
								65	(85)～110
								84	120
								90	130～200
								103	210～300
M42	42	52	63	84	42	41.38		50	70～80
								70	(85)～110
								90	120
								96	130～200
								109	210～300
M48	48	60	72	96	48	47.38		60	80～90
								80	(95)～110
								102	120
								108	130～200
								121	210～300
$l_{系列}$	16,(18),20,(22),25,(28),30,(32),35,(38),40,45,50,(55),60,(65),70,(75),80,(85),90,(95),100,110,120,130,140,150,160,170,180,190,200,210,220,230,240,250,260,280,300								

注：1. P 为粗牙螺距。
2. 尽可能不采用括号内的规格。
3. $d<$M5 的螺纹规格未列入。
4. GB/T 897 中 M24、M30 须加括号。

3. 螺钉

（1）开槽圆柱头螺钉 （摘自 GB/T 65—2016） （2）开槽盘头螺钉 （摘自 GB/T 67—2016） （3）开槽沉头螺钉 （摘自 GB/T 68—2016）

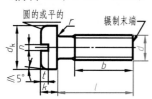

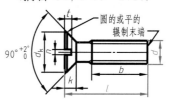

标 记 示 例

螺纹规格为 M5、公称长度 $l=20$mm、性能等级为 4.8 级、表面不经处理的 A 级开槽圆柱头螺钉：

螺钉　GB/T 65　M5×20

附表 2-3　螺钉（一）　　　　　　　　　　　　　　　　　　单位：mm

螺纹规格 d			M1.6	M2	M2.5	M3	(M3.5)	M4	M5	M6	M8	M10
螺距 P			0.35	0.4	0.45	0.5	0.6	0.7	0.8	1	1.25	1.5
b_{min}			25				38					
$n_{公称}$			0.4	0.5	0.6	0.8	1	1.2	1.2	1.6	2	2.5
r_f(参考)	GB/T 67		0.5	0.6	0.8	0.9	1	1.2	1.5	1.8	2.4	3
k_{max}	GB/T 65		1.1	1.4	1.8	2.0	2.4	2.6	3.3	3.9	5.0	6.0
	GB/T 67		1.0	1.3	1.5	1.8	2.1	2.4	3	3.6	4.8	6
	GB/T 68		1.0	1.2	1.5	1.65	2.35	2.7	2.7	3.3	4.65	5
d_{kmax}	GB/T 65		3.0	3.8	4.5	5.5	6	7	8.5	10	13	16
	GB/T 67		3.2	4	5	5.6	7	8	9.5	12	16	20
	GB/T 68	理论值	3.6	4.4	5.5	6.3	8.2	9.4	10.4	12.6	17.3	20
		实际值	3.0	3.8	4.7	5.5	7.3	8.4	9.3	11.3	15.8	18.3
t_{min}	GB/T 65		0.45	0.6	0.7	0.85	1	1.1	1.3	1.6	2	2.4
	GB/T 67		0.35	0.5	0.6	0.7	0.8	1	1.2	1.4	1.9	2.4
	GB/T 68		032	0.4	0.5	0.6	0.9	1	1.1	1.2	1.8	2
$l_{范围}$	GB/T 65		2~16	3~20	3~25	4~30	5~35	5~40	6~50	8~60	10~80	12~80
	GB/T 67		2~16	2.5~20								
	GB/T 68		2.5~16	3~20	4~25	5~30	6~35	6~40	8~50			
全螺纹时最大长度	GB/T 65		30				40					
	GB/T 67											
	GB/T 68						45					
$l_{系列}$			2,2.5,3,4,5,6,8,10,12,(14),16,20,25,30,35,40,45,50,(55),60,(65),70,(75),80									

注：1. 尽可能不采用括号内的规格。

2. GB/T 65 无 $l=2.5$mm 的规格，GB/T 68 无 $l=2$mm 的规格。

（4）开槽锥端紧定螺钉　　　　　　（5）开槽平端紧定螺钉　　　　　　（6）开槽长圆柱端紧定螺钉

（摘自 GB/T 71—2018）　　　　　（摘自 GB/T 73—2017）　　　　　（摘自 GB/T 75—2018）

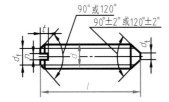 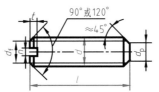 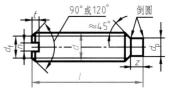

标 记 示 例

螺纹规格为 M5、公称长度 $l=12$mm、钢制、硬度等级 14H 级、表面不经处理、产品等级 A 级的开槽锥端紧定螺钉：

螺钉　GB/T 71 M5×12

附表 2-4　螺钉（二）　　　　　　　　　　　　　单位：mm

螺纹规格 d		M2	M2.5	M3	(M3.5)	M4	M5	M6	M8	M10	M12
螺距 P		0.4	0.45	0.5	0.6	0.7	0.8	1	1.25	1.5	1.75
d_f		螺纹小径									
$d_{t\,max}$		0.2	0.25	0.3	0.35	0.4	0.5	1.5	2	2.5	3
$d_{p\,max}$		1	1.5	2	2.2	2.5	3.5	4	5.5	7	8.5
$n_{公称}$		0.25	0.4	0.4	0.5	0.6	0.8	1	1.2	1.6	2
t_{max}		0.84	0.95	1.05	1.21	1.42	1.63	2	2.5	3	3.6
z_{max}		1.25	1.5	1.75	2	2.25	2.75	3.25	4.3	5.3	6.3
$l_{范围}$	GB 71	3~10	3~12	4~16	5~20	6~20	8~25	8~30	10~40	12~50	14~60
	GB 73	2~10	2.5~12	3~16	4~20	4~20	5~20	6~30	8~40	10~50	12~60
	GB 75	3~10	4~12	5~16	5~20	6~20	8~25	8~30	10~40	12~50	14~60
$l_{系列}$		2,2.5,3,4,5,6,8,10,12,(14),16,20,25,30,35,40,45,50,55,60									

注：1. 尽可能不采用括号内的规格。

2. $d<M2$ 的螺纹规格未列入。

（7）内六角圆柱头螺钉（摘自 GB/T 70.1—2008）

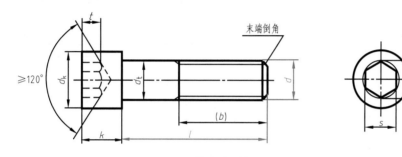

标 记 示 例

螺纹规格 d＝M5、公称长度 l＝20mm、性能等级为 8.8 级、表面氧化的 A 级内六角圆柱头螺钉：

螺钉　GB/T 70.1　M5×20

附表 2-5　螺钉（三）　　　　　　　　　　　　　单位：mm

螺纹规格 d		M4	M5	M6	M8	M10	M12	(M14)	M16	M20	M24	M30	M36
螺距 P		0.7	0.8	1	1.25	1.5	1.75	2	2	2.5	3	3.5	4
$b_{参考}$		20	22	24	28	32	36	40	44	52	60	72	84
$d_{k\,max}$	光滑头部	7	8.5	10	13	16	18	21	24	30	36	45	54
	滚花头部	7.22	8.72	10.22	13.27	16.27	18.27	21.33	24.33	30.33	36.39	45.39	54.46
k_{max}		4	5	6	8	10	12	14	16	20	24	30	36
t_{min}		2	2.5	3	4	5	6	7	8	10	12	15.5	19
$s_{公称}$		3	4	5	6	8	10	12	14	17	19	22	27
e_{min}		3.44	4.58	5.72	6.68	9.15	11.43	13.72	16	19.44	21.73	25.15	30.85
$l_{范围}$		6~40	8~50	10~60	12~80	16~100	20~120	25~140	25~160	30~200	40~200	45~200	55~200
全螺纹时最大长度		25	25	30	35	40	45	55	55	65	80	90	100
$l_{系列}$		6,8,10,12,16,20,25,30,35,40,45,50,55,60,65,70,80,90,100,110,120,130,140,150,160,180,200											

注：1. 尽可能不采用括号内的规格。

2. $d<M4$、$d>M36$ 的螺丝规格未列入。

4．螺母

（1）1 型六角螺母（摘自 GB/T 6170—2015）

（2）1 型六角螺母 细牙（摘自 GB/T 6171—2016）

（3）1 型六角螺母 C 级（摘自 GB/T 41—2016）

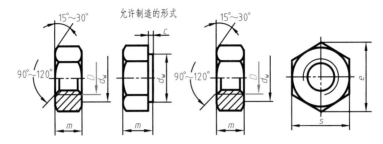

GB/T 6170 和 GB/T 6171　　　GB/T 41

标 记 示 例

螺纹规格为 M12、性能等级为 5 级、表面不经处理、产品等级为 C 级的 1 型六角螺母：

螺母　GB/T 41　M12

螺纹规格为 M16×1.5、性能等级为 8 级、表面不经处理、产品等级为 A 级、细牙螺纹的 1 型六角螺母：

螺母　GB/T 6171　M16×1.5

附表 2-6　螺母　　　　　　　　　　　　　　　　　单位：mm

螺纹规格	D	M4	M5	M6	M8	M10	M12	M16	M20	M24	M30	M36	M42	M48
	$D×P$	—	—	—	M8×1	M10×1	M12×1.5	M16×1.5	M20×1.5	M24×2	M30×2	M36×3	M42×3	M48×3
c_{max}		0.4	0.5		0.6				0.8				1	
s_{max}		7	8	10	13	16	18	24	30	36	46	55	65	75
e_{min}	GB/T 6170	7.66	8.79	11.05	14.38	17.77	20.03	26.75	32.95	39.55	50.85	60.79	71.3	82.6
	GB/T 6171	—	—	—										
	GB/T 41	—	8.63	10.89	14.2	17.59	19.85	26.17						
m_{max}	GB/T 6170	3.2	4.7	5.2	6.8	8.4	10.8	14.8	18	21.5	25.6	31	34	38
	GB/T 6171	—	—	—										
	GB/T 41	—	5.6	6.4	7.9	9.5	12.2	15.9	19	22.3	26.4	31.9	34.9	38.9
$d_{w\,min}$	GB/T 6170	5.9	6.9	8.9	11.6	14.6	16.6	22.5	27.7	33.3	42.8	51.1	60.0	69.5
	GB/T 6171	—	—	—	11.63	14.83	16.63	22.49	27.7	33.25	42.75	51.11	59.95	69.45
	GB/T 41	—	6.7	8.7	11.5	14.5	16.5	22	27.7	33.3	42.8	51.1	60.0	69.5

注：1. P 为螺距。

2. A 级用于 $D≤16$mm 的螺母；B 级用于 $D>16$mm 的螺母。

3. $D<$M4、$D>$M48 及非优选的螺纹规格未列入。

5. 垫圈

（1）小垫圈 A 级（摘自 GB/T 848—2002）

（2）平垫圈 A 级（摘自 GB/T 97.1—2002）

（3）平垫圈 倒角型 A 级（摘自 GB/T 97.2—2002）

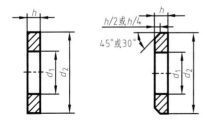

GB/T 848 和 GB/T 97.1　　　GB/T 97.2

标 记 示 例

标准系列、公称规格 8mm、由钢制造的硬度等级为 200HV 级、不经表面处理、产品等级为 A 级的平垫圈：

垫圈　GB/T 97.1　8

附表 2-7　垫圈（一）　　　　　单位：mm

公称规格 （螺纹大径 d）		1.6	2	2.5	3	4	5	6	8	10	12	16	20	24	30	36
内径 d_1	GB/T 848	1.7	2.2	2.7	3.2	4.3	5.3	6.4	8.4	10.5	13	17	21	25	31	37
	GB/T 97.1	1.7	2.2	2.7	3.2	4.3	5.3	6.4	8.4	10.5	13	17	21	25	31	37
	GB/T 97.2	—	—	—	—	—	5.3	6.4	8.4	10.5	13	17	21	25	31	37
外径 d_2	GB/T 848	3.5	4.5	5	6	8	9	11	15	18	20	28	34	39	50	60
	GB/T 97.1	4	5	6	7	9	10	12	16	20	24	30	37	44	56	66
	GB/T 97.2	—	—	—	—	—	10	12	16	20	24	30	37	44	56	66
厚度 h	GB/T 848	0.3	0.3	0.5	0.5	0.5	1	1.6	1.6	1.6	2	2.5	3	4	4	5
	GB/T 97.1	0.3	0.3	0.5	0.5	0.8	1	1.6	1.6	2	2.5	3	3	4	4	5
	GB/T 97.2	—	—	—	—	—	1	1.6	1.6	2	2.5	3	3	4	4	5

注：$d>36$mm 规格及非优选尺寸未列入。

（4）标准型弹簧垫圈（摘自 GB/T 93—1987）

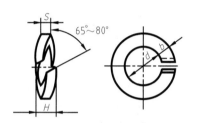
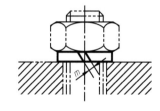

标 记 示 例

规格 16、材料为 65Mn、表面氧化的标准型弹簧垫圈：

垫圈 GB/T 93　16

附表 2-8　垫圈（二）　　　　　单位：mm

规格（螺纹大径）	2	2.5	3	4	5	6	8	10	12	(14)	16	(18)	20	(22)	24
d_{min}	2.1	2.6	3.1	4.1	5.1	6.1	8.1	10.2	12.2	14.2	16.2	18.2	20.2	22.5	24.5
$S(b)_{公称}$	0.5	0.65	0.8	1.1	1.2	1.6	2.1	2.6	3.1	3.6	4.1	4.5	5	5.5	6
H_{min}	1	1.3	1.6	2.2	2.6	3.2	4.2	5.2	6.2	7.2	8.2	9	10	11	12
$m\leqslant$	0.25	0.33	0.4	0.55	0.65	0.8	1.05	1.3	1.55	1.8	2.05	2.25	2.5	2.75	3

注：1. 尽可能不采用括号内的规格。

2. m 应大于零。

3. 本表仅列出部分规格。

6. 键

（1）平键　键槽的剖面尺寸（摘自 GB/T 1095—2003）

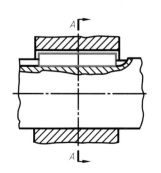
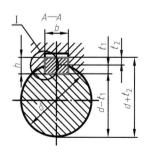
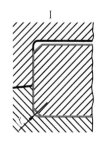

附表 2-9　普通平键键槽的尺寸与公差　　　　　　　　　　单位：mm

键尺寸 $b \times h$	键槽										
	宽度 b						深度				半径 r
	基本尺寸	极限偏差					轴 t_1		毂 t_2		
		正常连接		紧密连接	松连接		基本尺寸	极限偏差	基本尺寸	极限偏差	
		轴 N9	毂 JS9	轴和毂 P9	轴 H9	毂 D10					min	max
2×2	2	-0.004 -0.029	± 0.0125	-0.006 -0.031	$+0.025$ 0	$+0.060$ $+0.020$	1.2	$+0.1$ 0	1	$+0.1$ 0	0.08	0.16
3×3	3						1.8		1.4			
4×4	4	0 -0.030	± 0.015	-0.012 -0.042	$+0.030$ 0	$+0.078$ $+0.030$	2.5		1.8		0.16	0.25
5×5	5						3.0		2.3			
6×6	6						3.5		2.8			
8×7	8	0 -0.036	± 0.018	-0.015 -0.051	$+0.036$ 0	$+0.098$ $+0.040$	4.0		3.3		0.25	0.40
10×8	10						5.0		3.3			
12×8	12	0 -0.043	± 0.0215	$+0.018$ -0.061	$+0.043$ 0	$+0.120$ $+0.050$	5.0	$+0.2$ 0	3.3	$+0.2$ 0	0.25	0.40
14×9	14						5.5		3.8			
16×10	16						6.0		4.3			
18×11	18						7.0		4.4			
20×12	20	0 -0.052	± 0.026	$+0.022$ -0.074	$+0.052$ 0	$+0.149$ $+0.065$	7.5		4.9		0.40	0.60
22×14	22						9.0		5.4			
25×14	25						9.0		5.4			
28×16	28						10.0		6.4			
32×18	32	0 -0.062	± 0.031	-0.026 -0.088	$+0.062$ 0	$+0.180$ $+0.080$	11.0	$+0.3$ 0	7.4	$+0.3$ 0	0.70	1.00
36×20	36						13.0		8.4			
40×22	40						13.0		9.4			
45×25	45						15.0		10.4			
50×28	50						17.0		11.4			

注：键尺寸 $b \times h > 50 \times 28$ 的未列入。

（2）普通型　平键（摘自 GB/T 1096—2003）

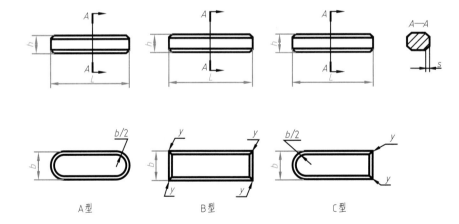

A型　　　　　　　　B型　　　　　　　　C型

注：$y \leqslant s_{\max}$。

标 记 示 例

宽度 $b = 16$mm、高度 $h = 10$mm、长度 $L = 100$mm 普通 A 型平键：

　　　　GB/T 1096　键 $16 \times 10 \times 100$

宽度 $b = 16$mm、高度 $h = 10$mm、长度 $L = 100$mm 普通 B 型平键：

　　　　GB/T 1096　键 B$16 \times 10 \times 100$

宽度 $b = 16$mm、高度 $h = 10$mm、长度 $L = 100$mm 普通 C 型平键：

　　　　GB/T 1096　键 C$16 \times 10 \times 100$

附表 2-10　普通平键的尺寸与公差　　　　　　单位：mm

宽度 b	基本尺寸		2	3	4	5	6	8	10	12	14	16	18	20	22
	极限偏差(h8)		0 −0.014		0 −0.018			0 −0.022		0 −0.027			0 −0.033		

高度 h	基本尺寸		2	3	4	5	6	7	8	8	9	10	11	12	14
	极限偏差	矩形 (h11)	—		—			0 −0.090			0 −0.010				
		方形 (h8)	0 −0.014		0 −0.18			—							

倒角或圆角 s	0.16～0.25	0.25～0.40	0.40～0.60	0.60～0.80

长度 L

基本尺寸	极限偏差(h14)
6	0 −0.36
8	
10	
12	0 −0.48
14	
16	
18	
20	0 −0.52
22	
25	
28	
32	0 −0.62
36	
40	
45	
50	
56	0 −0.74
63	
70	
80	
90	0 −0.87
100	
110	
125	0 −1.00
140	
160	
180	
200	0 −1.15
220	
250	

（长度 L 栏内标注：标准　长度　范围）

注：宽度 b＞22mm 的未列入。

7. 销

(1) 圆柱销　不淬硬钢和奥氏体不锈钢（摘自 GB/T 119.1—2000）

标 记 示 例

公称直径 d＝6mm、公差为 m6、公称长度 l＝30mm、材料为钢、不经淬火、不经表面处理的圆柱销：

销　GB/T 119.1　6m6×30

(2) 圆柱销　淬硬钢和马氏体不锈钢（摘自 GB/T 119.2—2000）

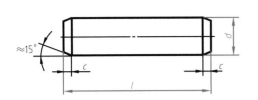

允许倒圆或凹穴

标记示例

公称直径 d=6mm、公差为 m6、公称长度 l=30mm、材料为钢、普通淬火（A 型）、表面氧化处理的圆柱销：

销 GB/T 119.2 6×30

附表 2-11 圆柱销　　　　　　　　单位：mm

公称直径 d		2	2.5	3	4	5	6	8	10	12	16	20	25
c		0.35	0.4	0.5	0.63	0.8	1.2	1.6	2	2.5	3	3.5	4
$l_{范围}$	GB/T 119.1	6~20	6~24	8~30	8~40	10~50	12~60	14~80	18~95	22~140	26~180	35~200	50~200
	GB/T 119.2	5~20	6~24	8~30	10~40	12~50	14~60	18~80	20~100	26~100	40~100	50~100	—
$l_{系列}$		5,6,8,10,12,14,16,18,20,22,24,26,28,30,32,35,40,45,50,55,60,65, 70,75,80,85,90,100,120,140,160,180,200											

注：公称直径 d<2mm 和 d>25mm 的未列入。

（3）圆锥销（摘自 GB/T 117—2000）

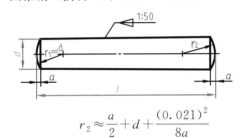

1:50

标 记 示 例

公称直径 d=6mm、公称长度 l=30mm、材料为 35 钢、热处理硬度 28~38HRC、表面氧化处理的 A 型圆锥销：

销 GB/T 117 6×30

$$r_2 \approx \frac{a}{2} + d + \frac{(0.021)^2}{8a}$$

附表 2-12 圆锥销　　　　　　　　单位：mm

公称直径 d m6/h8	2	2.5	3	4	5	6	8	10	12	16	20	25
a	0.25	0.3	0.4	0.5	0.63	0.8	1	1.2	1.6	2	2.5	3
$l_{范围}$	10~35	10~35	12~45	14~55	18~60	22~90	22~120	26~160	32~180	40~200	45~200	50~200
$l_{系列}$	10,12,14,16,18,20,22,24,26,28,30,32,35,40,45,50,55,60,65, 70,75,80,85,90,95,100,120,140,160,180,200											

注：公称直径 d<2mm 和 d>25mm 的未列入。

8. 滚动轴承

（1）滚动轴承 深沟球轴承（摘自 GB/T 276—2013）

（2）滚动轴承 圆锥滚子轴承（摘自 GB/T 297—2015）

（3）滚动轴承 推力球轴承（摘自 GB/T 301—2015）

标 记 示 例

滚动轴承 6212 GB/T 276

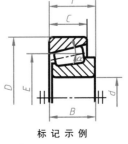

标 记 示 例

滚动轴承 30205 GB/T 297

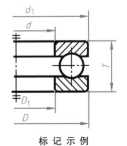

标 记 示 例

滚动轴承 51210 GB/T 301

附表 2-13　滚动轴承　　　　　　　　　　　　　　　　单位：mm

轴承代号	外形尺寸			轴承代号	外形尺寸							轴承代号	外形尺寸				
	d	D	B		d	D	B	C	T	α	E		d	D	T	D_{1min}	d_{1max}
02 系列				02 系列								12 系列					
6202	15	35	11	30202	15	35	11	10	11.75	—	—	51202	15	32	12	17	32
6203	17	40	12	30203	17	40	12	11	13.25	12°57′10″	31.408	51203	17	35	12	19	35
6204	20	47	14	30204	20	47	14	12	15.25	12°57′10″	37.304	51204	20	40	14	22	40
6205	25	52	15	30205	25	52	15	13	16.25	14°02′10″	41.135	51205	25	47	15	27	47
6206	30	62	16	30206	30	62	16	14	17.25	14°02′10″	49.990	51206	30	52	16	32	52
6207	35	72	17	30207	35	72	17	15	18.25	14°02′10″	58.844	51207	35	62	18	37	62
6208	40	80	18	30208	40	80	18	16	19.75	14°02′10″	65.730	51208	40	68	19	42	68
6209	45	85	19	30209	45	85	19	16	20.75	15°06′34″	70.440	51209	45	73	20	47	73
6210	50	90	20	30210	50	90	20	17	21.75	15°38′32″	75.078	51210	50	78	22	52	78
6211	55	100	21	30211	55	100	21	18	22.75	15°06′34″	84.197	51211	55	90	25	57	90
6212	60	110	22	30212	60	110	22	19	23.75	15°06′34″	91.876	51212	60	95	26	62	95
03 系列				03 系列								13 系列					
6302	15	42	13	30302	15	42	13	11	14.25	10°45′29″	33.372	51304	20	47	18	22	47
6303	17	47	14	30303	17	47	14	12	15.25	10°45′29″	37.420	51305	25	52	18	27	52
6304	20	52	15	30304	20	52	15	13	16.25	11°18′36″	41.318	51306	30	60	21	32	60
6305	25	62	17	30305	25	62	17	15	18.25	11°18′36″	50.637	51307	35	68	24	37	68
6306	30	72	19	30306	30	72	19	16	20.75	11°51′35″	58.287	51308	40	78	26	42	78
6307	35	80	21	30307	35	80	21	18	22.75	11°51′35″	65.769	51309	45	85	28	47	85
6308	40	90	23	30308	40	90	23	20	25.25	12°57′10″	72.703	51310	50	95	31	52	95
6309	45	100	25	30309	45	100	25	22	27.25	12°57′10″	81.780	51311	55	105	35	57	105
6310	50	110	27	30310	50	110	27	23	29.25	12°57′10″	90.633	51312	60	110	35	62	110
6311	55	120	29	30311	55	120	29	25	31.50	12°57′10″	99.146	51313	65	115	36	67	115
6312	60	130	31	30312	60	130	31	26	33.50	12°57′10″	107.769	51314	70	125	40	72	125

注：本表仅列出部分规格。

附录3　常用材料

1. 金属材料（铸铁和钢）

附表 3-1　金属材料（铸铁和钢）

标准	名称	牌号	说明
GB/T 9439—2010	灰铸铁	HT100 HT150 HT200 HT225 HT250 HT275 HT300 HT350	"HT"表示灰铸铁,后面的数字表示抗拉强度(MPa)
GB/T 1348—2019	球墨铸铁	QT900-2 QT800-2 QT700-2 QT600-3 QT550-5 QT500-7 QT450-10	"QT"表示球墨铸铁,其后第一组数字表示抗拉强度(MPa),第二组数字表示断后伸长率(%)

标　　准	名　　称	牌　　号		说　　明
GB/T 9440—2010	可锻铸铁	KTH275-05 KTH300-06 KTH330-08 KTH350-10 KTH370-12		"KT"表示可锻铸铁,"H"表示黑心,"B"表示白心,第一组数字表示抗拉强度(MPa),第二组数字表示伸长率(%)
		KTB350-04 KTB360-12 KTB400-05 KTB450-07 KTB550-04		
GB/T 700—2006	碳素结构钢	Q215	A	"Q"为碳素结构钢屈服点"屈"字的汉语拼音首位字母,后面数字表示屈服强度(MPa),A、B、C、D表示质量等级
			B	
		Q235	A	
			B	
			C	
			D	
		Q275	A	
			B	
			C	
			D	
GB/T 699—2015	优质碳素结构钢	10 15 20 25 30 35 40 45 50 55 60 65 15Mn 20Mn 25Mn 30Mn 35Mn 40Mn 45Mn 50Mn 60Mn 65Mn 70Mn		两位数字表示钢中平均含碳量的万分数,45 号钢即表示碳的质量分数为 0.45% 锰的质量分数在 0.7%～1.0%时,需加注化学元素符号"Mn"
GB/T 3077—2015	合金结构钢	15Cr 20Cr 30Cr 35Cr 40Cr 45Cr 50Cr		前两位数字表示钢中含碳量的万分数,化学符号表示钢中加入的合金元素,合金元素含量小于1.5%时,其后不注数字
		20CrMnTi 30CrMnTi		

续表

标　准	名　称	牌　号	说　明
GB/T 11352—2009	一般工程用铸造碳钢	ZG200-400 ZG230-450 ZG270-500 ZG310-570 ZG340-640	"ZG"表示铸钢，其后第一组数字表示屈服强度（MPa），第二组数字表示抗拉强度（MPa）

2. 金属材料（有色金属及其合金）

附表 3-2　金属材料（有色金属及其合金）

标　准	名　称	牌　号	铸造方法	说　明
GB/T 1176—2013	99 铸造纯铜	ZCu99	S	"Z"为铸造汉语拼音的首位字母，各化学元素后面的数字表示该元素含量的百分数
	5-5-5 锡青铜	ZCuSn5Pb5Zn5	S、J、R Li、La	
	10-1 锡青铜	ZCuSn10P1	S、R J Li La	
	10-5 锡青铜	ZCuSn10Pb5	S J	
	17-4-4 铅青铜	ZCuPb17Sn4Zn4	S J	
	10-3 铝青铜	ZCuAl10Fe3	S J Li、La	
	10-3-2 铝青铜	ZCuAl10Fe3Mn2	S、R J	
	38 黄铜	ZCuZn38	S J	
	40-2 铅黄铜	ZCuZn40Pb2	S、R J	
	38-2-2 锰黄铜	ZCuZn38Mn2Pb2	S J	
	16-4 硅黄铜	ZCuZn16Si4	S、R J	
GB/T 1173—2013	ZL102 Al-Si 合金	ZAlSi12	SB、JB、RB、KB J	ZL102 表示含硅 10%～13%、余量为铝的铝硅合金
	ZL104	ZAlSi9Mg	S、R、J、K J SB、RB、KB J、JB	
	ZL303	ZAlMg5Si1	S、J、R、K	
	ZL401	ZAlZn11Si7	S、R、K J	

续表

标　准	名　称	牌　号	铸造方法	说　明
GB/T 1174—2022	铸造锡基轴承合金	ZSnSb12Pb10Cu4	J	各化学元素后面的数字表示该元素含量的百分数，余量为锡或铅的铸造轴承合金
		ZSnSb11Cu6	J	
		ZSnSb8Cu4	J	
	铸造铅基轴承合金	ZPbSb16Sn16Cu2	J	
		ZPbSb15Sn10	J	
		ZPbSb15Sn5	J	

注：铸造方法代号如下。S——砂型铸造；J——金属型铸造；La——连续铸造；Li——离心铸造；R——熔模铸造；K——壳型铸造；B——变质处理。

附录4　常用机械加工规范和零件结构要素

1. 标准尺寸（摘自 GB/T 2822—2005）

附表 4-1　标准尺寸

R10	1.00,1.25,1.60,2.00,2.50,3.15,4.00,5.00,6.30,8.00,10.00,12.5,16.0,20.0,25.0,31.5,40.0,50.0,63.0,80.0,100.0,125,160,200,250,315,400,500,630,800,1000
R20	1.00,1.12,1.25,1.40,1.60,1.80,2.00,2.20,2.24,2.50,2.80,3.15,3.55,4.00,4.50,5.00,5.60,6.30,7.10,8.00,9.00,10.00,11.2,12.5,14.0,16.0,18.0,20.0,22.4,25.0,28.0,31.5,35.5,40.0,45.0,50.0,56.0,63.0,71.0,80.0,90.0,100.0,112,125,140,160,180,200,224,250,280,315,355,400,450,500,560,710,800,900,1000
R40	12.5,13.2,14.0,15.0,16.0,17.0,18.0,19.0,20.0,21.2,22.4,23.6,25.0,26.5,28.0,30.0,31.5,33.5,35.5,37.5,40.0,42.5,45.0,47.5,50.0,53.0,56.0,60.0,63.0,67.0,71.0,75.0,80.0,85.0,90.0,95.0,100.0,106,118,125,132,140,150,160,170,180,190,200,212,224,236,250,265,280,300,315,335,355,375,400,425,450,475,500,530,560,600,630,670,710,750,800,850,900,950,1000

注：1. 本表仅摘录 1.0～1000mm 范围内优先数系 R 系列中的标准尺寸。

2. 使用时按优先顺序（R10，R20，R40）选取标准尺寸。

2. 砂轮越程槽（摘自 GB/T 6403.5—2008）

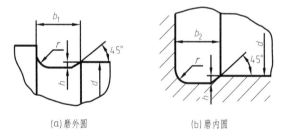

(a)磨外圆　　　　(b)磨内圆

附表 4-2　砂轮越程槽尺寸　　　　单位：mm

b_1	0.6	1.0	1.6	2.0	3.0	4.0	5.0	8.0	10
b_2	2.0	3.0		4.0		5.0		8.0	10
h	0.1	0.2		0.3	0.4		0.6	0.8	1.2
r	0.2	0.5		0.8	1.0		1.6	2.0	3.0
d	～10			10～50		50～100		100	

注：1. 越程槽内与直线相交处，不允许产生尖角。

2. 越程槽深度 h 与圆弧半径 r，要满足 $r \leqslant 3h$。

3. 零件倒圆与倒角（摘自 GB/T 6403.4—2008）

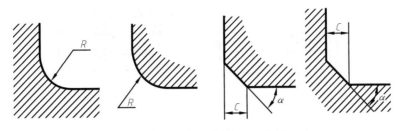

注：α一般采用45°，也可用30°或60°。

附表 4-3　倒圆、倒角尺系列值　　　　　　　　　　　单位：mm

R、C	0.1	0.2	0.3	0.4	0.5	0.6	0.8	1.0	1.2	1.6	2.0	2.5	3.0
	4.0	5.0	6.0	8.0	10	12	16	20	25	32	40	50	—

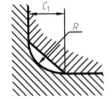 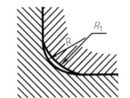 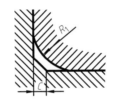 

(a) 内角倒圆，外角倒角时 $C_1>R$　(b) 内角倒圆，外角倒圆时 $R_1>R$　(c) 内角倒角，外角倒圆时 $C<0.58R_1$　(d) 内角倒角，外角倒角时 $C_1>C$

附表 4-4　内角倒角、外角倒圆时 C 的最大值 C_{max} 与 R_1 的关系　　　单位：mm

R_1	0.1	0.2	0.3	0.4	0.5	0.6	0.8	1.0	1.2	1.6	2.0
C_{max}	—	0.1	0.1	0.2	0.2	0.3	0.4	0.5	0.6	0.8	1.0
R_1	2.5	3.0	4.0	5.0	6.0	8.0	10	12	16	20	25
C_{max}	1.2	1.6	2.0	2.5	3.0	4.0	5.0	6.0	8.0	10	12

注：按上述关系装配时，内角与外角取值要适当，外角的倒圆或倒角过大会影响零件工作面；内角的倒圆或倒角过小会产生应力集中。

附表 4-5　与直径 ϕ 相应的 C、R 推荐值　　　　　　　单位：mm

ϕ	<3	>3~6	>6~10	>10~18	>18~30	>30~50
C 或 R	0.2	0.4	0.6	0.8	1.0	1.6
ϕ	>50~80	>80~120	>120~180	>180~250	>250~320	>320~400
C 或 R	2.0	2.5	3.0	4.0	5.0	6.0
ϕ	>400~500	>500~630	>630~800	>800~1000	>1000~1250	>1250~1600
C 或 R	8.0	10	12	16	20	25

4. 普通螺纹退刀槽和倒角（摘自 GB/T 3—1997）

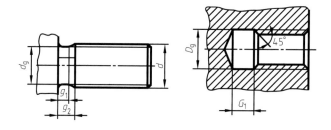

附表 4-6 普通螺纹退刀槽和倒角 单位：mm

螺距 P	外螺纹			内螺纹	
	g_{2max}	g_{1min}	d_g	G_1（一般）	D_g
0.5	1.5	0.8	$d-0.8$	2	
0.6	1.8	0.9	$d-1$	2.4	
0.7	2.1	1.1	$d-1.1$	2.8	$D+0.3$
0.75	2.25	1.2	$d-1.2$	3	
0.8	2.4	1.3	$d-1.3$	3.2	
1	3	1.6	$d-1.6$	4	
1.25	3.75	2	$d-2$	5	
1.5	4.5	2.5	$d-2.3$	6	
1.75	5.25	3	$d-2.6$	7	
2	6	3.4	$d-3$	8	$D+0.5$
2.5	7.5	4.4	$d-3.6$	10	
3	9	5.2	$d-4.4$	12	
3.5	10.5	6.2	$d-5$	14	
4	12	7	$d-5.7$	16	

注：螺距 $P<0.5$mm 和 $P>4$mm 的未列入。

5. 紧固件 螺栓和螺钉通孔（摘自 GB/T 5277—1985）

附表 4-7 螺栓和螺钉通孔 单位：mm

螺纹规格 d		3	3.5	4	4.5	5	6	7	8	10	12
通孔直径	精装配	3.2	3.7	4.3	4.8	5.3	6.4	7.4	8.4	10.5	13
	中等装配	3.4	3.9	4.5	5	5.5	6.6	7.6	9	11	13.5
	粗装配	3.6	4.2	4.8	5.3	5.8	7	8	10	12	14.5
螺纹规格 d		14	16	18	20	22	24	27	30	33	36
通孔直径	精装配	15	17	19	21	23	25	28	31	34	37
	中等装配	15.5	17.5	20	22	24	26	30	33	36	39
	粗装配	16.5	18.5	21	24	26	28	32	35	38	42

6. 沉孔尺寸

（1）紧固件 沉头螺钉用沉孔 （摘自 GB/T 152.2—2014）

（2）紧固件 圆柱头用沉孔 （摘自 GB/T 152.3—1988）

（3）紧固件 六角头螺栓和 六角螺母用沉孔 （摘自 GB/T 152.4—1988）

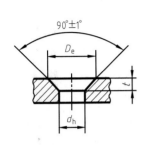

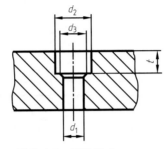

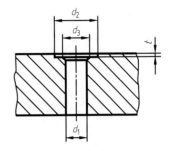

附表 4-8　沉孔尺寸　　　　　　　　　　　　　　单位：mm

螺纹规格 d	GB/T 152.2			GB/T 152.3								GB/T 152.4		
				用于内六角圆柱头螺钉				用于开槽圆柱头螺钉						
	d_h	D_e	$t \approx$	d_2	t	d_3	d_1	d_2	t	d_3	d_1	d_2	d_3	d_1
M1.6	1.80	3.6	0.95	3.3	1.8	—	1.8	—	—	—	—	5	—	1.8
M2	2.40	4.4	1.05	4.3	2.3	—	2.4	—	—	—	—	6	—	2,4
M2.5	2.90	5.5	1.35	5.0	2.9	—	2.9	—	—	—	—	8	—	2.9
M3	3.40	6.3	1.55	6.0	3.4	—	3.4	—	—	—	—	9	—	3.4
3.5	3.90	8.2	2.25	—	—	—	—	—	—	—	—	—	—	—
M4	4.50	9.4	2.25	8.0	4.6	—	4,5	8	3.2	—	4.5	10	—	4.5
M5	5.50	10.4	2.58	10.0	5.7	—	5.5	10	4.0	—	5.5	11	—	5.5
M5.5	6.00	11.5	2.88	—	—	—	—	—	—	—	—	—	—	—
M6	6.60	12.6	3.13	11.0	6.8	—	6.6	11	4.7	—	6.6	13	—	6.6
M8	9.0	17.3	4.28	15.0	9.0	—	9.0	15	6.0	—	9.0	18	—	9.0
M10	11.0	20.0	4.65	18.0	11.0	—	11.0	18	7.0	—	11.0	22	—	11
M12	—	—	—	20.0	13.0	16	13.5	20	8.0	16	13.5	26	16	13.5
M14	—	—	—	24.0	15.0	18	15.5	24	9.0	18	15.5	30	18	15.5
M16	—	—	—	26.0	17.5	20	17.5	26	10.5	20	17.5	33	20	17.5
M18	—	—	—	—	—	—	—	—	—	—	—	36	22	20
M20	—	—	—	33.0	21.5	24	22.0	33	12.5	24	22.0	40	24	22
M22	—	—	—	—	—	—	—	—	—	—	—	43	26	24
M24	—	—	—	40.0	25.5	28	26.0	—	—	—	—	48	28	26
M27	—	—	—	—	—	—	—	—	—	—	—	53	33	30
M30	—	—	—	48.0	32.0	36	33.0	—	—	—	—	61	36	33
M33	—	—	—	—	—	—	—	—	—	—	—	66	39	36
M36	—	—	—	57.0	38.0	42	39.0	—	—	—	—	71	42	39
M39	—	—	—	—	—	—	—	—	—	—	—	76	45	42
M42	—	—	—	—	—	—	—	—	—	—	—	82	48	45
M45	—	—	—	—	—	—	—	—	—	—	—	89	51	48
M48	—	—	—	—	—	—	—	—	—	—	—	98	56	52
M52	—	—	—	—	—	—	—	—	—	—	—	107	60	56
M56	—	—	—	—	—	—	—	—	—	—	—	112	68	62
M60	—	—	—	—	—	—	—	—	—	—	—	118	72	66
M64	—	—	—	—	—	—	—	—	—	—	—	125	76	70

注：对 GB/T 152.4 的 t，只要能制出与通孔轴线垂直的圆平面即可。

附录5 极限与配合

1. 孔的极限偏差（摘自 GB/T 1800.2—2020）

附表 5-1 优先、常用配合中孔的极限偏差 单位：μm

公称尺寸/mm 大于	至	A 11	B 11	B 12	C 11	D 8	D 9	D 10	D 11	E 8	E 9	F 6	F 7	F 8	F 9
—	3	+330/+270	+200/+140	+240/+140	+120/+60	+34/+20	+45/+20	+60/+20	+80/+20	+28/+14	+39/+14	+12/+6	+16/+6	+20/+6	+31/+6
3	6	+345/+270	+215/+140	+260/+140	+145/+70	+48/+30	+60/+30	+78/+30	+105/+30	+38/+20	+50/+20	+18/+10	+22/+10	+28/+10	+40/+10
6	10	+370/+280	+240/+150	+300/+150	+170/+80	+62/+40	+76/+40	+98/+40	+130/+40	+47/+25	+61/+25	+22/+13	+28/+13	+35/+13	+49/+13
10	18	+400/+290	+260/+150	+330/+150	+205/+95	+77/+50	+93/+50	+120/+50	+160/+50	+59/+32	+75/+32	+27/+16	+34/+16	+43/+16	+59/+16
18	24	+430/+300	+290/+160	+370/+160	+240/+110	+98/+65	+117/+65	+149/+65	+195/+65	+73/+40	+92/+40	+33/+20	+41/+20	+53/+20	+72/+29
24	30														
30	40	+470/+310	+330/+170	+420/+170	+280/+120	+119/+80	+142/+80	+180/+80	+240/+80	+89/+50	+112/+50	+41/+25	+50/+25	+64/+25	+87/+25
40	50	+480/+320	+340/+180	+430/+180	+290/+130										
50	65	+530/+340	+380/+190	+490/+190	+330/+140	+146/+100	+174/+100	+220/+100	+290/+100	+106/+60	+134/+60	+49/+30	+60/+30	+76/+30	+104/+30
65	80	+550/+360	+390/+200	+500/+200	+340/+150										
80	100	+600/+380	+440/+220	+570/+220	+390/+170	+174/+120	+207/+120	+260/+120	+340/+120	+126/+72	+159/+72	+58/+36	+71/+36	+90/+36	+123/+36
100	120	+630/+410	+460/+240	+590/+240	+400/+180										
120	140	+710/+460	+510/+260	+660/+260	+450/+200	+208/+145	+245/+145	+305/+145	+395/+145	+148/+85	+185/+85	+68/+43	+83/+43	+106/+43	+143/+43
140	160	+770/+520	+530/+280	+680/+280	+460/+210										
160	180	+830/+580	+560/+310	+710/+310	+480/+230										
180	200	+950/+660	+630/+340	+800/+340	+530/+240	+242/+170	+285/+170	+355/+170	+460/+170	+172/+100	+215/+100	+79/+50	+96/+50	+122/+50	+165/+50
200	225	+1030/+740	+670/+380	+840/+380	+550/+260										
225	250	+1110/+820	+710/+420	+880/+420	+570/+280										
250	280	+1240/+920	+800/+480	+1000/+480	+620/+300	+271/+190	+320/+190	+400/+190	+510/+190	+191/+110	+240/+110	+88/+56	+108/+56	+137/+56	+186/+56
280	315	+1370/+1050	+860/+540	+1060/+540	+650/+330										
315	355	+1560/+1200	+960/+600	+1170/+600	+720/+360	+299/+210	+350/+210	+440/+210	+570/+210	+214/+125	+265/+125	+98/+62	+119/+62	+151/+62	+202/+62
355	400	+1710/+1350	+1040/+680	+1250/+680	+760/+400										
400	450	+1900/+1500	+1160/+760	+1390/+760	+840/+440	+327/+230	+385/+230	+480/+230	+630/+230	+232/+135	+290/+135	+108/+68	+131/+68	+165/+68	+223/+68
450	500	+2050/+1650	+1240/+840	+1470/+840	+880/+480										

公称尺寸/mm		公差带														
		G		H							JS			K		
大于	至	6	7	6	7	8	9	10	11	12	6	7	8	6	7	8
—	3	+8 +2	+12 +2	+6 0	+10 0	+14 0	+25 0	+40 0	+60 0	+100 0	±3	±5	±7	0 −6	0 −10	0 −14
3	6	+12 +4	+16 +4	+8 0	+12 0	+18 0	+30 0	+48 0	+75 0	+120 0	±4	±6	±9	+2 −6	+3 −9	+5 −13
6	10	+14 +5	+20 +5	+9 0	+15 0	+22 0	+36 0	+58 0	+90 0	+150 0	±4.5	±7	±11	+2 −7	+5 −10	+6 −16
10	18	+17 +6	+24 +6	+11 0	+18 0	+27 0	+43 0	+70 0	+110 0	+180 0	±5.5	±9	±13	+2 −9	+6 −12	+8 −19
18	24	+20 +7	+28 +7	+13 0	+21 0	+33 0	+52 0	+84 0	+130 0	+210 0	±6.5	±10	±16	+2 −11	+6 −15	+10 −23
24	30															
30	40	+25 +9	+34 +9	+16 0	+25 0	+39 0	+62 0	+100 0	+160 0	+250 0	±8	±12	±19	+3 −13	+7 −18	+12 −27
40	50															
50	65	+29 +10	+40 +10	+19 0	+30 0	+46 0	+74 0	+120 0	+190 0	+300 0	±9.5	±15	±23	+4 −15	+9 −21	+14 −32
65	80															
80	100	+34 +12	+47 +12	+22 0	+35 0	+54 0	+87 0	+140 0	+220 0	+350 0	±11	±17	±27	+4 −18	+10 −25	+16 −38
100	120															
120	140	+39 +14	+54 +14	+25 0	+40 0	+63 0	+100 0	+160 0	+250 0	+400 0	±12.5	±20	±31	+4 −21	+12 −28	+20 −43
140	160															
160	180															
180	200	+44 +15	+61 +15	+29 0	+46 0	+72 0	+115 0	+185 0	+290 0	+460 0	±14.5	±23	±36	+5 −24	+13 −33	+22 −50
200	225															
225	250															
250	280	+49 +17	+69 +17	+32 0	+52 0	+81 0	+130 0	+210 0	+320 0	+520 0	±16	±26	±40	+5 −27	+16 −36	+25 −56
280	315															
315	355	+54 +18	+75 +18	+36 0	+57 0	+89 0	+140 0	+230 0	+360 0	+570 0	±18	±28	±44	+7 −29	+17 −40	+28 −61
355	400															
400	450	+60 +20	+83 +20	+40 0	+63 0	+97 0	+155 0	+250 0	+400 0	+630 0	±20	±31	±48	+8 −32	+18 −45	+29 −68
450	500															

续表

公称尺寸/mm		公差带													
		M			N			P		R		S		T		U
大于	至	6	7	8	6	7	8	6	7	6	7	6	7	6	7	7
—	3	−2 −8	−2 −12	−2 −16	−4 −10	−4 −14	−4 −18	−6 −12	−6 −16	−10 −16	−10 −20	−14 −20	−14 −24	—	—	−18 −28
3	6	−1 −9	0 −12	−2 −16	−5 −13	−4 −16	−2 −20	−9 −17	−8 −20	−12 −20	−11 −23	−16 −24	−15 −27	—	—	−19 −31
6	10	−3 −12	0 −15	+1 −21	−7 −16	−4 −19	−3 −25	−12 −21	−9 −24	−16 −25	−13 −28	−20 −29	−17 −32	—	—	−22 −37
10	18	−4 −15	0 −18	+2 −25	−9 −20	−5 −23	−3 −30	−15 −26	−11 −29	−20 −31	−16 −34	−25 −36	−21 −39	—	—	−26 −44
18	24	−4 −17	0 −21	+4 −29	−11 −24	−7 −28	−3 −36	−18 −31	−14 −35	−24 −37	−20 −41	−31 −44	−27 −48	—	—	−33 −54
24	30													−37 −50	−33 −54	−40 −61
30	40	−4 −20	0 −25	+5 −34	−12 −28	−8 −33	−3 −42	−21 −37	−17 −42	−29 −45	−25 −50	−38 −54	−34 −59	−43 −59	−39 −64	−51 −76
40	50													−49 −65	−45 −70	−61 −86
50	65	−5 −24	0 −30	+5 −41	−14 −33	−9 −39	−4 −50	−26 −45	−21 −51	−35 −54	−30 −60	−47 −66	−42 −72	−60 −79	−55 −85	−86 −106
65	80									−37 −56	−32 −62	−53 −72	−48 −78	−69 −88	−64 −94	−91 −121
80	100	−5 −28	0 −35	+6 −48	−16 −38	−10 −45	−4 −58	−30 −52	−24 −59	−44 −66	−38 −73	−64 −86	−58 −93	−84 −106	−78 −113	−111 −146
100	120									−47 −69	−41 −76	−72 −94	−66 −101	−97 −119	−91 −126	−131 −166
120	140	−8 −33	0 −40	+8 −55	−20 −45	−12 −52	−4 −67	−36 −61	−28 −68	−56 −81	−48 −88	−85 −110	−77 −117	−115 −140	−107 −147	−155 −195
140	160									−58 −83	−50 −90	−93 −118	−85 −125	−127 −152	−119 −159	−175 −215
160	180									−61 −86	−53 −93	−101 −126	−93 −133	−139 −164	−131 −171	−195 −235
180	200	−8 −37	0 −46	+9 −63	−22 −51	−14 −60	−5 −77	−41 −70	−33 −79	−68 −97	−60 −106	−113 −142	−105 −151	−157 −186	−149 −195	−219 −265
200	225									−71 −100	−63 −109	−121 −150	−113 −159	−171 −200	−163 −209	−241 −287
225	250									−75 −104	−67 −113	−131 −160	−123 −169	−187 −216	−179 −225	−267 −313
250	280	−9 −41	0 −52	+9 −72	−25 −57	−14 −66	−5 −86	−47 −79	−36 −88	−85 −117	−74 −126	−149 −181	−138 −190	−209 −241	−198 −250	−295 −347
280	315									−89 −121	−78 −130	−161 −193	−150 −202	−231 −263	−220 −272	−330 −382
315	355	−10 −46	0 −57	+11 −78	−26 −62	−16 −73	−5 −94	−51 −87	−41 −98	−97 −133	−87 −144	−179 −215	−169 −226	−257 −293	−247 −304	−369 −426
355	400									−103 −139	−93 −150	−197 −233	−187 −244	−283 −319	−273 −330	−414 −471
400	450	−10 −50	0 −63	+11 −86	−27 −67	−17 −80	−6 −103	−55 −95	−45 −108	−113 −153	−103 −166	−219 −259	−209 −272	−317 −357	−307 −370	−467 −530
450	500									−119 −159	−109 −172	−239 −279	−229 −292	−347 −387	−337 −400	−517 −580

注：公称尺寸＞500mm 的未列入。

2. 轴的极限偏差（摘自 GB/T 1800.2—2020）

附表 5-2　优先、常用配合中轴的极限偏差　　　　　单位：μm

公称尺寸/mm 大于	至	a 11	b 11	b 12	c 9	c 10	c 11	d 8	d 9	d 10	d 11	e 7	e 8	e 9
—	3	−270 / −300	−140 / −200	−140 / −240	−60 / −85	−60 / −100	−60 / −120	−20 / −34	−20 / −45	−20 / −60	−20 / −80	−14 / −24	−14 / −28	−14 / −39
3	6	−270 / −345	−140 / −215	−140 / −260	−70 / −100	−70 / −118	−70 / −145	−30 / −48	−30 / −60	−30 / −78	−30 / −105	−20 / −32	−20 / −38	−20 / −50
6	10	−280 / −370	−150 / −240	−150 / −300	−80 / −116	−80 / −138	−80 / −170	−40 / −62	−40 / −76	−40 / −98	−40 / −130	−25 / −40	−25 / −47	−25 / −61
10	14	−290 / −400	−150 / −260	−150 / −330	−95 / −138	−95 / −165	−95 / −205	−50 / −77	−50 / −93	−50 / −120	−50 / −160	−32 / −50	−32 / −59	−32 / −75
14	18	−290 / −400	−150 / −260	−150 / −330	−95 / −138	−95 / −165	−95 / −205	−50 / −77	−50 / −93	−50 / −120	−50 / −160	−32 / −50	−32 / −59	−32 / −75
18	24	−300 / −430	−160 / −290	−160 / −370	−110 / −162	−110 / −194	−110 / −240	−65 / −98	−65 / −117	−65 / −149	−65 / −195	−40 / −61	−40 / −73	−40 / −92
24	30	−300 / −430	−160 / −290	−160 / −370	−110 / −162	−110 / −194	−110 / −240	−65 / −98	−65 / −117	−65 / −149	−65 / −195	−40 / −61	−40 / −73	−40 / −92
30	40	−310 / −470	−170 / −330	−170 / −420	−120 / −182	−120 / −220	−120 / −280	−80 / −119	−80 / −142	−80 / −180	−80 / −240	−50 / −75	−50 / −89	−50 / −112
40	50	−320 / −480	−180 / −340	−180 / −430	−130 / −192	−130 / −230	−130 / −290	−80 / −119	−80 / −142	−80 / −180	−80 / −240	−50 / −75	−50 / −89	−50 / −112
50	65	−340 / −530	−190 / −380	−190 / −490	−140 / −214	−140 / −260	−140 / −330	−100 / −146	−100 / −174	−100 / −220	−100 / −290	−60 / −90	−60 / −106	−60 / −134
65	80	−360 / −550	−200 / −390	−200 / −500	−150 / −224	−150 / −270	−150 / −340	−100 / −146	−100 / −174	−100 / −220	−100 / −290	−60 / −90	−60 / −106	−60 / −134
80	100	−380 / −600	−220 / −440	−220 / −570	−170 / −257	−170 / −310	−170 / −390	−120 / −174	−120 / −207	−120 / −260	−120 / −340	−72 / −107	−72 / −126	−72 / −159
100	120	−410 / −630	−240 / −460	−240 / −590	−180 / −267	−180 / −320	−180 / −400	−120 / −174	−120 / −207	−120 / −260	−120 / −340	−72 / −107	−72 / −126	−72 / −159
120	140	−460 / −710	−260 / −510	−260 / −660	−200 / −300	−200 / −360	−200 / −450	−145 / −208	−145 / −245	−145 / −305	−145 / −395	−85 / −125	−85 / −148	−85 / −185
140	160	−520 / −770	−280 / −530	−280 / −680	−210 / −310	−210 / −370	−210 / −460	−145 / −208	−145 / −245	−145 / −305	−145 / −395	−85 / −125	−85 / −148	−85 / −185
160	180	−580 / −830	−310 / −560	−310 / −710	−230 / −330	−230 / −390	−230 / −480	−145 / −208	−145 / −245	−145 / −305	−145 / −395	−85 / −125	−85 / −148	−85 / −185
180	200	−660 / −950	−340 / −630	−340 / −800	−240 / −355	−240 / −425	−240 / −530	−170 / −242	−170 / −285	−170 / −355	−170 / −460	−100 / −146	−100 / −170	−100 / −215
200	225	−740 / −1030	−380 / −670	−380 / −840	−260 / −375	−260 / −445	−260 / −550	−170 / −242	−170 / −285	−170 / −355	−170 / −460	−100 / −146	−100 / −170	−100 / −215
225	250	−820 / −1110	−420 / −710	−420 / −880	−280 / −395	−280 / −465	−280 / −570	−170 / −242	−170 / −285	−170 / −355	−170 / −460	−100 / −146	−100 / −170	−100 / −215
250	280	−920 / −1240	−480 / −800	−480 / −1000	−300 / −430	−300 / −510	−300 / −620	−190 / −271	−190 / −320	−190 / −400	−190 / −510	−110 / −162	−110 / −191	−110 / −240
280	315	−1050 / −1370	−540 / −860	−540 / −1060	−330 / −460	−330 / −540	−330 / −650	−190 / −271	−190 / −320	−190 / −400	−190 / −510	−110 / −162	−110 / −191	−110 / −240
315	355	−1200 / −1560	−600 / −960	−800 / −1170	−360 / −500	−360 / −590	−360 / −720	−210 / −299	−210 / −350	−210 / −440	−210 / −570	−125 / −182	−125 / −214	−125 / −265
355	400	−1350 / −1710	−680 / −1040	−680 / −1250	−400 / −540	−400 / −630	−400 / −760	−210 / −299	−210 / −350	−210 / −440	−210 / −570	−125 / −182	−125 / −214	−125 / −265
400	450	−1500 / −1900	−760 / −1160	−760 / −1390	−440 / −595	−440 / −690	−440 / −840	−230 / −327	−230 / −385	−230 / −480	−230 / −630	−135 / −198	−135 / −232	−135 / −290
450	500	−1650 / −2050	−840 / −1240	−840 / −1470	−480 / −635	−480 / −730	−480 / −880	−230 / −327	−230 / −385	−230 / −480	−230 / −630	−135 / −198	−135 / −232	−135 / −290

续表

公称尺寸/mm		公差带														
		f					g			h							
大于	至	5	6	7	8	9	5	6	7	5	6	7	8	9	10	11	12
—	3	−6 −10	−6 −12	−6 −16	−6 −20	−6 −31	−2 −6	−2 −8	−2 −12	0 −4	0 −6	0 −10	0 −14	0 −25	0 −40	0 −60	0 −100
3	6	−10 −15	−10 −18	−10 −22	−10 −28	−10 −40	−4 −9	−4 −12	−4 −16	0 −5	0 −8	0 −12	0 −18	0 −30	0 −48	0 −75	0 −120
6	10	−13 −19	−13 −22	−13 −28	−13 −35	−13 −49	−5 −11	−5 −14	−5 −20	0 −6	0 −9	0 −15	0 −22	0 −36	0 −58	0 −90	0 −150
10	14	−16 −24	−16 −27	−16 −34	−16 −43	−16 −59	−6 −14	−6 −17	−6 −24	0 −8	0 −11	0 −18	0 −27	0 −43	0 −70	0 −110	0 −180
14	18																
18	24	−20 −29	−20 −33	−20 −41	−20 −53	−20 −72	−7 −16	−7 −20	−7 −28	0 −9	0 −13	0 −21	0 −33	0 −52	0 −84	0 −130	0 −210
24	30																
30	40	−25 −36	−25 −41	−25 −50	−25 −64	−25 −87	−9 −20	−20 −25	−9 −34	0 −11	0 −16	0 −25	0 −39	0 −62	0 −100	0 −160	0 −250
40	50																
50	65	−30 −43	−30 −49	−30 −60	−30 −76	−30 −104	−10 −23	−10 −29	−10 −40	0 −13	0 −19	0 −30	0 −46	0 −74	0 −120	0 −190	0 −300
65	80																
80	100	−36 −51	−36 −58	−36 −71	−36 −90	−36 −123	−12 −27	−12 −34	−12 −47	0 −15	0 −22	0 −35	0 −54	0 −87	0 −140	0 −220	0 −350
100	120																
120	140	−43 −61	−43 −68	−43 −83	−43 −106	−43 −143	−14 −32	−14 −39	−14 −54	0 −18	0 −25	0 −40	0 −63	0 −100	0 −160	0 −250	0 −400
140	160																
160	180																
180	200	−50 −70	−50 −79	−50 −96	−50 −122	−50 −165	−15 −35	−15 −44	−15 −61	0 −20	0 −29	0 −46	0 −72	0 −115	0 −185	0 −290	0 −460
200	225																
225	250																
250	280	−56 −79	−56 −88	−56 −108	−56 −137	−56 −186	−17 −40	−17 −49	−17 −69	0 −23	0 −32	0 −52	0 −81	0 −130	0 −210	0 −320	0 −520
280	315																
315	350	−62 −87	−62 −98	−62 −119	−62 −151	−62 −202	−18 −43	−18 −54	−18 −75	0 −25	0 −36	0 −57	0 −89	0 −140	0 −230	0 −360	0 −570
355	400																
400	450	−68 −95	−68 −108	−68 −131	−68 −165	−68 −223	−20 −47	−20 −60	−20 −83	0 −27	0 −40	0 −63	0 −97	0 −155	0 −250	0 −400	0 −630
450	500																

公称尺寸/mm		公差带														
		js			k			m			n			p		
大于	至	5	6	7	5	6	7	5	6	7	5	6	7	5	6	7
—	3	±2	±3	±5	+4 0	+6 0	+10 0	+6 +2	+8 +2	+12 +2	+8 +4	+10 +4	+14 +4	+10 +6	+12 +6	+16 +6
3	6	±2.5	±4	±6	+6 +1	+9 +1	+13 +1	+9 +4	+12 +4	+16 +4	+13 +8	+16 +8	+20 +8	+17 +12	+20 +12	+24 +12
6	10	±3	±4.5	±7	+7 +1	+10 +1	+16 +1	+12 +6	+15 +6	+21 +6	+16 +10	+19 +10	+25 +10	+21 +15	+24 +15	+30 +15
10	14	±4	±5.5	±9	+9 +1	+12 +1	+19 +1	+15 +7	+18 +7	+25 +7	+20 +12	+23 +12	+30 +12	+26 +18	+29 +18	+36 +18
14	18															
18	24	±4.5	±6.5	±10	+11 +2	+15 +2	+23 +2	+17 +8	+21 +8	+29 +8	+24 +15	+28 +15	+36 +15	+31 +22	+35 +22	+43 +22
24	30															
30	40	±5.5	±8	±12	+13 +2	+18 +2	+27 +2	+20 +9	+25 +9	+34 +9	+28 +17	+33 +17	+42 +17	+37 +26	+42 +26	+51 +26
40	50															
50	65	±6.5	±9.5	±15	+15 +2	+21 +2	+32 +2	+24 +11	+30 +11	+41 +11	+33 +20	+39 +20	+50 +20	+45 +32	+51 +32	+62 +32
65	80															
80	100	±7.5	±11	±17	+18 +3	+25 +3	+38 +3	+28 +13	+35 +13	+48 +13	+38 +23	+45 +23	+58 +23	+52 +37	+59 +37	+72 +37
100	120															
120	140	±9	±12.5	±20	+21 +3	+28 +3	+43 +3	+33 +15	+40 +15	+55 +15	+45 +27	+52 +27	+67 +27	+61 +43	+68 +43	+82 +43
140	160															
160	180															
180	200	±10	±14.5	±23	+24 +4	+33 +4	+50 +4	+37 +17	+46 +17	+63 +17	+51 +31	+60 +31	+77 +31	+70 +50	+79 +50	+96 +50
200	225															
225	250															
250	280	±11.5	±16	±26	+27 +4	+36 +4	+56 +4	+43 +20	+52 +20	+72 +20	+57 +34	+66 +34	+86 +34	+79 +56	+88 +56	+108 +56
280	315															
315	355	±12.5	±18	±28	+29 +4	+40 +4	+61 +4	+46 +21	+57 +21	+78 +21	+62 +37	+73 +37	+94 +37	+87 +62	+98 +62	+119 +62
355	400															
400	450	±13.5	±20	±31	+32 +5	+45 +5	+68 +5	+50 +23	+63 +23	+86 +23	+67 +40	+80 +40	+103 +40	+95 +68	+108 +68	+131 +68
450	500															

续表

公称尺寸/mm		公差带														
		r			s			t			u		v	x	y	z
大于	至	5	6	7	5	6	7	5	6	7	6	7	6	6	6	6
—	3	+14 +10	+16 +10	+20 +10	+18 +14	+20 +14	+24 +14	—	—	—	+24 +18	+28 +18	—	+26 +20	—	+32 +26
3	6	+20 +15	+23 +15	+27 +15	+24 +19	+27 +19	+31 +19	—	—	—	+31 +23	+35 +23	—	+36 +28	—	+42 +35
6	10	+25 +19	+28 +19	+34 +19	+29 +23	+32 +23	+38 +23	—	—	—	+37 +28	+43 +28	—	+43 +34	—	+51 +42
10	14	+31 +23	+34 +23	+41 +23	+36 +28	+39 +28	+46 +28	—	—	—	+44 +33	+51 +33	—	+51 +40	—	+61 +50
14	18							—	—	—			+50 +39	+56 +45	—	+71 +60
18	24	+37 +28	+41 +28	+49 +28	+44 +35	+48 +35	+56 +35	—	—	—	+54 +41	+62 +41	+60 +47	+67 +54	+76 +63	+86 +73
24	30							+50 +41	+54 +41	+62 +41	+61 +48	+69 +48	+68 +55	+77 +64	+88 +75	+101 +88
30	40	+45 +34	+50 +34	+59 +34	+54 +43	+59 +43	+68 +43	+59 +48	+64 +48	+73 +48	+76 +60	+85 +60	+84 +68	+96 +80	+110 +94	+128 +112
40	50							+65 +54	+70 +54	+79 +54	+86 +70	+95 +70	+97 +81	+113 +97	+130 +114	+152 +136
50	65	+54 +41	+60 +41	+71 +41	+66 +53	+72 +53	+83 +53	+79 +66	+85 +66	+96 +66	+106 +87	+117 +87	+121 +102	+141 +122	+163 +144	+191 +172
65	80	+56 +43	+62 +43	+73 +43	+72 +59	+78 +59	+89 +59	+88 +75	+94 +75	+105 +75	+121 +102	+132 +102	+139 +120	+165 +146	+193 +174	+229 +210
80	100	+66 +51	+72 +51	+86 +51	+86 +71	+93 +71	+106 +71	+106 +91	+113 +91	+126 +91	+146 +124	+159 +124	+168 +146	+200 +178	+236 +214	+280 +258
100	120	+69 +54	+76 +54	+89 +54	+94 +79	+101 +79	+114 +79	+119 +104	+126 +104	+139 +104	+166 +144	+179 +144	+194 +172	+232 +210	+276 +254	+332 +310
120	140	+81 +63	+88 +63	+103 +63	+110 +92	+117 +92	+132 +92	+140 +122	+147 +122	+162 +122	+195 +170	+210 +170	+227 +202	+273 +248	+325 +300	+390 +365
140	160	+83 +65	+90 +65	+105 +65	+118 +100	+125 +100	+140 +100	+152 +134	+159 +134	+174 +134	+215 +190	+230 +190	+253 +228	+305 +280	+365 +340	+440 +415
160	180	+86 +68	+93 +68	+108 +68	+126 +108	+133 +108	+148 +108	+164 +146	+171 +146	+186 +146	+235 +210	+250 +210	+277 +252	+335 +310	+405 +380	+490 +465
180	200	+97 +77	+106 +77	+123 +77	+142 +122	+151 +122	+168 +122	+186 +166	+195 +166	+212 +166	+265 +236	+282 +236	+313 +284	+379 +350	+454 +425	+549 +520
200	225	+100 +80	+109 +80	+126 +80	+150 +130	+159 +130	+176 +130	+200 +180	+209 +180	+226 +180	+287 +258	+304 +258	+339 +310	+414 +385	+499 +470	+604 +575
225	250	+104 +84	+113 +84	+130 +84	+160 +140	+169 +140	+186 +140	+216 +196	+225 +196	+242 +196	+313 +284	+330 +284	+369 +340	+454 +425	+549 +520	+669 +640
250	280	+117 +94	+126 +94	+146 +94	+181 +158	+190 +158	+210 +158	+241 +218	+250 +218	+270 +218	+367 +315	+367 +315	+417 +385	+507 +475	+612 +580	+742 +710
280	315	+121 +98	+130 +98	+150 +98	+193 +170	+202 +170	+222 +170	+263 +240	+272 +240	+292 +240	+382 +350	+402 +350	+457 +425	+557 +525	+682 +650	+822 +790
315	355	+133 +108	+144 +108	+165 +108	+215 +190	+226 +190	+247 +190	+293 +268	+304 +268	+325 +268	+426 +390	+447 +390	+511 +475	+626 +590	+766 +730	+936 +900
355	400	+139 +114	+150 +114	+171 +114	+233 +208	+244 +208	+265 +208	+319 +294	+330 +294	+351 +294	+471 +435	+492 +435	+566 +530	+696 +660	+856 +820	+1036 +1000
400	450	+153 +126	+166 +126	+189 +126	+259 +232	+272 +232	+295 +232	+357 +330	+370 +330	+393 +330	+530 +490	+553 +490	+635 +595	+780 +740	+960 +920	+1140 +1100
450	500	+159 +132	+172 +132	+195 +132	+279 +252	+292 +252	+315 +252	+387 +360	+400 +360	+423 +360	+580 +540	+603 +540	+700 +660	+860 +820	+1040 +1000	+1290 +1250

注：公称尺寸>500mm 的未列入。

参 考 文 献

[1] 教育部高等学校工程基础课程教学指导委员会. 高等学校工科基础课程教学基本要求 [M]. 北京：高等教育出版社，2019.

[2] 何铭新，钱可强，徐祖茂. 机械制图 [M]. 7 版. 北京：高等教育出版社，2016.

[3] 陶冶，张洪军. 现代机械制图 [M]. 北京：机械工业出版社，2020.

[4] 孙毅，李俊源，舒欣. 图学原理与工程制图教程 [M]. 2 版. 北京：清华大学出版社，2020.

[5] 邢邦圣，张元越. 机械制图与计算机绘图 [M]. 4 版. 北京：化学工业出版社，2019.

[6] 钟日铭. AutoCAD 2022 快速入门与实战 [M]. 北京：机械工业出版社，2021.